快速傅里叶变换：算法与应用
Fast Fourier Transform: Algorithms And Applications

［美］卡米赛提·拉姆莫汉·饶（K. R. Rao）

［美］金道年（D. N. Kim）　　　　　　　　　著

［韩］黄在静（J. J. Hwang）

万帅　杨付正　译

机械工业出版社

本书深入浅出地阐述了快速傅里叶变换（FFT）的原理，系统地总结了各类FFT算法，并广泛精辟地介绍了FFT在视频和音频信号处理中的各种应用案例。本书在阐述了离散傅里叶变换（DFT）的原理和性质之后，详细讨论了时域抽取（DIT）和频域抽取（DIF）的各类快速算法。论述了近似计算DFT的整数FFT、二维及多维信号FFT、非均匀DFT等原理和技术。本书还详细讨论了FFT的应用，给出了大量案例，并且附有小结、习题，还附有课程实践和参考文献。

　　本书语言流畅、图文并茂，通过使用大量图、表、框图等，为读者提供了直观和生动的资料，并给出了最新的MATLAB程序和源代码。本书可供通信、视频等信号处理领域的工程技术人员、研究人员参考使用，也适合相关专业本科高年级学生和研究生，以及教师和自学者使用。

译 者 序

译者长期从事视频编码和多媒体信息处理领域的研究，每天都在和频域分析特别是离散余弦变换（DCT）打交道。在信息领域的研究人员心目中，DCT 的发明人之一 K. R. Rao 教授是学术界的泰斗，几乎他的每一本书都凝聚了信息技术发展进程中的精华，业内研究人员或许多多少少都读过他的书。第一次见到 Rao 教授是在 2010 年夏天，他已年过 80 但仍然精神矍铄。虽然经过了跨洲的长途飞行，Rao 教授仍然坚持首先进行学术研讨，丝毫不见疲惫懈怠之意。他对工作认真负责的态度令在场所有人加深了对他的敬意。几天的学术交流结束时，K. R. Rao 教授赠送了他的最新著作《快速傅里叶变换：算法与应用》，并委托我们译为中文，对此译者深感荣幸。

译者深知快速傅里叶变换（FFT）在信息技术领域的重要价值。在数字时代，几乎任何实际系统都离不开频域处理，特别是离散傅里叶变换（DFT）及其快速实现 FFT。然而遗憾的是，绝大多数国内的相关书籍仅限于介绍 FFT 的基本原理，很少讨论各类具体的算法和应用。本书对 FFT 原理进行了详尽的剖析，详细地总结了各类算法，并针对应用提供了大量案例。因此，本书对于工程技术人员来说，是不可多得的、实用的参考资料。本书的另一重要价值在于为相关课程的教学提供重要参考。"数字信号处理"是通信与信息领域本科和研究生的重要专业基础课，DFT 和 FFT 是其中最核心的内容之一。然而我们在教学工作中发现，学生对于 FFT 的理解一直是个难点。本书深入浅出的论述和大量的 MATLAB 程序案例将非常有助于读者掌握 FFT 算法的实质，也为相关教学人员提供了大量课程素材。

鉴于以上原因，译者对本书进行了认真仔细的翻译和校对，希望本书的中文译本能够为国内读者提供有力帮助。

本书的翻译工作得到了国家自然科学基金资助（资助号 60902081、60902052）。特别感谢以下几位同学对本书全文进行了认真核对：贺竞，苏洪磊，吴敏，李祎，梁慧剑。

谨以本书的中译本表达对 K. R. Rao 教授的深深敬意！

译 者

原书前言

本书介绍了快速傅里叶变换（FFT）的原理，包括各类 FFT 算法、频域滤波及其在视频和音频信号处理中的应用。

伴随着通信领域的高速发展，语音和图像处理及其相关领域也正在经历飞速发展。作为数字信号处理的核心技术，FFT 获得了广泛的应用。因此，无论对于教师还是学生而言，都迫切需要一本介绍最新 FFT 技术的专著。

本书对 FFT 的重要性及其最新技术提供了全面、详尽的说明，并且采用了 MATLAB 案例和课程实践这样的新颖方式，为理解各类 FFT 技术提供帮助。

FFT 是离散傅里叶变换（DFT）的有效实现。DFT 是在数字信号处理领域中应用最广泛的离散变换。DFT 将时间域或空间域的数字序列映射到频率域。从最初 Cooley 和 Tukey 提出的 DFT 方法[A1]到后来其他研究人员提出的各种增强和改进方法，DFT 理论的发展激发和促进了其在各类学科中的广泛应用和飞速发展。目前已经涌现出了许多独立于 Cooley – Tukey 方法的算法，如素因子（prime factor）算法、分裂基（split radix）算法、向量基（vector radix）算法、分裂向量基（split vector radix）算法、Winograd 傅里叶变换及整数 FFT。本书将重点关注多种 FFT 算法，如时域抽取（decimation – in – time）FFT、频域抽取（decimation – in – frequency）FFT、整数 FFT、素因子 DFT 等。

在众多应用中，如双音多频检测和某些特定的模式识别，相应的频谱经过扭曲后，非均匀地分布在某一区域内。在这个基本概念的基础上，简要介绍了非均匀离散傅里叶变换（Nonuniform DFT，NDFT），处理在 z 平面上任意间隔采样的样本。相应地，DFT 对应于 z 平面上以原点为中心的单位圆上的等间隔采样。

许多公司都提供了实现 FFT 的程序，以及类似卷积/相关、滤波、频谱分析等基本应用的各类平台。并且许多通用数字信号处理（DSP）芯片可以编程实现 FFT 和其他离散变换。

本书适用于相关研究领域内的本科高年级学生和研究生，以及教师、工程师、科技工作者和其他自学者，有助于读者理解各类 FFT 算法，并将其直接有效地应用于各自的领域中。本书可以作为教材和参考书，书中的例题、习题和课程实践均与 MATLAB 紧密联系，有助于掌握具体概念。本书的参考文献包括了相关的书籍、综述性论文、应用列表、软硬件及有用的网址。本书通过使用大量图、表、框图和图像为读者理解快速算法的概念提供了直观和生动的资料。此外，本书还提供了最新的 MATLAB 的命令函数和程序源代码。

对本书内容的理解不需要任何关于 FFT 的先验知识。本书适用任何想要了解 FFT 最新发展和应用的专业技术人员。对于计划在本领域开展工作的工程技术人员来说，无论其目的是基本实现还是深入研究，本书都是一本极好的参考书。

这里，本书的作者之一 D. N. Kim 还要向韩国知识经济部（The Minstry of Knowledge Economy）国家信息通信产业振兴院（National Information Technology (IT) Industry Promotion Agency，NIPA）提供的 IT 奖学金项目致谢。

本 书 结 构

第 1 章介绍了离散傅里叶变换（DFT）的各类应用。第 2 章针对等间隔采样信号介绍了 DFT 的性质。第 3 章分别从时域抽取（DIT）和频域抽取（DIF）的角度对快速算法进行了分类介绍，并基于此讲解了分裂基算法、Winograd 算法等。第 4 章讲述了近似计算 DFT 的整数 FFT。第 5 章将一维的 DFT 扩展到二维信号和多维信号，介绍了 FFT 在滤波中的应用，包括 DFT 域的方差分布等内容，并讲解了如何使用 DFT 矩阵对角化循环矩阵。第 6 章讲述了二维 DFT 的快速算法。第 7 章介绍了对非均匀步长采样信号进行非均匀离散傅里叶变换（NDFT）的性质。第 8 章给出大量 FFT 的应用。附录 A 给出了各种离散变换的性能对比。附录 B 给出了图像质量的谱距离测量。附录 C 介绍了整数离散余弦变换（Int DCT）。附录 D 介绍了离散余弦变换（DCT）和离散正弦变换（DST）。附录 E 简要介绍了克罗内克（Kronecker）乘积及可分离性。附录 F 详细介绍了相关的数学关系式。附录 G 和 H 分别介绍了 MATLAB 基础知识和一些算法的 MATLAB 实现。参考文献包括了一系列参考书籍、综述性论文、软硬件资料和相关网址。本书每一章最后均给出大量习题和课程实践。

K. R. Rao

得克萨斯州，阿灵顿

2010 年 8 月

目 录

缩 略 语

AAC   Advanced Audio Coder 高级音频编码器 AAC - LD（低时延），AAC - LC（低复杂度）

AC   Audio Coder 音频编码器（如 AC2，AC3）

ACATS   (FCC) Advisory Committee on Advanced Television Service （美国联邦通信委员会）、先进电视服务咨询委员会

ACM   Association for Computing Machinery （美）计算机协会

ADSL   Asymmetric Digital Subscriber Loop/line 非对称数字用户环路/线

AES   Audio Engineering Society （美）音频工程师学会

ANN   Artificial Neural Network 人工神经网络

ANSI   American National Standards Institute（美）国家标准学会

APCCAS   (IEEE) Asia - Pacific Conference on Circuits And Systems（IEEE）电路与系统亚太地区会议

ASIC   Application Specific Integrated Circuit 专用集成电路

ASPEC   Adaptive Spectral Perceptual Entropy Coding（of High Quality Music Signals）（高质量音乐信号的）自适应频谱感知熵编码

ASSP   Acoustics，Speech and Signal Processing 声学、语音和信号处理

ATC   Adaptive Transform Coding 自适应变换编码

ATRAC   Adaptive Transform Acoustic Coding 自适应变换声学编码

ATSC   Advanced Television Systems Committee （美）先进电视制式委员会

AVC   Advanced Video Coding 高级视频编码（标准），MPEG - 4 AVC（MPEG - 4 第 10 部分）

AVS   Audio Video Standard 音视频标准

BER   Bit Error Rate 误码率（或误比特率）

BF   Butterfly 蝶形

BIFORE   Binary Fourier Representation 二进制傅里叶表示

BPF   Band Pass Filter 带通滤波器

BRO   Bit Reversed Order 比特倒序

BV   Basis Vector 基向量

CAS   Circuits And Systems 电路与系统

CBT   Complex BIFORE Transform 复 BIFORE 变换

CCETT   *Centre Commun d'Etudes de Télédiffusion et Télécommuications*（in French），即 Common Study Center of Telediffusion and Telecommunications）（法国）无线电广播和电信公共研究中心

CD	Compact Disc	光盘
CDMA	Code Division Multiple Access	码分多址
CE	Consumer Electronics	消费类电子产品
CELP	Code – Excited Linear Prediction	码激励线性预测（编码）
CF	Continuous Flow	连续流
CFA	Common Factor Algorithms	公因子算法
CGFFT	Conjugate Gradient FFT	共轭梯度 FFT
CICC	Custom Integrated Circuits Conference	定制集成电路会议
CIPR	Center For image Processing Research	图像处理研究中心
CMFB	Cosine Modulated Filter Bank	余弦调制滤波器库
CODEC	Coder and Decoder	编解码器
COFDM	Coded Orthogonal Frequency Division Multiplex	编码正交频分复用
CM	Circulant Matrix	循环矩阵
CR	Compression Ratio	压缩比
CRT	Chinese Reminder Theorem	中国剩余定理
CSVT	Circuits And Systems for Video Technology	视频技术电路与系统
DA	Distributed Arithmetic	分布式计算
DAB	Digital Audio Broadcasting	数字音频广播
DCC	Digital Compact Cassette	数字（小型）盒式磁带
DCT	Discrete Cosine Transform	离散余弦变换
DEMUX	Demultiplexer	解复用器
DF	Decision Feedback	判决反馈
DFT	Discrete Fourier Transform	离散傅里叶变换
DHT	Discrete Hartley Transform	离散哈特莱变换
DIS	Draft International Standard	国际标准草案
DMT	Discrete Multitone（Modulation）	离散多频音（调制）
DOS	Disc Operating Systems	磁盘操作系统
DOT	Discrete Orthogonal Transform	离散正交变换
DPCM	Differential Pulse Code Modulation	差分脉冲编码调制
D-PTS	Decomposition Partial Transmit Sequence	分解部分传输序列
DSP	Digital Signal Processing/Processor	数字信号处理/数字信号处理器
DST	Discrete Sine Transform	离散正弦变换
DTMF	Dual-Tone Multifrequency	双音多频（DTMF 信号/音调应用于电话触控按键）
DTT	Discrete Trigonometric Transform	离散三角变换

DVB-T	Digital Video Broadcasting Standard for Terrestrial（Transmission，Using COFDM Modulation）（使用 COFDM 调制进行）地面（传输的）数字视频广播标准，简称地面无线
DVD	Digital Video/Versatile Disc　数字视频光盘/数字通用光盘
DWT	Discrete Wavelet Transform　离散小波变换
ECCTD	（Biennial）European Conference on Circuit Theory and Design 欧洲电路理论与设计（双年）会
EDN	Electrical Design News 电气设计新闻
EECON	Electrical Engineering Conference（of Thailand）（泰国）电气工程会议
EEG	Electroencephalograph　脑电图仪
EKG	Electrocardiograph，又写为 ECG 心电图仪
EMC	Electromagnetic Compatibility（IEEE transactions on）（IEEE）电磁兼容（汇刊）
EURASIP	European Association for Signal Processing 欧洲信号处理协会
EUSIPCO	European Signal Processing Conference 欧洲信号处理会议
FAQ	Frequently Asked Questions 常见问题
FCC	The Federal Communications Commission　（美国）联邦通信委员会
FFT	Fast Fourier Transform　快速傅里叶变换
FIR	Finite Impulse Response 有限脉冲响应
FMM	Fast Multipole Method　快速多极点方法
FPGA	Field Programmable Gate Array　现场可编程门阵列
FRAT	Finite Radon Transform　有限 radon 变换
FRExt	Fidelity Range Extensions　逼真度范围扩展
FRIT	Finite Ridgelet Transform　有限脊波变换
FSK	Frequency Shift Keying　频移键控
FTP	File Transfer Protocol　文件传输协议
FUDCuT	Fast Uniform Discrete Curvelet Transform　快速均匀离散曲波变换
FxpFFT	Fixed Point FFT 定点 FFT
GDFHT	Generalized Discrete Fourier Hartley Ttransform　广义离散傅里叶哈特莱变换
GDFT	Generalized DFT 广义 DFT
GLOBECOM	（IEEE）Global Experiment Communications Conference　IEEE 全球实验电信会议
GZS	Geometrical Zonal Sampling　广义区域采样
H. 263	指一种通过电话线路进行视频通信的编码标准

HDTV　　　　　High – Definition Television　高清电视

HPF　　　　　　High Pass Filter　高通滤波器

HT　　　　　　　Hadamard Transform　哈达玛变换

HTTP　　　　　Hyper Text Transfer Protocol　超文本传输协议

HVS　　　　　　Human Visual Sensitivity　人类视觉敏感度

Hz　　　　　　　Hertz Cycles/sec，or Cycles/meter　赫兹，周期/秒；或周期/米

IASTED　　　　The International Association of Science And Technology for Development
　　　　　　　　　国际科学技术开发协会

IBM　　　　　　International Business Machines　　（美）国际商业机器公司

IC　　　　　　　Integrated Circuit　集成电路

ICA　　　　　　Independent Component Analysis　独立成分分析

ICASSP　　　　（IEEE）International Conference on Acoustics，Speech，and Signal Pro-
　　　　　　　　　cessing　（IEEE）国际声学、语音与信号处理会议

ICC　　　　　　（IEEE）International Conference on Communications　（IEEE）国际通
　　　　　　　　　信会议

ICCE　　　　　（IEEE）International Conference on Consumer Electronics　（IEEE）国
　　　　　　　　　际消费类电子产品会议

ICCS　　　　　（IEEE）International Conference on Circuits And Systems　（IEEE）国
　　　　　　　　　际电路与系统会议

ICECS　　　　　International Conference on Electronics，Circuits and Systems　国际电
　　　　　　　　　子、电路与系统会议

ICIP　　　　　　（IEEE）International Conference on Image Processing　（IEEE）国际
　　　　　　　　　图像处理会议

ICME　　　　　（IEEE）International Conference on Multimedia And Expo　（IEEE）国
　　　　　　　　　际多媒体、展览会议

ICSPAT　　　　International Conference on Signal Processing Applications and Technolo-
　　　　　　　　　gy　国际信号处理应用与技术会议

IDFT　　　　　Inverse DFT　DFT 反变换

IEC　　　　　　International Electrotechnical Commission　国际电工委员会

IEEE　　　　　Institute of Electrical and Electronics Engineers　美国电气与电子工程
　　　　　　　　　师学会

IEICE　　　　　Institute of Electronics，Information and Communication Engineers　（日）
　　　　　　　　　电子学、信息与通信工程师学会

IFFT　　　　　Inverse FFT　FFT 反变换

IGF　　　　　　Inverse Gaussian Filter　逆高斯滤波器

IJG　　　　　　Independent JPEG Group　独立 JPEG 组

ILPM	Inverse LPM (log polar mapping) 逆对数极坐标映射	
IMTC	(IEEE) Instrumentation and Measurement Technology Conference (IEEE) 仪表与测量技术会议	
IntFFT	Integer FFT 整数 FFT	
IP	Image Processing/Intellectual Property 图像处理/知识产权	
IRE	Institute of Radio Engineers 美国无线电工程师学会（现改名为 IEEE）	
IS&T	The Society for Imaging Science and Technology 成像科学与技术学会	
ISCAS	(IEEE) International Symposium on Circuits and Systems (IEEE) 国际电路与系统研讨会	
ISCIT	(IEEE) International Symposium on Communications and Information Technologies (IEEE) 国际通信与信息技术研讨会	
ISDN	Integrated Services Digital Network 综合业务数字网	
ISO	International Organization for Standardization 国际标准化组织	
ISPACS	(IEEE International Symposium on) Intelligent Signal Processing and Communication Systems (IEEE) 国际智能信号处理与通信系统（研讨会）	
IT	Information Theory 信息论	
JPEG	Joint Photographic Experts Group 联合图像专家组	
JSAC	Journal on Selected Areas in Communications (IEEE) (IEEE) 通信选题期刊	
JTC	Joint Technical Committee 联合技术委员会	
KLT	Karhunen–Loève Transform 卡洛变换，或称 K–L 变换	
LAN	Local Area Networks 局域网	
LC	Low Complexity 低复杂度	
LMS	Least Mean Square 最小均方	
LO	Lexicographic Ordering 字典排序	
LPF	Low Pass Filter 低通滤波器	
LPM	Log Polar Mapping 对数极坐标映射	
LPOS	Left Point of Symmetry 左对称点	
LS	Least Square, Lifting Scheme 最小二次方，提升方案	
LSI	Linear Shift Iinvariant 线性移不变	
LUT	Look Up Tables 查表	
LW	Long Window 长窗	
MCM	Multichannel Carrier Modulation 多波段载波调制	
MD	MiniDisc 微型碟片	

MDCT	Modified Discrete Cosine Transform	改进离散余弦变换
MDST	Modified Discrete Sine Transform	改进离散正弦变换
ML	Maximum Likelihood/Multiplierless	最大似然/无乘法
MLS	Maximum Length Sequence	最大长度序列
MLT	Modulated Lapped Transform	调制重叠变换
MMSE	Minimum Mean Square Error	最小均方误差
MoM	The Method of Moments	矩量法
MOPS	Million Operations Per Second	百万次运算/秒
MOS	Mean Opinion Score	平均主观评分
MOV	Model Output Variable	模型输出变量
MPEG	Moving Picture Experts Group	运动图像专家组
MR	Mixed Radix	混合基
MRI	Magnetic Resonance Imaging	核磁共振成像
ms	Millisecond	毫秒
M/S	Mid/Side，Middle and Side，or Sum and Difference	中/边，或求和与差分
MSB	Most Significant Bit	最高有效位
MUSICAM	Masking Pattern Universal Subband Integrated Coding and Multiplexing（MPEG – 1 Level 2，MP2）	掩蔽码型通用子带综合编码与复用（MPEG – 1 Level 2，MP2）
MUX	Multiplexer	复用器
MVP	Multimedia Video Processor	多媒体视频处理器
MWSCAS	Midwest Symposium on Circuits and Systems	中西部地区电路与系统研讨会
NAB	National Association of Broadcasters	（美）全国广播工作者协会
NBC	Nonbackward Compatible（With MPEG – 1 Audio）	非后向兼容（具有 MPEG – 1 音频）
NMR	Noise – to – Mask Ratio	噪掩比
NNMF	Nonnegative Matrix Factorization	非负矩阵分解
NTC	National Telecommunication Conference	（美）全国通信会议
OCF	Optimum Coding in the Frequency Domain	频域最佳编码
OEM	Original Equipment Manufacturer	原始设备制造商
OFDM	Orthogonal Frequency – Division Multiplexing	正交频分复用
ONB	Orthonormal Basis	正交基
PAC	Perceptual Audio Coder	感知音频编码器
PAMI	Pattern Analysis and Machine Intelligence	模式分析和机器智能

PAPR	Peak – to – Average Power Ratio 峰值与平均功率比
PC	Personal Computer 个人计算机
PCM	Pulse Code Modulation 脉冲编码调制
PDPTA	(International Conference on) Parallel and Distributed Processing Techniques and Applications 国际并行与分布式处理技术及应用（会议）
PE	Perceptual Entropy 感知熵
PFA	Prime Factor Algorithm 素因子算法
PFM	Prime Factor Map 素因子映射
PoS	Point of Symmetry 对称点
PQF	Polyphase Quadrature Filter 多相正交滤波器
PR	Perfect Reconstruction 完美重建
PRNG	Pseudorandom Number Generator 伪随机数发生器
P/S	Parallel to Serial Converter 并联 – 串联转换器
PSF	Point Spread Function 点扩散函数
PSK	Phase Shift Keying 相移键控
PSNR	Peak – to – Peak Signal – to – Noise Ratio 峰 – 峰值信噪比
QAM	Quadrature Amplitude Modulation 正交幅度调制
QMF	Quadrature Mirror Filter 正交镜像滤波器
QPSK	Quadrature Phase – Shift Keying 正交相移键控
RA	指 Radon transform，Radon 变换
RAM	Random Access Memory 随机存取存储器
RELP	Residual Excited Linear Prediction 余音激励线性预测
RF	Radio Frequency 射频
RFFT	Real valued FFT 实数型 FFT
RI	Ridgelet transform 脊波变换
RMA	Royal Military Academy (of Belgium) （比）皇家陆军军官学校
RPI	Rensselear Polytechnic Institute （美）伦塞勒理工学院
RPOS	Right Point of Symmetry 右对称点
R – S	Reed Solomon 里德所罗门
RST	Rotation，Scaling and Translation 旋转、缩放和转变
SDDS	Sony Dynamic Digital Sound 索尼动态数字伴音系统
SEPXFM	指 Stereo – Entropy – Coded Perceptual Transform Coder 立体声熵编码感知变换编码器
SIAM	Society for Industrial and Applied Mathematics 工业与应用数学学会
SiPS	Signal Processing Systems 信号处理系统
SMPTE	Society of Motion Picture and Television Engineers 运动图像与电视工

程师学会

SMR	Signal – to – Mask Ratio	信掩比
SNR	Signal to Noise Ratio	信噪比
SOPOT	Sum – of – Powers – of – Two	2 的幂和
SP	Signal Processing	信号处理
S/P	Serial to Parallel Converter	串联 – 并联转换器
SPIE	Society of Photo – optical and Instrumentation Engineers	（美）光学照相设备工程师学会
SPS	Symmetric Periodic Sequence	对称周期序列
SR	Split Radix	分裂基
SS	Spread Spectrum	扩频
SSST	Southeastern Symposium on System Theory	（美）东南部地区系统论研讨会
STBC	Space – Time Block Code	空时分组码
SW	Short Window	短窗
TDAC	Time Domain Aliasing Cancellation	时域混叠相消
T/F	Time – to – Frequency	时域 – 频域
UDFHT	Unified Discrete Fourier – Hartley Transform	统一离散傅里叶 – 哈特莱变换
USC	University of Southern California	（美）南加州大学
VCIP	（SPIE and IS&T）Visual Communications and Image Processing	（SPIE 与 IS&T 主办的）国际视觉通信与图像处理会议
VCIR	Visual Communication and Image Representation	视觉通信与图像表示
VLSI	Very Large Scale Integration	超大规模集成电路
VSP	Vector Signal Processor	向量信号处理器
WD	Working Draft	工作草案
WHT	Walsh – Hadamard Transform	沃尔什 – 哈达玛变换
WLAN	Wireless LAN	无线局域网
WMV	Window Media Video	微软操作系统的视频文件格式
WPMC	International Symposium on Wireless Personal Multimedia Communications	国际无线个人多媒体通信研讨会

第1章 简 介

快速傅里叶变换（Fast Fourier Transform，FFT）[A1,LA23] 是离散傅里叶变换（Discrete Fourier Transform，DFT）[A42] 的有效实现。DFT 是数字信号处理领域中应用最为广泛的离散变换。DFT 将一个序列 $x(n)$ 映射到频率域。DFT 的许多性质都与对模拟信号进行傅里叶变换的性质相同。DFT 最初是由 Cooley 和 Tukey[A1] 提出的，后续的许多研究人员对其进行了增强和改进（其中有不少是针对特定的软硬件系统）。DFT 的发展激发和促进了其在各类学科中获得广泛应用和飞速发展。目前，已经涌现了许多独立于 Cooley - Tukey 方法的算法，如素因子（prime factor）算法[B29,A42]、分裂基（split radix）算法[SR1,O9,A12,A42]、向量基（vector radix）算法[A16,B41]、分裂向量基（split vector radix）算法[SDS1,SR2,SR3]、Winograd 傅里叶变换算法（WFTA）[A35 - A37] 等。许多公司在各自的平台上提供了实现 FFT 及其相关应用的软件，如卷积/相关、滤波、频谱分析等。并且，通用数字信号处理器（Digital Signal Processor，DSP）芯片可以编程来实现 FFT 和其他离散变换。

本书第 2 章定义了 DFT 及其反变换（即 IDFT），并详细讨论了它们的性质。之后介绍了与之相应的快速算法的发展。从本质上说，DFT 和 IDFT 的快速算法是完全相同的。DFT 是复运算，具有正交性和可分性。正是由于其所具有的可分性，从一维 DFT/IDFT 扩展到多维 DFT/IDFT 十分简单易行。多维 DFT/IDFT 可以通过使用一系列的一维 DFT/IDFT 实现。当然，在具体的实现中采用了快速算法，以减少存储、计算的复杂度和有限字长运算引起的舍入/截断误差。对于实数数据序列，计算复杂度可进一步降低。快速算法的其他优点还包括递归（意味着不同规模的 DFT 和 IDFT 可使用同一算法实现）和模块化。而且，通过对不同算法的灵活组合，可以产生最优的方法。对于某些特定算法，无须借助一维算法也可以直接实现二维 DFT/IDFT[A42]。在本书的最后，给出了大量算法和应用的参考文献。

1.1 离散傅里叶变换的应用

离散傅里叶变换的应用十分广泛。快速傅里叶变换及其反变换（FFT/IFFT）算法（包括硬件和软件算法）的发展加速了各类应用的出现。下面给出一些例子：

- 阵列天线分析
- 自相关和互相关
- 带宽压缩
- 信道分离和组合

- Chirp Z 变换
- 卷积
- 卷积信号的分解
- 心电图和脑电脑仪（Electrocardiograph 和 Electroencephalograph，EKG 和 EEG）的信号处理
- 滤波器库
- 滤波器模拟
- 科学鉴定学
- 傅里叶光谱学
- 图像分形编码
- 频移键控（Frequency Shift Keying，FSK）解调
- 广义频谱和同形滤波
- 抗多径干扰
- 图像质量度量
- 图像配准
- 内插和抽取
- 线性预测
- 最小均方（Least Mean Square，LMS）自适应滤波器
- 通过 FFT 实现 MDCT/MDST（杜比 AC－3［音频编码器，5.1 环绕声道］，DVD，MPEG－2 AAC［高级音频编码］，MPEG－4 音频［＞64Kbit/s］）
- 核磁共振成像
- 运动预测
- 多路载波传输
- 多频率检测
- 多时间序列分析及滤波
- 去噪滤波
- 差分方程的数值求解
- 正交频分复用（Orthogonal Frequency－Division Multiplexing，OFDM）调制
- 光信号处理
- 模式识别
- 基于相位相关的运动预测
- 医学成像中的相位相关（Phase Only Correlation，POC）
- 能量频谱分析
- 相移键控（Phase Shift Keying，PSK）分类
- 音频编码的心理声学模型
- 雷达信号处理

- 信号描述和辨别
- 声呐信号处理
- 频谱预测
- 语音加密
- 语音信号处理
- 语音声谱图
- 扩展频谱
- 表面纹理分析
- 视频/图像压缩
- 水印
- 维纳滤波（图像去噪）
- 二维和三维图像旋转

第 2 章　离散傅里叶变换

2.1　定义

离散傅里叶变换（DFT）及其反变换（IDFT）定义如下。

2.1.1　DFT

$$X^{\mathrm{F}}(k) = \sum_{n=0}^{N-1} x(n) W_N^{kn} \qquad k = 0, 1, \cdots, N-1 \text{ 为 } N \text{ 个 DFT 系数} \qquad (2.1\mathrm{a})$$

$$W_N = \exp\left(\frac{-\mathrm{j}2\pi}{N}\right)$$

$$W_N^{kn} = \exp\left[\left(\frac{-\mathrm{j}2\pi}{N}\right)kn\right]$$

式中，$x(n)$ 是一个均匀采样序列，$n = 0, 1, \cdots, N-1$；T 为采样间隔；$W_N = \exp(-\mathrm{j}2\pi/N)$ 是 1 的 N 次根；$X^{\mathrm{F}}(k)$ 为第 k 个 DFT 系数，$k = 0, 1, \cdots, N-1$；$\mathrm{j} = \sqrt{-1}$。

2.1.2　IDFT

$$x(n) = \frac{1}{N} \sum_{k=0}^{N-1} X^{\mathrm{F}}(k) W_N^{-kn} \qquad n = 0, 1, \cdots, N-1 \text{ 为 } N \text{ 点采样数据} \qquad (2.1\mathrm{b})$$

$$(W_N^{kn})^* = W_N^{-kn} = \exp\left[(\mathrm{j}2\pi/N)kn\right] \qquad e^{\pm\mathrm{j}\theta} = \cos\theta \pm \mathrm{j}\sin\theta$$

式中，上标"*"代表复共轭运算。DFT 的变换对可以使用下式表示：

$$x(n) \Longleftrightarrow X^{\mathrm{F}}(k) \qquad (2.2)$$

式（2.1b）中的归一化因子 $1/N$ 可以平均分配在 DFT 和 IDFT 中（此时称为归一化 DFT），也可以全部放在 DFT 运算中。

2.1.3　归一化 DFT

正变换

$$X^{\mathrm{F}}(k) = \frac{1}{\sqrt{N}} \sum_{n=0}^{N-1} x(n) W_N^{kn} \qquad k = 0, 1, \cdots, N-1 \qquad (2.3\mathrm{a})$$

反变换

$$x(n) = \frac{1}{\sqrt{N}} \sum_{k=0}^{N-1} X^{\mathrm{F}}(k) W_N^{-kn} \qquad n = 0,1,\cdots,N-1 \tag{2.3b}$$

或者写为

正变换

$$X^{\mathrm{F}}(k) = \frac{1}{N} \sum_{n=0}^{N-1} x(n) \exp\left(\frac{-\mathrm{j}2\pi kn}{N}\right) \qquad k = 0,1,\cdots,N-1 \tag{2.4a}$$

反变换

$$x(n) = \sum_{k=0}^{N-1} X^{\mathrm{F}}(k) \exp\left(\frac{\mathrm{j}2\pi kn}{N}\right) \qquad n = 0,1,\cdots,N-1 \tag{2.4b}$$

式 (2.1)、式 (2.3)、式 (2.4) 中定义的 DFT/IDFT 是等价的。为保持一致性，我们使用式 (2.1) 的形式，即

$$\mathrm{DFT} \quad X^{\mathrm{F}}(k) = \sum_{n=0}^{N-1} x(n) \left[\cos\frac{2\pi kn}{N} - \mathrm{j}\sin\frac{2\pi kn}{N} \right] \quad k = 0,1,\cdots,N-1 \tag{2.5a}$$

$$\mathrm{IDFT} \quad x(n) = \frac{1}{N} \sum_{k=0}^{N-1} X^{\mathrm{F}}(k) \left[\cos\frac{2\pi kn}{N} + \mathrm{j}\sin\frac{2\pi kn}{N} \right] \quad n = 0,1,\cdots,N-1 \tag{2.5b}$$

$x(n)$ 和 $X^{\mathrm{F}}(k)$ 均为长度为 N 的序列。

$$\underline{x}(n) = [x(0),x(1),\cdots,x(N-1)]^{\mathrm{T}} \qquad N\text{ 点数据向量}$$
$$(N \times 1)$$

$$\underline{X}^{\mathrm{F}}(k) = [X^{\mathrm{F}}(0),X^{\mathrm{F}}(1),\cdots,X^{\mathrm{F}}(N-1)]^{\mathrm{T}} \qquad N\text{ 点 DFT 向量}$$
$$(N \times 1)$$

$$W_N = \exp\left(\frac{-\mathrm{j}2\pi}{N}\right) \qquad 1\text{ 的 } N\text{ 次根}$$
$$W_N^k = W_N^{k\bmod N}$$

式中，$k\bmod N = k\,\mathrm{modulo}\,N$，表示 (k/N) 的余数。例如，$23\bmod 5 = 3$（因为 $\frac{23}{5} = 4 + \frac{3}{5}$）。这里上标 T 表示转置。

$\sum_{k=0}^{N-1} W_N^k = 0$。所有 N 个根均匀分布在以原点为中心的单位圆上，即 1 的 N 个根之和为 0，如 $\sum_{k=0}^{7} W_8^k = 0$（见图 2.1）。一般情况下，当 p 为整数时，有 $\sum_{k=0}^{N-1} W_N^{pk} = N\delta(p)$。

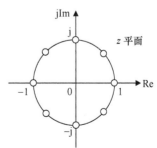

图 2.1　1 的 8 个根均匀分布在 z 平面以原点为中心的单位圆上

下面讨论 Z 变换与 DFT 的关系。

2.2　Z 变换

$x(n)$ 的 Z 变换 $X(z)$ 定义为

$$X(z) = \sum_{n=0}^{N-1} x(n) z^{-n} \tag{2.6a}$$

令 $f_s = \dfrac{1}{T}$ 为采样速率（单位为每秒采样点数），或者 $T = \dfrac{1}{f_s}$，即采样间隔（单位为 s），则

$$X(e^{j\omega T}) = \sum_{n=0}^{N-1} x(n) \exp\left[\frac{-j2\pi f n}{f_s}\right] \tag{2.6b}$$

此式表示 $X(z)$ 在 z 平面以原点为中心的单位圆上的取值。

通过对单位圆进行等间隔采样，式（2.6b）可表示为

$$X^F(k) = \sum_{n=0}^{N-1} x(n) \exp\left[\frac{-j2\pi k n}{N}\right] \qquad k = 0, 1, \cdots, N-1 \tag{2.7}$$

式中，$k = N f / f_s$。

$x(n)$ 的 DFT 实际上是 $x(n)$ 的 Z 变换在单位圆上的等间隔采样（见图 2.3）。

$X^F(k)$ 表示 $\{x(n)\}$ 在频率为 $f = k f_s / N$ 时的 DFT，$k = 0, 1, \cdots, N-1$。需要注意的是，由于存在频率混叠，因此 $x(n)$ 的最高频率系数为 $X^F\left(\dfrac{N}{2}\right)$，即 $f = \dfrac{f_s}{2}$。例如，当 $N = 100$，$T = 1\mu s$ 时，$f_s = 1 MHz$，频域分辨率 f_0 为 $10^4 Hz$，最高频率分量为 $0.5 MHz$（见图 2.2 ~ 图 2.4）。

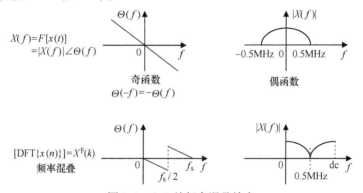

图 2.2　$f_s/2$ 处频率混叠效应

频域分辨率为

$$f_0 = \frac{1}{NT} = \frac{1}{T_R} = \frac{f_s}{N} \tag{2.8}$$

式中，$T_R = NT$，为记录长度。对于一个给定的 N，可以看出频域分辨率 f_0 和时域分辨率 T 之间具有反比的关系。需要注意的是，$x(n)$ 可以是空间均匀采样序列，此时 T 的单位为 m，$f_s = \dfrac{1}{T}$ 表示每米采样点的个数。

　　DFT 的周期性如图 2.3 所示。当我们追踪 z 平面单位圆上的等间隔采样点 $X^F(k)$ 时，每绕单位圆一周，DFT 都会循环一次。因此

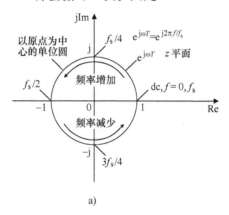

a)

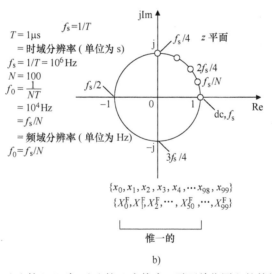

b)

图 2.3　$x(n)$ 的 DFT 为 $x(n)$ 的 Z 变换在 z 平面单位圆上的等间隔采样及 $T = 1\mu s$、$N = 100$ 时的实例

a) $x(n)$ 的 DFT 为 $x(n)$ 的 Z 变换在 z 平面单位圆上的等间隔采样

b) 当 $T = 1\mu s$、$N = 100$ 时的实例

$$X^F(k) = X^F(k + lN) \tag{2.9a}$$

式中，l 为整数。DFT 假设 $x(n)$ 也以 N 为周期，即

$$x(n) = x(n + lN) \tag{2.9b}$$

图 2.4 给出了一个具体的例子。对于图 2.5a 所示的一个信号 $x_1(n)$，其幅频特性如图 2.5b 所示。

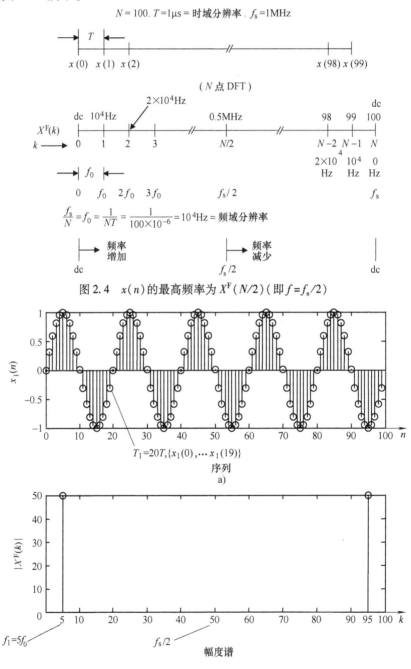

图 2.4 $x(n)$ 的最高频率为 $X^F(N/2)$（即 $f=f_s/2$）

图 2.5 $x_1(n)$ 的最高频率为 $X^F(N/2)$，是当 $f=f_s/2$ 时，而不是 $f=f_s$ 时，原因是频率混叠（见图 2.2）

$$x_1(n) = \sin\left(\frac{2\pi}{T_1}n\right) = \sin\left(\frac{2\pi}{20}n\right) \qquad n = 0, 1, \cdots, N-1 \qquad N = 100$$

$$T_1 = 20T = 20\mu s \qquad \text{记录长度} \qquad T_R = NT = 100\mu s$$

$$f_s = 1/T = 1\text{MHz} \quad f_0 = \frac{f_s}{N} = \frac{1}{100}\text{MHz} \quad f_1 = 5f_0 = \frac{5}{100}\text{MHz}$$

$$\frac{f_s}{2} = 50f_0 = \frac{1}{2}\text{MHz}$$

式（2.1）以求和形式表示的 DFT/IDFT 也可以用向量矩阵相乘的形式表达，即

$$[\underline{X}^F(k)] = [F][\underline{x}(n)] \tag{2.10a}$$

式中，$[F]$ 为 $(N \times N)$ DFT 矩阵，见式（2.11）。

列　　　　　　　　　　　　　　　　　　　　　　行

$n \to 0 \quad 1 \quad 2 \quad \cdots n \cdots N-1$　　　　　　　　k　↓

$$\begin{bmatrix} X^F(0) \\ X^F(1) \\ \vdots \\ X^F(k) \\ \vdots \\ X^F(N-1) \end{bmatrix} = \begin{bmatrix} W_N^{nk} \\ (n, k = 0, 1, \cdots, N-1) \end{bmatrix} \begin{bmatrix} x(0) \\ x(1) \\ \vdots \\ x(n) \\ \vdots \\ x(N-1) \end{bmatrix} \begin{matrix} 0 \\ 1 \\ \vdots \\ k \\ \vdots \\ (N-1) \end{matrix}$$

　　　$(N \times 1)$　　　　　　$(N \times N)$　　　　　　$(N \times 1)$

$$\text{IDFT} \quad [\underline{x}(n)] = \frac{1}{N}[F]^*[\underline{X}^F(k)] \tag{2.10b}$$

列　　　　　　　　　　　　　　　　　　　　　　行

$k \to 0 \quad 1 \quad 2 \quad \cdots k \cdots N-1$　　　　　　　　n　↓

$$\begin{bmatrix} x(0) \\ x(1) \\ \vdots \\ x(n) \\ \vdots \\ x(N-1) \end{bmatrix} = \frac{1}{N}\begin{bmatrix} W_N^{-nk} \\ (n, k = 0, 1, \cdots, N-1) \end{bmatrix} \begin{bmatrix} X^F(0) \\ X^F(1) \\ \vdots \\ X^F(k) \\ \vdots \\ X^F(N-1) \end{bmatrix} \begin{matrix} 0 \\ 1 \\ \vdots \\ n \\ \vdots \\ (N-1) \end{matrix}$$

　　　$(N \times 1)$　　　　　　$(N \times N)$　　　　　　$(N \times 1)$

$(N \times N)$ DFT 矩阵 $[F]$ 为

$$
\begin{array}{cccccc}
\text{列} & 0 & 1 & 2\cdots & n\cdots & (N-1) & \text{行} \\
\to & & & & & & \downarrow
\end{array}
$$

$$
\begin{bmatrix} F \end{bmatrix}_{(N\times N)} =
\begin{bmatrix}
W_N^0 & W_N^0 & W_N^0 & \cdots & W_N^0 \\
W_N^0 & W_N^1 & W_N^2 & \cdots & W_N^{(N-1)} \\
W_N^0 & W_N^2 & W_N^4 & \cdots & W_N^{2(N-1)} \\
\vdots & \vdots & \vdots & \cdots & \vdots \\
W_N^0 & W_N^k & W_N^{2k} & \cdots & W_N^{k(N-1)} \\
\vdots & \vdots & \vdots & \cdots & \vdots \\
W_N^0 & W_N^{(N-1)} & W_N^{2(N-1)} & \cdots & W_N^{(N-1)(N-1)}
\end{bmatrix}
\begin{matrix}
0 \\ 1 \\ 2 \\ \vdots \\ k \\ \vdots \\ (N-1)
\end{matrix}
$$

$$
\text{DFT 矩阵} \tag{2.11}
$$

注意

$$
\left(\frac{1}{\sqrt{N}} [F]^* \right) \left(\frac{1}{\sqrt{N}} [F] \right) = [I_N] \text{ 为}(N\times N)\text{单位矩阵}
$$

$[F]$ 中的每一行都是一个基向量（Basis Vector，BV）。$[F]$ 中第 l 行第 k 列的元素为 W_N^{lk}。其中，l，$k=0$，1，$\cdots$，$N-1$。由于 $W_N = \exp(-j2\pi/N)$ 是 1 的 N 次根，因此在 $[F]$ 的 N^2 个元素中，只有 N 个元素值是不同的，即 $W_N^l = W_N^{l\bmod N}$。通过观察 DFT 矩阵可以得到如下结论：

（1）$[F]$ 是对称的，即 $[F]=[F]^{\mathrm{T}}$。

（2）$[F]$ 是酉矩阵，即 $[F][F]^* = N[I_N]$。其中，$[I_N]$ 为 $(N\times N)$ 的单位矩阵。

$$
[F]^{-1} = \frac{1}{N}[F]^*, \quad [F][F]^{-1} = [I_N] =
\begin{bmatrix}
1 & & & O \\
& 1 & & \\
& & \ddots & \\
O & & & 1
\end{bmatrix}
\text{为单位矩阵}
\tag{2.12}
$$

例如，(8×8) DFT 矩阵可以简化为（此时有 $W=W_8=\exp(-j2\pi/8)$）

$$
\begin{array}{ccccccccc}
\text{列} & 0 & 1 & 2 & 3 & 4 & 5 & 6 & 7 & \text{行} \\
\to & & & & & & & & & \downarrow
\end{array}
$$

$$
\begin{bmatrix}
1 & 1 & 1 & 1 & 1 & 1 & 1 & 1 \\
1 & W & W^2 & W^3 & -1 & -W & -W^2 & -W^3 \\
1 & W^2 & -1 & -W^2 & 1 & W^2 & -1 & -W^2 \\
1 & W^3 & -W^2 & W & -1 & -W^3 & W^2 & -W \\
1 & -1 & 1 & -1 & 1 & -1 & 1 & -1 \\
1 & -W & W^2 & -W^3 & -1 & W & -W^2 & W^3 \\
1 & -W^2 & -1 & W^2 & 1 & -W^2 & -1 & W^2 \\
1 & -W^3 & -W^2 & -W & -1 & W^3 & W^2 & W
\end{bmatrix}
\begin{matrix}
0 \\ 1 \\ 2 \\ 3 \\ 4 \\ 5 \\ 6 \\ 7
\end{matrix}
\tag{2.13}
$$

注意到 $W_N^{N/2} = -1$、$W_N^{N/4} = -j$，且 $\sum_{k=0}^{N-1} W_N^k = 0$ 为所有 N 个相异根的和。这些根均匀分布在 z 平面以原点为中心的单位圆上（见图 2.3）。

2.3　DFT 的性质

根据定义，DFT 有以下性质。

1. 线性

给定 $x_1(n) \Leftrightarrow X_1^F(k)$ 和 $x_2(n) \Leftrightarrow X_2^F(k)$，则

$$[a_1 x_1(n) + a_2 x_2(n)] \Leftrightarrow [a_1 X_1^F(k) + a_2 X_2^F(k)] \tag{2.14}$$

式中，a_1 和 a_2 均为常数。

2. 复共轭定理

对于 N 点 DFT，当 $x(n)$ 为**实序列**时，有

$$X^F\left(\frac{N}{2} + k\right) = X^{F*}\left(\frac{N}{2} - k\right) \qquad k = 0, 1, \cdots, \frac{N}{2} \tag{2.15}$$

这说明 $X^F(0)$ 和 $X^F(N/2)$ 均为实数。将 $X^F(k)$ 用极坐标形式表示，即 $X^F(k) = |X^F(k)| \exp[j\Theta(k)]$。显然，在频域 $|X^F(k)|$ 对于 k 是关于 $N/2$ 的偶函数，$\Theta(k)$ 对于 k 是关于 $N/2$ 的奇函数（见图 2.4），这里 $|X^F(k)|$ 和 $\Theta(k)$ 分别称为幅度谱和相位谱。在 N 个 DFT 系数中，仅有 $(N/2) + 1$ 个系数是独立的。$|X^F(k)|^2$ 为功率谱，$k = 0, 1, \cdots, N-1$。功率谱在频域是关于 $N/2$ 对称的偶函数（见图 2.6）。

$$X^F\left(\frac{N}{2} + k\right) = \sum_{n=0}^{N-1} x(n) W_N^{\left(\frac{N}{2}+k\right)n}$$

$$X^{F*}\left(\frac{N}{2} - k\right) = \left[\sum_{n=0}^{N-1} x(n) W_N^{\left(\frac{N}{2}-k\right)n}\right]^* = \sum_{n=0}^{N-1} x(n) W_N^{\left(\frac{N}{2}+k\right)n} = X^F\left(\frac{N}{2} + k\right)$$

由于 $W_N^{N/2} = \exp\left(\frac{-j2\pi}{N} \frac{N}{2}\right) = e^{-j\pi} = -1$，$(W_N^{-kn})^* = W_N^{kn}$

$$X^F(0) = \sum_{n=0}^{N-1} x(n), \text{dc 系数} \quad \boxed{\frac{1}{N} \sum_{n=0}^{N-1} x(n) : x(n) \text{ 的均值}}$$

（当 $x(n)$ 为实序列）

$$X^F(0)\ X^F(1)\ X^F(2)\cdots X^F\left(\frac{N}{2}-1\right)\ X^F\left(\frac{N}{2}\right)\ X^F\left(\frac{N}{2}+1\right)\cdots X^F(N-2)\cdots X^F(N-1)$$

共轭对

图 2.6　$x(n)$ 为实序列时的相位谱和幅度谱

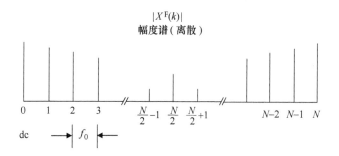

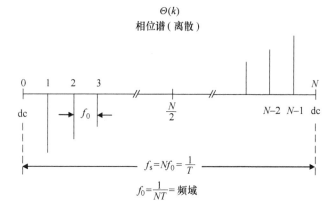

图 2.6 $x(n)$ 为实序列时的相位谱和幅度谱（续）

$$X^F\left(\frac{N}{2}\right) = \sum_{n=0}^{N-1} x(n) W_N^{n\frac{N}{2}} = \sum_{n=0}^{N-1} x(n)(-1)^n$$

图 2.7 给出了，当 $x(n)$ 为实序列时，$X^F(k)$ 关于 $k = N/2$ 的奇偶特性。

3. 帕斯瓦尔定理

该定理对于所有酉变换都成立。

$$\sum_{n=0}^{N-1} x(n) x^*(n) = \frac{1}{N} \sum_{k=0}^{N-1} X^F(k) X^{F^*}(k) \tag{2.16a}$$

序列 $\{x(n)\}$ 的能量在 DFT 域保持不变。

证明：

$$\sum_{n=0}^{N-1} |x(n)|^2 = \sum_{n=0}^{N-1} x(n) x^*(n) = \frac{1}{N} \sum_{n=0}^{N-1} x^*(n) \sum_{k=0}^{N-1} X^F(k) W_N^{-nk}$$

$$= \frac{1}{N} \sum_{k=0}^{N-1} X^F(k) \sum_{n=0}^{N-1} x^*(n) W_N^{-nk} = \frac{1}{N} \sum_{k=0}^{N-1} X^F(k) \left(\sum_{n=0}^{N-1} x(n) W_N^{nk}\right)^*$$

$$= \frac{1}{N} \sum_{k=0}^{N-1} X^F(k) X^{F^*}(k) = \frac{1}{N} \sum_{k=0}^{N-1} |X^F(k)|^2 \tag{2.16b}$$

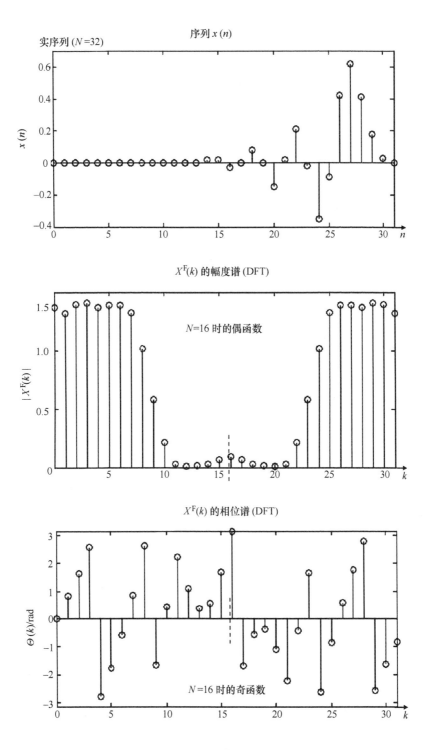

图 2.7　当 $x(n)$ 是实序列时，$X^F(k)$ 在 $k = N/2$ 处的奇偶特性

4. 循环移位

给定 $x(n) \Leftrightarrow X^{\mathrm{F}}(k)$，则

$$x(n+h) \Leftrightarrow X^{\mathrm{F}}(k) W_N^{-hk} \tag{2.17}$$

式中，$x(n+h)$ 表示在时域向左循环移位 h 个采样间隔，即 $\{x_{n+h}\}$ 为 $(x_h, x_{h+1}, x_{h+2}, \cdots, x_{N-1}, x_0, x_1, \cdots, x_{h-1})$。

证明：

由于

$$\sum_{m=h}^{N+h-1} x(m) W_N^{mk} = X^{\mathrm{F}}(k) \qquad k = 0, 1, \cdots, N-1$$

所以

$$
\begin{aligned}
\mathrm{DFT}[x(n+h)] &= \sum_{n=0}^{N-1} x(n+h) W_N^{nk} \qquad \text{使 } m = n+h \\
&= \sum_{m=h}^{N+h-1} x(m) W_N^{(m-h)k} \\
&= \Big(\sum_{m=h}^{N+h-1} x(m) W_N^{mk} \Big) W_N^{-hk} \\
&= X^{\mathrm{F}}(k) W_N^{-hk}
\end{aligned}
\tag{2.18}
$$

因为 $|W_N^{-hk}| = 1$，所以原序列的 DFT 和循环移位后序列的 DFT 仅相位是相关的。对一个序列进行循环移位操作，其幅度谱和功率谱均保持不变。

5. $\left[x(n) \exp\left(\dfrac{\mathrm{j}2\pi hn}{N} \right) \right]$ 的 DFT

$$\mathrm{DFT}\left[x(n) \exp\left(\frac{\mathrm{j}2\pi hn}{N} \right) \right] = \sum_{n=0}^{N-1} (x(n) W_N^{-hn}) W_N^{kn} = \sum_{n=0}^{N-1} x(n) W_N^{(k-h)n} = X^{\mathrm{F}}(k-h) \tag{2.19}$$

由于 $X^{\mathrm{F}}(k) = \sum_{n=0}^{N-1} x(n) W_N^{kn}$，$k = 0, 1, \cdots, N-1$。因此，$X^{\mathrm{F}}(k-h)$ 是 $X^{\mathrm{F}}(k)$ 在频域循环移位 h 个采样间隔的结果。对于 $h = N/2$ 的特殊情况，有

$$
\begin{aligned}
\mathrm{DFT}\left[x(n) \exp\left(\frac{\mathrm{j}2\pi}{N} \frac{N}{2} n \right) \right] &= \mathrm{DFT}[(-1)^n x(n)], \quad \mathrm{e}^{\pm\mathrm{j}\pi n} = (-1)^n \\
&= \mathrm{DFT}\{x(0), -x(1), x(2), -x(3), x(4), \cdots, (-1)^{N-1} x(N-1)\} \\
&= X^{\mathrm{F}}\left(k - \frac{N}{2}\right)
\end{aligned}
\tag{2.20}
$$

式中，$\{x(0), x(1), x(2), \cdots, x(N-1)\}$ 为原始 N 点序列。

在离散的频谱中，直流分量现在移动到了中点（见图 2.8）。在中点的左右两边，频率均随着与中点距离的增加而增加（考虑正频率和负频率）。

6. 置换序列的 DFT[B1]

$$\{x(pn)\} \Leftrightarrow \{X^{\mathrm{F}}(qk)\} \qquad 0 \leqslant p, q \leqslant N-1 \tag{2.21}$$

现置换序列 $x(n)$，使用 pn modulo N 替换 n。其中，$0 \leq p \leq N-1$ 且 p 是与 N 互质的整数。则 $x(pn)$ 的 DFT 为

$$A^{\mathrm{F}}(k) = \sum_{n=0}^{N-1} x(pn) W^{nk} \tag{2.22}$$

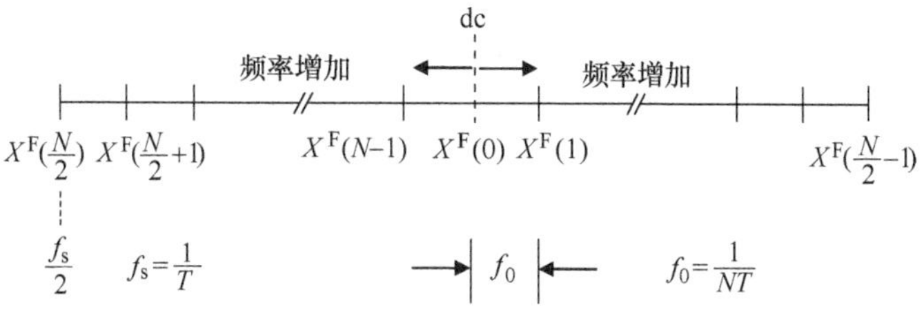

图 2.8　$[(-1)^n x(n)]$ 的 DFT，dc 系数在中心位置，
频率沿远离中心的左右方向增加

若 a 和 b 除 1 之外没有其他公共因子，则称 a 与 b 互质，用 $(a, b) = 1$ 表示。由于 $(p, N) = 1$，因此可以找到一个整数 q，使得 $0 \leq q \leq N-1$ 且 $qp \equiv$（1modulo N）（详细内容参见习题 2.21（a））。如果用 qn modulo N 代替 n，则式（2.22）保持不变。于是有

$$
\begin{aligned}
A^{\mathrm{F}}(k) &= \sum_{n=0}^{N-1} x(pqn) W^{nqk} \\
&= \sum_{n=0}^{N-1} x(aNn + n) W^{nqk} \quad \text{由于 } qp \equiv \text{（1 modulo } N\text{），或 } qp = aN + 1 \\
&= \sum_{n=0}^{N-1} x(n) W^{n(qk)} = X^{\mathrm{F}}(qk) \quad x(n) \text{ 为式(2.9b)给出的周期形式}
\end{aligned}
\tag{2.23}
$$

式中，a 为整数。

【**例 2.1**】　当 $N = 8$ 时，$p = \{3, 5, 7\}$。$p = 3$ 时 $q = 3$，$p = 5$ 时 $q = 5$，$p = 7$ 时 $q = 7$。当 $p = 3$ 时，$pn = \{0, 3, 6, 1, 4, 7, 2, 5\}$。由于 $p = q = 3$，因此当 $n = k$ 时 $pn = qk$。当 $p = 5$ 时，$pn = \{0, 5, 2, 4, 7, 1, 6, 3\}$。当 $p = 7$ 时，$pn = \{0, 7, 6, 5, 4, 3, 2, 1\}$。

【**例 2.2**】　令 $N = 8$、$p = 3$，则有 $q = 3$。令 $x(n) = \{0, 1, 2, 3, 4, 5, 6, 7\}$，则

$$A^{\mathrm{F}}(K) = X^{\mathrm{F}}(qk) = \{X^{\mathrm{F}}(0), X^{\mathrm{F}}(3), X^{\mathrm{F}}(6), X^{\mathrm{F}}(1), X^{\mathrm{F}}(4), X^{\mathrm{F}}(7), X^{\mathrm{F}}(2), X^{\mathrm{F}}(5)\}$$

则有

$$
\begin{aligned}
a(n) &= [A^{\mathrm{F}}(k)] \text{ 的 } N \text{ 点 IDFT} \\
&= \{0, 3, 6, 1, 4, 7, 2, 5\} = x(pn)
\end{aligned}
$$

2.4 卷积定理

对两个周期序列在空域/时域进行循环卷积相当于两者在 DFT 域相乘。令 x (n) 和 $y(n)$ 为两个周期为 N 的实序列。则它们的循环卷积为

$$z_{\mathrm{con}}(m) = \frac{1}{N}\sum_{n=0}^{N-1} x(n)y(m-n) \quad m = 0,1,\cdots,N-1$$

$$= x(n) * y(n) \tag{2.24a}$$

在 DFT 域，这相当于

$$Z_{\mathrm{con}}^{\mathrm{F}}(k) = \frac{1}{N}X^{\mathrm{F}}(k)Y^{\mathrm{F}}(k) \tag{2.24b}$$

式中，$x(n) \Leftrightarrow X^{\mathrm{F}}(k)$，$y(n) \Leftrightarrow Y^{\mathrm{F}}(k)$，$z_{\mathrm{con}}(m) \Leftrightarrow Z_{\mathrm{con}}^{\mathrm{F}}(k)$。

证明：$z_{\mathrm{con}}(m)$ 的 DFT 为

$$\sum_{m=0}^{N-1}\Big[\frac{1}{N}\sum_{n=0}^{N-1} x(n)y(m-n)\Big]W_N^{mk}$$

$$= \frac{1}{N}\sum_{n=0}^{N-1} x(n)W_N^{nk}\sum_{m=0}^{N-1} y(m-n)W_N^{(m-n)k}$$

$$= \frac{1}{N}X^{\mathrm{F}}(k)Y^{\mathrm{F}}(k)$$

$$\mathrm{IDFT}\left[\frac{1}{N}X^{\mathrm{F}}(k)Y^{\mathrm{F}}(k)\right] = z_{\mathrm{con}}(m)$$

如果希望使用 DFT 得到非循环或非周期卷积的结果，则两个序列 $x(n)$ 和 $y(n)$ 必须通过补零进行扩展。尽管通过 DFT 相乘仍然实现的是循环卷积，但此时所得结果的一个周期与非循环卷积是相同的（见图 2.9）。这一结论具体说明如下：

给定 M 点序列 $\{x(n)\} = \{x_0, x_1, \cdots, x_{M-1}\}$ 和 L 点序列 $\{y(n)\} = \{y_0, y_1, \cdots, y_{L-1}\}$，下面求两者的循环卷积。

(1) 在序列 $x(n)$ 末尾补 $N-M$ 个零，即 $\{x_e(n)\} = \{x_0, x_1, \cdots, x_{M-1}, 0, 0, \cdots, 0\}$，且满足 $N \geqslant M+L-1$。

(2) 在序列 $y(n)$ 末尾补 $N-L$ 个零，即 $\{y_e(n)\} = \{y_0, y_1, \cdots, y_{L-1}, 0, 0, \cdots, 0\}$。

(3) 对 $\{x_e(n)\}$ 进行 N 点 DFT 得到 $\{X_e^{\mathrm{F}}(k)\}$，$k = 0, 1, \cdots, N-1$。

(4) 对 $\{y_e(n)\}$ 重复步骤（3）得到 $\{Y_e^{\mathrm{F}}(k)\}$，$k = 0, 1, \cdots, N-1$。

(5) 令 $\frac{1}{N}X_e^{\mathrm{F}}(k)$ 与 $Y_e^{\mathrm{F}}(k)$ 两者相乘得到 $\frac{1}{N}X_e^{\mathrm{F}}(k)Y_e^{\mathrm{F}}(k)$，$k = 0, 1, \cdots, N-1$。

(6) 对 $\frac{1}{N}X_e^{\mathrm{F}}(k)Y_e^{\mathrm{F}}(k)$ 进行 N 点 IDFT 得到 $z_{\mathrm{con}}(m)$，$m = 0, 1, \cdots, N-1$，即

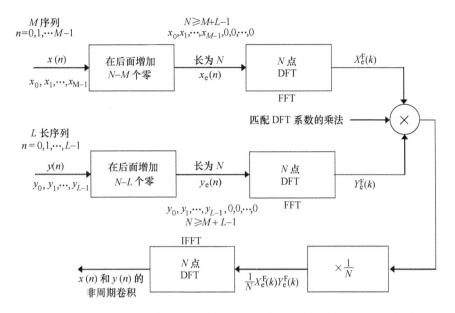

图 2.9　基于 DFT/IDFT 的非周期卷积，$x_e(n)$ 和 $y_e(n)$ 是补零扩展后的序列

为 $x(n)$ 和 $y(n)$ 的非周期卷积。

显然，所有的 DFT 和 IDFT 均可通过快速算法实现（见本书第 3 章）。注意，此处 $\{X_e^F(k)\}$ 和 $\{Y_e^F(k)\}$ 分别是扩展序列 $\{x_e(n)\}$ 和 $\{y_e(n)\}$ 的 N 点 DFT。

【例 2.3】　周期和非周期（见图 2.10）

两个序列 $\{x(n)\}$ 和 $\{y(n)\}$ 的离散卷积为

$$z_{\text{con}}(m) = \frac{1}{N}\sum_{n=0}^{N-1} x(n)y(m-n)$$

$$x(n) \qquad n = 0,1,\cdots,M-1$$

$$y(n) \qquad n = 0,1,\cdots,L-1 \qquad (N = L+M-1)$$

$$z_{\text{con}}(m) \qquad m = 0,1,\cdots,N-1$$

下面的例子对此进行了说明。

【例 2.4】　令 $x(n)$ 为 $\{1,1,1,1\}$ $n=0$，1，2，3，即 $L=4$。将 $x(n)$ 与其自身进行卷积。

$$
\begin{array}{cccc}
1 & 1 & 1 & 1 \\
| & | & | & | \\
\end{array}
$$

$$\{x(n)\} \longrightarrow$$

$$x(0) \quad x(1) \quad x(2) \quad x(3)$$

$$
\begin{array}{cccc}
1 & 1 & 1 & 1 \\
| & | & | & | \\
\end{array}
$$

$$\longleftarrow \{x(-n)\} \qquad z_{\text{con}(m)} = \frac{1}{N}\sum_{n=0}^{N-1} x(n)x(m-n)$$

$$x(3) \quad x(2) \quad x(1) \quad x(0)$$

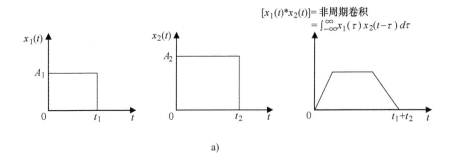

a)

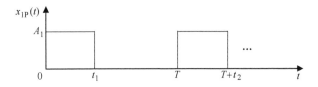

$x_{1P}(t)$ 是以周期 T 重复 $x_1(t)$ 的周期函数，且 $T \geqslant t_1 + t_2$。

$x_{2P}(t)$ 的情况相似

$[x_{1P}(t)*x_{2P}(t)]$

类似 $x_1(t)*x_2(t)$，当 $T > (t_1 + t_2)$

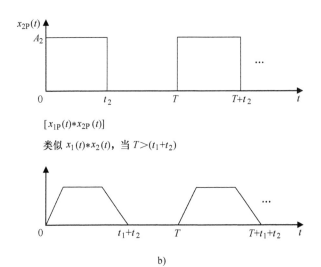

b)

图 2.10　非周期函数 $x_1(t)$ 与 $x_2(t)$ 的卷积与它们各自组成的同周期函数的周期卷积结果相同

a) $x_1(t)$ 和 $x_2(t)$ 的非周期卷积　b) $x_{1P}(t)$ 和 $x_{2P}(t)$ 的周期卷积

$$z_{\mathrm{con}}(0) = \frac{1}{8} \sum_{n=0}^{7} x(n) x(-n)$$

$$= \frac{1}{8}$$

（1）保持 $\{x(n)\}$ 不变。

（2）将$\{y(n)\}$关于 0 点反转，得$\{y(-n)\}$。

（3）令$x(n)$和$y(-n)$相乘，然后对结果求和。

（4）将$\{y(-n)\}$右移一个采样间隔，令$x(n)$和$y(1-n)$相乘，然后对结果求和。

（5）将$\{y(-n)\}$右移两个采样间隔，相乘并求和。

（6）将$\{y(-n)\}$右移三个采样间隔，相乘并求和。以此类推。

$$
\{x(n)\}\longrightarrow
\begin{array}{cccc}
x(0) & x(1) & x(2) & x(3)
\end{array}
$$

$$\longleftarrow \{x(1-n)\}$$

$$
\begin{array}{cccc}
x(3) & x(2) & x(1) & x(0)
\end{array}
$$

$$
\begin{aligned}
z_{\text{con}}(1) &= \frac{1}{8}\sum_{n=0}^{7} x(n)x(1-n)\\
&= \frac{2}{8}
\end{aligned}
$$

$$
\{x(n)\}\longrightarrow
\begin{array}{cccc}
x(0) & x(1) & x(2) & x(3)
\end{array}
$$

$$\longleftarrow \{x(2-n)\}$$

$$
\begin{array}{cccc}
x(3) & x(2) & x(1) & x(0)
\end{array}
$$

$$
\begin{aligned}
z_{\text{con}}(3) &= \frac{1}{8}\sum_{n=0}^{7} x(n)x(2-n)\\
&= \frac{3}{8}
\end{aligned}
$$

$$
\{x(n)\}\longrightarrow
\begin{array}{cccc}
x(0) & x(1) & x(2) & x(3)
\end{array}
$$

$$\longleftarrow \{x(3-n)\}$$

$$
\begin{array}{cccc}
x(3) & x(2) & x(1) & x(0)
\end{array}
$$

$$
\begin{aligned}
z_{\text{con}}(3) &= \frac{1}{8}\sum_{n=0}^{7} x(n)x(3-n)\\
&= \frac{4}{8}
\end{aligned}
$$

$$\{x(n)\} \longrightarrow$$
$$x(0) \quad x(1) \quad x(2) \quad x(3)$$

$$\longleftarrow \{x(4-n)\}$$
$$x(3) \quad x(2) \quad x(1) \quad x(0)$$

$$z_{\mathrm{con}}(4) = \frac{1}{8}\sum_{n=0}^{7} x(n)x(4-n)$$
$$= \frac{3}{8}$$

$$\{x(n)\} \longrightarrow$$
$$x(0) \quad x(1) \quad x(2) \quad x(3)$$

$$\longleftarrow \{x(5-n)\}$$
$$x(3) \quad x(2) \quad x(1) \quad x(0)$$

$$z_{\mathrm{con}}(5) = \frac{1}{8}\sum_{n=0}^{7} x(n)x(5-n)$$
$$= \frac{2}{8}$$

$$\{x(n)\} \longrightarrow$$
$$x(0) \quad x(1) \quad x(2) \quad x(3)$$

$$\longleftarrow \{x(6-n)\}$$
$$x(3) \quad x(2) \quad x(1) \quad x(0)$$

$$z_{\mathrm{con}}(6) = \frac{1}{8}\sum_{n=0}^{7} x(n)x(6-n)$$
$$= \frac{1}{8}$$

$$\{x(n)\} \longrightarrow$$
$$x(0) \quad x(1) \quad x(2) \quad x(3)$$

$$\longleftarrow \{x(7-n)\}$$
$$x(3) \quad x(2) \quad x(1) \quad x(0)$$

$$z_{con}(7) = \frac{1}{8} \sum_{n=0}^{7} x(n)x(7-n) = 0$$

$$z_{con}(m) = 0 \qquad m \geq 7 \text{ 和 } m \leq (-1)$$

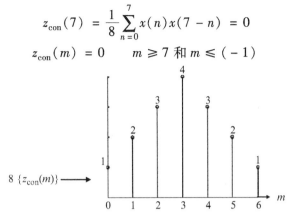

单位序列与自身卷积得到了一个三角序列，这是非周期或非循环卷积。为了通过 DFT/IDFT 实现非周期卷积，首先需在 $\{x(n)\}$，$n = 0$，1，$\cdots$，$L-1$ 和 $\{y(n)\}$，$n = 0$，1，$\cdots$，$M-1$ 末尾补零扩展到长度 $N \geq M + L - 1$（见图2.9）。

2.4.1 乘积定理

两个周期序列在时域/空域的乘积相当于在 DFT 域进行循环卷积（见习题2.16）。

2.5 相关性定理

与卷积定理类似，相关性也存在类似的定理（见图2.11）。两个实周期序列 $x(n)$ 和 $y(n)$ 的循环相关定义为

$x(n)$	1 2 3 0 0		1 1 3 0 0	
$y(m-n)$				$y(m+n)$
$m=0$	1 0 0 3 2		1 2 3 0 0	$m=0$
$m=1$	2 1　　　3		2 3　　　1	$m=1$
$m=2$	3 2 1		3　　　1 2	$m=2$
$m=3$	3 2 1		1 2 3	$-m = 3 = 3 \pm N = -2$
$m=4$	3 2 1		1 2 3	$m = 4 = 4 \pm N = -1$

$z_{con}(m)$　1 4 10 12 9

12 5 3 [3 7]　$z_{cor}(m)$

$\underline{x} = [1\ 1\ 3]$

3 7 12 5 3　$= \mathrm{xcorr}(y, x)$

绕回

$$z_{con}(m) = \frac{1}{N} \sum_{n=0}^{N-1} x(n)y(m-n) \qquad\qquad z_{cor}(m) = \frac{1}{N} \sum_{n=0}^{N-1} x(n)y(m+n)$$

$$m = 0, 1, \ldots, N-1$$

$$Z_{con}^{F}(k) = \frac{1}{N} X^{F}(k) Y^{F}(k) \qquad\qquad Z_{cor}^{F}(k) = \frac{1}{N} X^{F^*}(k) Y^{F}(k)$$

通过DFT相乘实现循环卷积得到非周期卷积　　　　　通过DFT相乘实现循环相关得到非周期相关

图2.11　卷积定理与相关性定理的关系

$$z_{\text{cor}}(m) = \frac{1}{N}\sum_{n=0}^{N-1} x^*(n)y(m+n) \qquad x(n) \text{为复序列}$$

$$= \frac{1}{N}\sum_{n=0}^{N-1} x(n)y(m+n) \qquad m=0,1,\cdots N-1 \qquad (2.25\text{a})$$

这个过程与离散卷积类似，区别在于$\{y(n)\}$没有进行反转。在 DFT 域式（2.25a）等同于

$$Z_{\text{cor}}^{\text{F}}(k) = \frac{1}{N}X^{\text{F}*}(k)Y^{\text{F}}(k) \quad \text{注意} Z_{\text{cor}}^{\text{F}}(k) \neq \frac{1}{N}X^{\text{F}}(k)Y^{\text{F}*}(k) \qquad (2.25\text{b})$$

证明：

$$z_{\text{cor}}(m) \text{ 的 DFT 是} \sum_{m=0}^{N-1}\left[\frac{1}{N}\sum_{n=0}^{N-1}x(n)y(m+n)\right]W_N^{mk}$$

$$= \frac{1}{N}\sum_{n=0}^{N-1}x(n)W_N^{-nk}\sum_{m=0}^{N-1}y(m+n)W_N^{(m+n)k} \qquad \text{使} m+n=l$$

$$= \frac{1}{N}\underbrace{\sum_{n=0}^{N-1}x(n)W_N^{-nk}}\ \underbrace{\sum_{l=n}^{N-1+n}y(l)W_N^{lk}}$$

$$= \frac{1}{N}X^{\text{F}*}(k)Y^{\text{F}}(k) \qquad \text{这里} z_{\text{cor}}(m) \Leftrightarrow Z_{\text{cor}}^{\text{F}}(k)$$

与卷积的情形一样，若要通过 DFT/IDFT 获得非循环（非周期）相关，$\{x(n)\}$和$\{y(n)\}$都需要通过补零扩展到 $N \geqslant M+L-1$（M 和 L 分别是$\{x(n)\}$和$\{y(n)\}$的长度）。尽管此时得到的结果为循环相关，但它在一个周期内和非循环相关的结果是一样的。

通过对图 2.9 所示框图中的 $X^{\text{F}}(k)$ 取复共轭，使得该框图同样适用于非周期相关的计算。

$$\boxed{\text{IDFT}\left[\frac{1}{N}X^{\text{F}*}(k)Y^{\text{F}}(k)\right] = z_{\text{cor}}(m)} \qquad (2.26)$$

相关算法表述如下：

给定 M 点序列$\{x(n)\} = \{x_0, x_1, \cdots, x_{M-1}\}$ 和 L 点序列$\{y(n)\} = \{y_0, y_1, \cdots, y_{L-1}\}$，下面求两者的循环相关：

（1）在序列 $x(n)$ 末尾补 $N-M$ 个零，得到$\{x_e(n)\} = \{x_0, x_1, \cdots, x_{M-1}, 0, 0, 0, \cdots, 0\}$，且满足 $N \geqslant M+L-1$。

（2）在序列 $y(n)$ 末尾补 $N-L$ 个零，得到$\{y_e(n)\} = \{y_0, y_1, \cdots, y_{L-1}, 0, 0, \cdots, 0\}$。

（3）对$\{x_e(n)\}$进行 N 点 DFT，得$\{X_e^{\text{F}}(k)\}$，$k=0, 1, \cdots, N-1$。

（4）对$\{y_e(n)\}$重复步骤（3），得$\{Y_e^{\text{F}}(k)\}$，$k=0, 1, \cdots, N-1$。

（5）令 $\frac{1}{N}X_e^{\text{F}*}(k)$ 与 $Y_e^{\text{F}}(k)$ 相乘，得到 $\frac{1}{N}X_e^{\text{F}*}(k)Y_e^{\text{F}}(k)$，$k=0, 1, \cdots, N-1$。

（6）对 $\left\{\dfrac{1}{N}X_{\mathrm{e}}^{\mathrm{F}*}(k)Y_{\mathrm{e}}^{\mathrm{F}}(k)\right\}$ 进行 N 点 IDFT，得到 $z_{\mathrm{cor}}(m)$，$m=0$，1，$\cdots$，$N-$
1，即 $\{x(n)\}$ 和 $\{y(n)\}$ 的非周期相关。

（7）由于当 $0\leqslant m\leqslant N-1$ 时，$z_{\mathrm{cor}}(m)$ 是不同时延下的相关值。其中，正时延和负时延以一种环绕的方式存储。可以采用以下方法获得 $z(m)$。当 $M\geqslant L$、$N=M$ $+L-1$ 时，有

$$
\begin{aligned}
z(m) &= z_{\mathrm{cor}}(m) \qquad 0\leqslant m\leqslant L-1 \\
z(m-N) &= z_{\mathrm{cor}}(m) \qquad M\leqslant m\leqslant N-1
\end{aligned}
\tag{2.27}
$$

【**例 2.5**】　给定 M 点序列 $\{x(n)\}=\{1,\ 2,\ 3,\ 1\}$ 和 L 点序列 $\{y(n)\}=\{1$，1，$3\}$，计算两者的非周期相关。

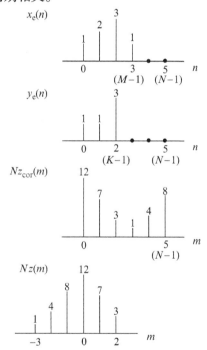

（1）在 $x(n)$ 末尾补 $N-M$ 个零，得 $\{x_{\mathrm{e}}(n)\}=\{1,\ 2,\ 3,\ 1,\ 0,\ 0\}$，且满足 $N=L+M-1$。

（2）在 $y(n)$ 末尾补 $N-L$ 个零，得 $\{y_{\mathrm{e}}(n)\}=\{1,\ 1,\ 3,\ 0,\ 0,\ 0\}$。

（3）对 $\{x_{\mathrm{e}}(n)\}$ 进行 N 点 DFT，得 $\{X_{\mathrm{e}}^{\mathrm{F}}(k)\}$，$k=0$，$1$，$\cdots$，$N-1$。

（4）对 $\{y_{\mathrm{e}}(n)\}$ 重复步骤（3），得 $\{Y_{\mathrm{e}}^{\mathrm{F}}(k)\}$，$k=0$，$1$，$\cdots$，$N-1$。

（5）将 $X_{\mathrm{e}}^{\mathrm{F}*}(k)$ 与 $Y_{\mathrm{e}}^{\mathrm{F}}(k)$ 相乘，得 $X_{\mathrm{e}}^{\mathrm{F}*}(k)Y_{\mathrm{e}}^{\mathrm{F}}(k)$，$k=0$，$1$，$\cdots$，$N-1$。

（6）对 $\{X_{\mathrm{e}}^{\mathrm{F}*}(k)Y_{\mathrm{e}}^{\mathrm{F}}(k)\}$ 进行 N 点 IDFT，得 $\{x(n)\}$ 和 $\{y(n)\}$ 的非周期相关 N $\{z_{\mathrm{cor}}(m)\}=\{12,\ 7,\ 3,\ 1,\ 4,\ 8\}$。

（7）由于当 $0\leqslant m\leqslant 6$ 时，$z_{\mathrm{cor}}(m)$ 是相关值以环绕顺序存储的结果。可以根据

式 (2.27) 得到 $N\{z(m)\} = \{1, 4, 8, 12, 7, 3\}$，$-2 \le m \le 3$。

　　【例 2.6】 利用 MATLAB 实现例 2.5。

$x = [1\ 2\ 3\ 1]$;	
$y = [1\ 1\ 3]$;	
$x\_ e = [1\ 2\ 3\ 1\ 0\ 0]$;	% (1)
$y\_ e = [1\ 1\ 3\ 0\ 0\ 0]$;	% (2)
$Z = \text{conj}\ (\text{fft}\ (x\_ e))\ .\ *\ \text{fft}\ (y\_ e)$;	% (5)
$z = \text{ifft}\ (Z)$	% (6) $[12\ 7\ 3\ 1\ 4\ 8]$

将上述结果环绕存储，可以得到下列与非周期相关一致的结果。

$x\text{corr}\ (y,\ x)$	% $[1\ 4\ 8\ 12\ 7\ 3]$

2.6　重叠相加和重叠保留法

　　两个序列在时域/空域的循环卷积相当于两者在 DFT 域相乘。正如 2.3 节所述，为了利用 DFT 计算非周期卷积，两个序列都必须补零。

2.6.1　重叠相加法

　　当无限长的输入序列 $x(n)$ 与一个有限长单位脉冲响应滤波器 $y(n)$ 进行卷积时，首先需要将待滤波的输入序列分段成 $x_r(n)$，滤波后的各个分段 $z_r(m)$ 将会以适当的方式组合在一起获得最终结果。令输入序列第 r 个分段为 $x_r(n)$，单位脉冲响应 $y(n) = \left\{ \dfrac{1}{4},\ \dfrac{1}{2},\ \dfrac{1}{4} \right\}$，第 r 个分段滤波后的结果为 $z_r(m)$，则可以通过图 2.12 所示的过程获得整个序列滤波后的结果 $z(m)$。

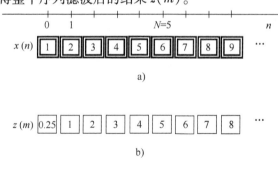

图 2.12　使用重叠相加法进行非周期卷积（图 2.13 给出了当前例子使用 DFT/IDFT 的过程，其中 $N = L + M - 1 = 5$，$L = M = 3$）
a) 序列 $x(n)$ 待与 $y(n)$ 进行卷积　b) $x(n)$ 与 $y(n)$ 的非周期卷积

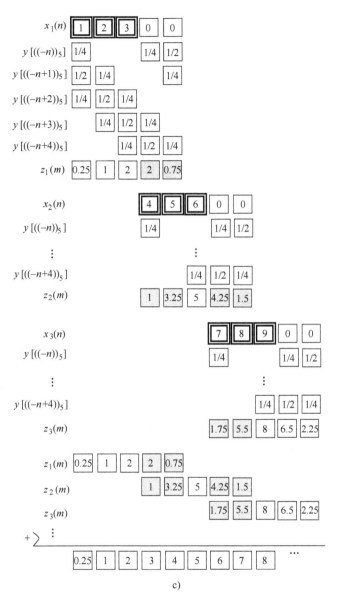

c)

图 2.12 使用重叠相加法进行非周期卷积（图 2.13 给出了当前例子使用 DFT/IDFT 的过程，
其中 $N = L + M - 1 = 5$，$L = M = 3$）（续）

c）使用 DFT/IDFT 的非周期卷积

每个分段的滤波过程可以用 DFT/IDFT 实现（见图 2.13）。

两个序列 $\{x_r(n)\}$ 和 $\{y(n)\}$ 的离散卷积可用下式计算：

$$z_r(m) = \sum_{n=0}^{N-1} x_r(n) y[((m-n))_N]$$

$$
\begin{array}{lll}
x_r(n) & n = 0,1,\cdots,L-1 & \\
y[((n))_N] & n = 0,1,\cdots,M-1 & (N=L+M-1) \qquad (2.28)\\
z_r(m) & m = 0,1,\cdots,N-1 &
\end{array}
$$

式中,第二个序列 $y[((m-n))_N]$ 相对于第一个序列 $x_r(n)$ 进行了循环反转和循环移位。序列 $y[((n))_N]$ 以 N 为模移位。序列 $x_r(n)$ 有 L 个非零值和 $M-1$ 个零值,总长度为 $L+M-1$。由于每一个输入分段的前端距离下一个分段的长度均为 L,而滤波后的分段长度均为 $L+M-1$,因此滤波后的分段将有 $(M-1)$ 点的重叠,而且这些重叠的点必须叠加,如图 2.12 所示。因此,这一过程被称为**重叠相加法**。这一方法可使用 MATLAB 的 FFTFILT(y,x) 函数实现。

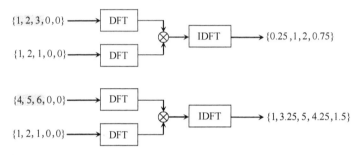

图 2.13　用重叠相加法将循环卷积转化为非周期卷积(其中,$N=L+M-1=5$,$L=M=3$;
注意 DFT 和 IDFT 使用快速算法(见本书第 3 章))

另一种实现快速卷积的方法叫作**重叠保留法**。这一方法对 M 点的单位脉冲响应 $y(n)$ 和 L 点的分段序列 $x_r(n)$ 进行 L 点的循环卷积,然后保留循环卷积中对应于非周期卷积的部分。每个输出分段的前 $(M-1)$ 个点将被丢弃,其后的部分组合在一起形成最终的输出(见图 2.14)。每一个连续的输入部分有 $(M-1)$ 个点和 $(L-M+1)$ 个新点,这样能够使输入分段是重叠的(见本书参考文献 [G2])。

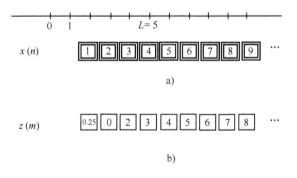

图 2.14　使用重叠保留法进行非周期卷积(其中 $L=5$,$M=3$)
a) 序列 $x(n)$ 待与 $y(n)$ 进行卷积　b) $x(n)$ 与 $y(n)$ 的非周期卷积

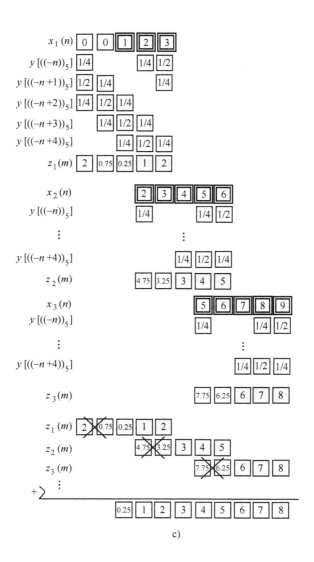

图 2.14　使用重叠保留法进行非周期卷积（其中 $L=5$，$M=3$）（续）

c）基于 DFT/IDFT 的非周期卷积

2.7　数据域的补零

正如前文所述，为使用 DFT/IDFT 计算两个序列（长度分别为 L 和 M）的非周期卷积/相关，必须在这两个序列的末尾补零，使它们的长度达到 $N \geqslant L+M-1$（见图 2.9）。下面我们来研究补零操作对频域（DFT 域）带来的影响。给定 M 点

序列 $\{x(n)\} = \{x_0, x_1, \cdots, x_{M-1}\}$，在其末尾添加 $N-M$ 个零。扩展后的序列为 $\{x_e(n)\} = \{x_0, x_1, \cdots, x_{M-1}, 0, \cdots, 0\}$，其中

$$x_e(n) = 0 \qquad M \leqslant n \leqslant N-1$$

$\{x_e(n)\}$ 的 DFT 为

$$X_e^F(k) = \sum_{n=0}^{N-1} x_e(n) W_N^{nk} \qquad k = 0, 1, \cdots, N-1 \tag{2.29a}$$

$$= \sum_{n=0}^{M-1} x(n) W_N^{nk} \tag{2.29b}$$

注意，$X_e^F(k)$ 的下标 e 表示扩展序列 $\{x_e(n)\}$ 的 DFT。$\{x(n)\}$ 的 DFT 为

$$X^F(k) = \sum_{m=0}^{M-1} x(m) W_M^{mk} \qquad k = 0, 1, \cdots, M-1 \tag{2.30}$$

通过对式（2.29）和式（2.30）的观察可知，在 $\{x(n)\}$ 末尾补零相当于在其频域进行插值。

事实上，当 $N = PM$（P 是整数）时，$X_e^F(k)$ 是 $X^F(k)$ 以 P 为因子进行插补得到的。由式（2.29b）和式（2.30）可知，$X_e^F(kP) = X^F(k)$，即

$$\sum_{n=0}^{M-1} x(n) \exp\left(\frac{-j2\pi nkP}{PM}\right) = \sum_{n=0}^{M-1} x(n) \exp\left(\frac{-j2\pi nk}{M}\right)$$

在序列 $\{x(n)\}$ 末尾添加零的过程叫作补零，该方法在频域的细节表示方面很有用。从数据域来看，式（2.29b）和式（2.30）的 IDFT 分别是 $\{x(n)\}$ 和 $\{x_e(n)\}$。然而，在频域补零没有明显的用处（对 $X^F(k)$ 进行补零，需要特别注意式（2.15）列出的共轭对称性）。

【例 2.7】 设 $N=8$、$M=4$，则 $P=2$。令

$$\{x(n)\} = \{1, 2, 3, 4\}$$

则有

$$\{X^F(k)\} = \{10, -2+j2, -2, -2-j2\}$$

$$\{x_e(n)\} = \{1, 2, 3, 4, 0, 0, 0, 0\}$$

$$\{X_e^F(k)\} = \{10, -0.414 - j7.243, -2+j2, 2.414 - j1.243, -2,$$
$$2.414 + j1.243, -2-j2, -0.414 + j7.243\}$$

各函数如图 2.15 所示。为了更细致地表示频率响应，对输入数据进行了补零，如图 2.16 所示。

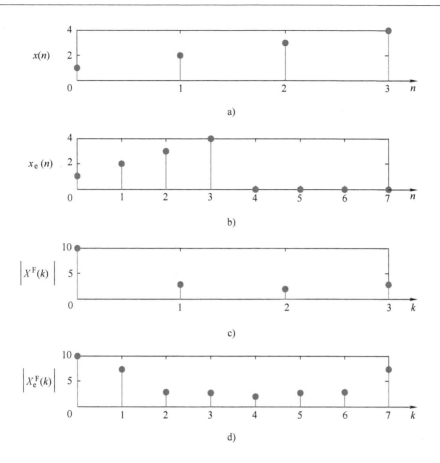

图 2.15　原序列 a 和补零后的序列 b 的幅度谱分别为 c 和 d

a）原序列　b）补零后的序列　c）原序列幅度谱　d）补零后的序列的幅度谱

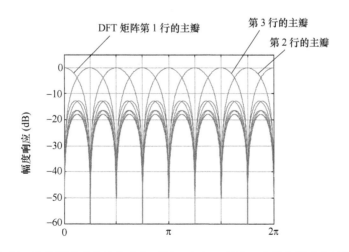

图 2.16　为使频率响应的大小为 1024，在 DFT 每个 8 点基向量后进行补零

2.8   使用一次复数 FFT 计算两个实序列的 DFT

给定两个实序列 $x(n)$ 和 $y(n)$，$0 \leqslant n \leqslant N-1$，两者的 DFT 可以使用一次复数 FFT 运算得到。具体的过程如下：

构造一个复序列

$$p(n) = x(n) + \mathrm{j}y(n) \qquad n = 0, 1, \cdots, N-1 \tag{2.31}$$

$p(n)$ 的 N 点 DFT 为

$$
\begin{aligned}
P^{\mathrm{F}}(k) &= \sum_{n=0}^{N-1} p(n) W_N^{nk} \qquad k = 0, 1, \cdots, N-1 \\
&= \sum_{n=0}^{N-1} x(n) W_N^{nk} + \mathrm{j} \sum_{n=0}^{N-1} y(n) W_N^{nk} \\
&= X^{\mathrm{F}}(k) + \mathrm{j} Y^{\mathrm{F}}(k)
\end{aligned} \tag{2.32}
$$

则

$$
\begin{aligned}
P^{\mathrm{F}*}(N-k) &= X^{\mathrm{F}*}(N-k) - \mathrm{j} Y^{\mathrm{F}*}(N-k) \\
&= X^{\mathrm{F}}(k) - \mathrm{j} Y^{\mathrm{F}}(k)
\end{aligned} \tag{2.33}
$$

由于 $x(n)$ 和 $y(n)$ 都是实序列，因此

$$X^{\mathrm{F}}(k) = \frac{1}{2} [P^{\mathrm{F}}(k) + P^{\mathrm{F}*}(N-k)] \tag{2.34a}$$

$$Y^{\mathrm{F}}(k) = \frac{1}{2} [P^{\mathrm{F}*}(N-k) - P^{\mathrm{F}}(k)] \tag{2.34b}$$

这里我们使用了下列性质：

当 $x(n)$ 为实序列时，有

$$X^{\mathrm{F}*}(N-k) = X^{\mathrm{F}}(k) \tag{2.35}$$

证明：

$$
\begin{aligned}
X^{\mathrm{F}*}(N-k) &= \sum_{n=0}^{N-1} [x(n) W_N^{(N-k)n}]^* = \sum_{n=0}^{N-1} [x(n) W_N^{-kn}]^* \\
&= \sum_{n=0}^{N-1} x(n) W_N^{kn} = X^{\mathrm{F}}(k) \qquad 由于 W_N^{Nn} = 1
\end{aligned}
$$

2.9   利用 DFT 矩阵将循环矩阵对角化

2.9.1   托普利茨（Toeplitz）矩阵

托普利茨矩阵是一种方阵，其主对角线上每个元素的值都相等。

NW　　　　　　　NE

$$\begin{bmatrix} a_1 & a_2 & a_3 & a_4 \\ a_5 & a_1 & a_2 & a_3 \\ a_6 & a_5 & a_1 & a_2 \\ a_7 & a_6 & a_5 & a_1 \end{bmatrix}$$

SW　　　　　　　SE

（4×4）托普利茨矩阵

例如 $c = [\,1\ 5\ 6\ 7\,]$；第 1 列，$N = 4$

$r = [\,1\ 2\ 3\ 4\,]$；第 1 行

Toeplitz (c, r)

2.9.2　循环矩阵

循环矩阵的每一行均为上一行的循环移位。根据循环移位方向的不同，循环矩阵可以分为左循环矩阵和右循环矩阵。在下列分析中，我们只考虑右循环移位的情形。

NW　　　　　　　　　　　　　　　NE

$$[H] = \begin{bmatrix} h_0 & h_1 & h_2 & \cdots & h_{N-1} \\ h_{N-1} & h_0 & h_1 & \cdots & h_{N-2} \\ h_{N-2} & h_{N-1} & h_0 & \cdots & h_{N-3} \\ \vdots & \vdots & \vdots & \ddots & \vdots \\ h_1 & h_2 & h_3 & \cdots & h_0 \end{bmatrix} \tag{2.36}$$

SW　　　　　　　　　　　　　　　SE

$[H]_{m,n} = [h_{(m-n)\bmod N}]$ 表示 $[H]$ 第 m 行第 n 列的元素，$0 \leqslant m,\ n \leqslant N-1$。

2.9.3　利用 DFT 矩阵将循环矩阵对角化

令 $[H]$ 为式（2.36）所定义的（$N \times N$）循环矩阵[B6,J13]。定义 $\boldsymbol{\Phi}_k$ 为 DFT 矩阵 $[W_N^{nk}]$ 的基向量，$n,\ k = 0,\ 1,\ \cdots,\ N-1$。则有

$$\underset{(N\times 1)}{\boldsymbol{\Phi}_k} = (1, W_N^{-k}, W_N^{-2k}, \cdots, W_N^{-(N-1)k})^{\mathrm{T}} \qquad W_N = \exp\left(\frac{-\mathrm{j}2\pi}{N}\right) \tag{2.37}$$

第 k 个基向量，$k = 0,\ 1,\ \cdots,\ N-1$

注意 $\boldsymbol{\Phi}_k$ 是 $[W_N^{nk}]^*$ 的列向量（见习题 2.24（b））。

定义

$$[[H]\boldsymbol{\Phi}_k]_m = \sum_{n=0}^{N-1} h_{m-n} W_N^{-kn}, \qquad \boxed{\begin{array}{l} \underset{(N\times N)}{[W_N^{kn}]},(N \times N)\,\text{DFT 矩阵} \\ n,k = 0,1,\cdots,N-1 \end{array}} \tag{2.38}$$

$$m,k = 0,1,\cdots,N-1$$

式（2.38）为 $[H]$ 的第 m 行右乘 $\boldsymbol{\Phi}_k$，因此是一个标量。

令 $m - n = l$，则

$$[[H]\boldsymbol{\Phi}_k]_m = \sum_{l=m}^{m-N+1} h_l W_N^{-k(m-l)}$$

$$= W_N^{-km}\left(\sum_{l=m}^{m-N+1} h_l W_N^{kl}\right) \tag{2.39}$$

$$[[H]\boldsymbol{\Phi}_k]_m = W_N^{-km}\left(\sum_{l=-N+m+1}^{-1} h_l W_N^{kl} + \sum_{l=0}^{m} h_l W_N^{kl}\right)$$

$$= W_N^{-km}\left(\sum_{l=-N+m+1}^{-1} h_l W_N^{kl} + \sum_{l=0}^{N-1} h_l W_N^{kl} - \sum_{l=m+1}^{N-1} h_l W_N^{kl}\right)$$

$$= W_N^{-km}(\text{I} + \text{II} - \text{III})$$

$$= W_N^{-km}\sum_{l=0}^{N-1} h_l W_N^{kl} \qquad 由于\ \text{I} = \text{III} \tag{2.40}$$

证明： 对于 I，令 $p=l+N,\ l=p-N$

$$\text{I} = \sum_{p=m+1}^{N-1} h_{p-N} W_N^{k(p-N)} = \sum_{p=m+1}^{N-1} h_p W_N^{kp} \tag{2.41}$$

由于 $h_{p-N}=h_p,\ W_N^{-kN}=1$。

$$[[H]\boldsymbol{\Phi}_k]_m = \sum_{n=0}^{N-1} h_{m-n} W_N^{-kn} \qquad m,k=0,1,\cdots,N-1$$

$$= W_N^{-km}\sum_{l=0}^{N-1} h_l W_N^{kn} \tag{2.42}$$

$$= \boldsymbol{\Phi}_k(m)\lambda_k$$

式中，$\lambda_k = \sum_{l=0}^{N-1} h_l W_N^{kl}$ 为 $[H]$ 的第 k 个特征值，$k=0,1,\cdots,N-1$。

由于这是 $[H]$ 第一行的 N 点 DFT

所以
$$\underset{(N\times N)}{[H]}\ \underset{(N\times 1)}{\boldsymbol{\Phi}_k} = \underset{(1\times 1)}{\lambda_k}\ \underset{(N\times 1)}{\boldsymbol{\Phi}_k} \qquad k=0,1,\cdots,N-1 \tag{2.43}$$

N 个列向量组合得到

$$[H](\boldsymbol{\Phi}_0,\boldsymbol{\Phi}_1,\cdots) = (\lambda_0\boldsymbol{\Phi}_0,\lambda_1\boldsymbol{\Phi}_1,\cdots) = (\boldsymbol{\Phi}_0,\boldsymbol{\Phi}_1,\cdots)\text{diag}(\lambda_0,\lambda_1,\cdots)$$

$$[H][\boldsymbol{\Phi}] = [\boldsymbol{\Phi}]\text{diag}(\lambda_0,\lambda_1,\cdots,\lambda_{N-1}) \tag{2.44}$$

在式 (2.44) 两端左乘 $[\boldsymbol{\Phi}]^{-1}$，

$$[\boldsymbol{\Phi}]^{-1}[H][\boldsymbol{\Phi}] = \frac{1}{N}[\boldsymbol{\Phi}]^*[H][\boldsymbol{\Phi}]$$

$$= \frac{1}{N}[W_N^{nk}][H][W_N^{nk}]^* \tag{2.45}$$

$$= \text{diag}(\lambda_0,\lambda_1,\cdots,\lambda_{N-1})$$

其中

$$\underset{(N\times N)}{[\boldsymbol{\Phi}]} = (\underset{(N\times 1)}{\boldsymbol{\Phi}_0},\underset{(N\times 1)}{\boldsymbol{\Phi}_1},\cdots,\underset{(N\times 1)}{\boldsymbol{\Phi}_k},\cdots,\underset{(N\times 1)}{\boldsymbol{\Phi}_{N-1}}) = [W_N^{nk}]^*$$

$$\boldsymbol{\Phi}_k = (1, W_N^{-k}, W_N^{-2k}, \cdots, W_N^{-(N-1)k})^{\mathrm{T}} \qquad k = 0, 1, \cdots, N-1$$

$$[\boldsymbol{\Phi}]^{-1} = \frac{1}{N}[\boldsymbol{\Phi}]^*, \quad [\boldsymbol{\Phi}] \text{为酉矩阵}$$

$$[H] = [\boldsymbol{\Phi}]\operatorname{diag}(\lambda_0, \lambda_1, \cdots, \lambda_{N-1})[\boldsymbol{\Phi}]^{-1} \tag{2.46}$$

$$\underset{(N \times N)}{[\boldsymbol{\Phi}]^*} = (\underset{(N \times 1)}{\boldsymbol{\Phi}_0^*}, \underset{(N \times 1)}{\boldsymbol{\Phi}_1^*}, \cdots, \underset{(N \times 1)}{\boldsymbol{\Phi}_{N-1}^*}) = [W_N^{nk}] \quad (N \times N) \text{DFT 矩阵}$$

式 (2.45) 表明,DFT 的基向量是一个循环矩阵的特征向量。式 (2.45) 类似 $[H]$ 的二维 DFT (见例 5.6a),区别在于式 (2.45) 中的第二个 DFT 矩阵进行了复共轭操作。

2.10　小结

本章介绍了离散傅里叶变换 (DFT) 及其性质。下一章将重点介绍 DFT 的快速算法,即快速傅里叶变换 (FFT)。这些算法越来越广泛地应用于各类学科中,涵盖了基 -2/3/4 时域抽取法 (DIT)、频域抽取法 (DIF),以及混合基时/频域抽取法、分裂基法和素因子算法。

2.11　习题

给定 $x(n) \Leftrightarrow X^{\mathrm{F}}(k)$ 和 $y(n) \Leftrightarrow Y^{\mathrm{F}}(k)$,两者都为 N 点 DFT。

2.1　证明 DFT 是酉变换,即

$$[W]^{-1} = \frac{1}{N}[W]^*$$

其中 $[W]$ 是 $(N \times N)$ DFT 矩阵。

2.2　设 $x(n)$ 为实序列,$N = 2^n$。证明 $X^{\mathrm{F}}\left(\dfrac{N}{2} - k\right) = X^{\mathrm{F}*}\left(\dfrac{N}{2} + k\right)$,$k = 0, 1, \cdots, N/2$。这个公式说明了什么?

2.3　证明 $\displaystyle\sum_{n=0}^{N-1} x(n)y^*(n) = \frac{1}{N}\sum_{k=0}^{N-1} X^{\mathrm{F}}(k)Y^{\mathrm{F}*}(k)$。

2.4　证明 $\displaystyle\sum_{n=0}^{N-1} x^2(n) = \sum_{k=0}^{N-1} |X^{\mathrm{F}}(k)|^2$。能量在酉变换下是守恒的,是一个常数。

2.5　证明 $(-1)^n x(n) \Leftrightarrow X^{\mathrm{F}}\left(k - \dfrac{N}{2}\right)$。

2.6　设 $N = 4$,依据 DFT 系数 $X^{\mathrm{F}}(k)$ 或 $\mathrm{fft}(x)$,解释 $\mathrm{fftshift}(\mathrm{fft}(\mathrm{fftshift}(x)))$。

2.7　证明 $\displaystyle\sum_{n=0}^{N-1} W_N^{(r-k)n} = \begin{cases} N, & r = k \\ 0, & r \neq k \end{cases}$。

2.8　调制/频率移位　证明 $\left[x\,(n)\,\exp\left(\dfrac{\mathrm{j}2\pi k_0 n}{N}\right)\right]\Leftrightarrow X^{\mathrm{F}}(k-k_0)$。$X^{\mathrm{F}}(k-k_0)$ 是由 $X^{\mathrm{F}}(k)$ 沿 k（频域）循环右移 k_0 得到的。

2.9　循环移位　证明 $x(n-n_0)\Leftrightarrow X^{\mathrm{F}}(k)\exp\left(\dfrac{-\mathrm{j}2\pi k n_0}{N}\right)$。这个公式说明了什么？

2.10　循环移位　证明 $\delta(n+n_0)\Leftrightarrow\exp\left(\dfrac{\mathrm{j}2\pi k n_0}{N}\right)$。其中，$N=4$，$n_0=2$。克罗内克 δ 函数为 $\delta(n)=\begin{cases}1, & n=0\\0, & n\neq0\end{cases}$。

2.11　时域缩放　证明 $x(an)\Leftrightarrow\dfrac{1}{a}X^{\mathrm{F}}\left(\dfrac{k}{a}\right)$，$a$ 是常数。这个公式说明了什么？

2.12　当 $x(n)$ 为实序列时，证明 $X^{\mathrm{F}}(k)=X^{\mathrm{F}^*}(-k)$。

2.13　证明 $x^*(n)\Leftrightarrow X^{\mathrm{F}^*}(-k)$。

2.14　时域反转　用两种不同的方法证明 $x(-n)\Leftrightarrow X^{\mathrm{F}}(-k)$。

（a）应用式（2.21）中 DFT 的置换性质，且对于任意整数 N 都有（N，$N-1$）$=1$。

（b）应用式（2.1）中 DFT 变换对的定义。
应用式（2.1）中 DFT 变换对的定义解答习题 2.15～2.17。

2.15　两个序列 $x_1(n)$ 和 $x_2(n)$ 的离散卷积定义如下：

$$y(n)=\frac{1}{N}\sum_{m=0}^{N-1}x_1(m)x_2(n-m)\qquad n=0,1,\cdots,N-1$$

$x_1(n)$ 和 $x_2(n)$ 都是 N 点序列。证明 $Y^{\mathrm{F}}(k)=\dfrac{1}{N}X_1^{\mathrm{F}}(k)X_2^{\mathrm{F}}(k)$，$k=0,1,\cdots,N-1$。$Y^{\mathrm{F}}(k)$，$X_1^{\mathrm{F}}(k)$ 和 $X_2^{\mathrm{F}}(k)$ 分别是 $y(n)$，$x_1(n)$ 和 $x_2(n)$ 的 N 点 DFT。

2.16　$X_1^{\mathrm{F}}(k)$ 和 $X_2^{\mathrm{F}}(k)$ 的循环卷积定义如下：

$$Y^{\mathrm{F}}(k)=\frac{1}{N}\sum_{m=0}^{N-1}X_1^{\mathrm{F}}(m)X_2^{\mathrm{F}}(k-m)\qquad k=0,1,\cdots,N-1$$

证明 $y(n)=\dfrac{1}{N}x_1(n)x_2(n)$，$n=0,1,\cdots,N-1$。$Y^{\mathrm{F}}(k)$，$X_1^{\mathrm{F}}(k)$ 和 $X_2^{\mathrm{F}}(k)$ 分别是 $y(n)$，$x_1(n)$ 和 $x_2(n)$ 的 N 点 DFT。

2.17　$x_1(n)$ 和 $x_2(n)$ 的离散相关定义如下：

$$z(n)=\frac{1}{N}\sum_{m=0}^{N-1}x_1(m)x_2(n+m)\qquad n=0,1,\cdots,N-1$$

证明 $Z^{\mathrm{F}}(k)=\dfrac{1}{N}X_1^{\mathrm{F}^*}(k)\,X_2^{\mathrm{F}}(k)$，$k=0,1,\cdots,N-1$。其中，$Z^{\mathrm{F}}(k)$ 是 $z(n)$ 的 DFT。

2.18　已知

$$\underline{b} = [A]\ \underline{x} = \begin{pmatrix} 1 & 2 & -1 & -2 \\ 2 & 1 & 2 & -1 \\ -1 & 2 & 1 & 2 \\ -2 & -1 & 2 & 1 \end{pmatrix} \begin{pmatrix} x_0 \\ x_1 \\ x_2 \\ x_3 \end{pmatrix} \tag{P2.1}$$

令 $\underline{a} = (1,\ -2,\ -1,\ 2)^{\mathrm{T}}$。为计算式（P2.1），引入以下形式的 4 点 FFT

$$\mathrm{IFFT}\ [\mathrm{FFT}\ [\underline{a}]\ \times \mathrm{FFT}\ [\underline{x}]] \tag{P2.2}$$

式中，"×"表示两个向量对应位置元素之间的乘积。请判断这样计算是否正确，并给出解释。

2.19　用酉 1D – DFT 证明以下定理：

（a）卷积定理

（b）乘积定理

（c）相关性定理

2.20　用式（2.25a）中的 DFT 推导式（2.25b）。

2.21　对于一个置换序列的 DFT

（a）当 $(p,\ N) = 1$ 时，存在一个整数 q 满足 $0 \leqslant q \leqslant N-1$ 且 $qp \equiv (1 \bmod N)$。若 $(p,\ N) \neq 1$，则不存在这样的整数。请举例说明后者。

（b）当 $N = 9$ 时，验证例 2.1。

（c）用 MATLAB 检验当 $N = 8$ 和 $N = 9$ 时置换序列的 DFT 是否正确。

（d）当 $N = 16$ 时，验证例 2.1。

2.22　设 $[\varLambda] = \mathrm{diag}(\lambda_0,\ \lambda_1,\ \cdots,\ \lambda_{N-1})$，利用式（2.43）推导式（2.45）。

2.23　已知循环矩阵

$$[H] = \begin{bmatrix} 1 & 2 & 3 & 4 \\ 4 & 1 & 2 & 3 \\ 3 & 4 & 1 & 2 \\ 2 & 3 & 4 & 1 \end{bmatrix}$$

证明 $[H]$ 经 DFT 后主对角线上的元素为该矩阵的特征值。

2.24　**DFT** 的一个正交基（Orthonormal Basis，**ONB**）

（a）利用下面的关系

$$\begin{bmatrix} 1 & 2 \\ 3 & 4 \end{bmatrix} \begin{bmatrix} x_0 \\ x_1 \end{bmatrix} = \begin{bmatrix} 1 \\ 3 \end{bmatrix} x_0 + \begin{bmatrix} 2 \\ 4 \end{bmatrix} x_1 \quad \text{或} \quad [A]\ \underline{x} = \underline{a}_0 x_0 + \underline{a}_1 x_1 \tag{P2.3}$$

式中，$[A] = (\underline{a}_0, \underline{a}_1)$，证明

$$\underline{a}_0^{\mathrm{T}} \underline{x}\ \underline{a}_0 + \underline{a}_1^{\mathrm{T}} \underline{x}\ \underline{a}_1 = [A][A]^{\mathrm{T}} \underline{x} \tag{P2.4}$$

（b）如果向量 $\underline{a}_k$ 为归一化 IDFT 矩阵的列向量，则它称作 DFT 的一个**基向量**。

$$\left(\frac{1}{\sqrt{N}}([F]^{\mathrm{T}})^{*}\right) = (\underline{a}_0, \ \underline{a}_1, \ \cdots, \ \underline{a}_{N-1}) \qquad (\mathrm{P}2.5)$$

式中，$[F]$ 为 DFT 矩阵，DFT 系数可以表示为

$$X_k^{\mathrm{F}} = \langle \underline{a}_k, \ \underline{x} \rangle = (\underline{a}_k^{\mathrm{T}})^{*} \underline{x} \quad k = 0, \ 1, \ \cdots, \ N-1 \qquad (\mathrm{P}2.6)$$

请证明

$$\underline{x} = \sum_{k=0}^{N-1} X_k^{\mathrm{F}} \underline{a}_k = \sum_{k=0}^{N-1} \langle a_k, x \rangle \underline{a}_k = \left(\frac{1}{\sqrt{N}}([F]^{\mathrm{T}})^{*}\right)\left(\frac{1}{\sqrt{N}}[F]\right)\underline{x} \qquad (\mathrm{P}2.7)$$

式中，X_k^{F} 是一个标量及 DFT 系数。

2.12　课程实践

2.1　从信号处理信息数据库（Signal Processing Information Base，SPIB）的网站上获取的狗的心电图（ECG），网址为 http：//spib. rice. edu/spib/data/signals/edical/dog_ heart. html。$N = 2048$。画出 $n - x(n)$ 曲线，计算 $x(n)$ 的 DFT 并画出 $k - X^{\mathrm{F}}(k)$ 曲线（包括幅度谱和相位谱）。令其中 409 个较大的 DFT 系数不变，其余的 1639 个 DFT 系数等于零（截断 DFT）。从该截断 DFT 中重建 $\hat{x}(n)$（见图 P2.1）。

（1）画出 $n - \hat{x}(n)$ 曲线。

（2）计算 $\mathrm{MSE} = \dfrac{1}{2048} \displaystyle\sum_{n=0}^{2047} |x(n) - \hat{x}(n)|^2$。

（3）计算 $[(-1)^n x(n)]$ 的 DFT，并且画出幅度谱和相位谱。

（4）得出你的结论（DFT 的性质等），见本书第 2 章[B23]。

图 P2.1　从截断 DFT 中恢复 $\hat{x}(n)$

2.2　已知

$x(n) = \{1, \ 2, \ 3, \ 4, \ 3, \ 2, \ 1\}$

$y(n) = \{ -0.0001, \ 0.0007, \ -0.0004, \ -0.0049, \ 0.0087, \ 0.0140,$
$\qquad -0.0441, \ -0.0174, \ 0.1287, \ 0.0005, \ -0.2840,$
$\qquad -0.0158, \ 0.5854, \ 0.6756, \ 0.3129, \ 0.0544\}$

（1）直接计算两个序列的离散卷积，并画出结果图。

（2）使用 DFT/FFT 两种方法（见图 2.9）并验证两者结果的一致性。

第3章 快速算法

直接计算 N 点 DFT 需要接近 $O(N^2)$ 次复数算术运算，其中一次算术运算包括一次乘法和一次加法。高效算法的引入可以使计算复杂度大大降低。降低计算复杂度的关键在于，在 $(N \times N)$ DFT 矩阵（见图 2.11 和图 2.13）的 N^2 个元素中，只有 N 个是不同的。这些降低复杂度的算法统称为快速傅里叶变换（Fast Fourier Transform, FFT）[A1]。目前人们已经找到几种实现 FFT 的技术。我们将从时域抽取法（Decimation - In - Time, DIT）和频域抽取法（Decimation - In - Frequency, DIF）出发介绍 FFT 算法，具体的实现是以 2 为基（也称基 - 2, radix - 2）的。接着可以将算法拓展到其他基，如基 - 3，基 - 4 等。可以预见，FFT 可由现有快速算法的多种组合实现，如混合基、分裂基、时域抽取法、频域抽取法、时域/频域抽取法、矢量基、矢量分裂基等。

另外，FFT 可以通过其他离散变换实现，如离散哈特雷变换（Discrete Hartley transform, DHT）[I-28,I-31,I-32]、沃尔什 - 哈达玛变换（Walsh - Hadamard transform, WHT）[B6,T5,T8] 等。其他的变种包括，使用一个复序列的 FFT 计算两个实序列的 FFT。在相关文献资料中，出现了复数 FFT 和实数 FFT 这样的术语。事实上，DFT/IDFT 及 FFT/IFFT 在本质上都是复数运算。复数 FFT 意味着输入序列 $x(n)$ 是复序列，而实数 FFT 则表示输入序列 $x(n)$ 为实序列。这些快速算法为实现其他变换提供了渠道，如改良型 DCT（Modified DCT, MDCT），改良型 DST（Modified DST MDST）及仿射变换[D1,D2] 等。

优势

一般来说，快速算法能够将 N 点 DFT 的运算量降低到 $N \log_2 N$ 次复数运算。其他优点包括：减小了存储需求和降低了由于有限位运算（乘/除和加/减在实际中都是以有限字长实现的）引起的计算误差。众所周知，快速算法对于 DFT 在 DSP 芯片上的实现贡献很大[DS1 - DS12]。而且 ASIC VLSI 芯片[V1 - V40,L1 - L10,O9] 已被设计和加工成能够高速执行一维和二维 DFT（或 IDFT）的芯片。这些芯片功能强大，同一个芯片可以实现多种长度的 DFT。下面详细介绍基 - 2 DIT - FFT 和 DIF - FFT 算法[A42]。

3.1 基 - 2 DIT - FFT 算法

该算法基于将 N 点序列（假设 $N = 2^l$，且 l 为整数）分解为两个 $N/2$ 点序列

（一个包含偶数样本点，一个包含奇数样本点），进而通过计算这两个短序列的 DFT 得到原 N 点序列的 DFT。这一算法本身可以节省部分算术运算，而更多地节省来自于继续将 $N/2$ 点序列分解为两个 $N/4$ 点序列（一个包含偶数样本点，一个包含奇数样本点），然后通过计算相应两个 $N/4$ 点序列的 DFT 得到原 $N/2$ 点序列的 DFT，重复这一过程直到分解为 2 点序列为止。

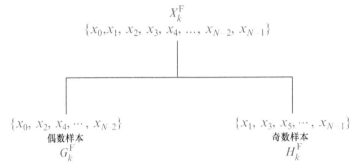

N 点 DFT

$$
\begin{aligned}
X^{\mathrm{F}}(k) &= \sum_{n=0}^{N-1} x(n) W_N^{nk} \qquad k = 0,1,\cdots,N-1 \\
&= \sum_{n\text{偶整数}} x(n) W_N^{nk} + \sum_{n\text{奇整数}} x(n) W_N^{nk} \\
&= \sum_{r=0}^{(N/2)-1} x(2r) W_N^{2rk} + \sum_{r=0}^{(N/2)-1} x(2r+1) W_N^{(2r+1)k} \\
&= \sum_{r=0}^{(N/2)-1} x(2r) (W_N^2)^{rk} + W_N^k \sum_{r=0}^{(N/2)-1} x(2r+1) (W_N^2)^{rk}
\end{aligned}
$$

$$(3.1\mathrm{a})$$

注意

$$
W_N^2 = \exp\left[\frac{-\mathrm{j}2(2\pi)}{N}\right] = \exp\left(\frac{-\mathrm{j}2\pi}{N/2}\right) = W_{N/2}
$$

$$
\begin{aligned}
X^{\mathrm{F}}(k) &= \sum_{r=0}^{(N/2)-1} x(2r) W_{N/2}^{rk} + W_N^k \sum_{r=0}^{(N/2)-1} x(2r+1) W_{N/2}^{rk} \\
&= G^{\mathrm{F}}(k) + W_N^k H^{\mathrm{F}}(k) \qquad k = 0,1,\cdots,\frac{N}{2}-1
\end{aligned}
$$

$$(3.1\mathrm{b})$$

式中，$X^{\mathrm{F}}(k)$ 为 $x(n)$ 的 N 点 DFT，在此处用两个 $N/2$ 点 DFT $G^{\mathrm{F}}(k)$ 和 $H^{\mathrm{F}}(k)$ 表示，两者分别是 $x(n)$ 偶数样本和奇数样本的 DFT。

$X^{\mathrm{F}}(k)$：周期为 N，$X^{\mathrm{F}}(k) = X^{\mathrm{F}}(k+N)$。

$G^{\mathrm{F}}(k)$，$H^{\mathrm{F}}(k)$：周期为 $\frac{N}{2}$，$G^{\mathrm{F}}(k) = G^{\mathrm{F}}\left(k+\frac{N}{2}\right)$，$H^{\mathrm{F}}(k) = H^{\mathrm{F}}\left(k+\frac{N}{2}\right)$。

$$
X^{\mathrm{F}}(k) = G^{\mathrm{F}}(k) + W_N^k H^{\mathrm{F}}(k) \qquad k = 0,1,\cdots,\frac{N}{2}-1
$$

$$X^{\mathrm{F}}\left(k+\frac{N}{2}\right)=G^{\mathrm{F}}(k)+W_N^{k+\frac{N}{2}}H^{\mathrm{F}}(k)$$

$$W_N^{\frac{N}{2}}=\exp\left(\frac{-\mathrm{j}2\pi}{N}\frac{N}{2}\right)=\exp(-\mathrm{j}\pi)=-1 \qquad (3.2\mathrm{a})$$

由于 $W_N^{k+\frac{N}{2}}=\exp\left[\frac{-\mathrm{j}2\pi}{N}\left(k+\frac{N}{2}\right)\right]=W_N^kW_N^{\frac{N}{2}}=-W_N^k$，可得

$$X^{\mathrm{F}}\left(k+\frac{N}{2}\right)=G^{\mathrm{F}}(k)-W_N^kH^{\mathrm{F}}(k)\qquad k=0,1,\cdots,\frac{N}{2}-1\qquad(3.2\mathrm{b})$$

式（3.2）在图 3.1 中用蝶形图表示。

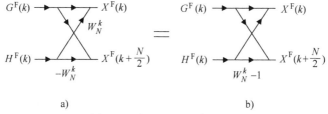

图 3.1　式（3.2）的蝶形图

对于每一个 k，图 3.1a 所示的需要进行两次乘法和两次加法运算，而图 3.1b 所示的只需要一次乘法和两次加法。重复上述过程直至产生 2 点 DFT，即 $\{x_0,x_2,x_4,\cdots,x_{N-2}\}$ 的 $N/2$ 点 DFT $G^{\mathrm{F}}(k)$ 可以通过两个 $N/4$ 点 DFT 得到，以此类推。类似地，对 $H^{\mathrm{F}}(k)$ 可以进行同样的操作。

$G^{\mathrm{F}}(k)$ 和 $H^{\mathrm{F}}(k)$ 均需要 $(N/2)^2$ 次复数加法和 $(N/2)^2$ 次复数乘法。计算 N 点 DFT $X^{\mathrm{F}}(k)$ 则需要 N^2 次复数相加和复数相乘。以 $N=16$ 为例，直接计算一个 16 点 DFT 需要 $N^2=256$ 次加法和乘法。而通过计算 $G^{\mathrm{F}}(k)$ 和 $H^{\mathrm{F}}(k)$ 仅需要计算 $128+16=144$ 次加法和乘法，从而节省了 112 次加法和乘法。进一步将 8 点 DFT 分解为 2 个 4 点 DFT，最终分解为 4 个 2 点 DFT。$G^{\mathrm{F}}(k)$ 和 $H^{\mathrm{F}}(k)$ 均为 8 点 DFT，各需要 64 次加法和乘法。这样的算法叫作基 - 2 DIT - FFT。

N 点 **DFT** 在频域的分辨率为 $f_0=\dfrac{1}{NT}$

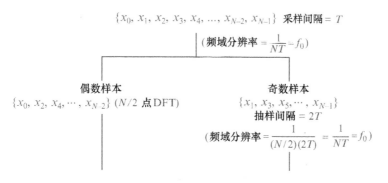

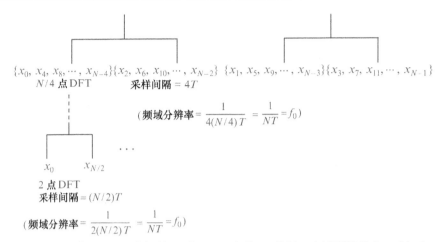

$$\{x_0, x_4, x_8, \cdots, x_{N-4}\}\{x_2, x_6, x_{10}, \cdots, x_{N-2}\} \quad \{x_1, x_5, x_9, \cdots, x_{N-3}\}\{x_3, x_7, x_{11}, \cdots, x_{N-1}\}$$

$N/4$ 点 DFT   采样间隔 $= 4T$

$$\left(频域分辨率 = \frac{1}{4(N/4)T} = \frac{1}{NT} = f_0\right)$$

$x_0 \qquad x_{N/2}$

2 点 DFT
采样间隔 $= (N/2)T$

$$\left(频域分辨率 = \frac{1}{2(N/2)T} = \frac{1}{NT} = f_0\right)$$

为了获得 N 点 DFT，我们从 2 点 DFT 出发，当每一级回溯到上一级时，抽样间隔均以 2 为因子。这就是时域抽取法（DIT）命名的由来。而此时频率分辨率 f_0 保持不变。

下面以 $N = 8$ 为例介绍基 -2 DIT $-$ FFT 算法。

正变换 $\quad X^{\mathrm{F}}(k) = \displaystyle\sum_{n=0}^{7} x(n) W_8^{kn} \qquad k = 0, 1, \cdots, 7$

反变换 $\quad x(n) = \dfrac{1}{8} \displaystyle\sum_{k=0}^{7} X^{\mathrm{F}}(k) W_8^{-kn} \qquad n = 0, 1, \cdots, 7$

$X^{\mathrm{F}}(k) \to \{x_0, x_1, x_2, x_3, x_4, x_5, x_6, x_7\}$

3 级

$G^{\mathrm{F}}(k) \to \{x_0, x_2, x_4, x_6\} \qquad \{x_1, x_3, x_5, x_7\} \leftarrow H^{\mathrm{F}}(k)$

2 级

$A^{\mathrm{F}}(k) \to \{x_0, x_4\} \quad \{x_2, x_6\} \leftarrow B^{\mathrm{F}}(k) \quad C^{\mathrm{F}}(k) \to \{x_1, x_5\} \quad \{x_3, x_7\} \leftarrow D^{\mathrm{F}}(k)$

1 级

$x_0 \quad x_4 \quad x_2 \quad x_6 \qquad\qquad x_1 \quad x_5 \quad x_3 \quad x_7$

$G^{\mathrm{F}}(k)$ 是 $\{x_0, x_2, x_4, x_6\}$ 的 DFT $\qquad\quad A^{\mathrm{F}}(k)$ 是 $\{x_0, x_4\}$ 的 DFT

$\qquad\qquad\qquad\qquad\qquad\qquad\qquad\qquad\quad B^{\mathrm{F}}(k)$ 是 $\{x_2, x_6\}$ 的 DFT

$H^{\mathrm{F}}(k)$ 是 $\{x_1, x_3, x_5, x_7\}$ 的 DFT $\qquad\quad C^{\mathrm{F}}(k)$ 是 $\{x_1, x_5\}$ 的 DFT

$\qquad\qquad\qquad\qquad\qquad\qquad\qquad\qquad\quad D^{\mathrm{F}}(k)$ 是 $\{x_3, x_7\}$ 的 DFT

$$X^{\mathrm{F}}(k) = \left[G^{\mathrm{F}}(k)\right] + \left[W_8^k H^{\mathrm{F}}(k)\right] \quad k = 0, 1, 2, 3$$

$$X^{\mathrm{F}}(k+4) = \left[G^{\mathrm{F}}(k)\right] - \left[W_8^k H^{\mathrm{F}}(k)\right]$$

$$G^{\mathrm{F}}(k) = \left[A^{\mathrm{F}}(k)\right] + \left[W_4^k B^{\mathrm{F}}(k)\right] \quad k = 0, 1$$

$$G^{\mathrm{F}}(k+2) = \left[A^{\mathrm{F}}(k)\right] - \left[W_4^k B^{\mathrm{F}}(k)\right]$$

$$H^{\mathrm{F}}(k) = \left[C^{\mathrm{F}}(k)\right] + \left[W_4^k D^{\mathrm{F}}(k)\right] \quad k = 0, 1$$

$$H^F(k+2) = [C^F(k)] - [W_4^k D^F(k)]$$

$$\begin{bmatrix} A^F(0) \\ A^F(1) \end{bmatrix} = \begin{bmatrix} 1 & 1 \\ 1 & -1 \end{bmatrix}\begin{pmatrix} x_0 \\ x_4 \end{pmatrix} \quad\bigg|\quad \begin{bmatrix} B^F(0) \\ B^F(1) \end{bmatrix} = \begin{bmatrix} 1 & 1 \\ 1 & -1 \end{bmatrix}\begin{pmatrix} x_2 \\ x_6 \end{pmatrix}$$

$$\begin{bmatrix} C^F(0) \\ C^F(1) \end{bmatrix} = \begin{bmatrix} 1 & 1 \\ 1 & -1 \end{bmatrix}\begin{pmatrix} x_1 \\ x_5 \end{pmatrix} \quad\bigg|\quad \begin{bmatrix} C^F(0) \\ C^F(1) \end{bmatrix} = \begin{bmatrix} 1 & 1 \\ 1 & -1 \end{bmatrix}\begin{pmatrix} x_3 \\ x_7 \end{pmatrix}$$

$$G^F(0) = A^F(0) + B^F(0) \quad\bigg|\quad G^F(1) = A^F(1) + W_4 B^F(1)$$
$$G^F(2) = A^F(0) - B^F(0) \quad\bigg|\quad G^F(3) = A^F(1) - W_4 B^F(1)$$
$$H^F(0) = C^F(0) + D^F(0) \quad\bigg|\quad H^F(1) = C^F(1) + W_4 D^F(1)$$
$$H^F(2) = C^F(0) - D^F(0) \quad\bigg|\quad H^F(3) = C^F(1) - W_4 D^F(1)$$

表示为矩阵的形式

$$\begin{bmatrix} G^F(1) \\ G^F(3) \end{bmatrix} = \begin{bmatrix} 1 & 1 \\ 1 & -1 \end{bmatrix}\begin{bmatrix} 1 & 0 \\ 0 & W_4 \end{bmatrix}\begin{bmatrix} A^F(1) \\ B^F(1) \end{bmatrix}$$

考虑 $N=8$ 时基 -2 DIT $-$ FFT，将式（2.13）所示（8×8）DFT 矩阵的列向量以反比特顺序（Bit Reverse Order，BRO）重组如下：

列 $\to$ 0　4　2　6　1　5　3　7　　行 $\downarrow$

$$\begin{bmatrix} X^F(0) \\ X^F(1) \\ X^F(2) \\ X^F(3) \\ X^F(4) \\ X^F(5) \\ X^F(6) \\ X^F(7) \end{bmatrix} = \begin{bmatrix} 1 & 1 & 1 & 1 & 1 & 1 & 1 & 1 \\ 1 & -1 & W^2 & -W^2 & W & -W & W^3 & -W^3 \\ 1 & 1 & -1 & -1 & W^2 & W^2 & -W^2 & -W^2 \\ 1 & -1 & -W^2 & W^2 & W^3 & -W^3 & W & -W \\ 1 & 1 & 1 & 1 & -1 & -1 & -1 & -1 \\ 1 & -1 & W^2 & -W^2 & -W & W & -W^3 & W^3 \\ 1 & 1 & -1 & -1 & -W^2 & -W^2 & W^2 & W^2 \\ 1 & -1 & -W^2 & W^2 & -W^3 & W^3 & -W & W \end{bmatrix}\begin{bmatrix} x(0) \\ x(4) \\ x(2) \\ x(6) \\ x(1) \\ x(5) \\ x(3) \\ x(7) \end{bmatrix}\begin{matrix} 0 \\ 1 \\ 2 \\ 3 \\ 4 \\ 5 \\ 6 \\ 7 \end{matrix}$$

此处　　　　　　　　　　$W = W_8, \quad W_8^l = W_8^{l\bmod8}$　　　　　　　　　　（3.3）

该矩阵的稀疏矩阵因子（Sparse Matrix Factor，SMF）为

$$\begin{bmatrix} [I_4] & [I_4] \\ [I_4] & -[I_4] \end{bmatrix} (\mathrm{diag}\,[[I_4], W_8^0, W_8^1, W_8^2, W_8^3])$$

$$\times \left(\mathrm{diag}\left[\begin{pmatrix} [I_2] & [I_2] \\ [I_2] & -[I_2] \end{pmatrix}, \begin{pmatrix} [I_2] & [I_2] \\ [I_2] & -[I_2] \end{pmatrix}\right]\right)$$

$$\times (\mathrm{diag}[[I_3], W_8^2, [I_3], W_8^2])$$

$$\times \left(\mathrm{diag}\left[\begin{pmatrix} 1 & 1 \\ 1 & -1 \end{pmatrix}, \begin{pmatrix} 1 & 1 \\ 1 & -1 \end{pmatrix}, \begin{pmatrix} 1 & 1 \\ 1 & -1 \end{pmatrix}, \begin{pmatrix} 1 & 1 \\ 1 & -1 \end{pmatrix}\right]\right)$$

基于这种分解方法的 DIT $-$ FFT 流图如图 3.2 和图 3.3 所示。

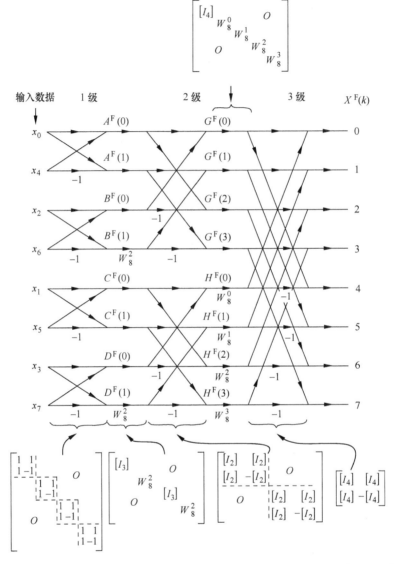

图 3.2　$N=8$ 时基于 SMF 的 FFT 流图（基 – 2 DIT – FFT）（$W_8 = \exp(-j2\pi/8)$）

3.1.1　$N=8$ 时 IFFT 的稀疏矩阵因子

变换序列为自然顺序。

数据序列为反比特顺序。

$$\left(\text{diag}\left[\begin{pmatrix} 1 & 1 \\ 1 & -1 \end{pmatrix}, \begin{pmatrix} 1 & 1 \\ 1 & -1 \end{pmatrix}, \begin{pmatrix} 1 & 1 \\ 1 & -1 \end{pmatrix}, \begin{pmatrix} 1 & 1 \\ 1 & -1 \end{pmatrix} \right] \right)$$

$$\times\,(\,\mathrm{diag}[\,[\,I_3\,],\ W_8^{-2},\ [\,I_3\,],\ W_8^{-2}\,])$$

$$\times\left(\mathrm{diag}\left[\begin{pmatrix}[\,I_2\,]&[\,I_2\,]\\[\,I_2\,]&-[\,I_2\,]\end{pmatrix},\ \begin{pmatrix}[\,I_2\,]&[\,I_2\,]\\[\,I_2\,]&-[\,I_2\,]\end{pmatrix}\right]\right)$$

$$\times\,(\,\mathrm{diag}[\,[\,I_4\,],\ W_8^0,\ W_8^{-1},\ W_8^{-2},\ W_8^{-3}\,])\begin{bmatrix}[\,I_4\,]&[\,I_4\,]\\[\,I_4\,]&-[\,I_4\,]\end{bmatrix}$$

根据这些 SMF 画出流图。

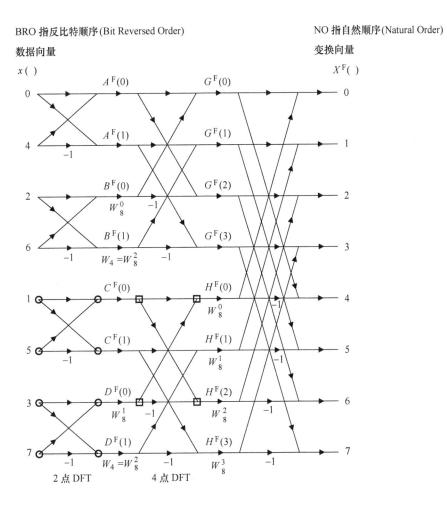

图 3.3 $N=8$ 时 FFT 流图（基 -2 DIT $-$ FFT）

（加法 24 次，乘法 5 次）（$W_8=\exp(-\mathrm{j}2\pi/8)$）

3.2　基于稀疏矩阵因式分解的快速算法

将 $[W_N^{nk}]$ 的行按反比特顺序（见表 3.1）重新排列，则可将其分解为 $\log_2 N$ 个稀疏矩阵，即 $[W_N^{nk}]_{\text{BRO}} = [A_1][A_2]\cdots[A_{\log_2 N}]$。其中，$N$ 为 2 的整数次幂。（这里未给出稀疏矩阵因子分解的证明）。以 $N = 8$ 为例，这一过程为

$$\underline{X}_{\text{BRO}}^{\text{F}} = [W_N^{nk}]_{\text{BRO}}\underline{x}_{\text{NO}} \tag{3.4}$$

表 3.1　$N = 8$ 时的反比特顺序

自然顺序	二进制	反比特	反比特顺序
0	000	000	0
1	001	100	4
2	010	010	2
3	011	110	6
4	100	001	1
5	101	101	5
6	110	011	3
7	111	111	7

由于 DFT 矩阵 $[W_N^{nk}]$ 是对称的，则有

$$\underline{X}_{\text{NO}}^{\text{F}} = ([W_N^{nk}]_{\text{BRO}})^{\text{T}}\underline{x}_{\text{BRO}} \tag{3.5}$$

式中，$[W_N^{nk}]$ 和 $[W_N^{nk}]_{\text{BRO}}$ 在 $N = 8$ 时的定义见式（3.6）和式（3.7）。$\underline{x}_{\text{NO}}$ 和 $\underline{x}_{\text{BRO}}$ 分别是自然顺序和反比特顺序下的数据向量；X_{NO}^{F} 和 $X_{\text{BRO}}^{\text{F}}$ 分别是自然顺序和反比特顺序下的 DFT 向量。

DFT

8 点 DFT

$$X^{\text{F}}(k) = \sum_{n=0}^{7} x(n)\exp\left[\frac{-\text{j}2\pi}{8}nk\right] \qquad k = 0,1,\cdots,7$$

IDFT

$$x(n) = \frac{1}{8}\sum_{k=0}^{7} X^{\text{F}}(k)\exp\left[\frac{\text{j}2\pi}{8}kn\right] \qquad n = 0,1,\cdots,7$$

1 的 8 个根均匀分布在单位圆上，相隔 45°（见图 3.4）。即 $W_8^m = \exp(-\text{j}2\pi m/8)$，$m = 0, 1, \cdots, 7$。

变换向量　　　　　　　　　　　(8×8)DFT 矩阵　　　　　　　　数据向量

$X^F(k)$　$n=0$　1　　2　　3　　4　　5　　6　　7　　$x(n)$

$$
\begin{bmatrix} X^F(0) \\ X^F(1) \\ X^F(2) \\ X^F(3) \\ X^F(4) \\ X^F(5) \\ X^F(6) \\ X^F(7) \end{bmatrix}
=
\begin{bmatrix}
1 & 1 & 1 & 1 & 1 & 1 & 1 & 1 \\
1 & W & W^2 & W^3 & -1 & -W & -W^2 & -W^3 \\
1 & W^2 & -1 & -W^2 & 1 & W^2 & -1 & -W^2 \\
1 & W^3 & -W^2 & W & -1 & -W^3 & W^2 & -W \\
1 & -1 & 1 & -1 & 1 & -1 & 1 & -1 \\
1 & -W & W^2 & -W^3 & -1 & W & -W^2 & W^3 \\
1 & -W^2 & -1 & W^2 & 1 & -W^2 & -1 & W^2 \\
1 & -W^3 & -W^2 & -W & -1 & W^3 & W^2 & W
\end{bmatrix}
\begin{bmatrix} x(0) \\ x(1) \\ x(2) \\ x(3) \\ x(4) \\ x(5) \\ x(6) \\ x(7) \end{bmatrix}
$$

此处　　　　　　　　　　　　　$W=W_8,\quad W_8^l = W_8^{l\,\mathrm{mod}\,8}$　　　　　　　　　(3.6)

对称矩阵

通过将 DFT 矩阵的各行按反比特顺序重排列（见表 3.1），8 点 DFT 可以表示为

$$
\begin{bmatrix} X^F(0) \\ X^F(4) \\ X^F(2) \\ X^F(6) \\ X^F(1) \\ X^F(5) \\ X^F(3) \\ X^F(7) \end{bmatrix}
=
\begin{bmatrix} (8\times 8) \\ \text{DFT 对矩阵各行} \\ \text{反比特顺序排列} \end{bmatrix}
\begin{bmatrix} x(0) \\ x(1) \\ x(2) \\ x(3) \\ x(4) \\ x(5) \\ x(6) \\ x(7) \end{bmatrix}
$$

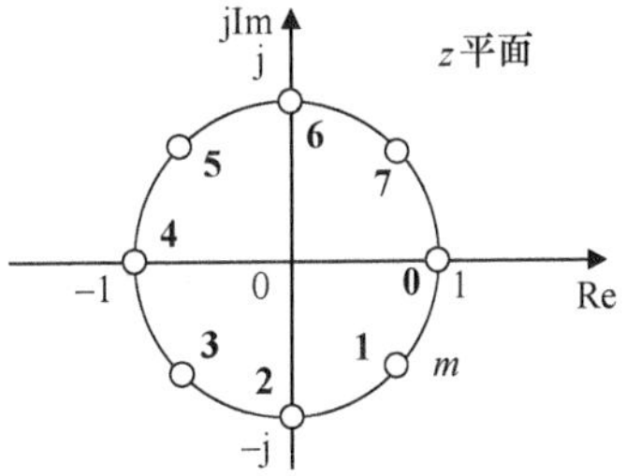

图 3.4　$x(n)$ 的 DFT 为 z 平面圆心在原点单位圆上等间距排列的 8 个点（为 1 的 8 个根，间隔 45°）

$$W_8^m = \exp(-\mathrm{j}2\pi m/8) \qquad m=0,1,\cdots,7$$

注意，由于 DFT 保持不变使得 $X^F(k)$ 也要按反比特顺序排列。$[W_8^{nk}]_{\mathrm{BRO}}$ 是各行按反比特顺序排列后的 (8×8)DFT。在该矩阵中，$W=W_8$。

行

$$
[W_8^{nk}]_{\mathrm{BRO}} =
\begin{array}{c}
0 \\ 4 \\ 2 \\ 6 \\ 1 \\ 5 \\ 3 \\ 7
\end{array}
\begin{bmatrix}
1 & 1 & 1 & 1 & 1 & 1 & 1 & 1 \\
1 & -1 & 1 & -1 & 1 & -1 & 1 & -1 \\
1 & W^2 & -1 & -W^2 & 1 & W^2 & -1 & -W^2 \\
1 & -W^2 & -1 & W^2 & 1 & -W^2 & -1 & W^2 \\
1 & W & W^2 & W^3 & -1 & -W & -W^2 & -W^3 \\
1 & -W & W^2 & -W^3 & -1 & W & -W^2 & W^3 \\
1 & W^3 & -W^2 & W & -1 & -W^3 & W^2 & -W \\
1 & -W^3 & -W^2 & -W & -1 & W^3 & W^2 & W
\end{bmatrix}
$$　　(3.7)

DFT 矩阵的各行按反比特顺序排列

$$
\begin{bmatrix} (4\times 4) & (4\times 4) \\ (4\times 4) & (4\times 4) \end{bmatrix}
$$

观察：$\left[W_8^{nk}\right]_{\text{BRO}}$

注意：1）式（3.7）中，上方两个（4×4）子矩阵是一样的；2）式（3.7）中，下方两个（4×4）子矩阵互为取反。该（8×8）DFT 矩阵（行为反比特顺序）稀疏矩阵因子（Sparse Matrix Factors，SMF）如下（未给出证明过程）：

$$\left[W_8^{nk}\right]_{\text{BRO}} = [A_1][A_2][A_3] \tag{3.8a}$$

$$[A_1] = \text{diag}\left[\begin{pmatrix} 1 & W_8^0 \\ 1 & -W_8^0 \end{pmatrix},\begin{pmatrix} 1 & W_8^2 \\ 1 & -W_8^2 \end{pmatrix},\begin{pmatrix} 1 & W_8^1 \\ 1 & -W_8^1 \end{pmatrix},\begin{pmatrix} 1 & W_8^3 \\ 1 & -W_8^3 \end{pmatrix}\right]$$

$$= \text{diag}\left([\alpha],[\beta],[\gamma],[\delta]\right) \tag{3.8b}$$

$$[A_2] = \text{diag}\left[\begin{pmatrix} [I_2] & W_8^0[I_2] \\ [I_2] & -W_8^0[I_2] \end{pmatrix},\begin{pmatrix} [I_2] & W_8^2[I_2] \\ [I_2] & -W_8^2[I_2] \end{pmatrix}\right] = \text{diag}([a],[b]) \tag{3.8c}$$

$$[A_3] = \begin{bmatrix} [I_4] & [I_4] \\ [I_4] & -[I_4] \end{bmatrix} \tag{3.8d}$$

其中

$$[I_4] = \begin{bmatrix} 1 & 0 & 0 & 0 \\ 0 & 1 & 0 & 0 \\ 0 & 0 & 1 & 0 \\ 0 & 0 & 0 & 1 \end{bmatrix}$$

$$[A_2][A_3] = \begin{bmatrix} [a] & 0 \\ 0 & [b] \end{bmatrix}\begin{bmatrix} [I_4] & [I_4] \\ [I_4] & -[I_4] \end{bmatrix} = \begin{bmatrix} [a] & [a] \\ [b] & -[b] \end{bmatrix}$$

$$[A_1][A_2][A_3] = \begin{bmatrix} [\alpha] & 0 & 0 & 0 \\ 0 & [\beta] & 0 & 0 \\ 0 & 0 & [\gamma] & 0 \\ 0 & 0 & 0 & [\delta] \end{bmatrix}\begin{bmatrix} [a] & [a] \\ [b] & -[b] \end{bmatrix}$$

$$= \begin{bmatrix} [\alpha] & [\alpha] & [\alpha] & [\alpha] \\ [\beta] & [\beta] & [\beta] & [\beta] \\ [\gamma] & -W_8^2[\gamma] & -[\gamma] & W_8^2[\gamma] \\ [\delta] & -W_8^2[\delta] & -[\delta] & W_8^2[\delta] \end{bmatrix} = \left[W_8^{nk}\right]_{\text{BRO}}$$

注意

$$\text{diag}(a_{11},a_{22},\cdots,a_{nn}) = \begin{bmatrix} a_{11} & & & 0 \\ & a_{22} & & \\ & & \ddots & \\ 0 & & & a_{nn} \end{bmatrix}\ \text{为对角矩阵}$$

$$\left[\underline{X}^F(k)\right]_{\text{BRO}} = [A_1][A_2][A_3][\underline{x}(n)] = [A_1][A_2][\underline{x}^{(1)}(n)]$$

$$= [A_1][\underline{x}^{(2)}(n)]$$
$$= [\underline{x}^{(3)}(n)] \tag{3.9}$$

其中

$$[\underline{x}^{(1)}(n)] = [A_3][\underline{x}(n)], \quad [\underline{x}^{(2)}(n)] = [A_2][\underline{x}^{(1)}(n)],$$
$$[\underline{x}^{(3)}(n)] = [A_1][\underline{x}^{(2)}(n)]$$

$$[A_3] = \begin{bmatrix} [I_4] & W_8^0[I_4] \\ \hline [I_4] & -W_8^0[I_4] \end{bmatrix} = \begin{bmatrix} [I_4] & [I_4] \\ \hline [I_4] & -[I_4] \end{bmatrix}$$

$$[A_2] = \begin{bmatrix} [I_2] & W_8^0[I_2] & & O \\ [I_2] & -W_8^0[I_2] & & \\ \hline & & [I_2] & W_8^2[I_2] \\ O & & [I_2] & -W_8^2[I_2] \end{bmatrix} = \begin{bmatrix} [I_2] & [I_2] & & O \\ [I_2] & -[I_2] & & \\ \hline & & [I_2] & W_8^2[I_2] \\ O & & [I_2] & -W_8^2[I_2] \end{bmatrix}$$

$$[A_1] = \begin{bmatrix} 1 & W_8^0 & & & & & \\ 1 & -W_8^0 & & & & O & \\ & & 1 & W_8^2 & & & \\ & & 1 & -W_8^2 & & & \\ & & & & 1 & W_8^1 & \\ & & & & 1 & -W_8^1 & \\ & & & & & & 1 & W_8^3 \\ O & & & & & & 1 & -W_8^3 \end{bmatrix}, \; (0,2,1,3) 是 \; (0,1,2,3) \; 的反比$$

特顺序排列

$$\begin{bmatrix} [I_2] & W_8^0[I_2] \\ \hline [I_2] & -W_8^0[I_2] \end{bmatrix} = \begin{bmatrix} 1 & 0 & 1 & 0 \\ 0 & 1 & 0 & 1 \\ 1 & 0 & -1 & 0 \\ 0 & 1 & 0 & -1 \end{bmatrix}$$

$$\begin{bmatrix} [I_2] & W_8^2[I_2] \\ \hline [I_2] & -W_8^2[I_2] \end{bmatrix} = \begin{bmatrix} 1 & 0 & W_8^2 & 0 \\ 0 & 1 & 0 & W_8^2 \\ 1 & 0 & -W_8^2 & 0 \\ 0 & 1 & 0 & -W_8^2 \end{bmatrix}$$

$$[\underline{X}^F(k)]_{BRO} = [A_1][A_2][A_3][\underline{x}(n)]$$

$$[A_3][\underline{x}(n)] = \begin{bmatrix} 1 & 0 & 0 & 0 & 1 & 0 & 0 & 0 \\ 0 & 1 & 0 & 0 & 0 & 1 & 0 & 0 \\ 0 & 0 & 1 & 0 & 0 & 0 & 1 & 0 \\ 0 & 0 & 0 & 1 & 0 & 0 & 0 & 1 \\ 1 & 0 & 0 & 0 & -1 & 0 & 0 & 0 \\ 0 & 1 & 0 & 0 & 0 & -1 & 0 & 0 \\ 0 & 0 & 1 & 0 & 0 & 0 & -1 & 0 \\ 0 & 0 & 0 & 1 & 0 & 0 & 0 & -1 \end{bmatrix} \begin{bmatrix} x(0) \\ x(1) \\ x(2) \\ x(3) \\ x(4) \\ x(5) \\ x(6) \\ x(7) \end{bmatrix} = [\underline{x}^{(1)}(n)]$$

式（3.8）所描述的对 $[W_8^{nk}]_{\mathrm{BRO}}$ 的稀疏矩阵因式分解是 8 点 FFT 的关键。图 3.5 给出了基于 SMF 的 8 点 FFT 流程。通过使用图 3.1 给出的蝶形算法，乘法的数量可以减少一半。$N=8$ 时的 FFT 需要 24 个加法和 5 个乘法。从该例可以看出，当矩阵的各行经过反比特顺序排列之后，DFT 矩阵不再像式（3.7）那样具有对称性。将图 3.5 所示的 FFT（$N=8$）流程做下列调整后，可以用于计算 IFFT：

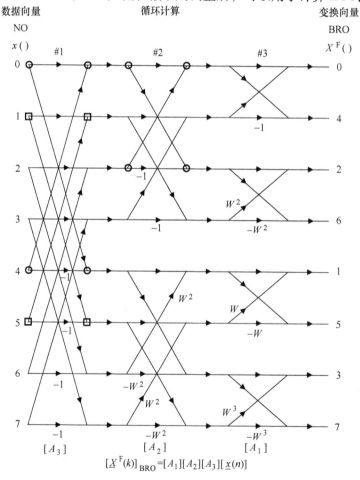

图 3.5　基于稀疏矩阵因子 $[A_1][A_2][A_3]$ 的 8 点 FFT 流图

（$W=W_g=\exp(-\mathrm{j}2\pi/8)$；NO 表示自然顺序；BRO 表示反比特顺序）

（1）将所有箭头的方向反转，即向左变为向右，向右变为向左，向上变为向下，向下变为向上。

（2）变换向量$[\underline{X}^{\mathrm{F}}(k)]_{\mathrm{BRO}}$以反比特顺序作为输入（右侧）。

.（3）数据向量$[\underline{x}(n)]$将以自然顺序成为输出（左侧）。

（4）将所有的乘子用其共轭代替，即用W^{-nk}代替W^{nk}。

（5）增加缩放因子$1/8$。

$N=8$时基于SMF的IFFT为

$$[\underline{x}(n)] = \frac{1}{8}([A_3]^*)^{\mathrm{T}}([A_2]^*)^{\mathrm{T}}([A_1]^*)^{\mathrm{T}}[\underline{X}^{\mathrm{F}}(k)]_{\mathrm{BRO}} \tag{3.10}$$

通过式（3.10）可以直观地画出流图。

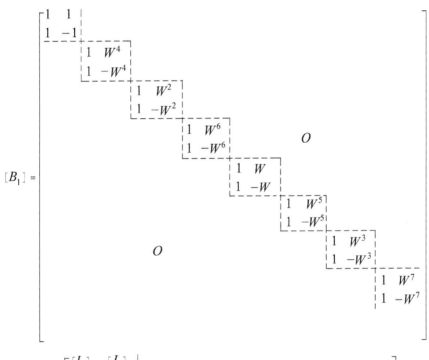

$$[B_3] = \left[\begin{array}{cc|cc} \begin{bmatrix} I_4 \end{bmatrix} & \begin{bmatrix} I_4 \end{bmatrix} & & \\ \begin{bmatrix} I_4 \end{bmatrix} & -\begin{bmatrix} I_4 \end{bmatrix} & & O \\ \hline & & \begin{bmatrix} I_4 \end{bmatrix} & W^4\begin{bmatrix} I_4 \end{bmatrix} \\ & O & \begin{bmatrix} I_4 \end{bmatrix} & -W^4\begin{bmatrix} I_4 \end{bmatrix} \end{array}\right]$$

$$[B_4] = \left[\begin{array}{c|c} [I_8] & [I_8] \\ \hline [I_8] & -[I_8] \end{array}\right]$$

对于一个行经过反比特顺序排列的（16×16）DFT 矩阵，其稀疏矩阵因子可用下式表示：

$$[\underline{X}^{\mathrm{F}}(k)]_{\mathrm{BRO}} = [B_1][B_2][B_3][B_4][\underline{x}(n)] \tag{3.11a}$$

此时有 $W = W_{16} = \exp(-\mathrm{j}2\pi/16)$，$W_{16}^{2n} = W_8^n$。

通过式（3.11a）可以方便地得出 $N = 16$ 时 FFT 的计算流程。$N = 16$ 时对应于式（3.10）的 IFFT 为

$$[\underline{x}(n)] = \frac{1}{16}[B_4]^{*\mathrm{T}}[B_3]^{*\mathrm{T}}[B_2]^{*\mathrm{T}}[B_1]^{*\mathrm{T}}[\underline{X}^{\mathrm{F}}(k)]_{\mathrm{BRO}} \tag{3.11b}$$

表 3.2 和图 3.6 所示比较了 DFT 与 FFT 的计算复杂度。

表 3.2 基 –2 DIT – FFT 与原始 DFT 所需加法和乘法次数的比较

数据长度 N	原始		基 –2 DIT FFT	
	乘法次数	加法次数	乘法次数	加法次数
8	64	56	12	24
16	256	240	32	64
32	1024	992	80	160
64	4096	4032	192	384

注：这些是基于 $O(N^2)$ 次原始 DFT 与 $O(N\log_2 N)$ 次基 –2 DIT – FFT；后者的乘法次数减少很多。

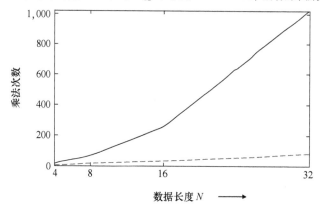

图 3.6 基 –2 DIT – FFT 与原始 DFT 所需加法和乘法的次数比较
（图中实线为原始 DFT，虚线为基 –2 DIT – FFT）

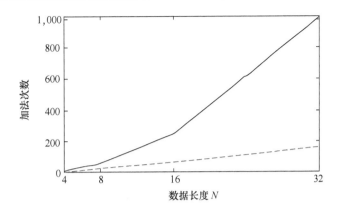

图 3.6　基 – 2 DIT – FFT 与原始 DFT 所需加法和乘法的次数比较

（图中实线为原始 DFT，虚线为基 – 2 DIT – FFT）（续）

　　此外，研究人员还开发了输入输出均为自然顺序的基 – 2 和基 – 4FFT 算法[LA10,LA11]。

3.3　基 – 2 DIF – FFT

　　与 3.1 节介绍的基 – 2 DIT – FFT 类似，基 – 2 DIF – FFT 可以通过以下步骤实现：

$$X^{\mathrm{F}}(k) = \sum_{n=0}^{N-1} x(n) W_N^{nk} \qquad k = 0, 1, \cdots, N-1 \qquad N \text{ 点 DFT} \qquad (2.1\mathrm{a})$$

式中，N 为 2 的整数次幂。

$$X^{\mathrm{F}}(k) = \sum_{n=0}^{(N/2)-1} x(n) W_N^{nk} + \sum_{n=N/2}^{N-1} x(n) W_N^{nk} = I + \mathrm{II} \qquad (3.12)$$

将第二部分求和项变为（令 $n = m + N/2$）

$$\sum_{m=0}^{(N/2)-1} x\left(m + \frac{N}{2}\right) W_N^{(m+N/2)k} = \sum_{n=0}^{(N/2)-1} x\left(n + \frac{N}{2}\right) W_N^{(N/2)k} W_N^{nk}$$

因此式（3.12）变为

$$X^{\mathrm{F}}(k) = \sum_{n=0}^{(N/2)-1} x(n) W_N^{nk} + W_N^{(N/2)k} \sum_{n=0}^{(N/2)-1} x\left(n + \frac{N}{2}\right) W_N^{nk} \qquad k = 0, 1, \cdots, N-1$$

$$X^{\mathrm{F}}(k) = \sum_{n=0}^{(N/2)-1} \left[x(n) + (-1)^k x\left(n + \frac{N}{2}\right) \right] W_N^{nk} \qquad k = 0, 1, \cdots, N-1$$

$$(3.13)$$

由于 $W_N^{N/2} = -1$，对于偶数 $k = 2r$ 和奇数 $k = 2r+1$，式（3.13）可简化为

$$X^{\mathrm{F}}(2r) = \sum_{n=0}^{(N/2)-1} \left[x(n) + x\left(n + \frac{N}{2}\right) \right] W_N^{2nr} \qquad (3.14\mathrm{a})$$

$$X^{\mathrm{F}}(2r+1) = \sum_{n=0}^{(N/2)-1} \left[x(n) - x\left(n+\frac{N}{2}\right) \right] W_N^n W_N^{2nr} \tag{3.14b}$$

又因为 $W_N^{2nr} = \exp\left(\dfrac{-\mathrm{j}2\pi 2nr}{N}\right) = \exp\left(\dfrac{-\mathrm{j}2\pi nr}{N/2}\right) = W_{N/2}^{nr}$，因此

$$X^{\mathrm{F}}(2r) = \sum_{n=0}^{(N/2)-1} \left[x(n) + x\left(n+\frac{N}{2}\right) \right] W_{N/2}^{nr}$$

$X^{\mathrm{F}}(2r)$ 为 $\left[x(n) + x\left(n+\dfrac{N}{2}\right) \right]$ 的 $N/2$ 点 DFT　　$r, n = 0, 1, \cdots, \dfrac{N}{2}-1$

$$\tag{3.15a}$$

类似地

$X^{\mathrm{F}}(2r+1)$ 为 $\left[x(n) - x\left(n+\dfrac{N}{2}\right) \right] W_N^n$ 的 $N/2$ 点 DFT　　$r, n = 0, 1, \cdots, \dfrac{N}{2}-1$

$$\tag{3.15b}$$

式（3.15）中方括号内表达式的计算流图如图3.7所示。

$\quad$ N 点 DFT 可以通过式（3.15）所描述的两个 $N/2$ 点 DFT 实现。同 DIT – FFT 情形一样，该方法也能降低计算复杂度，而且通过不断重复这一分解过程（即分解为前半部分样本点和后半部分样本点）可以进一步降低复杂度。下面以 $N=8$ 为例介绍 DIF – FFT 算法。

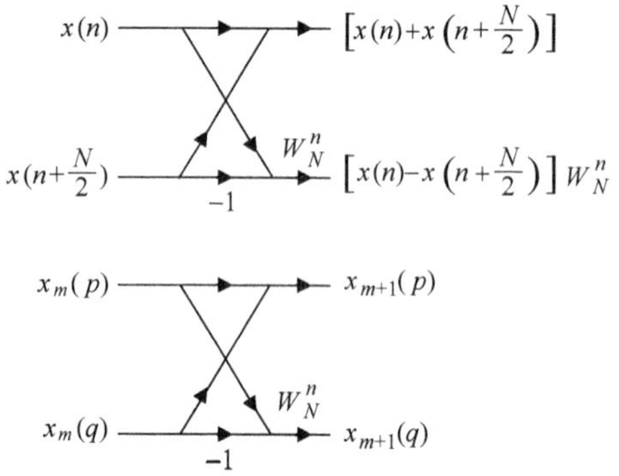

图3.7　当 $n = 0, 1, \cdots, \dfrac{N}{2}-1$ 时用于式（3.15）的蝶形算法

3.3.1　$N=8$ 时的 DIF – FFT

DFT

$$X^{\mathrm{F}}(k) = \sum_{n=0}^{7} x(n) W_8^{kn} \qquad k = 0, 1, \cdots, 7$$

IDFT

$$x(n) = \frac{1}{8} \sum_{k=0}^{7} X^{\mathrm{F}}(k) W_8^{-kn} \qquad n = 0, 1, \cdots, 7$$

当 $N=8$ 时，式（3.15）变为

$$X^{\mathrm{F}}(2r) = \sum_{n=0}^{3} \left[x(n) + x\left(n+\frac{N}{2}\right) \right] W_4^{nr} \qquad r = 0, 1, 2, 3 \tag{3.16a}$$

$$X^{\mathrm{F}}(2r+1) = \sum_{n=0}^{3} \left[x(n) - x\left(n+\frac{N}{2}\right) \right] W_8^n W_4^{nr} \qquad r = 0, 1, 2, 3 \tag{3.16b}$$

式（3.16）可以更加明确地表示为

$X^{\mathrm{F}}(2r)$，是以下序列的 4 点 DFT $r=0$，1，2，3：

$$\{x(0)+x(4)，x(1)+x(5)，x(2)+x(6)，x(3)+x(7)\}$$

$$X^{\mathrm{F}}(0)=\left[x(0)+x(4)\right]+\left[x(1)+x(5)\right]+\left[x(2)+x(6)\right]+\left[x(3)+x(7)\right]$$

$$X^{\mathrm{F}}(2)=\left[x(0)+x(4)\right]+\left[x(1)+x(5)\right]W_4^1+\left[x(2)+x(6)\right]W_4^2+\left[x(3)+x(7)\right]W_4^3$$

$$X^{\mathrm{F}}(4)=\left[x(0)+x(4)\right]+\left[x(1)+x(5)\right]W_4^2+\left[x(2)+x(6)\right]W_4^4+\left[x(3)+x(7)\right]W_4^6$$

$$X^{\mathrm{F}}(6)=\left[x(0)+x(4)\right]+\left[x(1)+x(5)\right]W_4^3+\left[x(2)+x(6)\right]W_4^6+\left[x(3)+x(7)\right]W_4^9$$

$X^{\mathrm{F}}(2r+1)$ 是以下序列的 4 点 DFT

$$\{x(0)-x(4)，\left[x(1)-x(5)\right]W_8^1，\left[x(2)-x(6)\right]W_8^2，\left[x(3)-x(7)\right]W_8^3\}\quad r=0，1，2，3$$

$$X^{\mathrm{F}}(1)=(x(0)-x(4))+(x(1)-x(5))W_8^1+(x(2)-x(6))W_8^2+(x(3)-x(7))W_8^3$$

$$X^{\mathrm{F}}(3)=(x(0)-x(4))+\left[(x(1)-x(5))W_8^1\right]W_4^1+\left[(x(2)-x(6))W_8^2\right]W_4^2$$
$$+\left[(x(3)-x(7))W_8^3\right]W_4^3$$

$$X^{\mathrm{F}}(5)=(x(0)-x(4))+\left[(x(1)-x(5))W_8^1\right]W_4^2+\left[(x(2)-x(6))W_8^2\right]W_4^4$$
$$+\left[(x(3)-x(7))W_8^3\right]W_4^6$$

$$X^{\mathrm{F}}(7)=(x(0)-x(4))+\left[(x(1)-x(5))W_8^1\right]W_4^3+\left[(x(2)-x(6))W_8^2\right]W_4^6$$
$$+\left[(x(3)-x(7))W_8^3\right]W_4^9$$

式（3.16）中每一个 4 点 DFT 均可以用两个 2 点 DFT 实现。因此 8 点 DIF – DFT
可以通过 3 个步骤得出：步骤 I，2 点 DFT（见图 3.8）；步骤 II，4 点 DFT（见图
3.9）；步骤 III，8 点 DFT（见图 3.10）。将这一流程与图 3.5 所示对比，可以看出
两者具有相同的架构，只是乘子有少量调整。图 3.3、图 3.5 和图 3.10 所示举例说
明了多种基 – 2 FFT 算法。每一个步骤可以是基于 DIT 分解的，或是基于 DIF 分解

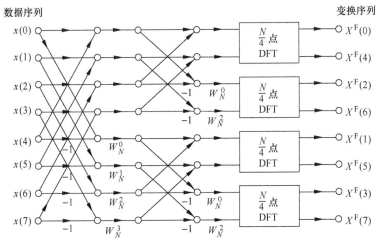

图 3.8　用频域分解法将 8 点 DFT 分解成 2 点 DFT 的流图（$W_N = W_8$）

的。这样就产生了基 -2 DIT/DIF $-$ FFT 算法（和 IFFT 算法）。图 3.10 所示的 SMF 表示为

$$\left[\underline{X}^{\mathrm{F}}(k)\right]_{\mathrm{BRO}} = \left[\tilde{A}_1\right]\left[\tilde{A}_2\right]\left[\tilde{A}_3\right]\left[\tilde{A}_4\right]\left[\tilde{A}_5\right]\left[\underline{x}(n)\right] \tag{3.17}$$

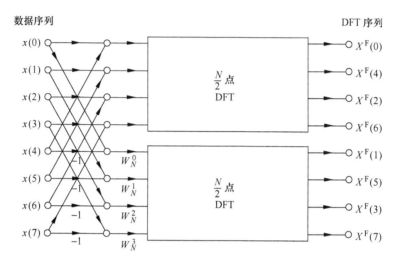

图 3.9　用频域分解法将 N 点 DFT 分解成 $N/2$ 点 DFT 的流图 （$N=8$，$W_N = W_8$）

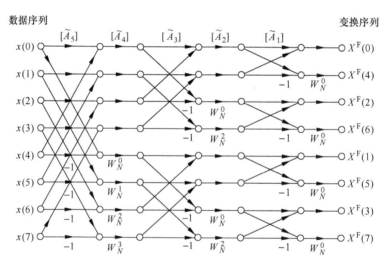

图 3.10　用频域分解法将 8 点 DFT 完全分解的流图，$W_N = W_8$

其中

$$\mathrm{diag}\left[\begin{pmatrix} 1 & 1 \\ 1 & -1 \end{pmatrix}, \begin{pmatrix} 1 & 1 \\ 1 & -1 \end{pmatrix}, \begin{pmatrix} 1 & 1 \\ 1 & -1 \end{pmatrix}, \begin{pmatrix} 1 & 1 \\ 1 & -1 \end{pmatrix}\right] = \left[\tilde{A}_1\right]$$

$$\mathrm{diag}(1, 1, 1, W_8^2, 1, 1, 1, W_8^2) = \left[\tilde{A}_2\right]$$

$$\mathrm{diag}\left[\left(\begin{bmatrix}I_2\end{bmatrix}\quad\begin{bmatrix}I_2\end{bmatrix}\\\begin{bmatrix}I_2\end{bmatrix}\quad-\begin{bmatrix}I_2\end{bmatrix}\right),\left(\begin{bmatrix}I_2\end{bmatrix}\quad\begin{bmatrix}I_2\end{bmatrix}\\\begin{bmatrix}I_2\end{bmatrix}\quad-\begin{bmatrix}I_2\end{bmatrix}\right)\right]=\begin{bmatrix}\widetilde{A}_3\end{bmatrix}$$

$$\mathrm{diag}(1,1,1,1,1,W_8^1,W_8^2,W_8^3)=\begin{bmatrix}\widetilde{A}_4\end{bmatrix}$$

$$\begin{bmatrix}\begin{bmatrix}I_4\end{bmatrix}\quad\begin{bmatrix}I_4\end{bmatrix}\\\begin{bmatrix}I_4\end{bmatrix}\quad-\begin{bmatrix}I_4\end{bmatrix}\end{bmatrix}=\begin{bmatrix}\widetilde{A}_5\end{bmatrix}$$

通过对图 3.10 所示的进行与图 3.5 所示类似的修改（见式 (3.10) 前的叙述），即可实现 8 点 DIF – IFFT。

基 –2 DIF – FFT 的算法总结如下（为方便标记，分别用 x_n 和 X_k^{F} 代替 $x(n)$ 和 $X^{\mathrm{F}}(k)$）：

$$\frac{1}{NT}=f_0 \qquad N\text{ 点 DFT}(N=2^n) \qquad\qquad T \atop \rightarrow\mid T\mid\leftarrow$$

$$(x_0,x_1,x_2,x_3,x_4,x_5,x_6,x_7,x_8,\cdots,x_{N-4},x_{N-3},x_{N-2},x_{N-1})$$

$$\left(x_0+x_{\frac{N}{2}},x_1+x_{\frac{N}{2}+1},\cdots,x_{\frac{N}{2}-1}+x_{N-1}\right)\left[x_0-x_{\frac{N}{2}},\left(x_1-x_{\frac{N}{2}+1}\right)W_N^1,\left(x_2-x_{\frac{N}{2}+2}\right)W_N^2,\right.$$

$$\frac{1}{(N/2)T}=2f_0\ \text{两个 } N/2 \text{ 点 DFT} \qquad\qquad \left.\cdots\left(x_{\frac{N}{2}-1}-x_{N-1}\right)W_N^{\frac{N}{2}-1}\right]$$

如上所示，一个 N 点序列可以分解为两个 $N/2$ 点序列，进而可以用这两个 $N/2$ 点 DFT 得到原 N 点 DFT。将这两个 $N/2$ 点序列记为

$$\left(y_0,y_1,y_2,y_3,\cdots,y_{\frac{N}{2}-1}\right),\ y_i=x_i+x_{\frac{N}{2}+i} \qquad i=0,1,\cdots,\frac{N}{2}-1$$

和

$$\left(z_0,z_1,z_2,z_3,\cdots,z_{\frac{N}{2}-1}\right),\ z_i=\left(x_i-x_{\frac{N}{2}+i}\right)W_N^i \qquad i=0,1,\cdots,\frac{N}{2}-1$$

将 $\left(y_0,y_1,y_2,y_3,\cdots,y_{(N/2)-1}\right)$ 进一步分解为如下两个 $N/4$ 点序列：

$$\left(y_0,y_1,y_2,y_3,\cdots,y_{\frac{N}{2}-3},y_{\frac{N}{2}-2},y_{\frac{N}{2}-1}\right)$$

$$\left(y_0+y_{\frac{N}{4}},y_1+y_{\frac{N}{4}+1},\cdots,y_{\frac{N}{4}-1}+y_{\frac{N}{2}-1}\right)\left[y_0-y_{\frac{N}{4}},\left(y_1-y_{\frac{N}{4}+1}\right)W_{\frac{N}{2}}^1,\left(y_2-y_{\frac{N}{4}+2}\right)W_{\frac{N}{2}}^2,\right.$$

$$\frac{1}{(N/4)T}=4f_0 \qquad N/4 \text{ 点 DFT} \qquad\qquad \left.\cdots,\left(y_{\frac{N}{4}-1}-y_{\frac{N}{2}-1}\right)W_{\frac{N}{2}}^{\frac{N}{4}-1}\right]$$

对 $(z_0,\ z_1,\ z_2,\ z_3,\ \cdots,\ z_{(N/2)-1})$ 做类似操作。重复上述过程直到获得 2 点序列。

3.3.2　原位计算

图 3.7 给出了 DIF – FFT 算法的基本组成模块——蝶形图。由于计算第 $m+1$ 列 p 和 q 位置的输出时，仅需要第 m 列 p 和 q 位置的数据。因此，如果将 $x_{m+1}(p)$ 和 $x_{m+1}(q)$ 分别存储在 $x_m(p)$ 和 $x_m(q)$ 的位置，则仅需要一列 N 个寄存器就可以实现 DFT。这样的原位计算仅适用于当蝶形图的输入和输出节点在水平位置上相邻的情形。然而，原位计算使得 DIF – FFT 变换后的序列以反比特顺序存储，如图 3.10 所示[A42]。

3.4　基 – 3 DIT – FFT

截至目前，我们研究了基 – 2 DIT、DIF 及 DIT/DIF 算法。当数据序列的长度 $N=3^l$（l 为整数）时，可以用下面的方法推出基 – 3 DIT – FFT 算法：

将式（2.1a）改写为

$$X_k^F = \sum_{r=0}^{(N/3)-1} x_{3r} W_N^{3rk} + \sum_{r=0}^{(N/3)-1} x_{3r+1} W_N^{(3r+1)k} + \sum_{r=0}^{(N/3)-1} x_{3r+2} W_N^{(3r+2)k}$$

$$W_N^{3rk} = \exp\left(\frac{-j2\pi}{N}3rk\right) = \exp\left(\frac{-j2\pi}{N/3}rk\right) = W_{N/3}^{rk} \tag{3.18a}$$

$$X_k^F = \sum_{r=0}^{(N/3)-1} x_{3r} W_{N/3}^{rk} + W_N^k \sum_{r=0}^{(N/3)-1} x_{3r+1} W_{N/3}^{rk} + W_N^{2k} \sum_{r=0}^{(N/3)-1} x_{3r+2} W_{N/3}^{rk}$$

$$X_k^F = A_k^F + W_N^k B_k^F + W_N^{2k} C_k^F$$

式中，A_k^F，B_k^F 和 C_k^F 都为 $N/3$ 点 DFT。它们分别是 $(x_0,\ x_3,\ x_6,\ \cdots,\ x_{N-3})$，$(x_1,\ x_4,\ x_7,\ \cdots,\ x_{N-2})$ 和 $(x_2,\ x_5,\ x_8,\ \cdots,\ x_{N-1})$ 的 DFT。因此这几个子序列以 $N/3$ 为周期，有

$$X_{k+N/3}^F = A_k^F + W_N^{(k+N/3)} B_k^F + W_N^{2(k+N/3)} C_k^F$$
$$= A_k^F + e^{-j2\pi/3} W_N^k B_k^F + e^{-j4\pi/3} W_N^{2k} C_k^F \tag{3.18b}$$

$$X_{k+2N/3}^F = A_k^F + W_N^{(k+2N/3)} B_k^F + W_N^{2(k+2N/3)} C_k^F$$
$$= A_k^F + e^{-j4\pi/3} W_N^k B_k^F + e^{-j2\pi/3} W_N^{2k} C_k^F \tag{3.18c}$$

$$W_N^{N/3} = \exp\left(\frac{-j2\pi}{N}\frac{N}{3}\right) = \exp(-j2\pi/3) \text{ 且 } W_N^{4N/3} = W_N^N W_N^{N/3} = W_N^{N/3}$$

式（3.18）对于 $k=0,\ 1,\ \cdots,\ \dfrac{N}{3}-1$ 成立。重复这一过程直到原序列分解为多个 3 点序列。则式（3.18）用矩阵形式表示如下

$$\begin{pmatrix} X_k^F \\ X_{k+N/3}^F \\ X_{k+2N/3}^F \end{pmatrix} = \begin{bmatrix} 1 & 1 & 1 \\ 1 & e^{-j2\pi/3} & e^{-j4\pi/3} \\ 1 & e^{-j4\pi/3} & e^{-j2\pi/3} \end{bmatrix} \begin{pmatrix} A_k^F \\ W_N^k B_k^F \\ W_N^{2k} C_k^F \end{pmatrix} \qquad k = 0,\ 1,\ \cdots,\ \frac{N}{3}-1$$

式（3.18）的流图如图3.11所示。将序列 $\{x(n)\}$ 分解为以下3个序列：$(x_0,\ x_3,\ x_6,\ \cdots,\ x_{N-3})$，$(x_1,\ x_4,\ x_7,\ \cdots,\ x_{N-2})$，$(x_2,\ x_5,\ x_8,\ \cdots,\ x_{N-1})$ 每个序列长度为 $N/3$

X_k^F 的频率分辨率为 $f_0 = \dfrac{1}{NT}$。

A_k^F，B_k^F 和 C_k^F 的频率分辨率都为 $\dfrac{1}{(N/3)3T} = \dfrac{1}{NT} = f_0$。

频率分辨率不变，时间分辨率从 $3T$ 变为 T，因此该算法称为时域抽取法（DIT）。将这些序列中的每一个进一步分解为3个 $N/9$ 点序列，并一直重复这一过程直到得到3点序列。这就是基－3 DIT－FFT。与基－2 DIT－FFT类似，N 点 DFT$(N = 3^l)$ 由3点 DFT 开始，自下而上逐步实现。所有基－2算法的优点对于基－3算法都成立。

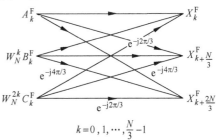

图3.11 式（3.18）的流图

3.5 基－3 DIF－FFT

与基－3 DIT－FFT类似，当 $N = 3^l$（l 是整数）时也存在基－3 DIF－FFT算法。

DFT

$$X_k^F = \sum_{n=0}^{N-1} x_n W_N^{nk} \qquad k = 0,\ 1,\ \cdots,\ N-1 \qquad (3.19a)$$

IDFT

$$x_n = \frac{1}{N} \sum_{k=0}^{N-1} X_k^F W_N^{-nk} \qquad n = 0,\ 1,\ \cdots,\ N-1 \qquad (3.19b)$$

DFT

$$X_k^F = \sum_{n=0}^{(N/3)-1} x_n W_N^{nk} + \sum_{n=N/3}^{(2N/3)-1} x_n W_N^{nk} + \sum_{n=2N/3}^{N-1} x_n W_N^{nk} \qquad (3.20)$$

（令 I、II、III 分别对应式（3.20）的3个求和项）

令求和项 II 中 $n = m + N/3$，求和项 III 中 $n = m + (2N/3)$。则有

$$II = \sum_{n=N/3}^{(2N/3)-1} x_n W_N^{nk} = \sum_{m=0}^{(N/3)-1} x_{m+N/3} W_N^{(m+N/3)k} = W_N^{(N/3)k} \sum_{m=0}^{(N/3)-1} x_{m+N/3} W_N^{mk}$$

$$(3.21a)$$

$$III = \sum_{n=2N/3}^{N-1} x_n W_N^{nk} = \sum_{m=0}^{(N/3)-1} x_{m+2N/3} W_N^{(m+2N/3)k} = W_N^{(2N/3)k} \sum_{m=0}^{(N/3)-1} x_{m+2N/3} W_N^{mk}$$

$$(3.21b)$$

其中

$$W_N^{(N/3)k} = \exp\left(\frac{-j2\pi}{N}\frac{N}{3}k\right) = e^{-j2\pi k/3}$$

$$W_N^{(2N/3)k} = \exp\left(\frac{-j2\pi}{N}\frac{2N}{3}k\right) = e^{-j4\pi k/3}$$

因此式（3.20）变为

$$X_k^F = \sum_{n=0}^{(N/3)-1} \left[x_n + e^{-j2\pi k/3} x_{n+N/3} + e^{-j4\pi k/3} x_{n+2N/3} \right] W_N^{nk} \qquad (3.22)$$

分别令 $k=3m$，$k=3m+1$，$k=3m+2$（其中 $m=0, 1, \cdots, (N/3)-1$），则有

$$X_{3m}^F = \sum_{n=0}^{(N/3)-1} \left[x_n + x_{n+N/3} + x_{n+2N/3} \right] W_{N/3}^{nm} \qquad (3.23a)$$

即为 $(x_n + x_{n+N/3} + x_{n+2N/3})$ 的 $N/3$ 点 DFT，$n=0, 1, \cdots, (N/3)-1$。

$$X_{3m+1}^F = \sum_{n=0}^{(N/3)-1} \left\{ \left[x_n + (e^{-j2\pi/3}) x_{n+N/3} + (e^{-j4\pi/3}) x_{n+2N/3} \right] W_N^n \right\} W_{N/3}^{nm} \qquad (3.23b)$$

即为 $\left[x_n + (e^{-j2\pi/3}) x_{n+N/3} + (e^{-j4\pi/3}) x_{n+2N/3} \right] W_N^n$ 的 $N/3$ 点 DFT。

类似地

$$X_{3m+2}^F = \sum_{n=0}^{(N/3)-1} \left\{ \left[x_n + (e^{-j4\pi/3}) x_{n+N/3} + (e^{-j2\pi/3}) x_{n+2N/3} \right] W_N^{2n} \right\} W_{N/3}^{nm} \qquad (3.23c)$$

即为 $\left[x_n + (e^{-j4\pi/3}) x_{n+N/3} + (e^{-j2\pi/3}) x_{n+2N/3} \right] W_N^{2n}$ 的 $N/3$ 点 DFT。

基 - 3 DIF - FFT 可利用这三个 $N/3$ 点 DFT 实现。

每一个 $N/3$ 点 DFT 的求解均基于 $N/3$ 点序列的线性组合。重复上述分解过程直到获得 3 点序列。

3 个 $N/3$ 点序列（见式（3.23））如下所示：

$$\begin{bmatrix} 1 & 1 & 1 \\ W_N^n & (1 & e^{-j2\pi/3} & e^{-j4\pi/3}) \\ W_N^{2n} & (1 & e^{-j4\pi/3} & e^{-j2\pi/3}) \end{bmatrix} \begin{bmatrix} x_n \\ x_{n+N/3} \\ x_{n+2N/3} \end{bmatrix} \qquad n=0, 1, \cdots, \frac{N}{3}-1 \qquad (3.24)$$

式（3.24）可以用图 3.12 给出的流图描述。式（3.23）给出了基 - 3 DIF - FFT 算法。例如，X_{3m}^F 是 $(x_n + x_{n+N/3} + x_{n+2N/3})$ 的 3 点 DFT，$m=0, 1, \cdots, (N/3)-1$。

将原始序列的 N 个样本点 x_n，重新组合为如下的 $N/3$ 个样本点，$n=0, 1, \cdots, N-1$：

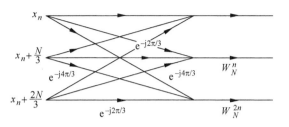

图 3.12　式（3.24）的流图

$$\{(x_0 + x_{N/3} + x_{2N/3}),\ (x_1 + x_{(N/3)+1} + x_{(2N/3)+1}),\ \cdots,\ (x_{(N/3)-1} + x_{(2N/3)-1} + x_{N-1})\}$$

则这 $N/3$ 个样本点的时域分辨率为 T，而 $N/3$ 点 DFT 的频域分辨率为

$$\frac{1}{(N/3)T} = \frac{3}{NT} = 3f_0$$

对于 N 点 DFT，频率分辨率为 $1/NT = f_0$。

从 $N/3$ 点到 N 点 DFT 意味着频域分辨率降低了 3 倍，即从 $3f_0$ 降至 f_0，而时域分辨率保持不变。因此这一算法称为 DIF – FFT。易知通过在每一步进行适当的分解操作，即可实现基 – 3 DIT/DIF – FFT 算法。图 3.13 给出了当 $N = 9$ 时基 – 3 DIF – FFT 的算法流程。基 – 2 DIT – FFT 和基 – 2 DIF – FFT 算法的所有优点对于基 – 3 FFT 算法同样成立。

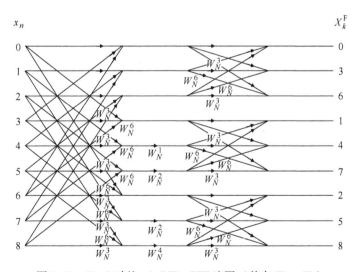

图 3.13　$N = 9$ 时基 – 3 DIF – FFT 流图（其中 $W_N = W_9$）

3.6　N 为合数时的 FFT

当 N 为合数时，存在混合基 DIT – FFT，DIF – FFT 和 DIT/DIF – FFT 算法。令

$$N = p_1 p_2 \cdots p_v = p_1 q_1,\ q_1 = p_2 p_3 \cdots p_v = p_2 q_2,\ q_2 = p_3 p_4 \cdots p_v$$

以 $N = 12$ 为例，这一过程描述如下。

【例】　$N = 12$，$p_1 = 3$，$q_1 = 4$

$$N = 12 = 3 \times 4 = 3 \times 2 \times 2, \quad N = p_1 q_1$$

为求出 DIT − FFT，将 12 点序列分解为

$$(x_0, \ x_1, \ x_2, \ x_3, \ x_4, \ x_5, \ x_6, \ x_7, \ x_8, \ x_9, \ x_{10}, \ x_{11})$$

$(x_0, \ x_3, \ x_6, \ x_9)$，$(x_1, \ x_4, \ x_7, \ x_{10})$，$(x_2, \ x_5, \ x_8, \ x_{11})$　基 − 3

$(x_0, \ x_6)$，$(x_3, \ x_9)$，$(x_1, \ x_7)$，$(x_4, \ x_{10})$，$(x_2, \ x_8)$，$(x_5, \ x_{11})$　基 − 2

这是基 − 3/基 − 2 DIT − FFT 算法，具体算法的实现参考前文介绍的基 − 2 和基 − 3
算法。

为求出 DIF − FFT，将序列分解为

$$(x_0, \ x_1, \ x_2, \ x_3, \ x_4, \ x_5, \ x_6, \ x_7, \ x_8, \ x_9, \ x_{10}, \ x_{11})$$

$(x_0, \ x_1, \ x_2, \ x_3)$　$(x_4, \ x_5, \ x_6, \ x_7)$　$(x_8, \ x_9, \ x_{10}, \ x_{11})$　基 − 3

$(x_0, \ x_1)$　$(x_2, \ x_3)$　$(x_4, \ x_5)$　$(x_6, \ x_7)$　$(x_8, \ x_9)$　$(x_{10}, \ x_{11})$　基 − 2

这是基 − 3/基 − 2 DIF − FFT 算法。通过在每一步选取适当的分解方式，则可实现
基 − 3/基 − 2 DIT/DIF 算法。

3.7　基 − 4 DIT − FFT[V14]

当序列的长度 $N = 4^n$（n 为整数）时，可以推出基 − 4 DIT − FFT 和 DIF − FFT
算法。与前文类似，序列 x_n 的 N 点 DFT 如下，$n = 0, \ 1, \ \cdots, \ N - 1$：

$$X_k^{\mathrm{F}} = \sum_{n=0}^{N-1} x_n W_N^{nk}, W_N = \exp\left(\frac{-\mathrm{j}2\pi}{N}\right) \quad k = 0, \ 1, \ \cdots, \ N - 1 \qquad (3.25\mathrm{a})$$

类似地，IDFT 为

$$x_n = \frac{1}{N} \sum_{k=0}^{N-1} X_k^{\mathrm{F}} W_N^{-nk} \qquad n = 0, \ 1, \ \cdots, \ N - 1 \qquad (3.25\mathrm{b})$$

式（3.25a）可以表示为

$$X_k^{\mathrm{F}} = \sum_{n=0}^{N/4-1} x_{4n} W_N^{4nk} + \sum_{n=0}^{N/4-1} x_{4n+1} W_N^{(4n+1)k} + \sum_{n=0}^{N/4-1} x_{4n+2} W_N^{(4n+2)k} + \sum_{n=0}^{N/4-1} x_{4n+3} W_N^{(4n+3)k}$$

$$(3.26\mathrm{a})$$

$$X_k^{\mathrm{F}} = \left(\sum_{n=0}^{N/4-1} x_{4n} W_N^{4nk} \right) + W_N^k \left(\sum_{n=0}^{N/4-1} x_{4n+1} W_N^{4nk} \right) + W_N^{2k} \left(\sum_{n=0}^{N/4-1} x_{4n+2} W_N^{4nk} \right) + W_N^{3k} \left(\sum_{n=0}^{N/4-1} x_{4n+3} W_N^{4nk} \right)$$

$$\text{(3.26b)}$$

式 (3.26b) 可表示为

$$X_k^{\mathrm{F}} = A_k^{\mathrm{F}} + W_N^k B_k^{\mathrm{F}} + W_N^{2k} C_k^{\mathrm{F}} + W_N^{3k} D_k^{\mathrm{F}} \qquad k = 0, 1, \cdots, N-1 \quad \text{(3.27a)}$$

式中，A_k^{F}、B_k^{F}、C_k^{F} 和 D_k^{F} 为 $N/4$ 点 DFT，因此它们均以 $N/4$ 为周期。于是

$$X_{k+\frac{N}{4}}^{\mathrm{F}} = A_k^{\mathrm{F}} + W_N^{k+\frac{N}{4}} B_k^{\mathrm{F}} + W_N^{2\left(k+\frac{N}{4}\right)} C_k^{\mathrm{F}} + W_N^{3\left(k+\frac{N}{4}\right)} D_k^{\mathrm{F}}$$

$$= A_k^{\mathrm{F}} - \mathrm{j} W_N^k B_k^{\mathrm{F}} - W_N^{2k} C_k^{\mathrm{F}} + \mathrm{j} W_N^{3k} D_k^{\mathrm{F}} \qquad k = 0, 1, \cdots, \frac{N}{4}-1 \quad \text{(3.27b)}$$

类似地

$$X_{k+\frac{N}{2}}^{\mathrm{F}} = A_k^{\mathrm{F}} - W_N^k B_k^{\mathrm{F}} + W_N^{2k} C_k^{\mathrm{F}} - W_N^{3k} D_k^{\mathrm{F}} \qquad k = 0, 1, \cdots, \frac{N}{4}-1 \quad \text{(3.27c)}$$

$$X_{k+\frac{3N}{4}}^{\mathrm{F}} = A_k^{\mathrm{F}} + \mathrm{j} W_N^k B_k^{\mathrm{F}} - W_N^{2k} C_k^{\mathrm{F}} - \mathrm{j} W_N^{3k} D_k^{\mathrm{F}} \qquad k = 0, 1, \cdots, \frac{N}{4}-1 \quad \text{(3.27d)}$$

式 (3.27) 可以用矩阵形式表述为

$$\begin{bmatrix} X_k^{\mathrm{F}} \\ X_{k+N/4}^{\mathrm{F}} \\ X_{k+N/2}^{\mathrm{F}} \\ X_{k+3N/4}^{\mathrm{F}} \end{bmatrix} = \begin{bmatrix} 1 & 1 & 1 & 1 \\ 1 & -\mathrm{j} & -1 & \mathrm{j} \\ 1 & -1 & 1 & -1 \\ 1 & \mathrm{j} & -1 & -\mathrm{j} \end{bmatrix} \begin{bmatrix} A_k^{\mathrm{F}} \\ W_N^k B_k^{\mathrm{F}} \\ W_N^{2k} C_k^{\mathrm{F}} \\ W_N^{3k} D_k^{\mathrm{F}} \end{bmatrix} \qquad k = 0, 1, \cdots, \frac{N}{4}-1 \quad \text{(3.28)}$$

该流图如图 3.14 所示，该过程需要 3 次乘法和 12 次加法。

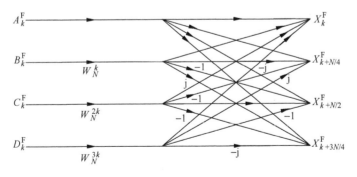

图 3.14 由 4 个 $N/4$ 点 DFT 得到 N 点 DFT X_k^{F}

将原始 N 点序列（采样间隔为 T）分解为 4 个 $N/4$ 点序列（这是一个迭代的过程），如下所示：

$$\{ x_0, x_1, x_2, x_3, x_4, x_5, \cdots, x_{N-3}, x_{N-2}, x_{N-1} \}$$

$$A_k^{\mathrm{F}} \qquad\qquad B_k^{\mathrm{F}} \qquad\qquad C_k^{\mathrm{F}} \qquad\qquad D_k^{\mathrm{F}}$$

$\{x_0,\ x_4,\ x_8,\ x_{12},\ \cdots\}\,\{x_1,\ x_5,\ x_9,\ x_{13},\ \cdots\}\,\{x_2,\ x_6,\ x_{10},\ x_{14},\ \cdots\}\,\{x_3,\ x_7,\ x_{11},\ x_{15},\ \cdots\}$

4 个 $N/4$ 点 DFT（$N=4^n$）

$$\{x_{4n}\},\ \{x_{4n+1}\},\ \{x_{4n+2}\},\ \{x_{4n+3}\}\qquad n=0,\ 1,\ \cdots,\ \frac{N}{4}-1$$

$$A_k^{\mathrm{F}}$$

$\{x_0,\ x_4,\ x_8,\ x_{12},\ x_{16},\ x_{20},\ x_{24},\ x_{28},\ x_{32},\ x_{36},\ x_{40},\ x_{44},\ x_{48},\ x_{52},\ x_{56},\ \cdots\}$

$\rightarrow|\ 4T\ |\leftarrow$

$$E_k^{\mathrm{F}} \qquad\qquad F_k^{\mathrm{F}} \qquad\qquad G_k^{\mathrm{F}} \qquad\qquad H_k^{\mathrm{F}}$$

$\{x_0,\ x_{16},\ x_{32},\ x_{48},\ \cdots\}\,\{x_4,\ x_{20},\ x_{36},\ x_{52},\ \cdots\}\,\{x_8,\ x_{24},\ x_{40},\ x_{56},\ \cdots\}\,\{x_{12},\ x_{28},\ x_{44},\ x_{60},\ \cdots\}$

$\rightarrow|\ 16T\ |\leftarrow$

A_k^{F} 为 $N/4$ 点 DFT；E_k^{F}、F_k^{F}、G_k^{F} 和 H_k^{F} 为 $N/16$ 点 DFT。由 E_k^{F}、F_k^{F}、G_k^{F} 和 H_k^{F} 得到 A_k^{F}。重复这一过程得到其余的 3 个 $N/4$ 点 DFT B_k^{F}，C_k^{F} 和 D_k^{F}。该过程类似于基 – 3 DIT – FFT（见 3.4 节）。

下面以 $N=64$ 为例介绍基 – 4 DIT – FFT 的实现方法。

$$X_k^{\mathrm{F}}$$

$\{x_0,\ x_1,\ x_2,\ x_3,\ x_4,\ x_5,\ x_6,\ x_7,\ x_8,\ x_9,\ x_{10},\ x_{11},\ x_{12},\ \cdots,\ x_{55},\ x_{56},\ x_{57},\ x_{58},\ x_{59},\ x_{60},\ x_{61},\ x_{62},\ x_{63}\}$

第 I 步

$$A_k^{\mathrm{F}} \qquad\qquad B_k^{\mathrm{F}} \qquad\qquad C_k^{\mathrm{F}} \qquad\qquad D_k^{\mathrm{F}}$$

$\{x_0,\ x_4,\ x_8,\ x_{12},\ \cdots,\ x_{60}\}\ \{x_1,\ x_5,\ x_9,\ x_{13},\ \cdots,\ x_{61}\}\ \{x_2,\ x_6,\ x_{10},\ x_{14},\ \cdots,\ x_{62}\}\ \{x_3,\ x_7,\ x_{11},\ x_{15},\ \cdots,\ x_{63}\}$

第 II 步

$$A_k \qquad\qquad\qquad\qquad E_k^{\mathrm{F}} \qquad\qquad\qquad F_k^{\mathrm{F}}$$

$\{x_0,\ x_4,\ x_8,\ x_{12},\ \cdots,\ x_{60}\} \qquad \{x_0,\ x_{16},\ x_{32},\ x_{48}\},\ \{x_4,\ x_{20},\ x_{36},\ x_{52}\}$

$$G_k^{\mathrm{F}} \qquad\qquad\qquad H_k^{\mathrm{F}}$$

$\{x_8,\ x_{24},\ x_{40},\ x_{56}\},\ \{x_{12},\ x_{28},\ x_{44},\ x_{60}\}$

$$B_k^{\mathrm{F}} \qquad\qquad\qquad\qquad I_k^{\mathrm{F}} \qquad\qquad\qquad J_k^{\mathrm{F}}$$

$\{x_1,\ x_5,\ x_9,\ x_{13},\ \cdots,\ x_{61}\} \qquad \{x_1,\ x_{17},\ x_{33},\ x_{49}\},\ \{x_5,\ x_{21},\ x_{37},\ x_{53}\}$

$$K_k^{\mathrm{F}} \qquad\qquad\qquad L_k^{\mathrm{F}}$$

$\{x_9,\ x_{25},\ x_{41},\ x_{57}\},\ \{x_{13},\ x_{29},\ x_{45},\ x_{61}\}$

$$C_k^{\mathrm{F}} \qquad\qquad\qquad\qquad M_k^{\mathrm{F}} \qquad\qquad\qquad N_k^{\mathrm{F}}$$

$\{x_2,\ x_6,\ x_{10},\ x_{14},\ \cdots,\ x_{62}\} \qquad \{x_2,\ x_{18},\ x_{34},\ x_{50}\},\ \{x_6,\ x_{22},\ x_{38},\ x_{54}\}$

$$O_k^{\mathrm{F}} \qquad\qquad\qquad P_k^{\mathrm{F}}$$

$\{x_{10},\ x_{26},\ x_{42},\ x_{58}\},\ \{x_{14},\ x_{30},\ x_{46},\ x_{62}\}$

$$D_k^{\mathrm{F}} \qquad\qquad\qquad\qquad Q_k^{\mathrm{F}} \qquad\qquad\qquad R_k^{\mathrm{F}}$$

$\{x_3,\ x_7,\ x_{11},\ x_{15},\ \cdots,\ x_{63}\} \qquad \{x_3,\ x_{19},\ x_{35},\ x_{51}\},\ \{x_7,\ x_{23},\ x_{39},\ x_{55}\}$

$$
\underset{\{x_{11},\ x_{27},\ x_{43},\ x_{59}\}}{S_k^{\mathrm F}} \qquad\qquad \underset{\{x_{15},\ x_{31},\ x_{47},\ x_{63}\}}{T_k^{\mathrm F}}
$$

（$N=64$）　　　　　　　　　　　$X_k^{\mathrm F}$

（$N=16$）　　$A_k^{\mathrm F}$　　　　　$B_k^{\mathrm F}$　　　　　$C_k^{\mathrm F}$　　　　　$D_k^{\mathrm F}$

（$N=4$）　$E_k^{\mathrm F}$　$F_k^{\mathrm F}$　$G_k^{\mathrm F}$　$H_k^{\mathrm F}$　$I_k^{\mathrm F}$　$J_k^{\mathrm F}$　$K_k^{\mathrm F}$　$L_k^{\mathrm F}$　$M_k^{\mathrm F}$　$N_k^{\mathrm F}$　$O_k^{\mathrm F}$　$P_k^{\mathrm F}$　$Q_k^{\mathrm F}$　$R_k^{\mathrm F}$　$S_k^{\mathrm F}$　$T_k^{\mathrm F}$

$E_k^{\mathrm F}$，$F_k^{\mathrm F}$，$\cdots$，$T_k^{\mathrm F}$ 为 4 点 DFT，因此不再进一步分解。

N 点 DFT（$N=4^m$，m 为整数）

$$
\{x_0,\ x_1,\ x_2,\ x_3,\ x_4,\ x_5,\ \cdots,\ x_{N-3},\ x_{N-2},\ x_{N-1}\}
$$
$$
\to|T|\leftarrow
$$

$f_0 = \dfrac{1}{NT}$ 为频域分辨率

$$
\{x_0,\ x_4,\ x_8,\ x_{12},\ \cdots\}\{x_1,\ x_5,\ x_9,\ x_{13},\ \cdots\}\{x_2,\ x_6,\ x_{10},\ x_{14},\ \cdots\}\{x_3,\ x_7,\ x_{11},\ x_{15},\ \cdots\}
$$
$$
\to|4T|\leftarrow\qquad\qquad\to|4T|\leftarrow\qquad\qquad\to|4T|\leftarrow\qquad\qquad\to|4T|\leftarrow
$$

频域分辨率为 $\dfrac{1}{4T\dfrac{N}{4}} = \dfrac{1}{NT} = f_0$。

　　在求 N 点 DFT 的过程中，其频域分辨率不变，但是时域分辨率减少了 4 倍。因此这是 DIT – FFT。

　　4 点 DFT 为

$$
X_k^{\mathrm F} = \sum_{n=0}^{3} x_n W_4^{nk} \qquad k = 0,\ 1,\ 2,\ 3 \tag{3.29}
$$

$$
W_4 = \mathrm e^{-\mathrm j2\pi/4} = \mathrm e^{-\mathrm j\pi/2} = -\mathrm j, \quad W_4^0 = 1, \quad W_4^2 = -1, \quad W_4^3 = \mathrm j
$$

行

$$
n,\ k = 0,\ 1,\ 2,\ 3 \quad [W_4^{nk}] = \begin{bmatrix} 1 & 1 & 1 & 1 \\ 1 & -\mathrm j & -1 & \mathrm j \\ 1 & -1 & 1 & -1 \\ 1 & \mathrm j & -1 & -\mathrm j \end{bmatrix} \begin{matrix} 0 \\ 1 \\ 2 \\ 3 \end{matrix}
$$

（4×4）DFT 矩阵

将各行按反比特顺序排列，有

$$
[W_4^{nk}]_{\mathrm{BRO}} = \begin{bmatrix} 1 & 1 & 1 & 1 \\ 1 & -1 & 1 & -1 \\ 1 & -\mathrm j & -1 & \mathrm j \\ 1 & \mathrm j & -1 & -\mathrm j \end{bmatrix} = \begin{bmatrix} 1 & 1 & & O \\ 1 & -1 & & \\ \hline & & 1 & -\mathrm j \\ O & & 1 & \mathrm j \end{bmatrix} \begin{bmatrix} [I_2] & [I_2] \\ \hline [I_2] & -[I_2] \end{bmatrix}
$$

4 点 DFT 的流程图如图 3.15 所示。

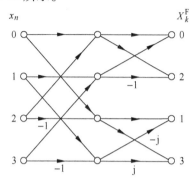

图 3.15　4 点 DIT – FFT 流程图

【例】　$N = 16$ 时的基 – 4　DIT – FFT

$$X_k^\mathrm{F}$$

$$\{x_0, \ x_1, \ x_2, \ x_3, \ x_4, \ x_5, \ x_6, \ x_7, \ x_8, \ x_9, \ x_{10}, \ x_{11}, \ x_{12}, \ x_{13}, \ x_{14}, \ x_{15}\}$$

| A_k^F | B_k^F | C_k^F | D_k^F |

$$\{x_0, \ x_4, \ x_8, \ x_{12}\} \quad \{x_1, \ x_5, \ x_9, \ x_{13}\} \quad \{x_2, \ x_6, \ x_{10}, \ x_{14}\} \quad \{x_3, \ x_7, \ x_{11}, \ x_{15}\}$$

以上四个都为 4 点 DFT。

$$X_k^\mathrm{F} = \sum_{n=0}^{3} x_{4n} W_4^{nk} + W_{16}^k \left(\sum_{n=0}^{3} x_{4n+1} W_4^{nk} \right) + W_{16}^{2k} \left(\sum_{n=0}^{3} x_{4n+2} W_4^{nk} \right)$$

$$+ W_{16}^{3k} \left(\sum_{n=0}^{3} x_{4n+3} W_4^{nk} \right) \tag{3.30a}$$

$$X_k^\mathrm{F} = A_k^\mathrm{F} + W_{16}^k B_k^\mathrm{F} + W_{16}^{2k} C_k^\mathrm{F} + W_{16}^{3k} D_k^\mathrm{F} \qquad k = 0, \ 1, \ 2, \ 3 \tag{3.30b}$$

式（3.30）的矩阵形式为

$$\begin{bmatrix} X_k^\mathrm{F} \\ X_{k+\frac{N}{4}}^\mathrm{F} \\ X_{k+\frac{N}{2}}^\mathrm{F} \\ X_{k+\frac{3N}{4}}^\mathrm{F} \end{bmatrix} = \begin{bmatrix} 1 & 1 & 1 & 1 \\ 1 & -\mathrm{j} & -1 & \mathrm{j} \\ 1 & -1 & 1 & -1 \\ 1 & \mathrm{j} & -1 & -\mathrm{j} \end{bmatrix} \begin{bmatrix} A_k^\mathrm{F} \\ W_{16}^k B_k^\mathrm{F} \\ W_{16}^{2k} C_k^\mathrm{F} \\ W_{16}^{3k} D_k^\mathrm{F} \end{bmatrix} \qquad k = 0, \ 1, \ 2, \ 3 \tag{3.31}$$

其中

$$A_k^\mathrm{F} = \sum_{n=0}^{3} x_{4n} W_4^{nk} \qquad k = 0, 1, 2, 3$$

$$\begin{bmatrix} A_0^F \\ A_1^F \\ A_2^F \\ A_3^F \end{bmatrix} = \begin{bmatrix} 1 & 1 & 1 & 1 \\ 1 & -j & -1 & j \\ 1 & -1 & 1 & -1 \\ 1 & j & -1 & -j \end{bmatrix} \begin{bmatrix} x_0 \\ x_4 \\ x_8 \\ x_{12} \end{bmatrix} \tag{3.32}$$

图 3.16 所示用流图描述了这一过程。类似地，B_k^F、C_k^F 和 D_k^F 分别为 $\{x_1,\ x_5,\ x_9,\ x_{13}\}$、$\{x_2,\ x_6,\ x_{10},\ x_{14}\}$ 和 $\{x_3,\ x_7,\ x_{11},\ x_{15}\}$ 的 4 点 DFT（见图 3.17）。

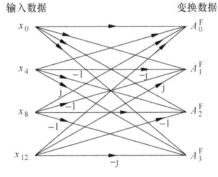

图 3.16　$\{x_0,\ x_4,\ x_8,\ x_{12}\}$ 的 4 点 DFT 流图

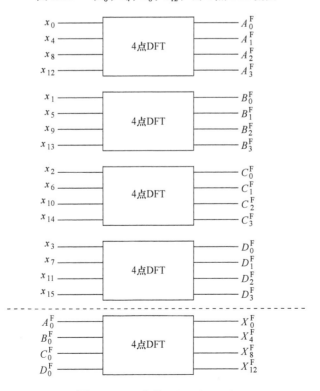

图 3.17　16 点基 – 4 DIT – FFT

图 3.17   16 点基 -4 DIT - FFT（续）

3.8   基 -4 DIF - FFT

类似基 -4 DIT - FFT，当 $N = 4^n$ 时，可以推出基 -4 DIF - FFT：

$$X_k^{\mathrm{F}} = \sum_{n=0}^{N-1} x_n W_N^{nk} \qquad k = 0, 1, \cdots, N-1$$

$$= \sum_{n=0}^{\frac{N}{4}-1} x_n W_N^{nk} + \sum_{n=\frac{N}{4}}^{\frac{N}{2}-1} x_n W_N^{nk} + \sum_{n=\frac{N}{2}}^{\frac{3N}{4}-1} x_n W_N^{nk} + \sum_{n=\frac{3N}{4}}^{N-1} x_n W_N^{nk} \tag{3.33}$$

分别用 I、II、III 和 IV 表示式（3.33）中的 4 个求和项。

令 II 中 $n = m + \dfrac{N}{4}$，III 中 $n = m + \dfrac{N}{2}$，IV 中 $n = m + \dfrac{3N}{4}$，则 II、III 和 IV 变为

$$\sum_{n=\frac{N}{4}}^{\frac{N}{2}-1} x_n W_N^{nk} = \sum_{m=0}^{\frac{N}{4}-1} x_{m+\frac{N}{4}} W_N^{(m+\frac{N}{4})k} = W_N^{\frac{N}{4}k} \sum_{n=0}^{\frac{N}{4}-1} x_{n+\frac{N}{4}} W_N^{nk} = (-\mathrm{j})^k \sum_{n=0}^{\frac{N}{4}-1} x_{n+\frac{N}{4}} W_N^{nk} \tag{3.34a}$$

$$\sum_{n=\frac{N}{2}}^{\frac{3N}{4}-1} x_n W_N^{nk} = \sum_{m=0}^{\frac{N}{4}-1} x_{m+\frac{N}{2}} W_N^{(m+\frac{N}{2})k} = W_N^{\frac{N}{2}k} \sum_{n=0}^{\frac{N}{4}-1} x_{n+\frac{N}{2}} W_N^{nk} = (-1)^k \sum_{n=0}^{\frac{N}{4}-1} x_{n+\frac{N}{2}} W_N^{nk} \tag{3.34b}$$

类似地

$$\sum_{n=\frac{3N}{4}}^{N-1} x_n W_N^{nk} = (\mathrm{j})^k \sum_{n=0}^{\frac{N}{4}-1} x_{n+\frac{3N}{4}} W_N^{nk} \tag{3.34c}$$

将式（3.34）带入式（3.33），得

$$X_k^{\mathrm{F}} = \sum_{n=0}^{\frac{N}{4}-1} \left[x_n + (-\mathrm{j})^k x_{n+\frac{N}{4}} + (-1)^k x_{n+\frac{N}{2}} + (\mathrm{j})^k x_{n+\frac{3N}{4}} \right] W_N^{nk} \tag{3.35}$$

令 $k = 4m$，$m = 0, 1, \cdots, \dfrac{N}{4} - 1$，则有

$$X_{4m}^{\mathrm{F}} = \sum_{n=0}^{\frac{N}{4}-1} \left[x_n + x_{n+\frac{N}{4}} + x_{n+\frac{N}{2}} + x_{n+\frac{3N}{4}} \right] W_{\frac{N}{4}}^{nm} \tag{3.36a}$$

即为 $\left[x_n + x_{n+\frac{N}{4}} + x_{n+\frac{N}{2}} + x_{n+\frac{3N}{4}} \right]$ 的 $N/4$ 点 DFT。

令式 (3.35) 中 $k = 4m + 1$。则有

$$X^F_{4m+1} = \sum_{n=0}^{\frac{N}{4}-1} x_n W_N^{n(4m+1)} + \sum_{n=\frac{N}{4}}^{\frac{N}{2}-1} x_n W_N^{n(4m+1)} + \sum_{n=\frac{N}{2}}^{\frac{3N}{4}-1} x_n W_N^{n(4m+1)} + \sum_{n=\frac{3N}{4}}^{N-1} x_n W_N^{n(4m+1)}$$

$$= V + VI + VII + VIII$$

$$(3.36b)$$

V、VI、VII 和 VIII 分别表示 4 个求和项。

令 VI 中 $n = m + \dfrac{N}{4}$，VII 中 $n = m + \dfrac{N}{2}$，VIII 中 $n = m + \dfrac{3N}{4}$，则式 (3.36b) 变为

$$X^F_{4m+1} = \sum_{n=0}^{\frac{N}{4}-1} \left(\left[x_n - jx_{n+\frac{N}{4}} - x_{n+\frac{N}{2}} + jx_{n+\frac{3N}{4}} \right] W_N^n \right) W_{\frac{N}{4}}^{nm} \qquad (3.36c)$$

即为 $\left(\left[x_n - jx_{n+\frac{N}{4}} - x_{n+\frac{N}{2}} + jx_{n+\frac{3N}{4}} \right] W_N^n \right)$ 的 $N/4$ 点 DFT。

令式 (3.35) 中 $k = 4m + 2$。类似前文的分析，有

$$X^F_{4m+2} = \sum_{n=0}^{\frac{N}{4}-1} \left(\left[x_n - x_{n+\frac{N}{4}} + x_{n+\frac{N}{2}} - x_{n+\frac{3N}{4}} \right] W_N^{2n} \right) W_{\frac{N}{4}}^{nm} \qquad (3.36d)$$

即为 $\left(\left[x_n - x_{n+\frac{N}{4}} + x_{n+\frac{N}{2}} - x_{n+\frac{3N}{4}} \right] W_N^{2n} \right)$ 的 $N/4$ 点 DFT。

令式 (3.35) 中 $k = 4m + 3$。类似前文的分析，有

$$X^F_{4m+3} = \sum_{n=0}^{\frac{N}{4}-1} \left(\left[x_n + jx_{n+\frac{N}{4}} - x_{n+\frac{N}{2}} - jx_{n+\frac{3N}{4}} \right] W_N^{3n} \right) W_{\frac{N}{4}}^{nm} \qquad (3.36e)$$

即为 $\left(\left[x_n + jx_{n+\frac{N}{4}} - x_{n+\frac{N}{2}} - jx_{n+\frac{3N}{4}} \right] W_N^{3n} \right)$ 的 $N/4$ 点 DFT。

总而言之，一个 N 点基 -4 DIF $-$ FFT 可以由 4 个 $N/4$ 点 DFT 推导出来。每一个 $N/4$ 点 DFT 都是原始 N 点序列的一种线性组合。N 点 DFT 为

$$X^F_k = \sum_{n=0}^{N-1} x_n W_N^{nk} \qquad k = 0, 1, \cdots, N-1$$

分解为

$$X^F_{4m} = \sum_{n=0}^{\frac{N}{4}-1} \left[x_n + x_{n+\frac{N}{4}} + x_{n+\frac{N}{2}} + x_{n+\frac{3N}{4}} \right] W_{\frac{N}{4}}^{nm} \qquad (3.37a)$$

$$X^F_{4m+1} = \sum_{n=0}^{\frac{N}{4}-1} \left(\left[x_n - jx_{n+\frac{N}{4}} - x_{n+\frac{N}{2}} + jx_{n+\frac{3N}{4}} \right] W_N^n \right) W_{\frac{N}{4}}^{nm} \qquad (3.37b)$$

$$X^F_{4m+2} = \sum_{n=0}^{\frac{N}{4}-1} \left(\left[x_n - x_{n+\frac{N}{4}} + x_{n+\frac{N}{2}} - x_{n+\frac{3N}{4}} \right] W_N^{2n} \right) W_{\frac{N}{4}}^{nm} \qquad (3.37c)$$

$$X^{\mathrm{F}}_{4m+3} = \sum_{n=0}^{\frac{N}{4}-1} \left(\left[x_n + \mathrm{j}x_{n+\frac{N}{4}} - x_{n+\frac{N}{2}} - \mathrm{j}x_{n+\frac{3N}{4}} \right] W^{3n}_N \right) W^{nm}_{\frac{N}{4}}$$

$$m = 0, 1, \cdots, \frac{N}{4} - 1 \qquad\qquad (3.37\mathrm{d})$$

以上这些都是 $N/4$ 点 DFT（见图 3.18）。

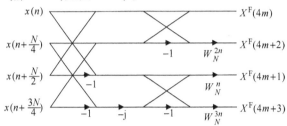

图 3.18　式（3.37）的蝶形图（m, $n = 0, 1, \cdots, \frac{N}{4} - 1$; $N = 4$）

将上述 4 个 $N/4$ 点序列用下列形式表示

$$\begin{bmatrix} 1 & 1 & 1 & 1 \\ W^n_N & (1 & -\mathrm{j} & -1 & \mathrm{j}) \\ W^{2n}_N & (1 & -1 & 1 & -1) \\ W^{3n}_N & (1 & \mathrm{j} & -1 & -\mathrm{j}) \end{bmatrix} \begin{bmatrix} x_n \\ x_{n+N/4} \\ x_{n+N/2} \\ x_{n+3N/4} \end{bmatrix} \qquad n = 0, 1, \cdots, \frac{N}{4} - 1 \qquad (3.38)$$

则 N 点 DFT 可由以上 4 个 $N/4$ 点 DFT 得到，每一个 $N/4$ 点序列又可以由上述过程形成。不断重复上述过程直至得到 4 点序列（见图 3.19 和图 3.20）。基 – 4 DIT/

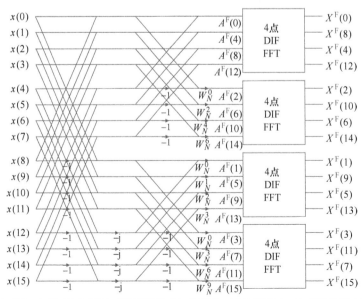

图 3.19　式（3.37）中的 16 点 DIF – FFT 流图（4 点 DIF – FFT 见图 3.18 或见参考文献［A42］）

DIF – FFT 可以通过在任意步骤甚至每一步混合 DIT/DIF 算法得到。用类似的方法可以实现以基 – 6 和基 – 8 的 DIT – FFT、DIF – FFT 及 DIT/DIF – FFT 算法。

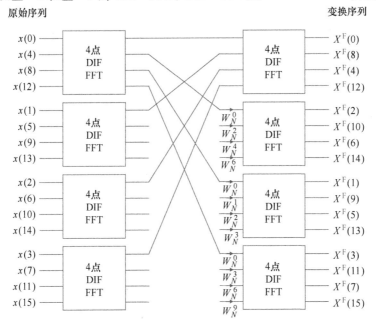

图 3.20　16 点 DIF – FFT 流程（为避免连线混乱，图中只连接了 1 个蝶形算法）

在 OFDM 系统中已经实现了基于基 – 4 DIF – FFT 的高速 FFT 处理器。该处理器可以在 42MHz 的频率上工作，并能在 6μs 内完成 256 点复 FFT。

3.9　分裂基 FFT 算法

我们已经讨论了基 – 2 和基 – 4 DIT/DIF 算法。将两者结合使用则形成了一种新的算法，称作分裂基 FFT 算法（Split – Radix FFT，SRFFT）[SR1,A42]。这类算法有许多优点，比如在 2^m 算法中具有最少数目的加法和乘法等。该算法基于下列观察结论：基 – 4 算法对于奇数 DFT 系数更有效，而基 – 2 算法对于偶数 DFT 系数更有效。具体描述如下。

对于 $N = 2^n$，N 点 DFT 可以分解为

$$X^F(2k) \quad k = 0,\ 1,\ \cdots,\ \frac{N}{2} - 1$$

$$X^F(4k+1) \text{ 和 } X^F(4k+3) \quad k = 0,\ 1,\ \cdots,\ \frac{N}{4} - 1$$

即

$$X^F(2k) = \sum_{n=0}^{(N/2)-1} x(n) W_N^{2nk} + \sum_{n=N/2}^{N-1} x(n) W_N^{2nk} \tag{3.39}$$

对第二个求和项中的 m 进行变量代换，令 $n = m + \dfrac{N}{2}$，则式（3.39）可以表示为

$$X^{\mathrm{F}}(2k) = \sum_{n=0}^{(N/2)-1} \left[x(n) + x\left(n + \frac{N}{2}\right) \right] W_{N/2}^{nk} \qquad k = 0.1, \cdots, \frac{N}{2} - 1 \qquad (3.40\mathrm{a})$$

上式是一个 $N/2$ 点 DIF – FFT。类似地，使用基 – 4 DIF – FFT，有

$$X^{\mathrm{F}}(4k+1) = \sum_{n=0}^{(N/4)-1} \left(\left[x(n) - \mathrm{j}x\left(n + \frac{N}{4}\right) - x\left(n + \frac{N}{2}\right) + \mathrm{j}x\left(n + \frac{3N}{4}\right) \right] W_N^n \right) W_{N/4}^{nk}$$
$$(3.40\mathrm{b})$$

以及

$$X^{\mathrm{F}}(4k+3) = \sum_{n=0}^{(N/4)-1} \left(\left[x(n) + \mathrm{j}x\left(n + \frac{N}{4}\right) - x\left(n + \frac{N}{2}\right) - \mathrm{j}x\left(n + \frac{3N}{4}\right) \right] W_N^{3n} \right) W_{N/4}^{nk}$$
$$k = 0, 1, \cdots, \frac{N}{4} - 1 \qquad (3.40\mathrm{c})$$

这两项均为基 – 4$N/4$ 点 DIF – FFT。继续分解可以最终求得 N 点 DFT。分裂基算法的计算复杂度比基 – 2 和基 – 4 算法都低[SR1]。

　　Yeh 和 Jen[O9] 发明了用于实现 SRFFT 的流水线结构，这一结构同样适用于 VLSI 实现。其目的是为 OFDM 中的应用设计高效（高速）和低功耗的 FFT。OFDM 目前已被欧洲数字无线电/音频广播标准（即 DVB – T/DAB）所采纳。其他 OFDM 中的应用包括：无线局域网（Wireless Local Area Network，WLAN）、HYPERLAN/2 系统、第四代蜂窝网电话及新型 WLAN 系统等。这一流水线结构具体见参考文献 [O9] 及其参考文献。

　　参考文献 [O19] 介绍了一种新的技术——分解部分传输序列（Decomposition Partial Transmit Sequence，D – PTS）。这一技术在降低 OFDM 信号峰值 – 平均功率比（Peak – to – Average Power Ratio，PAPR）的同时，减少了乘法运算的复杂度。为了产生 PTS，FFT 内部计算了多个变换。基于低复杂度 IFFT 的降低 PAPR 的算法详见参考文献 [O19]。

3.10　用矩阵分割技术实现快速傅里叶变换（FFT）和快速二进制傅里叶表示（BIFORE）变换

　　矩阵因式分解技术已应用于实现快速傅里叶变换（FFT）和快速二进制傅里叶表示（Binary Fourier Representation，BIFORE）变换（FBT）。同样，矩阵分割技术也可用于实现 FFT 和 FBT 算法。利用矩阵因式分解实现 FFT 和 FBT 的算法有很多[T1 – T6,T8]。这里我们的目的是在计算傅里叶系数和 BIFORE 系数的过程中，研究能够降低复杂度的矩阵分割技术。

3.10.1　矩阵分割技术

一个以 N 为周期的序列 $\underline{x}(n) = \{x(0), x(1), \cdots, x(N-1)\}^{\mathrm{T}}$（其中，$x(n)$ 和 "T" 分别表示列向量及转置）的 BIFORE 变换或哈达玛（Hardmard）变换[T6,T7]（BT 或 HT）定义为

$$\underline{B}_x(k) = \frac{1}{N}[H(g)]\underline{x}(n) \tag{3.41}$$

式中，$B_x(k)$ 为 BIFORE 系数，$k = 0, 1, \cdots, N-1$；$g = \log_2 N$；$[H(g)]$ 为一个 $(N \times N)$ 大小的哈达玛矩阵[B6(第156页)]，可以通过以下过程逐渐构建：

$$[H(0)] = [1],\ [H(1)] = \begin{bmatrix} 1 & 1 \\ 1 & -1 \end{bmatrix},\ [H(2)] = \begin{bmatrix} [H(1)] & [H(1)] \\ [H(1)] & -[H(1)] \end{bmatrix}, \cdots,$$

$$[H(g)] = \begin{bmatrix} [H(g-1)] & [H(g-1)] \\ [H(g-1)] & -[H(g-1)] \end{bmatrix} \tag{3.42}$$

矩阵分割技术最好用举例的方式来说明。给定 $N = 8$，用式（3.41）和式（3.42）将 $\underline{B}_x(k)$、$[H(g)]$ 和 $\underline{x}(n)$ 分割如下：

$$
\begin{bmatrix} B_x(0) \\ B_x(1) \\ B_x(2) \\ B_x(3) \\ \hline B_x(4) \\ B_x(5) \\ B_x(6) \\ B_x(7) \end{bmatrix} = \frac{1}{8}
\left[\begin{array}{cc|cc}
\begin{bmatrix} 1 & 1 \\ 1 & -1 \end{bmatrix} & 1\begin{bmatrix} 1 & 1 \\ 1 & -1 \end{bmatrix} & \begin{bmatrix} 1 & 1 \\ 1 & -1 \end{bmatrix} & 1\begin{bmatrix} 1 & 1 \\ 1 & -1 \end{bmatrix} \\
\begin{bmatrix} 1 & 1 \\ 1 & -1 \end{bmatrix} & -1\begin{bmatrix} 1 & 1 \\ 1 & -1 \end{bmatrix} & \begin{bmatrix} 1 & 1 \\ 1 & -1 \end{bmatrix} & -1\begin{bmatrix} 1 & 1 \\ 1 & -1 \end{bmatrix} \\
\hline
\begin{bmatrix} 1 & 1 \\ 1 & -1 \end{bmatrix} & 1\begin{bmatrix} 1 & 1 \\ 1 & -1 \end{bmatrix} & \begin{bmatrix} 1 & 1 \\ 1 & -1 \end{bmatrix} & 1\begin{bmatrix} 1 & 1 \\ 1 & -1 \end{bmatrix} \\
\begin{bmatrix} 1 & 1 \\ 1 & -1 \end{bmatrix} & -1\begin{bmatrix} 1 & 1 \\ 1 & -1 \end{bmatrix} & \begin{bmatrix} 1 & 1 \\ 1 & -1 \end{bmatrix} & -1\begin{bmatrix} 1 & 1 \\ 1 & -1 \end{bmatrix}
\end{array} \right]
\begin{bmatrix} x(0) \\ x(1) \\ x(2) \\ x(3) \\ \hline x(4) \\ x(5) \\ x(6) \\ x(7) \end{bmatrix} \tag{3.43}
$$

式（3.43）的结构暗示可以继续分割矩阵以获得下列等式：

$$
\begin{bmatrix} B_x(0) \\ B_x(1) \\ B_x(2) \\ B_x(3) \end{bmatrix} = \frac{1}{8}
\begin{bmatrix}
\begin{bmatrix} 1 & 1 \\ 1 & -1 \end{bmatrix} & -1\begin{bmatrix} 1 & 1 \\ 1 & -1 \end{bmatrix} \\
\begin{bmatrix} 1 & 1 \\ 1 & -1 \end{bmatrix} & -1\begin{bmatrix} 1 & 1 \\ 1 & -1 \end{bmatrix}
\end{bmatrix}
\begin{bmatrix} x(0)+x(4) \\ x(1)+x(5) \\ x(2)+x(6) \\ x(3)+x(7) \end{bmatrix} \tag{3.44a}
$$

$$
= \frac{1}{8}
\begin{bmatrix}
\begin{bmatrix} 1 & 1 \\ 1 & -1 \end{bmatrix} & -1\begin{bmatrix} 1 & 1 \\ 1 & -1 \end{bmatrix} \\
\begin{bmatrix} 1 & 1 \\ 1 & -1 \end{bmatrix} & -1\begin{bmatrix} 1 & 1 \\ 1 & -1 \end{bmatrix}
\end{bmatrix}
\begin{bmatrix} x_1(0) \\ x_1(1) \\ x_1(2) \\ x_1(3) \end{bmatrix}
$$

$$\begin{bmatrix} B_x(4) \\ B_x(5) \\ B_x(6) \\ B_x(7) \end{bmatrix} = \frac{1}{8} \begin{bmatrix} \begin{bmatrix} 1 & 1 \\ 1 & -1 \end{bmatrix} & -1\begin{bmatrix} 1 & 1 \\ 1 & -1 \end{bmatrix} \\ \begin{bmatrix} 1 & 1 \\ 1 & -1 \end{bmatrix} & -1\begin{bmatrix} 1 & 1 \\ 1 & -1 \end{bmatrix} \end{bmatrix} \begin{bmatrix} x(0) - x(4) \\ x(1) - x(5) \\ x(2) - x(6) \\ x(3) - x(7) \end{bmatrix}$$

(3.44b)

$$= \frac{1}{8} \begin{bmatrix} \begin{bmatrix} 1 & 1 \\ 1 & -1 \end{bmatrix} & -1\begin{bmatrix} 1 & 1 \\ 1 & -1 \end{bmatrix} \\ \begin{bmatrix} 1 & 1 \\ 1 & -1 \end{bmatrix} & -1\begin{bmatrix} 1 & 1 \\ 1 & -1 \end{bmatrix} \end{bmatrix} \begin{bmatrix} x_1(4) \\ x_1(5) \\ x_1(6) \\ x_1(7) \end{bmatrix}$$

$$\begin{bmatrix} B_x(0) \\ B_x(1) \end{bmatrix} = \frac{1}{8} \begin{bmatrix} 1 & 1 \\ 1 & -1 \end{bmatrix} \begin{bmatrix} x_1(0) + x_1(2) \\ x_1(1) + x_1(3) \end{bmatrix} = \frac{1}{8} \begin{bmatrix} 1 & 1 \\ 1 & -1 \end{bmatrix} \begin{bmatrix} x_2(0) \\ x_2(1) \end{bmatrix} \quad \text{(3.45a)}$$

$$\begin{bmatrix} B_x(2) \\ B_x(3) \end{bmatrix} = \frac{1}{8} \begin{bmatrix} 1 & 1 \\ 1 & -1 \end{bmatrix} \begin{bmatrix} x_1(0) - x_1(2) \\ x_1(1) - x_1(3) \end{bmatrix} = \frac{1}{8} \begin{bmatrix} 1 & 1 \\ 1 & -1 \end{bmatrix} \begin{bmatrix} x_2(2) \\ x_2(3) \end{bmatrix} \quad \text{(3.45b)}$$

$$\begin{bmatrix} B_x(4) \\ B_x(5) \end{bmatrix} = \frac{1}{8} \begin{bmatrix} 1 & 1 \\ 1 & -1 \end{bmatrix} \begin{bmatrix} x_1(4) + x_1(6) \\ x_1(5) + x_1(7) \end{bmatrix} = \frac{1}{8} \begin{bmatrix} 1 & 1 \\ 1 & -1 \end{bmatrix} \begin{bmatrix} x_2(4) \\ x_2(5) \end{bmatrix} \quad \text{(3.46a)}$$

$$\begin{bmatrix} B_x(6) \\ B_x(7) \end{bmatrix} = \frac{1}{8} \begin{bmatrix} 1 & 1 \\ 1 & -1 \end{bmatrix} \begin{bmatrix} x_1(4) - x_1(6) \\ x_1(5) - x_1(7) \end{bmatrix} = \frac{1}{8} \begin{bmatrix} 1 & 1 \\ 1 & -1 \end{bmatrix} \begin{bmatrix} x_2(6) \\ x_2(7) \end{bmatrix} \quad \text{(3.46b)}$$

$$B_x(0) = \frac{1}{8}\{x_2(0) + x_2(1)\} = \frac{1}{8}x_3(0) \quad B_x(1) = \frac{1}{8}\{x_2(0) - x_2(1)\} = \frac{1}{8}x_3(1)$$

$$B_x(2) = \frac{1}{8}\{x_2(2) + x_2(3)\} = \frac{1}{8}x_3(2) \quad B_x(3) = \frac{1}{8}\{x_2(2) - x_2(3)\} = \frac{1}{8}x_3(3)$$

$$B_x(4) = \frac{1}{8}\{x_2(4) + x_2(5)\} = \frac{1}{8}x_3(4) \quad B_x(5) = \frac{1}{8}\{x_2(4) - x_2(5)\} = \frac{1}{8}x_3(5)$$

$$B_x(6) = \frac{1}{8}\{x_2(6) + x_2(7)\} = \frac{1}{8}x_3(6) \quad B_x(7) = \frac{1}{8}\{x_2(6) - x_2(7)\} = \frac{1}{8}x_3(7)$$

(3.47)

上述一系列计算过程如图 3.21 所示。除了 1/8 的常数乘子，计算 BT 所需的算术运算的总数（实数加减）为 $8 \times 3 = 24$，对于更一般情况为 $N\log_2 N$，而式 (3.41) 则需要 N^2 次运算。

3.10.2　DFT 算法

矩阵分割技术也可用于 DFT 情形。众所周知[T2]，$\underline{x}(k)$ 的 DFT 为

$$X^F(k) = \sum_{n=0}^{N-1} x(n) W_N^{nk} \qquad k = 0, 1, \cdots, N-1 \qquad (2.1a)$$

式中，$W_N = e^{-j2\pi/N}$；$j = \sqrt{-1}$。利用性质 $W^{Nl+r} = W^r$ 和 $W_N^{(N/2)+r} = -W^r$，则 $N = 8$ 时的 DFT 可以表述为（此处 $W = W_8$）

$$
\begin{bmatrix} X^{\mathrm{F}}(0) \\ X^{\mathrm{F}}(1) \\ X^{\mathrm{F}}(2) \\ X^{\mathrm{F}}(3) \\ X^{\mathrm{F}}(4) \\ X^{\mathrm{F}}(5) \\ X^{\mathrm{F}}(6) \\ X^{\mathrm{F}}(7) \end{bmatrix} = \begin{matrix} E \\ O \\ E \\ O \\ E \\ O \\ E \\ O \end{matrix} \begin{bmatrix} 1 & 1 & 1 & 1 & 1 & 1 & 1 & 1 \\ 1 & W & W^2 & W^3 & -1 & -W & -W^2 & -W^3 \\ 1 & W^2 & -1 & -W^2 & 1 & W^2 & -1 & -W^2 \\ 1 & W^3 & -W^2 & -W^5 & -1 & -W^3 & W^2 & -W \\ 1 & -1 & 1 & -1 & 1 & -1 & 1 & -1 \\ 1 & -W & W^2 & -W^3 & -1 & W & -W^2 & W^3 \\ 1 & -W^2 & -1 & W^2 & 1 & -W^2 & -1 & W^2 \\ 1 & -W^3 & -W^2 & W^5 & -1 & W^3 & W^2 & W \end{bmatrix} \begin{bmatrix} x(0) \\ x(1) \\ x(2) \\ x(3) \\ x(4) \\ x(5) \\ x(6) \\ x(7) \end{bmatrix}
$$

$$(3.48)$$

式中，E 和 O 分别表示中间点的偶向量和奇向量。然而这样的表示方法并不能降低计算复杂度。这里的技巧是对式（3.48）进行与 $\{X^{\mathrm{F}}(k)\}$ 类似的反比特顺序重排列，即

$$
\begin{bmatrix} X^{\mathrm{F}}(0) \\ X^{\mathrm{F}}(4) \\ X^{\mathrm{F}}(2) \\ X^{\mathrm{F}}(6) \\ \hline X^{\mathrm{F}}(1) \\ X^{\mathrm{F}}(5) \\ X^{\mathrm{F}}(3) \\ X^{\mathrm{F}}(7) \end{bmatrix} = \left[\begin{array}{cc|cc} \begin{bmatrix} 1 & 1 \\ 1 & -1 \end{bmatrix} & 1\begin{bmatrix} 1 & 1 \\ 1 & -1 \end{bmatrix} & \begin{bmatrix} 1 & 1 \\ 1 & -1 \end{bmatrix} & 1\begin{bmatrix} 1 & 1 \\ 1 & -1 \end{bmatrix} \\ \begin{bmatrix} 1 & W^2 \\ 1 & -W^2 \end{bmatrix} & -1\begin{bmatrix} 1 & W^2 \\ 1 & -W^2 \end{bmatrix} & \begin{bmatrix} 1 & W^2 \\ 1 & -W^2 \end{bmatrix} & -1\begin{bmatrix} 1 & W^2 \\ 1 & -W^2 \end{bmatrix} \\ \hline \begin{bmatrix} 1 & W \\ 1 & -W \end{bmatrix} & W^2\begin{bmatrix} 1 & W \\ 1 & -W \end{bmatrix} & -1\begin{bmatrix} 1 & W \\ 1 & -W \end{bmatrix} & -W^2\begin{bmatrix} 1 & W \\ 1 & -W \end{bmatrix} \\ \begin{bmatrix} 1 & W^3 \\ 1 & -W^3 \end{bmatrix} & -W^2\begin{bmatrix} 1 & W^3 \\ 1 & -W^3 \end{bmatrix} & -1\begin{bmatrix} 1 & W^3 \\ 1 & -W^3 \end{bmatrix} & W^2\begin{bmatrix} 1 & W^3 \\ 1 & -W^3 \end{bmatrix} \end{array} \right] \begin{bmatrix} x(0) \\ x(1) \\ x(2) \\ x(3) \\ \hline x(4) \\ x(5) \\ x(6) \\ x(7) \end{bmatrix}
$$

$$(3.49)$$

可以观察到，式（3.49）和式（3.43）在对称结构和方阵分割方式两方面具有相似性。两者的差别在于"加权因子"不同，在 FFT 中为 ± 1 和 $\pm W_N^2$，而在 FBT 中仅有 ± 1。对式（3.49）重复式（3.44）～（3.47）所描述的过程，则可以得到相应的 FFT 流图（见图 3.21）。计算 DFT 总共需要 $N\log_2 N$ 次运算，包括复数相加和相乘。

类似于矩阵的因式分解，矩阵分割也能够降低 BT 和 DFT 过程的计算复杂度。这些技术（因式分解和矩阵分割）均可拓展到其他变换中去[T4]（见表 3.3）。

表 3.3　图 3.21 所示的 a_1，a_2，$\cdots$，a_6 的取值（$W = W_8$）

乘数	BT $= [G_0(3)]$	CBT $= [G_1(3)]$	DFT
a_1	-1	j	j
a_2	1	$-j$	$-j$

（续）

乘数	BT $= [G_0(3)]$	CBT $= [G_1(3)]$	DFT
a_3	1	1	W^1
a_4	-1	-1	W^2
a_5	1	1	W^3
a_6	-1	-1	W^4

CBT = complex BIFORE transform

基于图 3.21 的稀疏矩阵因子如下。

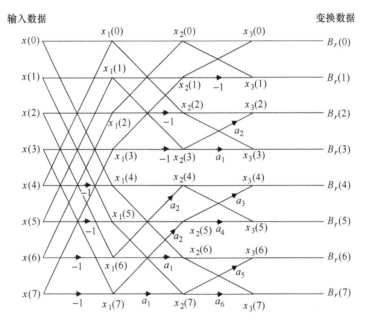

图 3.21　BT、CBT 和 DFT 的快速实现流图（$N=8$；对于 DFT，输出为反比特顺序（BRO））

3.10.3　BIFORE 变换（BT）

$$[G_0(3)] = \begin{bmatrix} 1 & 1 & & & & & \\ 1 & -1 & & & & & \\ & & 1 & 1 & & & \\ & & 1 & -1 & & & \\ & & & & 1 & 1 & \\ & & & & 1 & -1 & \\ & & & & & & 1 & 1 \\ & & & & & & 1 & -1 \end{bmatrix} \begin{bmatrix} [I_2] & [I_2] & & \\ [I_2] & -[I_2] & & \\ & & [I_2] & [I_2] \\ & & [I_2] & -[I_2] \end{bmatrix} \begin{bmatrix} [I_4] & [I_4] \\ [I_4] & -[I_4] \end{bmatrix}$$

$$(3.50)$$

3.10.4 复 BIFORE 变换（CBT）

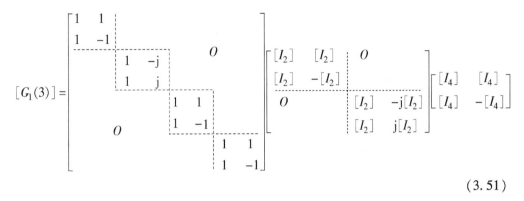

$$(3.51)$$

3.10.5 稀疏矩阵因式分解（SMF）

注意，此处 $W = W_8$。

将（8×8）DFT 矩阵的行以反比特顺序重排列为

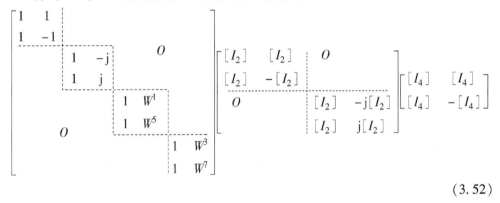

$$(3.52)$$

3.11 威诺格拉德傅里叶变换算法[V26]

与快速傅里叶变换（FFT）相比，威诺格拉德傅里叶变换算法（Winograd Fourier Transform Algorithm，WFTA）显著降低了乘法的次数；而在许多情况下，它也不会增加加法运算的次数。

WFTA 是 Winograd 最先提出的一种快速算法，下面举例说明该算法。

3.11.1 5 点 DFT（见图 3.22）

$$u = -2\pi/5 \qquad j = \sqrt{-1}$$

$$s_1 = x(1) + x(4) \quad s_2 = x(1) - x(4) \quad s_3 = x(3) + x(2) \quad s_4 = x(3) - x(2)$$

$s_5 = x(1) + x(3)$ $s_6 = x(1) - x(3)$ $s_7 = s_2 + s_4$ $s_8 = s_5 + x(0)$

$a_0 = 1$ $a_1 = (\cos u + \cos 2u)/2 - 1$ $a_2 = (\cos u - \cos 2u)/2$

$a_3 = j(\sin u + \sin 2u)/2$ $a_4 = j\sin 2u$ $a_5 = j(\sin u - \sin 2u)$

$m_0 = a_0 s_8$ $m_1 = a_1 s_5$ $m_2 = a_2 s_6$ $m_3 = a_3 s_2$

$m_4 = a_4 s_7$ $m_5 = a_5 s_4$

$s_9 = m_0 + m_1$ $s_{10} = s_9 + m_2$ $s_{11} = s_9 - m_2$ $s_{12} = m_3 - m_4$

$s_{13} = m_4 + m_5$ $s_{14} = s_{10} + s_{12}$ $s_{15} = s_{10} - s_{12}$ $s_{16} = s_{11} + s_{13}$

$s_{17} = s_{11} - s_{13}$

$X^F(0) = m_0$ $X^F(1) = s_{14}$ $X^F(2) = s_{16}$ $X^F(3) = s_{17}$ $X^F(4) = s_{15}$

$$(3.53)$$

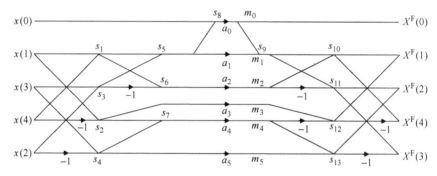

图 3.22   用 WFTA 计算 5 点 DFT 流图

3.11.2   7 点 DFT（见图 3.23）

$u = -2\pi/7$ $j = \sqrt{-1}$

$s_1 = x(1) + x(6)$ $s_2 = x(1) - x(6)$ $s_3 = x(4) + x(3)$ $s_4 = x(4) - x(3)$

$s_5 = x(2) + x(5)$ $s_6 = x(2) - x(5)$ $s_7 = s_1 + s_3$ $s_8 = s_7 + s_5$

$s_9 = s_8 + x(0)$ $s_{10} = s_1 - s_3$ $s_{11} = s_3 - s_5$ $s_{12} = s_5 - s_1$

$s_{13} = s_2 + s_4$ $s_{14} = s_{13} + s_6$ $s_{15} = s_2 - s_4$ $s_{16} = s_4 - s_6$

$s_{17} = s_6 - s_2$

$a_0 = 1$ $a_1 = (\cos u + \cos 2u + \cos 3u)/3 - 1$ $a_2 = (2\cos u - \cos 2u - \cos 3u)/3$

$a_3 = (\cos u - 2\cos 2u + \cos 3u)/3$ $a_4 = (\cos u + \cos 2u - 2\cos 3u)/3$

$a_5 = j(\sin u + \sin 2u - \sin 3u)/3$ $a_6 = j(2\sin u - \sin 2u + \sin 3u)/3$

$a_7 = j(\sin u - 2\sin 2u - \sin 3u)/3$ $a_8 = j(\sin u + \sin 2u + 2\sin 3u)/3$

$m_0 = a_0 s_9$ $m_1 = a_1 s_8$ $m_2 = a_2 s_{10}$ $m_3 = a_3 s_{11}$

$m_4 = a_4 s_{12}$ $m_5 = a_5 s_{14}$ $m_6 = a_6 s_{15}$ $m_7 = a_7 s_{16}$

$m_8 = a_8 s_{17}$

$$s_{18} = m_0 + m_1 \qquad s_{19} = s_{18} + m_2 \qquad s_{20} = s_{19} + m_3 \qquad s_{21} = s_{18} - m_2$$

$$s_{22} = s_{21} - m_4 \qquad s_{23} = s_{18} - m_3 \qquad s_{24} = s_{23} + m_4 \qquad s_{25} = m_5 + m_6$$

$$s_{26} = s_{25} + m_7 \qquad s_{27} = m_5 - m_6 \qquad s_{28} = s_{27} - m_8 \qquad s_{29} = m_5 - m_7$$

$$s_{30} = s_{29} + m_8 \qquad s_{31} = s_{20} + s_{26} \qquad s_{32} = s_{20} - s_{26} \qquad s_{33} = s_{22} + s_{28}$$

$$s_{34} = s_{22} - s_{28} \qquad s_{35} = s_{24} + s_{30} \qquad s_{36} = s_{24} - s_{30}$$

$$X^F(0) = m_0 \qquad X^F(1) = s_{31} \qquad X^F(2) = s_{33} \qquad X^F(3) = s_{36}$$

$$X^F(4) = s_{35} \qquad X^F(5) = s_{34} \qquad X^F(6) = s_{32}$$

$$(3.54)$$

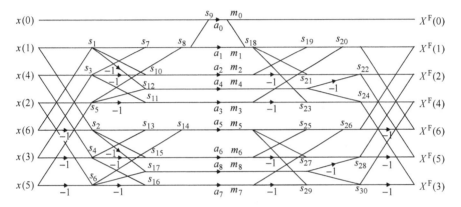

图 3.23 用 WFTA 计算 7 点 DFT 流图

3.11.3 9 点 DFT （见图 3.24）

$$u = -2\pi/9 \quad j = \sqrt{-1}$$

$$s_1 = x(1) + x(8) \quad s_2 = x(1) - x(8) \quad s_3 = x(7) + x(2) \quad s_4 = x(7) - x(2)$$

$$s_5 = x(3) + x(6) \quad s_6 = x(3) - x(6) \quad s_7 = x(4) + x(5) \quad s_8 = x(4) - x(5)$$

$$s_9 = s_1 + s_3 \quad s_{10} = s_9 + s_7 \quad s_{11} = s_{10} + s_5 \quad s_{12} = s_{11} + x(0)$$

$$s_{13} = s_2 + s_4 \quad s_{14} = s_{13} + s_8 \quad s_{15} = s_1 - s_3 \quad s_{16} = s_3 - s_7$$

$$s_{17} = s_7 - s_1 \quad s_{18} = s_2 - s_4 \quad s_{19} = s_4 - s_8 \quad s_{20} = s_8 - s_2$$

$$a_0 = 1 \quad a_1 = -\frac{1}{2} \quad a_2 = j\sin 3u \quad a_3 = \cos 3u - 1 \quad a_4 = j\sin 3u$$

$$a_5 = (2\cos u - \cos 2u - \cos 4u)/3 \qquad a_6 = (\cos u + \cos 2u - 2\cos 4u)/3$$

$$a_7 = (\cos u - 2\cos 2u + \cos 4u)/3 \qquad a_8 = j(2\sin u + \sin 2u - \sin 4u)/3$$

$$a_9 = j(\sin u - \sin 2u - 2\sin 4u)/3 \qquad a_{10} = j(\sin u + 2\sin 2u + \sin 4u)/3$$

$$m_0 = a_0 s_{12} \qquad m_1 = a_1 s_{10} \qquad m_2 = a_2 s_{14} \qquad m_3 = a_3 s_5$$

$$m_4 = a_4 s_6 \qquad m_5 = a_5 s_{15} \qquad m_6 = a_6 s_{16} \qquad m_7 = a_7 s_{17}$$

$$m_8 = a_8 s_{18} \qquad m_9 = a_9 s_{19} \qquad m_{10} = a_{10} s_{20}$$

$$
\begin{array}{llll}
s_{21}=m_1+m_1 & s_{22}=s_{21}+m_1 & s_{23}=s_{22}+m_0 & s_{24}=s_{23}+m_2 \\
s_{25}=s_{23}-m_2 & s_{26}=m_0+m_3 & s_{27}=s_{26}+s_{21} & s_{28}=s_{27}+m_5 \\
s_{29}=s_{28}+m_6 & s_{30}=s_{27}-m_6 & s_{31}=s_{30}+m_7 & s_{32}=s_{27}-m_5 \\
s_{33}=s_{32}-m_7 & s_{34}=m_4+m_8 & s_{35}=s_{34}+m_9 & s_{36}=m_4-m_9 \\
s_{37}=s_{36}+m_{10} & s_{38}=m_4-m_8 & s_{39}=s_{38}-m_{10} & s_{40}=s_{29}+s_{35} \\
s_{41}=s_{29}-s_{35} & s_{42}=s_{31}+s_{37} & s_{43}=s_{31}-s_{37} & s_{44}=s_{33}+s_{39} \\
s_{45}=s_{33}-s_{39} \\
X^{\mathrm{F}}(0)=m_0 & X^{\mathrm{F}}(1)=s_{40} & X^{\mathrm{F}}(2)=s_{43} & X^{\mathrm{F}}(3)=s_{24} \quad X^{\mathrm{F}}(4)=s_{44} \\
X^{\mathrm{F}}(5)=s_{45} & X^{\mathrm{F}}(6)=s_{25} & X^{\mathrm{F}}(7)=s_{42} & X^{\mathrm{F}}(8)=s_{41}
\end{array}
$$

$$(3.55)$$

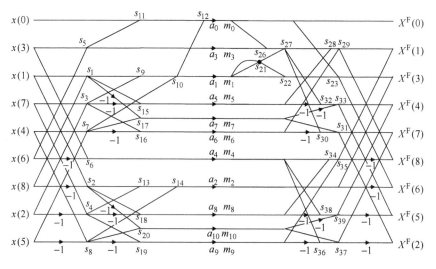

图 3.24　用 WFTA 计算 9 点 DFT 流图

威诺格拉德 DFT（即 WFTA）的计算复杂度低于基 -3 DIF $-$ FFT（见表 3.4）。

表 3.4　WFTA 性能

DFT 长度 N	WFTA		基 -3 DIF FFT	
	实数乘法次数	实数加法次数	实数乘法次数	实数加法次数
5	5	17	—	—
7	8	36	—	—
9	10	45	64	74

3.11.4　输入为实序列时的 DFT 算法

目前，已有大量文献研究实数 FFT 的高效算法[B29,A38]。这些算法大体上可分为两类：素因子法（Prime Factor Algorithms，PFA）和公因子法（Common Factor

Algorithms，CFA）。PFA 适用于变换长度 N 可分解为两个或多个互素因子的情况。威诺格拉德傅里叶变换（WFTA）就是 PFA 的一个例子（见本章 3.11 节），其应用见参考文献［T1］。CFA 适用于各因子非互素的情况。CFA 的范例有库利－图基（Cooley–Tukey）FFT 算法及分裂基算法。PFA 和 CFA 算法均基于将输入数据变换为一个二维矩阵，并使该二维 DFT 为具有最少旋转因子的可分离变换。尤其是PFA 算法，其 DFT 的行和列相互独立，且不包含任何旋转因子。

　　我们考虑的例子中，长度 15 可以被分解为 5 和 3 两个互素的数，因此 PFA 适用。现有两个可用的 PFA 算法：Burrus 等提出的 PFA 算法[B29] 及 WFTA。WFTA 算法使用素因子长度为 N 的威诺格拉德短 N 模块作为系统的基本模块。WFTA 算法以增加极少量相加运算为代价，来达到最小化相乘运算的数量（通过嵌套（nesting）过程）的目的[B1,B29]。然而，对于较短的序列（包括 15 点序列），与 PFA 相比，WFTA 使用的相加运算数量相同，但相乘运算更少。因此，我们使用 WFTA 算法计算该 15 点 FFT。对相关文献资料的调查研究，15 点实 WFTA 是现有算法中复杂度最低的。

3.11.5　威诺格拉德短 N DFT 模块

　　威诺格拉德短 N DFT 模块是实现更长 WFTA 的基本模块。短 N 模块定义在素数长度上。下面我们通过使用 3 点和 5 点 DFT 模块实现 15 点变换的过程来说明短N 模块。

　　威诺格拉德 DFT 模块基于一个素数长度的快速循环卷积算法，该算法在理论上使用乘法的次数最少[B1,B29,A36]。该卷积算法可以通过 Rader 技术[B29] 映射到DFT 上，这样便提供了对于素数长度非常有效的 DFT 模块。

　　用数学术语来说，威诺格拉德算法获得了最简 DFT 矩阵分解。其中使用参考文献［A35］中的矩阵标记法。分解如下：

$$[D_N] = [S_N][C_N][T_N] \tag{3.56}$$

式中，$[D_N]$（ $=[F]$ ）为 $N \times N$ 大小的 DFT 矩阵；$[S_N]$ 为 $N \times J$ 大小的矩阵，其元素仅包括 0、1、-1；$[C_N]$ 为 $J \times J$ 大小的对角矩阵；$[T_N]$ 为 $J \times N$ 大小的矩阵，其元素仅包括 0、1、-1。

　　也就是说，$[S_N]$ 和 $[T_N]$ 仅为相加矩阵，而 $[C_N]$ 为相乘矩阵。另外，$[C_N]$ 中的元素或者是纯实数，或者是纯虚数。因此，对于输入的实数数据，我们对每一个 $[C_N]$ 的元素只需要做一次实数乘法，从而乘法运算的个数为 J。威诺格拉德算法非常强大，对于小的素数 N（如 3、5、7、11），J 非常接近于 N。也就是说，我们仅需要 N 次左右的乘法运算，而不是穷举算法需要的 N^2 次乘法运算。例如，当 $N=3$ 时，$[S_3]$、$[C_3]$ 和 $[T_3]$ 可以用参考文献［A37］中的内容推导出来，即

$$[S_3] = \begin{bmatrix} 1 & 0 & 0 \\ 1 & 1 & 1 \\ 1 & 1 & -1 \end{bmatrix} \quad [C_3] = \mathrm{diag}\left[1, \cos\left(\frac{2\pi}{3}\right), -1, -\mathrm{j}\sin\left(\frac{2\pi}{3}\right)\right] \quad [T_3] = \begin{bmatrix} 1 & 1 & 1 \\ 0 & 1 & 1 \\ 0 & 1 & -1 \end{bmatrix}$$

$$(3.57)$$

注意，$[S_N]$ 和 $[T_N]$ 都可以分解为稀疏矩阵，从而最小化相加运算的次数。例如，式 (3.57) 中的 $[S_3]$ 和 $[T_3]$ 可分解为

$$[S_3] = \begin{bmatrix} 1 & 0 & 0 \\ 0 & 1 & 1 \\ 0 & 1 & -1 \end{bmatrix}\begin{bmatrix} 1 & 0 & 0 \\ 1 & 1 & 0 \\ 0 & 0 & 1 \end{bmatrix} \quad [T_3] = \begin{bmatrix} 1 & 1 & 0 \\ 0 & 1 & 0 \\ 0 & 0 & 1 \end{bmatrix}\begin{bmatrix} 1 & 0 & 0 \\ 0 & 1 & 1 \\ 0 & 1 & -1 \end{bmatrix} \quad (3.58)$$

当 $N=4$ 时，$[S_4]$、$[C_4]$ 和 $[T_4]$ 可以用参考文献 [A37] 推导出来：

$$[S_4] = \begin{bmatrix} 1 & 0 & 0 & 0 \\ 0 & 0 & 1 & 1 \\ 0 & 1 & 0 & 0 \\ 0 & 0 & 1 & -1 \end{bmatrix} \quad [C_4] = \mathrm{diag}\left[1, 1, 1, \mathrm{j}\sin\left(-\frac{\pi}{2}\right)\right]$$

$$[T_4] = \begin{bmatrix} 1 & 0 & 1 & 0 \\ 1 & 0 & -1 & 0 \\ 0 & 1 & 0 & 0 \\ 0 & 0 & 0 & 1 \end{bmatrix}\begin{bmatrix} 1 & 0 & 1 & 0 \\ 1 & 0 & -1 & 0 \\ 0 & 1 & 0 & 1 \\ 0 & 1 & 0 & -1 \end{bmatrix} = \begin{bmatrix} 1 & 1 & 1 & 1 \\ 1 & -1 & 1 & -1 \\ 1 & 0 & -1 & 0 \\ 0 & 1 & 0 & -1 \end{bmatrix} \quad (3.59)$$

当 $N=5$ 时，$[S_5]$、$[C_5]$ 和 $[T_5]$ 可以用式 (3.53) 和图 3.22 所示推导出来：

$$[S_5] = \begin{bmatrix} 1 & 0 & 0 & 0 & 0 \\ 0 & 1 & 0 & 0 & 0 \\ 0 & 0 & 1 & 0 & 1 \\ 0 & 0 & 1 & 0 & -1 \\ 0 & 0 & 0 & 1 & 0 \end{bmatrix}\begin{bmatrix} 1 & 0 & 0 & 0 & 0 \\ 0 & 1 & 0 & 1 & 0 \\ 0 & 0 & 1 & 0 & 0 \\ 0 & 1 & 0 & -1 & 0 \\ 0 & 0 & 0 & 0 & 1 \end{bmatrix}\begin{bmatrix} 1 & 0 & 0 & 0 & 0 \\ 0 & 1 & 1 & 0 & 0 \\ 0 & 1 & -1 & 0 & 0 \\ 0 & 0 & 0 & 1 & 0 \\ 0 & 0 & 0 & 0 & 1 \end{bmatrix}\begin{bmatrix} 1 & 0 & 0 & 0 & 0 \\ 1 & 1 & 0 & 0 & 0 \\ 0 & 0 & 1 & 0 & 0 \\ 0 & 0 & 1 & -1 & 0 \\ 0 & 0 & 0 & 1 & 1 \end{bmatrix}$$

$$[C_5] = \mathrm{diag}\left[1, \frac{\cos(u) + \cos(2u)}{2} - 1, \frac{\cos(u) - \cos(2u)}{2},\right.$$

$$\left. \mathrm{j}(\sin u + \sin 2u), \mathrm{j}\sin(2u), \mathrm{j}(\sin u - \sin 2u)\right] \qquad u = \frac{-2\pi}{5}$$

$$[T_5] = \begin{bmatrix} 1 & 1 & 0 & 0 & 0 & 0 \\ 0 & 1 & 0 & 0 & 0 & 0 \\ 0 & 0 & 1 & 0 & 0 & 0 \\ 0 & 0 & 0 & 1 & 0 & 0 \\ 0 & 0 & 0 & 0 & 1 & 0 \\ 0 & 0 & 0 & 0 & 0 & 1 \end{bmatrix}\begin{bmatrix} 1 & 0 & 0 & 0 & 0 \\ 0 & 1 & 1 & 0 & 0 \\ 0 & 1 & -1 & 0 & 0 \\ 0 & 0 & 0 & 0 & 1 \\ 0 & 0 & 0 & 1 & 1 \\ 0 & 0 & 0 & 1 & 0 \end{bmatrix}\begin{bmatrix} 1 & 0 & 0 & 0 & 0 \\ 0 & 1 & 0 & 0 & 1 \\ 0 & 0 & 1 & 1 & 0 \\ 0 & 0 & -1 & 1 & 0 \\ 0 & 1 & 0 & 0 & -1 \end{bmatrix}$$

$$(3.60)$$

3.11.6　素因子映射索引

将 1 维阵列映射到 2 维阵列的主要思想是说：将一个大问题分解成多个小问题，并有效解决每一个小问题[B29]。这样的映射基于取模运算，以充分利用 DFT 中复指数的周期性。令 $N = N_1 N_2$，且 N_1 和 N_2 互素；n、n_1、n_2、k、k_1、k_2 为时域和空域相应的索引变量。从 n_1、n_2、k_1、k_2 到 n 和 k 的映射可如下定义：

$$n = \langle K_1 n_1 + K_2 n_2 \rangle_N \quad n_1 = 0,\ 1,\ \cdots,\ N_1 - 1 \quad n_2 = 0,\ 1,\ \cdots,\ N_2 - 1$$
$$k = \langle K_3 k_1 + K_4 k_2 \rangle_N \quad k_1 = 0,\ 1,\ \cdots,\ N_1 - 1 \quad k_2 = 0,\ 1,\ \cdots,\ N_2 - 1$$
$$n,\ k = 0,\ 1,\ \cdots,\ N - 1 \tag{3.61}$$

式中，$\langle \cdot \rangle_N$ 表示模 N 运算。

一定存在整数 K_1、K_2、K_3 和 K_4 使得上述映射惟一（即所有 n 和 k 在 $0 \sim N-1$ 区间的值都可以用 n_1、n_2 和 k_1、k_2 的组合实现）。如果映射满足下列条件，则称其为素因子映射（Prime Factor Map，PFM）：

$$K_1 = a N_2 \text{ 和 } K_2 = b N_1$$
$$K_3 = c N_2 \text{ 和 } K_4 = b N_1 \tag{3.62}$$

满足 PFM 并且可以使 DFT 的行和列去相关的方案为

$$K_1 = N_2 \text{ 和 } K_2 = N_1$$
$$K_3 = N_2 \langle N_2^{-1} \rangle_{N_1} \text{ 和 } K_4 = N_1 \langle N_1^{-1} \rangle_{N_2} \tag{3.63}$$

式中，$\langle N_1^{-1} \rangle_{N_2}$ 定义为满足 $\langle N_1^{-1} N_1 \rangle_{N_2} = 1$ 的最小自然数。

对于我们的例子，有 $N_1 = 3$、$N_2 = 5$，则

$$\langle N_1^{-1} \rangle_{N_2} = 2 \text{ 由于 } N_1 \times 2 = 1 \times N_2 + 1$$
$$\langle N_2^{-1} \rangle_{N_1} = 2 \text{ 由于 } N_2 \times 2 = 3 \times N_1 + 1$$

因此，$K_3 = N_2 \langle N_2^{-1} \rangle_{N_1} = 10$，$K_4 = N_1 \langle N_1^{-1} \rangle_{N_2} = 6$。

另一个例子，令 $N_1 = 3$、$N_2 = 4$，则

$$\langle N_1^{-1} \rangle_{N_2} = 3 \text{ 由于 } N_1 \times 3 = 2 \times N_2 + 1$$
$$\langle N_2^{-1} \rangle_{N_1} = 1 \text{ 由于 } N_2 \times 1 = 1 \times N_1 + 1$$

因此，$K_3 = N_2 \langle N_2^{-1} \rangle_{N_1} = 4$，$K_4 = N_1 \langle N_1^{-1} \rangle_{N_2} = 9$。因此 DFT 为

$$\hat{X}^{\mathrm{F}}(k_1,\ k_2) = \sum_{n_1=0}^{N_1-1} \sum_{n_2=0}^{N_2-1} \hat{x}(n_1,\ n_2) W_{N_1}^{n_1 k_1} W_{N_2}^{n_2 k_2} \tag{3.64}$$

其中

$$\hat{x}(n_1,\ n_2) = x(\langle K_1 n_1 + K_2 n_2 \rangle_N)$$
$$\hat{X}^{\mathrm{F}}(k_1,\ k_2) = X^{\mathrm{F}}(\langle K_3 k_1 + K_4 k_2 \rangle_N) \tag{3.65}$$

也就是说，DFT 将首先应用于列，然后应用于行。

一种可选的索引方法。当 $N = N_1 \times N_2$（N_1 和 N_2 互素）时，有一组 z_N 同构于一组 $z_{N_1} \times z_{N_2}$（z_N 中的 z 表示整数）。DFT 矩阵可以分割为 $N_2 \times N_2$ 的循环矩阵，进

而可以用这些分块组成 $N_1 \times N_1$ 的循环矩阵。

例如，因为 $15 = 3 \times 5$，所以我们有下列同构

$0 \rightarrow 0 \times (1, 1) = (0, 0)$ $1 \rightarrow 1 \times (1, 1) = (1, 1)$ $2 \rightarrow 2 \times (1, 1) = (2, 2)$

$3 \rightarrow 3 \times (1, 1) = (0, 3)$ $4 \rightarrow 4 \times (1, 1) = (1, 4)$ $5 \rightarrow 5 \times (1, 1) = (2, 0)$

$6 \rightarrow 6 \times (1, 1) = (0, 1)$ $7 \rightarrow 7 \times (1, 1) = (1, 2)$ $8 \rightarrow 8 \times (1, 1) = (2, 3)$

$9 \rightarrow 9 \times (1, 1) = (0, 4)$ $10 \rightarrow 10 \times (1, 1) = (1, 0)$ $11 \rightarrow 11 \times (1, 1) = (2, 1)$

$12 \rightarrow 12 \times (1, 1) = (0, 2)$ $13 \rightarrow 13 \times (1, 1) = (1, 3)$ $14 \rightarrow 14 \times (1, 1) = (2, 4)$

按词典顺序重新排序，我们得到：0，6，12，3，9，10，1，7，13，4，5，11，2，8，14。这里 $(1, 1)$ 为 $z_{N_1} \times z_{N_2}$ 组产生器。

$$4 \rightarrow 4 \times (1, 1) = (4 \times 1, 4 \times 1) = (4 \bmod 3, 4 \bmod 5) = (1, 4)$$

$$6 \rightarrow 6 \times (1, 1) = (6 \times 1, 6 \times 1) = (6 \bmod 3, 6 \bmod 5) = (0, 1)$$

矩阵诠释。如果我们在上述映射中固定 n_1 的值，将 n_2 的值在 $0 \sim N_2 - 1$ 的区间中改变，并且对所有 $0 \sim N_1 - 1$ 的 n_1 重复上述过程，可以得到一个 n 从 0 变化到 $N-1$ 的置换序列。令 $[P_i]$ 为描述这些步骤的输入置换矩阵，类似地，定义 $[P_o]$ 为输出置换矩阵。则有[A35]：

$$[P_o] \underline{X}^F = ([D_{N_1}] \otimes [D_{N_2}])[P_i] \underline{x} \qquad (见图 3.25) \qquad (3.66)$$

式中，"$\otimes$"表示 Kronecker 乘积（见本书附录 E）。也就是说，一个 2 维 $N_1 \times N_2$ 的 DFT 可以看作是其行和列 DFT 矩阵 $[D_{N_1}]$ 和 $[D_{N_2}]$ 的 Kronecker 乘积。本书附录 H.1 给出了当 $N = 15$ 时该矩阵的形式和相应转置矩阵的 MATLAB 程序代码（见图 3.25）。

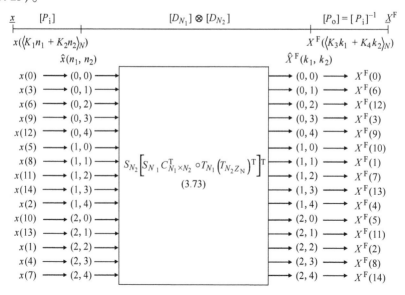

图 3.25 $N = 3 \times 5$ 时 WFTA 输入输出序列的置换方式

（"$\circ$"表示两个相同大小矩阵对应位置元素相乘）

3.11.7　威诺格拉德傅里叶变换算法（WFTA）

继续上面的矩阵诠释。如果对于 N_1 和 N_2 有短 N DFT 模块，则有：

$$[D_{N_1}] \otimes [D_{N_2}] = ([S_{N_1}][C_{N_1}][T_{N_1}]) \otimes ([S_{N_2}][C_{N_2}][T_{N_2}]) \tag{3.67}$$

利用 Kronecker 乘积的性质，可以推出[A35,A36]：

$$\begin{aligned} [D_{N_1}] \otimes [D_{N_2}] &= ([S_{N_1}] \otimes [S_{N_2}])([C_{N_1}] \otimes [C_{N_2}])([T_{N_1}] \otimes [T_{N_2}]) \\ &= [S_N][C_N][T_N] \end{aligned} \tag{3.68}$$

式（3.68）的最后一步在 WFTA 中称为嵌套[A35]。因为乘积运算是嵌套的，因此这一算法一般具有最少数量的乘法运算。上述公式可以简化如下。设

$$\hat{\underline{x}} = [P_i]\underline{x} = (\hat{x}_0, \hat{x}_1, \cdots, \hat{x}_{N_2-1} \mid \hat{x}_{N_2}, \hat{x}_{N_2+1}, \cdots, \hat{x}_{2N_2-1} \mid \hat{x}_{2N_2}, \hat{x}_{2N_2+1}, \cdots, \hat{x}_{N_1N_2-1})^T \tag{3.69}$$

定义

$$[z_N] \equiv \begin{bmatrix} \hat{x}_0 & \hat{x}_1 & \cdots & \hat{x}_{N_2-1} \\ \hat{x}_{N_2} & \hat{x}_{N_2+1} & \cdots & \hat{x}_{2N_2-1} \\ \vdots & \vdots & \ddots & \vdots \\ \hat{x}_{(N_1-1)N_2} & \hat{x}_{(N_1-1)N_2+1} & \cdots & \hat{x}_{N_1N_2-1} \end{bmatrix} \tag{3.70}$$

类似地，定义 $[Z_N]$ 为输出系数。$[P_i]$ 和 $[P_o]$ 定义见式（3.66）。矩阵 $[z_N]$ 和 $[Z_N]$ 通过行排序映射为向量 $\hat{\underline{x}}$ 和 $\underline{X}^F$（见本书附录 E.3）。则可证明[A35,A37]：

$$([T_{N_1}] \otimes [T_{N_2}])\underline{x} \Rightarrow ([T_{N_2}]([T_{N_1}][z_N])^T)^T \tag{3.71}$$

$$([T_{N_1}] \otimes [T_{N_2}])\underline{x} \Rightarrow [T_{N_1}][z_N][T_{N_2}]^T \quad (右侧与式(E.11)相同) \tag{3.72}$$

$$[Z_N] = [S_{N_2}]([S_{N_1}][C_{N_1 \times N_2}]^T \circ [T_{N_1}]([T_{N_2}][Z_N])^T)^T \tag{3.73}$$

式（3.73）中的变换操作相互抵消。$[C_{N_1 \times N_2}]$ 定义为

$$([C_{N_1}] \otimes [C_{N_2}])\underline{x} \Rightarrow ([C_{N_2}]([C_{N_1}][z_N])^T)^T = [C_{N_1}][z_N][C_{N_2}]^T \quad (见式(F.12))$$
$$= [C_{N_1}][z_N][C_{N_2}] = [C_{N_1 \times N_2}] \circ [z_N] \tag{3.74}$$

式中，$[C_{N_1}]$ 和 $[C_{N_2}]$ 为对角矩阵，且

$$\begin{aligned} C_{N_1 \times N_2}(n, m) = C_{N_1}(n, n)C_{N_2}(m, m) \quad & n = 0, 1, \cdots, M_{N_1} - 1 \quad (M_{N_1} = 3) \\ & m = 0, 1, \cdots, M_{N_2} - 1 \quad (M_{N_2} = 6) \end{aligned} \tag{3.75}$$

$$([C_{N_1}][z_N][C_{N_2}])^T = [C_{N_2}][z_N]^T[C_{N_1}] = [C_{N_1 \times N_2}] \circ [z_N]^T = [C_{N_1 \times N_2}]^T \circ [z_N]^T \tag{3.76}$$

式中，M_{N_1} 和 M_{N_2} 分别为 $[C_{N_1}]$ 和 $[C_{N_2}]$ 对角线的长度（即乘积运算的个数）；

符号"∘"表示两个相同大小矩阵对应位置元素相乘；上标 T 表示转置。

应用。 为了推导 5 点离散余弦变换（DCT），我们仅需要结合使用威诺格拉德 5 点 DFT 及 Heideman 映射即可[A40,A41]。

3.12　DFT 矩阵的稀疏分解

3.12.1　使用复数旋转进行 DFT 矩阵的稀疏分解

性质　给定一个（$N \times N$）DFT 矩阵 $[F]$，我们可以仅通过行排列和复数旋转实现矩阵的稀疏分解。

3.12.1.1　预备工作

由于要考虑旋转，且通过一系列的旋转操作，一个矩阵可以被简化为上三角形式（三角化）。每个操作包含矩阵的 4 个元素，因此我们仅需要考虑 2×2 矩阵的旋转。（在上三角矩阵中，对角线以下的所有元素均为 0。）此外，由于 DFT 矩阵的元素是复数，因此 Givens 旋转[B27] 也必须是复数。我们首先来证明一个复数 Givens 旋转序列可以产生一个正交矩阵（而非酉矩阵！）。

证明：考虑下列 2×2 矩阵

$$[R] = \begin{bmatrix} \cos\gamma & \sin\gamma \\ -\sin\gamma & \cos\gamma \end{bmatrix} \tag{3.77}$$

式中，γ 为复数。

由于 $[R]$ 是正交，即 $[R]^\mathrm{T}[R] = [I]$（注意这里 $[R]$ 不一定是酉矩阵，只需要具有正交性），因此：

$$
\begin{aligned}
[R]^\mathrm{T}[R] &= \begin{bmatrix} \cos\gamma & -\sin\gamma \\ \sin\gamma & \cos\gamma \end{bmatrix} \begin{bmatrix} \cos\gamma & \sin\gamma \\ -\sin\gamma & \cos\gamma \end{bmatrix} \\
&= \begin{bmatrix} \cos^2\gamma + \sin^2\gamma & 0 \\ 0 & \cos^2\gamma + \sin^2\gamma \end{bmatrix} = \begin{bmatrix} 1 & 0 \\ 0 & 1 \end{bmatrix}
\end{aligned} \tag{3.78}
$$

若要式（3.78）成立，需要以下恒等式

$$\cos^2\gamma + \sin^2\gamma = 1 \qquad \gamma\ 为复数$$

上式很容易通过以下推导证明。令 $\gamma = \alpha + \mathrm{j}\beta$，其中 α 和 β 均为实数。应用正弦和余弦函数的复合角公式，可以很容易得到

$$\cos^2\gamma + \sin^2\gamma = (\cos^2\alpha + \sin^2\alpha)\cosh^2\beta - (\cos^2\alpha + \sin^2\alpha)\sinh^2\beta = 1 \tag{3.79}$$

式中，$\cosh\beta$ 和 $\sinh\beta$ 分别定义为

$$\cos(\mathrm{j}\theta) = \cosh\theta \qquad \sin(\mathrm{j}\theta) = \mathrm{j}\sinh\theta \tag{3.80}$$

$$\cosh\theta = (\mathrm{e}^\theta + \mathrm{e}^{-\theta})/2 \qquad \sinh\theta = (\mathrm{e}^\theta - \mathrm{e}^{-\theta})/2 \tag{3.81}$$

$$\cosh^2\theta - \sinh^2\theta = 1 \tag{3.82}$$

因此，复数 Givens 旋转 $[R]$ 是正交的。

3.12.1.2　分析

令 $[R] = \begin{bmatrix} \cos\gamma & \sin\gamma \\ -\sin\gamma & \cos\gamma \end{bmatrix}$，$[A] = \begin{bmatrix} a_{11} & a_{12} \\ a_{21} & a_{22} \end{bmatrix}$，矩阵的元素均为复数。我们需

要一个旋转矩阵使 $([R][A])_{21} = 0$。这引出了下面的公式

$$a_{11}\sin\gamma - a_{21}\cos\gamma = 0 \tag{3.83}$$

当 $a_{11} \neq 0$ 时引入 $\tan\gamma = a_{21}/a_{11}$。

（1）若 $a_{11} = 0$，则 $\gamma = \pi/2$。

（2）若 $a_{11} \neq 0$，则需求解以下公式中的复角度 γ：

$$\tan\gamma = a_{21}/a_{11} = z_3$$

令 $u = e^{j\gamma}$，则正余弦公式可以表示为

$$\sin\gamma = \frac{1}{2j}(u - u^{-1}) \text{ 和 } \cos\gamma = \frac{1}{2}(u + u^{-1})$$

进一步可以得出以下公式：

$$\tan\gamma = \frac{1}{j}\frac{u - u^{-1}}{u + u^{-1}} \tag{3.84}$$

式（3.84）可以通过复数分析求解。u 的求解过程为

$$u^2 = \frac{1 + jz_2}{1 - jz_3} \quad \text{如果 } z_3 \neq -j$$

（1）当 $z_3 \neq -j$ 时，令 $u^2 = z_4 = re^{j\phi}$，则有两个解：

$$u_1 = \sqrt{r}e^{j\phi/2}, \quad u_2 = \sqrt{r}e^{j(\phi + 2\pi)/2} = -u_1$$

如果限制复数的范围为 $(0, \pi)$，则上述 u 的解是惟一的。令 u 为 $\rho e^{j\theta}$ 并结合 $u = e^{j\gamma}$，则有：

$$\gamma = \theta - j\ln\rho$$

（2）当 $z_3 = -j$ 时，我们对 2×2 矩阵应用行交换，以此方式交换 a_{11} 和 a_{12}。产生的结果 z_3 与 j 相等。

我们已经证明了当允许行交换时，存在一个复旋转矩阵使得一个 $(N \times N)$ DFT 矩阵简化为上三角形式（三角化）。

3.12.2　利用酉矩阵进行 DFT 矩阵的稀疏分解

在上一小节"使用复数旋转进行 DFT 矩阵的稀疏分解"的讨论中，我们验证了使用复 Givens 旋转和行交换可以将 DFT 矩阵简化为上三角形式。实际上，这说明了存在一个正交矩阵，能够使 DFT 矩阵简化为上三角形式。上述总结是基于 2×2 矩阵进行验证的，而这很容易推广。其公式为

$$[F] = [Q][R] \tag{3.85}$$

式中，$[Q]$ 为一系列复旋转的转置，表示为

$$[Q] = ([Q_n][Q_{n-1}]\cdots[Q_1])^T$$

式中，$[Q_m][Q_m]^T = [I]$，表明每一个复旋转都满足正交性。

简化的矩阵 $[R]$ 为上三角矩阵。由于 $[F]$ 是酉矩阵，则 $[Q]$ 正交就意味着上三角矩阵 $[R]$ 没有特殊的对称性。然而，很容易看出它不具有正交性，否则它会使 $[F]$ 也正交。因为 $[R]$ 不是正交的，因此可以看出它不能通过一系列正交的复旋转进行分解。

上述观察提出了一个问题：能否将复旋转中的正交条件推广到酉条件，使得 DFT 矩阵可以分解为一系列酉矩阵，其中每一个矩阵代表一类复旋转？这是这部分我们要考虑的问题。

为了解答这个问题，我们首先对 DFT 矩阵进行著名的 QR 分解[B27]。

3.12.2.1　DFT 矩阵的 QR 分解

我们知道对于一个酉矩阵 $[F]$，它的 $[Q]$ 和 $[R]$ 因子分别为酉矩阵和对角矩阵。因此，$[F] = [Q][R]$ 使得 $[F]^{*T}[F] = [I]$ 且 $[Q]^{*T}[Q] = [I]$。其中，"$*$"表示共轭，T 表示转置，矩阵 $[R]$ 为对角阵。我们通过 2×2 的情况进行说明。设 $[R]$ 为酉矩阵 $[F]$ 分解后的上三角矩阵，$[Q]$ 为酉矩阵。令

$$[R] = \begin{bmatrix} g_{11} & g_{12} \\ 0 & g_{22} \end{bmatrix} \tag{3.86}$$

式中各元素均为复数。

由于 $[R]^{*T}[R] = [I]$，因此对于 $[R]$ 中的元素有下面的公式成立

$$[R]^{*T}[R] = \begin{bmatrix} g_{11}^{*} & 0 \\ g_{12}^{*} & g_{22}^{*} \end{bmatrix} \begin{bmatrix} g_{11} & g_{12} \\ 0 & g_{22} \end{bmatrix} = [I] \tag{3.87}$$

式中，上标"$*$"表示复共轭。通过式（3.87）可以得到

$$g_{11}^{*}g_{11} = 1，\; g_{11}^{*}g_{12} = 0 \;\text{和}\; g_{12}^{*}g_{12} + g_{22}^{*}g_{22} = 1 \tag{3.88}$$

将 g_{11} 和 g_{12} 用实部和虚部分开的形式表示，即 $g_{11} = x_1 + jy_1$，$g_{12} = x_2 + jy_2$。则我们可以用下面的公式表示 g_{12} 的组成：

$$g_{11}^{*}g_{12} = (x_1 - jy_1)(x_2 + jy_2) = 0$$

因此有

$x_1 x_2 + y_1 y_2 = 0$ 和 $x_1 y_2 - y_1 x_2 = 0$（原文此处错印为 $x_1 x_2 + y_1 y_2 = 0$。——译者注）

注意，式（3.85）中系数矩阵 $[R]$ 行列式的值是 g_{11} 幅值的二次方，也就是 1。因此对于 x_2 和 y_2 仅有平凡解，可得 g_{12} 为 0。因此矩阵 $[R]$ 为对角阵。

3.12.2.2　一些旋转形式的酉矩阵

我们首先探究具有以下形式的复"旋转"矩阵：

$$[q] = \begin{bmatrix} \cos\gamma & \sin\gamma \\ -\sin^{*}\gamma & \cos^{*}\gamma \end{bmatrix}$$

通过该定义，我们可以分析 $[q]^{*\mathrm{T}}[q]$ 乘积的各个元素：

$$([q]^{*\mathrm{T}}[q])_{11} = \cos\gamma\cos^*\gamma + \sin\gamma\sin^*\gamma$$

$$([q]^{*\mathrm{T}}[q])_{12} = \cos\gamma\cos^*\gamma - \sin\gamma\sin^*\gamma = 0$$

$$([q]^{*\mathrm{T}}[q])_{21} = ([q]^{*\mathrm{T}}[q])_{12}, \quad ([q]^{*\mathrm{T}}[q])_{11} = ([q]^{*\mathrm{T}}[q])_{22}$$

如果对矩阵 $[q]$ 进行缩放，缩放因子为 $([q]^{*\mathrm{T}}[q])_{11}$ 的二次方根，则产生的矩阵为酉矩阵。因此，我们可以定义**酉旋转**矩阵为

$$[Q] = \frac{1}{\sqrt{k}}\begin{bmatrix} \cos\gamma & \sin\gamma \\ -\sin^*\gamma & \cos^*\gamma \end{bmatrix} \tag{3.89}$$

其中

$$k = \cos\gamma\cos^*\gamma + \sin\gamma\sin^*\gamma = \cosh^2\beta + \sinh^2\beta$$

将该 $[Q]$ 矩阵应用于以下 2×2 酉矩阵：

$$[F] = \begin{bmatrix} a_{11} & a_{12} \\ a_{21} & a_{22} \end{bmatrix}$$

则 γ 满足以下公式

$$([Q][F])_{21} = 0 \text{ 或 } \frac{1}{\sqrt{k}}(-a_{11}\sin^*\gamma + a_{21}\cos^*\gamma) = 0 \tag{3.90}$$

因此，我们可以看出，复数角的求解方法与之前基本一样（见式（3.83）），惟一的不同在于此处的公式中出现了复共轭。

我们已经在上述总结中说明了将一个 $(N \times N)$ DFT 矩阵分解为一个酉旋转矩阵和一个对角矩阵是可行的。其中，酉矩阵由以下 2×2 矩阵中的元素组成：

$$[Q] = \frac{1}{\sqrt{k}}\begin{bmatrix} \cos\gamma & \sin\gamma \\ -\sin^*\gamma & \cos^*\gamma \end{bmatrix}$$

式中，$k = \cos\gamma\cos^*\gamma + \sin\gamma\sin^*\gamma$。

【例 3.1】　当 $N = 2$ 时，有：

$$[F] = \sqrt{\frac{1}{2}}\begin{bmatrix} 1 & 1 \\ 1 & e^{-j\pi} \end{bmatrix} = \sqrt{\frac{1}{2}}\begin{bmatrix} 1 & 1 \\ 1 & -1 \end{bmatrix} \quad [Q] = \sqrt{\frac{1}{2}}\begin{bmatrix} 1 & 1 \\ 1 & -1 \end{bmatrix} \quad [R] = \begin{bmatrix} 1 & 0 \\ 0 & 1 \end{bmatrix}$$

当 $N = 3$ 时，有：

$$[F] = \sqrt{\frac{1}{3}}\begin{bmatrix} 1 & 1 & 1 \\ 1 & W^1 & W^2 \\ 1 & W^2 & W^4 \end{bmatrix} \quad [Q] = \sqrt{\frac{1}{3}}\begin{bmatrix} -1 & 1 & 1 \\ -1 & W^1 & W^2 \\ -1 & W^2 & W^4 \end{bmatrix} \quad [R] = \begin{bmatrix} -1 & 0 & 0 \\ 0 & 1 & 0 \\ 0 & 0 & 1 \end{bmatrix}$$

这里使用了 MATLAB 中的 QR 函数。

3.13　统一离散傅里叶 – 哈特雷变换

Oraintara[I-29]提出了统一离散傅里叶 – 哈特雷变换（Unified Discrete Fourier –

Hartley Transform, UDFHT) 的理论和结构。他证明了经过简单的修改，UDFHT 可以用于实现表 3.5 所示的 I ~ IV 类型的 DFT、DHT（离散 Hartley 变换）[I-28,I-31]、DCT 和 DST（离散正弦变换[B23]）。他将这些变换统一起来，并通过 FFT 技术推导其高效算法。另外一个优势是，基于 FFT 的软硬件可以通过增加前/后处理实现各类 DCT、DHT 和 DST。这一类离散变换的基函数见表 3.5。

UDFHT 定义为一个 $(N \times N)$ 的矩阵 $[T]$，其元素 (k, n) 为

$$T_{kn} = \mu_k \lambda_n \left\{ A e^{-j2\pi(k+k_0)(n+n_0)/N} + B e^{j2\pi(k+k_0)(n+n_0)/N} \right\}$$

$$= \mu_k \lambda_n \left\{ (A+B)\cos\left[\frac{2\pi}{N}(k+k_0)(n+n_0) \right] - j(A-B)\sin\left[\frac{2\pi}{N}(k+k_0)(n+n_0) \right] \right\}$$

$$(3.91)$$

式中，A 和 B 为常数；μ_k 和 λ_n 是归一化因子，可以使 $[T]$ 的基函数具有同样的模 $\sqrt{N}$。

若下列四个条件中任意一条成立，则 UDFHT 正交：

（1）$AB = 0$

（2）$n_0 = p/2$，$k_0 = q/2$ 和 $\phi_A - \phi_B = (2r-1)\pi/2$

（3）$n_0 = 0$ 或 $1/2$，$k_0 = (2q-1)/4$，和 $\phi_A - \phi_B = r\pi$

（4）$k_0 = 0$ 或 $1/2$，$n_0 = (2p-1)/4$，和 $\phi_A - \phi_B = r\pi$ $\qquad (3.92)$

式中，p、q、r 为整数；ϕ_A 和 ϕ_B 分别为 A 和 B 的相位。

表 3.6 列出了 I ~ IV 型 DFT/DHT 中 A、B、k_0 和 n_0 的值。

正如前文所提，这一系列（I ~ IV 型）DCT/DST 也可以通过 UDFHT 实现。然而，除了需要选取合适的 A、B、k_0 和 n_0（见表 3.7）之外，这一实现还需要数据交换和序列变换，还可能包括符号变化。

例如，使用表 3.7 所示实现 DCT-III，有：

$$T_{kn} = \lambda_n \cos\left[\frac{2\pi}{N}\left(k + \frac{1}{4} \right) n \right] = \lambda_n \cos\left[\frac{\pi}{N}\left(2k + \frac{1}{2} \right) n \right] \qquad (3.93)$$

当 $0 \leq k \leq N/2$ 时

$$\boxed{T_{kn} = C_{2k,n}^{III} \quad \text{和} \quad T_{N-1-k,n} = C_{2k+1,n}^{III}} \qquad (3.94)$$

令 $[P_i]$ 为一个 $N \times N$ 的交换矩阵，则

$$[P_i] = \begin{bmatrix} 1 & 0 & 0 & \cdots & 0 & 0 & 0 & 0 \\ 0 & 0 & 0 & \cdots & 0 & 0 & 0 & (-1)^i \\ 0 & 1 & 0 & \cdots & 0 & 0 & 0 & 0 \\ 0 & 0 & 0 & \cdots & 0 & 0 & (-1)^i & 0 \\ & \vdots & & & \vdots & & \vdots & \vdots \end{bmatrix} \qquad (3.95)$$

则容易证明 $[C^{III}] = [P_0][T]$，其中 $[C^{III}]$ 为 $(N \times N)$ DCT-III 矩阵。类似地，由表 3.7 可得 $[C^{IV}] = [P_1][T]$，其中 $[C^{IV}]$ 为 $(N \times N)$ 的 DCT-IV 矩阵。一般来说，这些类型的 DCT 和 DST 可以使用 UDFHT 用下列方式实现：

表 3.5　I - IV 类型 DFT、DHT、DCT 和 DST 的基函数

(μ_k、λ_n 为归一化因子，且 $0 \le k$，$n \le N-1$)（参考文献 [I-29] © 2002 IEEE）

类型	DFT(F_{kn})	DHT(H_{kn})	DCT(C_{kn})	DST(S_{kn})
I	$\exp\left[\dfrac{-j2\pi kn}{N}\right]$	$\cos\left[\dfrac{2\pi kn}{N}\right] + \sin\left[\dfrac{2\pi kn}{N}\right]$	$\lambda_n\mu_k\cos\left[\dfrac{\pi kn}{N-1}\right]$	$\cos\left[\dfrac{\pi(k+1)(n+1)}{N+1}\right]$
II	$\exp\left[\dfrac{-j2\pi k(n+0.5)}{N}\right]$	$\cos\left[\dfrac{2\pi k(n+0.5)}{N}\right] + \sin\left[\dfrac{2\pi k(n+0.5)}{N}\right]$	$\mu_k\cos\left[\dfrac{\pi k(n+0.5)}{N}\right]$	$\mu_k\sin\left[\dfrac{\pi(k+1)(n+0.5)}{N}\right]$
III	$\exp\left[\dfrac{-j2\pi(k+0.5)n}{N}\right]$	$\cos\left[\dfrac{2\pi(k+0.5)n}{N}\right] + \sin\left[\dfrac{2\pi(k+0.5)n}{N}\right]$	$\lambda_n\cos\left[\dfrac{\pi(k+0.5)n}{N}\right]$	$\lambda_n\sin\left[\dfrac{\pi(k+0.5)(n+1)}{N}\right]$
IV	$\exp\left[\dfrac{-j2\pi(k+0.5)(n+0.5)}{N}\right]$	$\cos\left[\dfrac{2\pi(k+0.5)(n+0.5)}{N}\right] +$ $\sin\left[\dfrac{2\pi(k+0.5)(n+0.5)}{N}\right]$	$\cos\left[\dfrac{\pi(k+0.5)(n+0.5)}{N}\right]$	$\sin\left[\dfrac{\pi(k+0.5)(n+0.5)}{N}\right]$

表3.6 利用 UDFHT 实现 Ⅰ ~ Ⅳ型 DFT 和 DHT（参考文献 ［Ⅰ-29］ © 2002 IEEE）

	A	B	k_0	n_0
DFT - Ⅰ	1	0	0	0
DFT - Ⅱ	1	0	0	1/2
DFT - Ⅲ	1	0	1/2	0
DFT - Ⅳ	1	0	1/2	1/2
DHT - Ⅰ	$(1+j)/2$	$(1-j)/2$	0	0
DHT - Ⅱ	$(1+j)/2$	$(1-j)/2$	0	1/2
DHT - Ⅲ	$(1+j)/2$	$(1-j)/2$	1/2	0
DHT - Ⅳ	$(1+j)/2$	$(1-j)/2$	1/2	1/2

表3.7 利用 UDFHT 实现 Ⅱ ~ Ⅳ型 DCT 和 DST（参考文献 ［Ⅰ-29］ © 2002 IEEE）

	A	B	k_0	n_0
DCT - Ⅱ	1/2	1/2	0	1/4
DCT - Ⅲ	1/2	1/2	1/4	0
DCT - Ⅳ	1/2	1/2	1/4	1/2
DST - Ⅱ	$j/2$	$-j/2$	0	1/4
DST - Ⅲ	$j/2$	$-j/2$	1/4	0
DST - Ⅳ	$j/2$	$-j/2$	1/4	1/2

$$[C^{Ⅱ}] = [T]^{\mathrm{T}}[P_0]^{\mathrm{T}}, \quad [C^{Ⅲ}] = [P_0][T], \quad [C^{Ⅳ}] = [P_1][T]$$
$$[S^{Ⅱ}] = [T]^{\mathrm{T}}[P_1]^{\mathrm{T}}, \quad [S^{Ⅲ}] = [P_1][T], \quad [S^{Ⅳ}] = [P_0][T] \tag{3.96}$$

这里我们证明 UDFHT 可以用于实现 DCT - Ⅲ（见式 (3.91)、式 (3.93) ~ (3.96) 及表3.7）。

$$T(k) = \sum_{n=0}^{N-1} \lambda_n \cos\left[\frac{\pi}{N}\left(2k + \frac{1}{2}\right)n\right] \Leftrightarrow C^{Ⅲ}(k) = \sum_{n=0}^{N-1} \lambda_n \cos\left[\frac{\pi}{N}\left(k + \frac{1}{2}\right)n\right]$$

$$\tag{3.97}$$

其中
$$\lambda_p = \begin{cases} 1/\sqrt{N} & p = 0 \\ \sqrt{2/N} & p \neq 0 \end{cases} \qquad k = 0, 1, \cdots, N-1$$

证明：当 $N = 8$ 时，由式 (3.97) 可得

$$T(0) = C^{Ⅲ}(0), \quad T(1) = C^{Ⅲ}(2), \quad T(2) = C^{Ⅲ}(4), \quad T(3) = C^{Ⅲ}(6) \tag{3.98}$$

因此式 (3.94) 中的第一个公式是成立的。为证明式 (3.94) 中的第 2 个公式也成立，令 $k = N - 1 - m$ 并带入式 (3.97) 可得

$$T(N-1-m) = \sum_{n=0}^{N-1} \lambda_n \cos\left[\frac{\pi}{N}\left(2N - 2m - 2 + \frac{1}{2}\right)n\right] \tag{3.99a}$$

用 k 替换式（3.99a）中的 m，并利用关系 $\cos(2\pi - a) = \cos(a)$，有：

$$T(N - 1 - k) = \sum_{n=0}^{N-1} \lambda_n \cos\left[\frac{\pi}{N}\left((2k + 1) + \frac{1}{2}\right)n\right] \tag{3.99b}$$

$$= C^{\text{III}}(2k + 1) \qquad 0 \leq k < N/2$$

式（3.98）和式（3.99）可以用矩阵的形式表述如下：

$$
\begin{bmatrix}
C^{\text{III}}(0) \\
C^{\text{III}}(1) \\
C^{\text{III}}(2) \\
C^{\text{III}}(3) \\
C^{\text{III}}(4) \\
C^{\text{III}}(5) \\
C^{\text{III}}(6) \\
C^{\text{III}}(7)
\end{bmatrix}
=
\begin{bmatrix}
1 & 0 & 0 & 0 & 0 & 0 & 0 & 0 \\
0 & 0 & 0 & 0 & 0 & 0 & 0 & 1 \\
0 & 1 & 0 & 0 & 0 & 0 & 0 & 0 \\
0 & 0 & 0 & 0 & 0 & 0 & 1 & 0 \\
0 & 0 & 1 & 0 & 0 & 0 & 0 & 0 \\
0 & 0 & 0 & 0 & 0 & 1 & 0 & 0 \\
0 & 0 & 0 & 1 & 0 & 0 & 0 & 0 \\
0 & 0 & 0 & 0 & 1 & 0 & 0 & 0
\end{bmatrix}
\begin{bmatrix}
T(0) \\
T(1) \\
T(2) \\
T(3) \\
T(4) \\
T(5) \\
T(6) \\
T(7)
\end{bmatrix}
\tag{3.100}
$$

式（3.97）中的性质如图 D.1b 所示。对称扩展 $C^{\text{III}}(k)$（其基函数为 $\cos\left[\frac{\pi}{N}\left(k + \frac{1}{2}\right)n\right]$），然后抽取序列得到 $T(k)$（其基函数为 $\cos\left[\frac{\pi}{N}\left(2k + \frac{1}{2}\right)n\right]$）。进而用 $C^{\text{III}}(N+1)$ 代替 $C^{\text{III}}(N)$，即 $C^{\text{III}}(N) = C^{\text{III}}(N+1)$，其他系数也可用类似方法得到。$C^{\text{I}}(k)$，$S^{\text{I}}(k)$，$C^{\text{II}}(k)$（见图 D.1c）和 $S^{\text{II}}(k)$ 的这一性质将会在本书附录 D.3 中用到（$C^{\text{I}}(k)$ 是一个 I 类 DCT 系数，以此类推）。

3.13.1　UDFHT 的快速结构

UDFHT 可以用 DFT 算法计算得出。仅考虑 $n_0 = p/2$（p 为整数）的情况，DCT - II 和 DST - II 的快速结构可以分别通过 DCT - III 和 DST - III 的转置得到。令

$$\hat{n} = (-n - 2n_0) \bmod N \quad 即 \hat{n} = s_n N - n - 2n_0 \tag{3.101}$$

且当 $0 \leq \hat{n} \leq N - 1$ 时 s_n 为整数。注意，当 $n = s_{\hat{n}} N - \hat{n} - 2n_0$ 时有 $s_{\hat{n}} = s_n$。则有：

$$\frac{X(k)}{\mu_k} = \sum_{n=0}^{N-1} T_{kn} x(n)$$

$$= \sum_{n=0}^{N-1} \lambda_n \left[A e^{-j\frac{2\pi}{N}(k+k_0)(n+n_0)} + B e^{j\frac{2\pi}{N}(k+k_0)(n+n_0)} \right] x(n) \tag{3.102}$$

$$= \sum_{n=0}^{N-1} \left[\lambda_n A x(n) + \lambda_{\hat{n}} B e^{j2\pi s_n k_0} x(\hat{n}) \right] e^{-j\frac{2\pi}{N}(k+k_0)(n+n_0)}$$

$$= W^{(k+k_0)n_0} \sum_{n=0}^{N-1} \left[\lambda_n A x(n) + \lambda_{\hat{n}} B W^{-s_0 k_0 N} x(\hat{n}) \right] W^{k_0 n} W^{kn}$$

UDFHT 可以用向量矩阵的形式表示为

$$\underline{X} = [T]\underline{x}$$

式中，$\underline{X}$ 为 N 点变换向量；$\underline{x}$ 为 N 点数据向量；$[T]$ 为 $(N \times N)$ UDFHT 矩阵。

　　UDFHT 可以用 DFT－Ⅰ结合前处理和后处理实现，图 3.26 给出了 $N=8$、$n_0=2$ 时的例子。从式（3.101）可知 $\hat{n}=1 \times N - n - 2 \times n_0 = 4$，因此 $n=0$ 时有 $s_0 = 1$。从图 3.26 可以看出，如果用 $\text{Mult}(N)$ 表示 N 点 FFT 中（复数）乘法运算的个数，则 UDFHT 使用乘法的次数大约是 $\text{Mult}(N) + 4N$。其中，多出的 $4N$ 个乘法运算来自 $[Q]$ 中的蝶形算法及 FFT 模块前后的相乘运算（$W^{k_0 n}$，$W^{(k+k_0)n_0}$）。

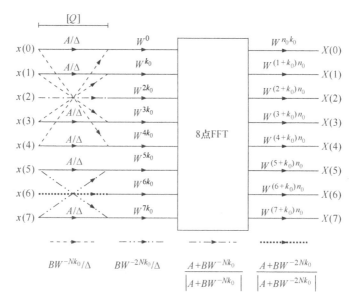

图 3.26　非标准化 UDFHT 的快速算法结构（$N=8$，$n_0=2$，$\Delta = \sqrt{|A|^2 + |B|^2}$，
$W = \mathrm{e}^{-\mathrm{j}2\pi/N}$）（参考文献［Ⅰ－29］ⓒ 2002 IEEE）

　　此外，还可以从图 3.26 中看出 UDFHT 具有正交性。由于在 FFT 模块前后进行的相乘运算是正交的，且 FFT 本身是正交矩阵。因此，当且仅当前处理矩阵 $[Q]$ 的元素 (k, n) 正交时，UDFHT 正交。其中，矩阵 $[Q]$ 的元素 (k, n) 由下式给定：

$$Q_{kn} = \begin{cases} A/\Delta & \text{当 } k=n \text{ 当 } k \neq \hat{n} \\ BW^{-s_n k_0 N}/\Delta & \text{当 } k \neq n \text{ 当 } k = \hat{n} \\ (A + BW^{-s_n k_0 N})/|A + BW^{-s_n k_0 N}| & \text{当 } k = n = \hat{n} \\ 0 & \text{其他} \end{cases} \tag{3.103}$$

式中，$\Delta = \sqrt{|A|^2 + |B|^2}$；$\hat{n} = s_n N - n - 2n_0$。由以上分析可知：

$$AB = 0 \text{ 或 } \cos(2\pi s_n k_0 - \phi_A + \phi_B) = 0 \tag{3.104}$$

　　使用式（3.91）、式（3.97）～（3.103）和表 3.7，可以画出通过 FFT 实现的

DCT - Ⅲ流程，如图 3.27 所示。这里 $A = B = 1/2$，$k_0 = 1/4$，$n_0 = 0$。因此通过式（3.101）可以得出当 $n = 1$ 时，有 $\hat{n} = 1 \times N - n - 2 \times n_0 = 7$。这里 $(N \times N)$ DCT - Ⅲ 矩阵 $[C^{Ⅲ}] = [P_0][T]$，$[T]$ 由式（3.102）定义。注意，FFT 模块的输入、输出均为自然顺序，后处理矩阵 $[P_0]$ 由式（3.100）定义。

Oraintara[I-29]通过将变量 A 和 B 看作 n 的函数，将 UDFHT 推广为 GDFHT。并据此开发了调制重叠变换（Modulated Lapped Transform, MLT）的快速结构，以及通过 12 点 FFT 高效实现改进型离散余弦变换（Modified DCT, MDCT）的流程。

Potipantong 等人[I-30]针对 256 点 UDFHT 提出了一种新颖的结构。该结构使用已有的 FFT IP 核混合前处理、后处理运算。这一结构基于 Xilinx Virtex - Ⅱ Pro FPGA，可以用于实现一系列的离散变换，包括 DFT/DHT/DCT/DST。若使用 100MHz 的时钟频率，可以在 $9.25\mu s$ 内实现 256 点 UDFHT。

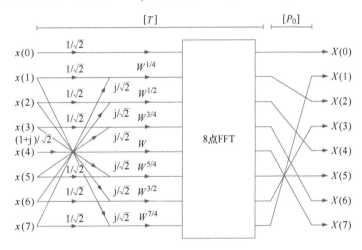

图 3.27　用 FFT 实现 8 点 DCT - Ⅲ的例子（$W = e^{-j2\pi/8}$）（参考文献 [I-29] © 2002 IEEE）

Wahid 等人[LA4]提出了一种计算 8 点变换的混合结构，可以在一个最高工作频率为 118MHz 的 Altera FPGA 上实现三种变换——DCT、DFT 和离散小波变换（Discrete Wavelet Transform, DWT）。变换矩阵首先被分解为多个子矩阵，子矩阵共有的结构将被识别并共用。

素数长度的 DFT 可以通过下列方式计算：首先将其转化为卷积，然后使用 FFT 计算该卷积。Bluestein FFT 算法[A2,IP3]和 Rader 素数算法[A34]为两种将 DFT 变换为卷积的方法。

3.14　Bluestein FFT 算法

Bluestein FFT 算法[A2,IP3]也称为 chirp z 变换算法，可以 $O(N \log_2 N)$ 的复杂度

计算素数长度的 DFT。具体算法如下：

将 DFT 先乘后除以 $W_N^{(k^2+n^2)/2}$，有：

$$X^{\mathrm{F}}(k) = \sum_{n=0}^{N-1} x(n) W_N^{kn} \quad k = 0, 1, \cdots, N-1 \tag{2.1a}$$

得

$$
\begin{aligned}
X^{\mathrm{F}}(k) &= \sum_{n=0}^{N-1} x(n) W_N^{kn} W_N^{-(k^2+n^2)/2} W_N^{(k^2+n^2)/2} \\
&= W_N^{k^2/2} \sum_{n=0}^{N-1} W_N^{-(k-n)^2/2} (x(n) W_N^{n^2/2}) \qquad (\text{即 } 2kn = k^2 + n^2 - (k-n)^2) \\
&= W_N^{k^2/2} \sum_{n=0}^{N-1} w(k-n) \hat{x}(n) \\
&= W_N^{k^2/2} \{w(n) * \hat{x}(n)\} \qquad k = 0, 1, \cdots, N-1
\end{aligned}
\tag{3.105}
$$

式中，$\hat{x}(n) = x(n) W_N^{n^2/2}$，$n = 0, 1, \cdots, N-1$；$w(n) = W_N^{-n^2/2}$，$n = -N+1, -N+2, \cdots, -1, 0, 1, \cdots, N-1$（见图 3.28）。

因为 $W_N^{-(n+N)^2/2} = W_N^{-n^2/2}$，对于偶数 N 为偶数，式（3.105）中的卷积可以看作是复数序列的 N 点循环卷积（见图 3.29b）。两个周期序列在时域或空域的循环卷积相当于两者在 **DFT** 域的乘积（见式（2.24））。类

图 3.28　用 Bluestein 算法计算 DFT
（中间的模块使用了一个 FFT 和一个 IFFT）

似地，若能将 $w(n)$ 的 DFT 提前计算好，则式（3.105）中的卷积可以使用一对 FFT 来实现。

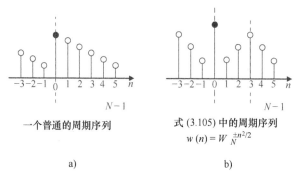

一个普通的周期序列

式（3.105）中的周期序列
$w(n) = W_N^{\pm n^2/2}$

a)　　　　　　　　　　　　　　b)

图 3.29　以偶数 N 为周期的周期序列（$N=6$）

然而对于奇数 N，有 $W_N^{-(n+N)^2/2} = -W_N^{-n^2/2}$。因此，式（3.105）中的卷积对应于一个 $2N$ 长度的循环卷积，此时需在 $\{x(n)\}$ 末尾补 N 个零。因此偶数位置的 N 个输出样本是输入序列的 DFT，因为对 $\{x(n)\}$ 末尾补零相当于在频域进行

插值（见本书 2.7 节）。

对于偶数 N，式（3.105）中的循环卷积可以通过下面 $N=4$ 和 $N=6$ 的例子进行说明。

$$\begin{pmatrix} X^{\mathrm{F}}(0)/W_{2N}^{k^2} \\ X^{\mathrm{F}}(1)/W_{2N}^{k^2} \\ X^{\mathrm{F}}(2)/W_{2N}^{k^2} \\ X^{\mathrm{F}}(3)/W_{2N}^{k^2} \end{pmatrix} = \begin{pmatrix} X^{\mathrm{F}}(0) \\ X^{\mathrm{F}}(1)/a \\ -X^{\mathrm{F}}(2) \\ X^{\mathrm{F}}(3)/a \end{pmatrix} = [w]\underline{\hat{x}} = \begin{pmatrix} 1 & a & -1 & a \\ a & 1 & a & -1 \\ -1 & a & 1 & a \\ a & -1 & a & 1 \end{pmatrix} \begin{pmatrix} \hat{x}(0) \\ \hat{x}(1) \\ \hat{x}(2) \\ \hat{x}(3) \end{pmatrix}$$

$$(3.106\mathrm{a})$$

$$\begin{pmatrix} X^{\mathrm{F}}(0) \\ X^{\mathrm{F}}(1)/b \\ jX^{\mathrm{F}}(2)/b \\ -jX^{\mathrm{F}}(3) \\ jX^{\mathrm{F}}(4)/b \\ X^{\mathrm{F}}(5)/b \end{pmatrix} = \begin{pmatrix} 1 & b & -jb & j & -jb & b \\ b & 1 & b & -jb & j & -jb \\ -jb & b & 1 & b & -jb & j \\ j & -jb & b & 1 & b & -jb \\ -jb & j & -jb & b & 1 & b \\ b & -jb & j & -jb & b & 1 \end{pmatrix} \begin{pmatrix} \hat{x}(0) \\ \hat{x}(1) \\ \hat{x}(2) \\ \hat{x}(3) \\ \hat{x}(4) \\ \hat{x}(5) \end{pmatrix} \quad (3.106\mathrm{b})$$

式中，a 和 b 分别对应于 $N=4$ 和 $N=6$ 时的 $\exp(j\pi/N)$。

类似地，令

$$Y^{\mathrm{F}}(k) = \sum_{n=0}^{N-1} x(n) W_N^{-kn} \qquad k=0,1,\cdots,N-1 \qquad (3.107)$$

$$Y^{\mathrm{F}}(k) = W_N^{k^2/2} \sum_{n=0}^{N-1} W_N^{-(k+n)^2/2} (x(n) W_N^{n^2/2})$$

$$= W_N^{k^2/2} \sum_{n=0}^{N-1} w(k+n)\hat{x}(n) \qquad k=0,1,\cdots,N-1 \quad (N\text{ 为偶数})$$

$$(3.108)$$

则向量 $[\underline{Y}^{\mathrm{F}}(k)]$ 为 $[\underline{X}^{\mathrm{F}}(k)]^* = [X^{\mathrm{F}}(0), X^{\mathrm{F}}(N-1), X^{\mathrm{F}}(N-2), \cdots, X^{\mathrm{F}}(2), X^{\mathrm{F}}(1)]^{\mathrm{T}}$。其中，$X^{\mathrm{F}}(k)$ 由式（2.1a）和式（3.105）定义。通过引入因子 $1/N$，式（3.107）对应于式（2.1b）的 IDFT。

3.15 Rader 质数算法[A34]

整数模 N 运算表示为

$$((n)) = n \bmod N \qquad (3.109)$$

如果 N 为整数，则有一个数 g 使得整数 $n=1,2,\cdots,N-1$ 与整数 $m=1,2,\cdots,N-1$ 满足——映射，定义为

$$m = ((g^n))$$ (3.110)

例如，令 $N = 7$、$g = 3$，则 n 到 m 的映射为

n	1	2	3	4	5	6
m	3	2	6	4	5	1

g 叫作 N 的原根。$X^{\mathrm{F}}(0)$ 可以用下式直接计算

$$X^{\mathrm{F}}(0) = \sum_{n=0}^{N-1} x(n)$$ (3.111)

$x(0)$ 无须进行相乘，最后加入求和过程即可。

$$X^{\mathrm{F}}(0) - x(0) = \sum_{n=1}^{N-1} x(n)\exp\left(-\mathrm{j}\frac{2\pi nk}{N}\right) \quad k = 1, 2, \cdots, N-1$$ (3.112)

交换求和项的顺序，则公式的顺序通过变换改变了。

$$n \to ((g^n)) \qquad k \to ((g^k))$$ (3.113)

注意 $((g^{N-1})) = ((g^0))$ 且 $((g^N)) = ((g^1))$。

$$X^{\mathrm{F}}((g^k)) - x(0) = \sum_{n=0}^{N-2} x((g^n))\exp\left(-\mathrm{j}\frac{2\pi}{N}((g^{n+k}))\right) \quad k = 1, 2, 3, \cdots, N-1$$ (3.114)

式（3.114）是序列 $\{x((g^n))\}$ 与 $\{\exp[-\mathrm{j}(2\pi/N)((g^{n+k}))]\}$ 的循环相关。由于 N 为素数，因此 $N-1$ 为合数。循环相关函数可以利用 DFT 计算：

$$X^{\mathrm{F}}((g^k)) - x(0) = \mathrm{IDFT}\left\{\mathrm{DFT}\left[x((g^{-n}))\right]\circ\mathrm{DFT}\left[\exp\left(\frac{-\mathrm{j}2\pi}{N}((g^n))\right)\right]\right\}$$ (3.115)

$$k, n = 1, 2, \cdots, N-1$$

式中，"$\circ$" 表示两个序列对应位置的元素相乘。DFT 和 IDFT 分别通过 FFT 和 IFFT 实现。MATLAB 程序代码如下：

```
N = 7;
a = [0 1 2 3 4 5 6];                          % Input to be permuted
p_a = [a(2) a(6) a(5) a(7) a(3) a(4)];        % 1 5 4 6 2 3 = ((g^(-n)))
n = [3 2 6 4 5 1];
b = exp(-j*2*pi*n/N)
c = ifft(fft(p_a).*fft(b)) + a(1);            % Convolution
out = [sum(a) c(6) c(2) c(1) c(4) c(5) c(3)]  % Output comes after a permutation
fft(a)                                        % This should be equal to the output
```

3.16 小结

在讨论 DFT 的定义和性质（见本书第 2 章）之后，本章全面介绍了各类快速

算法：基 -2，基 -3，基 -4，混合基，分裂基，DIT $-$ FFT 和 DIF $-$ FFT 等。对于基 -8 FFT 的应用，读者可以参阅参考文献［O18，O5］及图 8.21）。本章还讨论了其他快速算法，如 WFTA、素因子 FFT、UDFHT 等。

这些算法总的目的是减少计算复杂度，降低截断/四舍五入误差，以及减少对内存的需求。显然这些算法对于 IDFT 也适用。各类基（基 -2，基 -3，基 -4 等）对于特定的平台和结构各有优势，如基 -16 FFT[V2]。因此设计者可以在这些算法中进行选择，以适应特定应用的需求，如使用 DSP、微处理器或者 VLSI 芯片等。

后续的章节将 FFT 扩展到整数 FFT。尽管整数 FFT（见本书第 4 章）是一项新技术，但它已经获得了相当瞩目的应用。

3.17　习题

3.1　通过反比特顺序（BRO）重排 DFT 矩阵行，可以生成一种稀疏矩阵进而得到一种快速和有效的算法，习题 3.3 中给出了 $N=8$（稀疏矩阵因子和流程图）时的情况。

（a）扩展到 IDFT（$N=8$）。

（b）扩展到 DFT（$N=16$）。

（c）扩展到 IDFT（$N=16$）。

画出流程图，计算出上述操作所需的乘法和加法的次数，以及从流程图获得的稀疏矩阵因子。

3.2　通过行/列一维 DFT 技术可以实现二维 DFT（见本书第 5 章），使用习题 3.1 的 FFT 方法，估计下列情况所需的乘法和加法的次数

（a）(8×8) 2D $-$ DFT。

（b）(8×8) 2D $-$ IDFT。

（c）(16×16) 2D $-$ DFT。

（d）(16×16) 2D $-$ IDFT。

3.3　如图 3.4 所示，稀疏矩阵因子（SMF）和 DFT 矩阵在 3.2 节给出，其行以 BRO 重排，$N=8$。即［DFT］行以 BRO $=[A_1][A_2][A_3]$ 顺序重排。

注意此矩阵不是对称的。证明这种关系是正确的，即实现此矩阵的乘法操作 $[A_1][A_2][A_3]$，当 $N=8$ 时 IDFT 的 SMF 有哪些？特别是行 BRO 后 DFT 的逆包含的 SMF，一个矩阵的酉性质是对其行和列重排的不变性。

3.4　当 $N=16$ 时重做习题 3.3，参考式（3.7）中的 SMF。

3.5　画出 $N=8$ 和 $N=16$ 时的 DFT 流图，并画出习题 3.3 和习题 3.4 中 $N=8$ 和 $N=16$ 时的 IDFT 流图。

3.6　依据 $N=8$、$N=16$ 时的 SMF 写出 $N=32$ 时 DFT 矩阵（行 BRO）的 SMF。对于 IDFT 相应的 SMF 是什么？

3.7   当 $N = 27$ 时，开发一种基 -3 DIF $-$ FFT 算法，画出流图并写下 SMF，计算出实现此算法所需的乘法和加法次数。

3.8   对于基 -3 DIT $-$ FFT 重做习题 3.7。

3.9   当 $N = 9$ 时重做习题 3.7。

3.10   当 $N = 16$ 时，对于基 -4 情况重做习题 3.7 和习题 3.8。

3.11   当 $N = 64$ 时，开发一种基 -4 DIT $-$ FFT 算法，并画出流图。

3.12   利用式（3.33），当 $N = 64$ 时，开发一种基 -4 DIF $-$ FFT 算法，并画出流图。

3.13   令 $X^{\mathrm{F}}(k) = \sum_{n=0}^{N-1} x(n) W_N^{nk}$，$k = 0, 1, \cdots, N-1$ 和 $x(n) = \dfrac{1}{N} \sum_{k=0}^{N-1} X^{\mathrm{F}}(k) W_N^{-nk}$，$n = 0, 1, \cdots, N-1$ 为 DFT 和 IDFT 变换对 $x(n) \Leftrightarrow X^{\mathrm{F}}(k)$。这里 $W_N = \exp(-\mathrm{j}2\pi/N)$，$\mathrm{j} = \sqrt{-1}$。$x(n)$ 是原始序列，$X^{\mathrm{F}}(k)$ 是变换序列，当 $N = 16$ 时推出下列快速算法：

（a）基 -2 DIT $-$ FFT。

（b）基 -2 DIF $-$ FFT。

（c）基 -2 DIT/DIF $-$ FFT。

（d）基 -2 DIF/DIT $-$ FFT。

（e）基 -4 DIT $-$ FFT。

（f）基 -4 DIF $-$ FFT。

（g）分裂基 DIT $-$ FFT（见参考文献［SR1］）。

（h）分裂基 DIF $-$ FFT（见参考文献［SR1］）。

（i）画出从（a）到（h）的所有算法的流图。

（j）比较所有算法的复杂度（加法的个数和乘法的个数）。

（k）写出（i）部分的稀疏矩阵因子。

（l）检查所有算法的内在性质。

（m）对 DFT 和 IDFT 这所有算法都有成立吗？对于 IDFT 需要做哪些修改？

（n）DIT 和 DIF 因何得名？

（习题 3.14、3.15 需参阅参考文献［SR1］）

3.14   式（3.40）描述了 DIF $-$ FFT 的分裂基算法，这是一个基 -2 和基 -4 结合使用的算法。

（a）利用 DFT 的定义推导式（3.40）。

（b）画出 $N = 16$ 时的流图。

（c）计算稀疏矩阵因子。

（d）推导反变换并重复（b）、（c）。

（e）比较基 -2 和基 -4 算法的乘法和加法。

（f）当 $N = 16$ 时推出相应的 DIT $-$ FFT 分裂基算法。

3.15   利用参考文献［SR1］中的式（10）给出的 DCT(k, N, x) 定义推导出参考文献［SR1］的式（22），写出详细步骤。

3.16 （a）推导当 $N=8$ 时的分裂基 FFT，图 4.4 给出了该流图的提升方案。

（b）图 4.4 所示流图中获得稀疏矩阵因子。

（c）推出 $N=8$ 时的反变换并画出流图。

3.17 分别用 FFT（见图 3.27）和 DCT – III 实现 8 点 DCT – III（使用 MAT-LAB）。并验证两者的结果对一个 8 点输入序列是相同的。

3.18 证明式（3.82），并利用其证明式（3.79）。

3.19 当 $N=3$ 和 $N=5$ 时，给出与式（3.106）类似的公式。

（习题 3.20 ~ 3.21 是关于本章 3.11 节的）

3.20 求出下列条件下威诺格拉德傅里叶变换算法（WFTA）输入输出序列的置换矩阵。

（a）$N=2 \times 3$ （b）$N=3 \times 4$ （c）$N=3 \times 7$ （d）$N=4 \times 5$ （e）$N=5 \times 7$

3.21 用与（1，1）生成器的同构算法重做习题 3.20。

（习题 3.22 是关于本章 3.13 节 UDFHT 的）

3.22 类似式（3.97）~式（3.100）中 DCT – III 的证明过程，UDFHT 可用于实现下列算法。

（a）DCT – II （b）DCT – IV （c）DST – II （d）DST – III （e）DST – IV

（习题 3.23 ~ 3.24 是关于本章 3.15 节的）

3.23 根据以下条件产生 Rader 素数算法[A34]的映射关系。

（a）$N=5$，$g=2$ （b）$N=11$，$g=2$ （c）$N=13$，$g=2$

3.24 用 MATLAB 实现习题 3.23 条件下的 Rader 素数算法。

3.25 在参考文献［T8］中，Agaian 和 Caglayan 开发了一种基于 FFT 的快速递归正交图算法，对以下的情况给出类似的算法和流程图：

（a）$N=16$ 时基于 FFT 的沃什哈达玛变换（Walsh – Hadamard Transform）（见参考文献［T8］中图 1）。

（b）$N=8$ 时基于 FFT 的哈尔变换（Haar Transform）。

（c）$N=8$ 时基于 FFT 的沃什哈达玛和哈尔相结合的变换（见参考文献［T8］中图 2）。

（d）$N=8$ 时最低复杂度的 FFT 算法（见参考文献［T8］中图 3）。

3.18 课程实践

3.1 修正本书附录 H.1 的代码实现 $N=3 \times 4$ 的 WFTA。

第4章 整数快速傅里叶变换

4.1 介绍

由于浮点运算非常耗资源，因此在实际应用中，浮点数经常被量化为固定点（比特）数（整数）。在实现 FFT 的每个中间环节，比特数都为固定值，记为 N_n。每次操作之后，结果中最高有效位（Most Significant Bit，MSB）只保留 N_n 比特，其余比特均被截去。由于 DFT 系数经过了量化，因此传统的定点算法影响着 DFT 的可逆性。

整数快速傅里叶变换（IntegerFFT，IntFFT）是 DFT 的整数近似[1-6]，它可以通过仅包含移位和相加的运算实现，而不使用乘法。与定点 FFT（Fixed – Point FFT，FxpFFT）不同，IntFFT 具有功率自适应性和可逆性。当变换系数被量化为固定位数的比特时，IntFFT 与 FxpFFT 具有相同的精度。由于仅包含整数运算，因此 IntFFT 的复杂度要比 FxpFFT 低得多。

由于 DFT 具有正交性，因此 DFT 是可逆的，且其逆为其复共轭的转置。在 DFT 的硬件实现中，通常采用的是定点运算（相当于进行了量化。——译者注）。直接对变换系数进行量化会影响其可逆性。IntFFT 可以在变换系数被量化为有限长度的二进制数的同时，确保 DFT 的可逆性和完美重建特性。

在长度为 $N = 2^n$（n 为整数）的 DFT 快速算法结构（如分裂基、基 – 2、基 – 4 等）中，提升分解算法可以代替其中的 2×2 正交矩阵。尽管提升系数经过了量化，但 IntFFT 依然是可逆的，而且也是功率自适应的。也就是说，对不同的提升系数可以用不同的量化步长。

4.2 提升技术

提升技术用于构建小波及完美重建（Perfect Reconstruction，PR）滤波器库[1-1,1-4,1-6]。双正交滤波器具有整数系数，可以方便地实现由整数到整数的变换。

图 4.1 给出了提升技术的双通道系统。第一个分支执行 A_0 操作，称为对偶提升（dual lifting）；第二个分支执行 A_1 操作，称为提升（lifting）。可以看出，该系统对于任意的 A_0 和 A_1 均可实现理想重建。需要注意的是，A_0 和 A_1 可以是非线性运算，如舍入操作或向下取整运算等。向下取整表示取小于等于当前数中最大的整数。

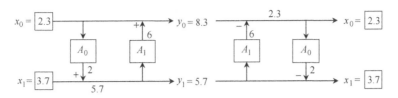

图 4.1　提升技术能够确保任意 A_0 和 A_1 情况下的理想重建（理想重建表示最终输出等于输入；这里 A_0 和 A_1 为舍入操作）（参考文献 [I-6] © 2002 IEEE）

4.3　算法

IntFFT 算法近似实现了旋转因子的相乘[I-6,I-7]。令 $x = x_r + jx_i$ 为一个复数，则 x 与旋转因子 $W_N^{-k} = \exp\left(\dfrac{j2\pi k}{N}\right) = e^{j\theta} = \cos\theta + j\sin\theta$ 相乘的结果也是一个复数，即 $y = W_N^{-k}x$，有：

$$y = (1,j)\begin{bmatrix} \cos\theta & -\sin\theta \\ \sin\theta & \cos\theta \end{bmatrix}\begin{bmatrix} x_r \\ x_i \end{bmatrix} = (1,j)[R_\theta]\begin{bmatrix} x_r \\ x_i \end{bmatrix} \tag{4.1}$$

其中

$$[R_\theta] = \begin{bmatrix} \cos\theta & -\sin\theta \\ \sin\theta & \cos\theta \end{bmatrix} \tag{4.2}$$

通过使用 2 的幂次和（Sum - Of - Powers - Of - Two，SOPOT）表示 $[R_\theta]$ 来构建一个无乘法的（或整数）变换。其主要困难在于，一旦 $[R_\theta]$ 的元素被舍入到 **SOPOT** 数，其逆的元素不能用 **SOPOT** 来表示（本章前半部分介绍的 IntFFT 解决了这一难题）。也就是说，若式（4.1）中的 $\cos\theta$ 和 $\sin\theta$ 被量化为 SOPOT 系数 α 和 β，则 $[R_\theta]$ 和其逆可表示为

$$[\widetilde{R}_\theta] = \begin{bmatrix} \alpha & -\beta \\ \beta & \alpha \end{bmatrix} \tag{4.3}$$

$$[\widetilde{R}_\theta]^{-1} = \frac{1}{\sqrt{\alpha^2 + \beta^2}}\begin{bmatrix} \alpha & \beta \\ -\beta & \alpha \end{bmatrix} \tag{4.4}$$

由于 α 和 β 是 SOPOT 系数，因此在一般情况下，$\sqrt{\alpha^2+\beta^2}$ 不能被表示为 SOPOT 系数。整数变换（或无乘法的变换）的基本思想就是将 $[R_\theta]$ 分解为 3 个提升步骤。

如果 $\det([A]) = 1$ 且 $c \neq 0$[I-4]，则有：

$$[A] = \begin{bmatrix} a & b \\ c & d \end{bmatrix} = \begin{bmatrix} 1 & (a-1)/c \\ 0 & 1 \end{bmatrix}\begin{bmatrix} 1 & 0 \\ c & 1 \end{bmatrix}\begin{bmatrix} 1 & (d-1)/c \\ 0 & 1 \end{bmatrix} \tag{4.5}$$

由式（4.5）知 $[R_\theta]$ 可被分解为

$$[R_\theta] = \begin{bmatrix} 1 & \dfrac{\cos\theta - 1}{\sin\theta} \\ 0 & 1 \end{bmatrix}\begin{bmatrix} 1 & 0 \\ \sin\theta & 1 \end{bmatrix}\begin{bmatrix} 1 & \dfrac{\cos\theta - 1}{\sin\theta} \\ 0 & 1 \end{bmatrix} = [R_1][R_2][R_3]$$

$$= \begin{bmatrix} 1 & -\tan\left(\dfrac{\theta}{2}\right) \\ 0 & 1 \end{bmatrix} \begin{bmatrix} 1 & 0 \\ \sin\theta & 1 \end{bmatrix} \begin{bmatrix} 1 & -\tan\left(\dfrac{\theta}{2}\right) \\ 0 & 1 \end{bmatrix} \tag{4.6}$$

$$[R_\theta]^{-1} = [R_3]^{-1}[R_2]^{-1}[R_1]^{-1}$$

$$= \begin{bmatrix} 1 & -\dfrac{\cos\theta - 1}{\sin\theta} \\ 0 & 1 \end{bmatrix} \begin{bmatrix} 1 & 0 \\ -\sin\theta & 1 \end{bmatrix} \begin{bmatrix} 1 & -\dfrac{\cos\theta - 1}{\sin\theta} \\ 0 & 1 \end{bmatrix} \tag{4.7}$$

式 (4.6) 各个因子中的系数可以被量化为 SOPOT 系数，即

$$[R_\theta] \approx [S_\theta] = \begin{bmatrix} 1 & \alpha_\theta \\ 0 & 1 \end{bmatrix} \begin{bmatrix} 1 & 0 \\ \beta_\theta & 1 \end{bmatrix} \begin{bmatrix} 1 & \alpha_\theta \\ 0 & 1 \end{bmatrix} \tag{4.8}$$

式中，α_θ 和 β_θ 分别为 $(\cos\theta - 1)/\sin\theta$ 和 $\sin\theta$ 的 SOPOT 近似，其形式为

$$\alpha_\theta = \sum_{k=1}^{t} a_k 2^{b_k} \tag{4.9}$$

式中，$a_k \in \{-1, 1\}$；$b_k \in \{-r, \cdots, -1, 0, 1, \cdots, r\}$；$r$ 为系数的范围；t 为每一系数中求和项的个数。变量 t 的取值通常是有限的，这样可以使旋转因子的相乘仅用有限次加法和移位操作实现。当 t 增大时，整数 FFT 会不断逼近 DFT。

与传统的蝶形（Butterfly, BF）结构相比，提升结构具有两大优势。首先，实数相乘运算从 4 次减少到了 3 次（尽管相加运算从 2 次增加到 3 次）（见图 4.2 和图 4.3）。其次，这一结构允许对提升系数进行量化而不影响其完美重建性。具体来说，不同于直接量化式 (4.2) 中 $[R_\theta]$ 的各个元素，而是量化提升系数 s 和 $(s-1)/c$。相应地，逆运算同样包含 3 个提升步骤，并使用同样的提升系数，仅是符号取反。

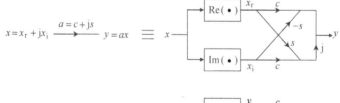

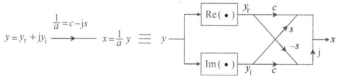

图 4.2　实现上述复数相乘和其逆运算的蝶形运算结构图

$(s = \sin\theta,\ c = \cos\theta)$（参考文献 [I-6] © 2002 IEEE）

【例 4.1】 考虑旋转因子 W_8^1，$\theta = -\pi/4$，$(\cos\theta - 1)/\sin\theta = \sqrt{2} - 1$，$\sin\theta = -1/\sqrt{2}$。如果将这些数分别量化至小数点后一位，则 $\alpha_\theta = 0.4$、$\beta_\theta = 0.7$。

$$[S_\theta] = \begin{bmatrix} 1 & 0.4 \\ 0 & 1 \end{bmatrix} \begin{bmatrix} 1 & 0 \\ -0.7 & 1 \end{bmatrix} \begin{bmatrix} 1 & 0.4 \\ 0 & 1 \end{bmatrix} = \begin{bmatrix} 0.72 & 0.688 \\ -0.7 & 0.72 \end{bmatrix} \tag{4.10a}$$

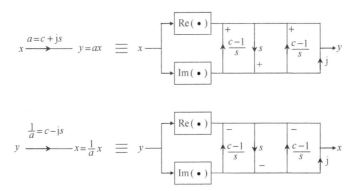

图 4.3　实现上述复数相乘和其逆运算的提升运算结构图

$(s = \sin\theta,\ c = \cos\theta)$（参考文献 ［I-6］ © 2002 IEEE）

$$[S_\theta]^{-1} = \begin{bmatrix} 1 & -0.4 \\ 0 & 1 \end{bmatrix}\begin{bmatrix} 1 & 0 \\ 0.7 & 1 \end{bmatrix}\begin{bmatrix} 1 & -0.4 \\ 0 & 1 \end{bmatrix} = \begin{bmatrix} 0.72 & -0.688 \\ 0.7 & 0.72 \end{bmatrix} \quad (4.10b)$$

式（4.8）和式（4.10）定义的提升技术对于取任意（实数或复数）α_θ 和 β_θ 均适用。此时 $[S_\theta]$ 不再正交（$[S_\theta]^{-1} \neq [S_\theta]^T$），但开发其反变换与正交变换一样容易，因为 $[S_\theta]$ 和 $[S_\theta]^{-1}$ 对角线上元素都为 1，而且其他元素仅符号不同（见图 4.2 和图 4.3）。因此，两种方案均能保证有理想逆变换或理想重建，因为 $[S_\theta]^{-1}$ $[S_\theta] = [I]$（双正交）且 $[R_\theta]^T[R_\theta] = [I]$（正交，见 4.2 节）。

简言之，在实现复数乘法的过程中，矩阵形式的旋转因子具有蝶形结构。如果我们对系数进行舍入，则其逆运算将会变得十分复杂。但如果我们能将旋转因子分解为提升结构，则即使对系数进行舍入，旋转因子都存在理想的逆运算。一旦提升结构中的系数经过了舍入操作，则旋转因子可以通过蝶形结构或提升结构进行理想求逆运算，而用提升结构能够减少一次乘法运算。

参考文献 ［I-6］给出了一个基于分裂基结构的 8 点整数 FFT 算法。图 4.4 给出了整数 FFT 的格型结构图，其中的旋转因子 W_8^1 和 W_8^3 可以通过因式分解实现。参考文献 ［I-7］给出了基于基 -2 按频率抽取（Decimation - In - Frequency, DIF）整数 FFT。我们以牺牲部分精度为代价来设计高效的整数 FFT 算法。

当一个角位于 I、IV 象限时，可使用式（4.6）。当 $\theta \in (-\pi,\ -\pi/2) \cup (\pi/2,\ \pi)$ 时，在 II、III 象限有 $\cos\theta < 0$，所以 $|(\cos\theta - 1)/\sin\theta| > 1$。此时应当控制提升系数的绝对值，使其小于等于 1，可通过用 $-[R_{\theta+\pi}]$ 替换 $[R_\theta]$ 实现，过程如下：

$$[R_\theta] = -[R_{\theta+\pi}] = -\begin{bmatrix} -\cos\theta & \sin\theta \\ -\sin\theta & -\cos\theta \end{bmatrix}$$

$$= -\begin{bmatrix} 1 & (c+1)/s \\ 0 & 1 \end{bmatrix}\begin{bmatrix} 1 & 0 \\ -s & 1 \end{bmatrix}\begin{bmatrix} 1 & (c+1)/s \\ 0 & 1 \end{bmatrix} \quad (4.11)$$

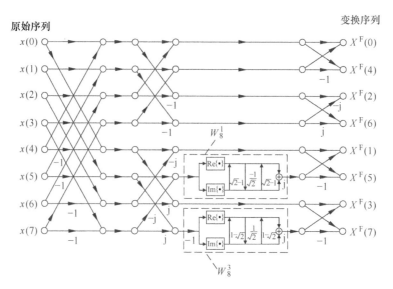

图 4.4 使用分裂基结构的 8 点整数 FFT 的格型结构图[I-9]（旋转因子经量化或舍入取整以便于表示为 16 比特（N_c 比特）。每一次乘法的结果都被均匀量化为 N_n 比特。内部节点所需的比特数 N_n 仅由大小为 N 的 FFT 和表示输入信号所需的比特数 N_i 确定）（参考文献 [I-6] © 2002 IEEE）

当一个角位于 Ⅰ、Ⅱ 象限时，存在另一种提升因式分解法，过程如下：

$$[R_\theta] = \begin{bmatrix} \cos\theta & -\sin\theta \\ \sin\theta & \cos\theta \end{bmatrix} = \begin{bmatrix} 0 & 1 \\ 1 & 0 \end{bmatrix} \begin{bmatrix} \sin\theta & -\cos\theta \\ \cos\theta & \sin\theta \end{bmatrix} \begin{bmatrix} 1 & 0 \\ 0 & -1 \end{bmatrix}$$
$$= \begin{bmatrix} 0 & 1 \\ 1 & 0 \end{bmatrix} \begin{bmatrix} 1 & (s-1)/c \\ 0 & 1 \end{bmatrix} \begin{bmatrix} 1 & 0 \\ c & 1 \end{bmatrix} \begin{bmatrix} 1 & (s-1)/c \\ 0 & 1 \end{bmatrix} \begin{bmatrix} 1 & 0 \\ 0 & -1 \end{bmatrix}$$
(4.12)

类似地，当 $\theta \in (-\pi, 0)$ 时，在 Ⅲ、Ⅳ 象限有 $\sin\theta < 0$，则 $|(\sin\theta - 1)/\cos\theta|$ 值大于 1。此时，需要用 $-[R_{\theta+\pi}]$ 替换 $[R_\theta]$，过程如下（见表 4.1）：

$$[R_\theta] = -\begin{bmatrix} -\cos\theta & \sin\theta \\ -\sin\theta & -\cos\theta \end{bmatrix} = -\begin{bmatrix} 0 & 1 \\ 1 & 0 \end{bmatrix} \begin{bmatrix} -\sin\theta & \cos\theta \\ -\cos\theta & -\sin\theta \end{bmatrix} \begin{bmatrix} 1 & 0 \\ 0 & -1 \end{bmatrix}$$
$$= -\begin{bmatrix} 0 & 1 \\ 1 & 0 \end{bmatrix} \begin{bmatrix} 1 & (s+1)/c \\ 0 & 1 \end{bmatrix} \begin{bmatrix} 1 & 0 \\ -c & 1 \end{bmatrix} \begin{bmatrix} 1 & (s+1)/c \\ 0 & 1 \end{bmatrix} \begin{bmatrix} 1 & 0 \\ 0 & -1 \end{bmatrix}$$
(4.13)

表 4.1 对每一个 θ 值，四种可能的提升分解中只有两种的提升系数均落在 $-1 \sim 1$ 的范围内（参考文献 [I-6] © 2002 IEEE）

象 限	θ 范 围	提升因式分解
Ⅰ	$(0, \pi/2)$	式 (4.6) 和式 (4.13)
Ⅱ	$(\pi/2, \pi)$	式 (4.11) 和式 (4.13)
Ⅲ	$(-\pi, -\pi/2)$	式 (4.11) 和式 (4.15)
Ⅳ	$(-\pi/2, 0)$	式 (4.6) 和式 (4.15)

例如，给定旋转因子 $W_8^3 = e^{-j6\pi/8}$，则 $\theta = -3\pi/4$。此时，有两个选择，式（4.11）或式（4.13）。如果选择式（4.11），则有：

$$
\begin{aligned}
[R_\theta] = -[R_{\theta+\pi}] &= -\begin{bmatrix} 1/\sqrt{2} & -1/\sqrt{2} \\ 1/\sqrt{2} & 1/\sqrt{2} \end{bmatrix} \\
&= -\begin{bmatrix} 1 & 1-\sqrt{2} \\ 0 & 1 \end{bmatrix}\begin{bmatrix} 1 & 0 \\ 1/\sqrt{2} & 1 \end{bmatrix}\begin{bmatrix} 1 & 1-\sqrt{2} \\ 0 & 1 \end{bmatrix}
\end{aligned}
\tag{4.14}
$$

将式（4.14）代入式（4.1），可得一个复数与旋转因子 W_8^3 相乘的提升结构。图 4.4 给出了采用分裂基结构的 8 点 IntFFT 的提升/格型结构，其中两个旋转因子 W_8^1 和 $W_8^3 (= -W_8^7)$ 由提升结构实现。整数 IFFT 与通常的一样，是整数 FFT 的共轭，其框图如图 4.4 所示。

4.3.1　定点运算的实现

影响 DSP 造价的一个主要因素是中间节点的分辨率（即每一步骤寄存器的位数）。在实际应用中，采样信号和变换系数的精度不可能是无限高的。由于浮点运算代价很高，这些数通常被量化为固定的比特数。二进制补码运算可作为一个用于数字定点表示的系统，在该系统中，负数使用其绝对值的二进制补码来表示。该系统用于在硬件、DSP 和计算机上表示有符号整数（见表 4.2）。

表 4.2　4 比特二进制补码整数（4 个比特可以表示为 $-8 \sim 7$ 范围之间的数）

二进制补码		十进制
0	111	7
0	110	6
0	001	1
0	000	0
1	111	-1
1	001	-7
1	000	-8

注：数字的表示（第 1 列）是以最高有效位的形式呈现的。

每一次加法可能增加 1 个比特；而对于两个 n 比特数相乘的情形来说，每一次乘法可能增加 $2n$ 个比特。为了存储每一次算术运算后的结果并防止溢出，后续步骤节点比先前步骤节点需要更多的比特。结果导致随着步骤的增加，存储结果所需的比特数会不断累加增长。一般来说，每一个中间节点的比特数会被设置为某个特定的值。对于每一个中间节点，在一次运算之后，结果中最高有效位（MSB）只保留特定的位数，末段将会被截去。然而，传统的定点运算事实上是对 DFT 系数进行了量化，从而影响了变换的可逆性。而提升方案是一种能够保持变换可逆性的量化 DFT 系数的方法[I-6]。

表 4.3 所示对比了 IntFFT 和 FxpFFT 在降低噪声方面的性能。在低功率（即系数被量化到低分辨率）情况下，IntFFT 明显比 FxpFFT 的结果要好；而在高功率时，两者结果相似。

表 4.3 分裂基 FFT 及其整数形式（FxpFFT 和 IntFFT）**的计算复杂度**（所需实数乘法和实数加法的次数，每一级系数量化到 $N_c = 10$ 比特）（参考文献 [I-6] © 2002 IEEE）

N	分裂基 FFT		FxpFFT		IntFFT	
	乘法次数	加法次数	加法次数	移位次数	加法次数	移位次数
16	20	148	262	144	202	84
32	68	388	746	448	559	261
64	196	964	1910	1184	1420	694
128	516	2308	4674	2968	3448	1742
256	1284	5380	10990	7064	8086	4160
512	3076	12292	25346	16472	18594	9720
1024	7172	27652	57398	37600	41997	22199

在二维或更多维的情况下，行列法、矢量基 FFT 和多项式变换 FFT 算法是计算多维离散傅里叶变换（Multidimensional DFT, M-D DFT）时常用的快速算法。参考文献 [I-34] 介绍了采用基 $-2(N \times N)$ 二维 IntFFT 算法在多项式变换 FFT 中的应用。该方法可以扩展到分裂矢量基算法和行列式算法中。

基 -2^2 算法有以下特征：其复数乘法的计算复杂度与基 -4 FFT 算法相同，但是仍然保留了与基 -2 FFT 算法相同的蝶形结构（见表 4.4）。由于每两个 BF 步骤之后会出现非平凡乘法，因此相乘运算采用更有规律的处理方式。如果使用流水线作业，则这种空间上的规律性会为硬件实现提供极大的好处。

表 4.4 非平凡复数乘法的次数，一次复数乘法意味着三次实数乘法
（参考文献 [I-33] © 2006 IEEE）

N	基 -2	基 -2^2	分裂基
16	10	8	8
64	98	76	72
256	642	492	456
1024	3586	2732	2504

在广泛使用的 OFDM 系统中[O2]，IDFT 和 DFT 的变换对用于子载波上数据星座图的调制和解调。在发送端，IDFT 的输入是一系列数字已调制信号。假设使用 64-QAM 技术，则输入的电平为 ±1、±3、±5 和 ±7，可以使用一个 6 比特的向量表示。IDFT 的输出由实信道上待传输的时域样本点组成。相应地，接收端将执

行 DFT。

　　输入序列对于实部和虚部均使用 12 比特。内部字长及提升系数和旋转因子的字长都设为 12 比特。

　　基于 IntFFT，Chang 和 Nguyen 提出并证明了一种 VLSI 可实现的基 -2^2 FFT 结构[I-33]。其最重要的特点是在提供与传统 FxpFFT 相当精度的同时，能够保证可逆性。由于提升技术能够比普通复数相乘少用 1 次乘法，因此 IntFFT 所需的实数乘法也减少了。系统仿真结果证实，与 FxpFFT 相比，基于 IntFFT 的结构也适用于 OFDM 系统[O2]，而且在有噪声信道的情况下，基于 IntFFT 的结构也能提供性能相当的误比特率（Bit Error Rate，BER）。

4.4　整数离散傅里叶变换

　　整数傅里叶变换用定点数相乘的形式来逼近 DFT[I-5]。而定点数相乘可以借助加法和二进制移位实现。例如：

$$7 \times a = a \ll 2 + a \ll 1 + a$$

式中，a 为整数；"$\ll$" 为二进制左移运算符。

　　本节介绍两类整数变换，相应的正向和反向变换矩阵可以相同，也可以不同。这两类算法分别称为**近完全**整数 DFT 和**完全**整数 DFT。

4.4.1　近完全整数 DFT

　　令 $[F]$ 为 DFT 矩阵，$[F_i]$ 为整数 DFT，则对于整数 DFT，若要其满足正交性和可逆性，则需满足

$$[F_i]^* [F_i]^T = [F_i][F_i]^H = \mathrm{diag}(r_0, r_1 \cdots, r_7) = [C] \tag{4.15}$$

式中，$[F_i]^H$ 表示 $[F_i]^*$ 的转置；$r_l = 2^m$（m 为整数）。因此可得

$$[C]^{-1}[F_i][F_i]^H = [I] \tag{4.16}$$

为了逼近 DFT，整数 DFT$[F_i]$ 保留了 $[F]$ 所有元素的符号，形式如下：

$$[F_i] = \begin{bmatrix} 1 & 1 & 1 & 1 & 1 & 1 & 1 & 1 \\ a_1 & a_2 - ja_2 & -ja_1 & -a_2 - ja_2 & -a_1 & -a_2 + ja_2 & ja_1 & a_2 + ja_2 \\ 1 & -j & -1 & j & 1 & -j & -1 & j \\ b_1 & -b_2 - jb_2 & jb_1 & b_2 - jb_2 & -b_1 & b_2 + jb_2 & -jb_1 & -b_2 + jb_2 \\ 1 & -1 & 1 & -1 & 1 & -1 & 1 & -1 \\ b_1 & -b_2 + jb_2 & -jb_1 & b_2 + jb_2 & -b_1 & b_2 - jb_2 & jb_1 & -b_2 - jb_2 \\ 1 & j & -1 & -j & 1 & j & -1 & -j \\ a_1 & a_2 + ja_2 & ja_1 & -a_2 + ja_2 & -a_1 & -a_2 - ja_2 & -ja_1 & a_2 - ja_2 \end{bmatrix}$$

$$\tag{4.17}$$

为满足式（4.15），$[F_\mathrm{i}]$ 中以下两组行复内积应为 0，即

$$<\mathrm{Row}\ 2,\ \mathrm{Row}\ 6>\ =0 \quad <\mathrm{Row}\ 4,\ \mathrm{Row}\ 8>\ =0 \qquad (4.18)$$

式中，Row 2 表示第 2 行。此处复内积定义为

$$<\underline{z},\ \underline{w}>\ =\underline{w}^\mathrm{H}\underline{z}$$

式中，$\underline{z}$ 和 $\underline{w}$ 为复向量；$\underline{w}^\mathrm{H}$ 为 $\underline{w}^*$ 的转置。由式（4.18）可得

$$a_1 b_1 =2a_2 b_2 \Rightarrow a_1 \geqslant a_2 \quad b_1 \geqslant b_2 \qquad (4.19)$$

由式（4.15）可得

$$r_0 =r_2 =r_4 =r_6 =N$$

$$r_1 =r_7 =(N/2)a_1^2 +Na_2^2$$

$$r_3 =r_5 =(N/2)b_1^2 +Nb_2^2$$

表 4.5 列出了 8 点整数 DFT 一些可能的参数值。

表 4.5　8 点整数 DFT 的一些参数值（参考文献 [I-5] © 2000 IEEE）

a_1	2	3	4	5	8	10	17	99	500
a_2	1	2	3	3	5	7	12	70	353
b_1	1	4	3	6	5	7	24	140	706
b_2	1	3	2	5	4	5	17	99	500

$[F_\mathrm{i}]$ 仅有行向量正交。

⇓

因此，$[F_\mathrm{i}][F_\mathrm{i}]^\mathrm{H}$ 为对角矩阵；或 $[F_\mathrm{i}][F_\mathrm{i}]^\mathrm{H}$ 为非对角矩阵。

⇓

$[\widetilde{F}_\mathrm{i}][\widetilde{F}_\mathrm{i}]^\mathrm{H}$ 为对角矩阵；或 $[\widetilde{F}_\mathrm{i}]^\mathrm{H}[\widetilde{F}_\mathrm{i}]$ 为对角矩阵

其中，$[\widetilde{F}_\mathrm{i}]$ 是 $[F_\mathrm{i}]$ 第一列进行归一化的结果，见式（4.34）。

⇓

$$[\widetilde{F}_\mathrm{i}] =([C]^{1/2})^{-1}[F_\mathrm{i}] \qquad (4.20)$$

式中，$[C]$ 的定义见式（4.15）。则有 $[\widetilde{F}_\mathrm{i}]^{-1} =[\widetilde{F}_\mathrm{i}]^\mathrm{H}$，即 $[\widetilde{F}_\mathrm{i}]$ 为酉矩阵。

4.4.2　完全整数 DFT

令 $[F]$ 为 DFT 矩阵，并令式（4.17）的转置 $[F_\mathrm{i}]^\mathrm{T}$ 与 $[IF]^*$ 分别为正向和反向整数 DFT。

$$[IF] = \begin{bmatrix} 1 & 1 & 1 & 1 & 1 & 1 & 1 & 1 \\ a_3 & a_4 - ja_4 & -ja_3 & -a_4 - ja_4 & -a_3 & -a_4 + ja_4 & ja_3 & a_4 + ja_4 \\ 1 & -j & -1 & j & 1 & -j & -1 & j \\ b_3 & -b_4 - jb_4 & jb_3 & b_4 - jb_4 & -b_3 & b_4 + jb_4 & -jb_3 & -b_4 + jb_4 \\ 1 & -1 & 1 & -1 & 1 & -1 & 1 & -1 \\ b_3 & -b_4 + jb_4 & -jb_3 & b_4 + jb_4 & -b_3 & b_4 - jb_4 & jb_3 & -b_4 - jb_4 \\ 1 & j & -1 & -j & 1 & j & -1 & -j \\ a_3 & a_4 + ja_4 & ja_3 & -a_4 + ja_4 & -a_3 & -a_4 - ja_4 & -ja_3 & a_4 - ja_4 \end{bmatrix}$$

$$(4.21)$$

则对于整数 DFT，若要其满足正交性和可逆性，则需满足

$$[IF]^*[F_i]^T = \mathrm{diag}(r_0, \ r_1, \ \cdots, \ r_7) = [D] \quad \text{为对角矩阵} \qquad (4.22)$$

式中，$r_l = 2^m$（m 为整数）。因为 $[D]$ 是对角矩阵，则有

$$[D]^{-1}[IF]^*[F_i]^T = [I] \qquad (4.23)$$

从式（4.22）的限制可知，下面这些复数内积均为 0：

$$<[F_i]\text{的第 2 行}, \ [IF]\text{的第 6 行}> \ = \ <[F_i]\text{的第 8 行}, \ [IF]\text{的第 4 行}> \ = 0$$

$$<[F_i]\text{的第 4 行}, \ [IF]\text{的第 8 行}> \ = \ <[F_i]\text{的第 6 行}, \ [IF]\text{的第 2 行}> \ = 0$$

$$a_1 b_3 = 2a_2 b_4 \qquad a_3 b_1 = 2a_4 b_2 \qquad (4.24)$$

又由式（4.22）的约束可知，$[F_i]$ 和 $[IF]$ 对应行的内积应为 2 的整数次幂，因此有：

$$a_1 a_3 + 2a_2 a_4 = 2^k \qquad b_1 b_3 + 2b_2 b_4 = 2^h \qquad (4.25)$$

$$a_1 \geqslant a_2 \qquad b_1 \geqslant b_2 \qquad a_3 \geqslant a_4 \qquad b_3 \geqslant b_4 \qquad (4.26)$$

由式（4.24），此处设

$$b_3 = 2a_2 \qquad b_4 = a_1 \qquad a_3 = 2b_2 \qquad a_4 = b_1 \qquad (4.27)$$

则式（4.25）变为

$$2(a_1 b_2 + a_2 b_1) = 2^k \qquad 2(b_1 a_2 + c_2 a_1) = 2^h \qquad (4.28)$$

（1）选择整数 a_1 和 a_2，使其满足

$$2a_2 \geqslant a_1 \geqslant a_2$$

（2）选择整数 b_1 和 b_2，使其满足

$$2b_2 \geqslant b_1 \geqslant b_2 \qquad a_1 b_2 + a_2 b_1 = 2^n$$

式中，n 为整数。

（3）设 a_3，a_4，b_3，b_4 为

$$b_3 = 2^{h+1} a_2 \qquad b_4 = 2^h a_1 \qquad a_3 = 2^{h+1} b_2 \qquad a_4 = 2^h b_1$$

式中，h 为整数。

将式（4.17）和式（4.21）代入式（4.22），有

$$r_0 = r_2 = r_4 = r_6 = N$$

$$r_1 = r_7 = (N/2)a_1a_3 + Na_2a_4$$
$$r_3 = r_5 = (N/2)b_1b_3 + Nb_2b_4$$

表4.6列出了8点整数DFT一些可能的参数值。8点整数DFT保留了常规DFT的某些特性。

表4.6　8点整数DFT的一些参数值（参考文献［I–5］© 2000 IEEE）

a_1	2	7	3	4	4	5	10
a_2	1	5	2	3	3	4	7
b_1	2	13	17	12	44	17	18
b_2	1	9	10	7	31	12	13
a_3	1	18	34	7	31	24	13
a_4	1	13	10	6	22	17	9
b_3	1	10	4	3	3	8	7
b_4	1	7	3	2	2	5	5

4.4.3　能量守恒

$［F_i］$中，各行是正交的，但各列并不正交。

$$［F_i］［IF］^H = ［D］ \tag{4.29}$$

式中，$［D］$由式（4.22）定义且是对角的，其元素为整数。

令$\underline{X} = ［F_i］^T\underline{x}$，$\underline{Y} = (［D］^{-1}［IF］)^T\underline{y}$，则能量守恒性质描述如下：

$$\underline{x}^T\underline{y}^* = \underline{X}^T\underline{Y}^* \tag{4.30}$$

证明：

$$\underline{X}^T\underline{Y}^* = (［F_i］^T\underline{x})^T(［IF］^T［D］^{-1}\underline{y})^* = \underline{x}^T［F_i］［IF］^H［D］^{-1}\underline{y}^* = \underline{x}^T\underline{y}^* \tag{4.31}$$

4.4.4　循环移位

令

$$X^i(k) = \text{intDFT}［x(n)］ \quad Y^i(k) = \text{intDFT}［x(n+h)］ \tag{4.32}$$

式中，$x(n+h)$的定义见式（2.17）。则有：

$$Y^i(k) \approx X^i(k)W_N^{-hk} \quad k和h都为奇数 \tag{4.33a}$$

$$Y^i(k) = X^i(k)W_N^{-hk} \quad 其他 \tag{4.33b}$$

【例4.2】　图4.5给出了两个随机输入向量$\underline{x_1}$和$\underline{x_2}$的近完全整数DFT和完全整数DFT。

$$\underline{x_1} = (2,3,4,5,4,5,2,3)^T$$

$$\underline{x_2} = (2.8,4.3-j0.6,3.7+j0.9,3.1-j0.6,4.6,3.1+j0.6,3.70-j0.9,4.3+j0.6)^T$$

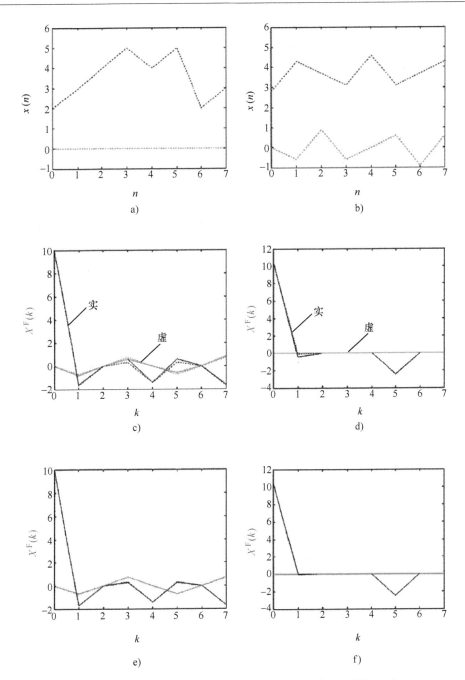

图 4.5　输入信号的常规和整数 DFT 分别使用虚线和实线表示(参考文献[1-5] © 2000 IEEE)

a) 输入信号x_1　b) 输入信号x_2　c) x_1 的近完全整数 DFT

d) x_2 的近完全整数 DFT　e) x_1 的完全整数 DFT　f) x_2 的完全整数 DFT

对于近完全整数 DFT，选择下列系数集：

$$\{a_1 = 2, \ a_2 = 1, \ b_1 = 1, \ b_2 = 1\}$$

对于完全整数 DFT，选择下列系数集：

$$\{a_1 = 7, \ a_2 = 5, \ b_1 = 13, \ b_2 = 9, \ a_3 = 18, \ a_4 = 13, \ b_3 = 10, \ b_4 = 7\}$$

将 $[F_i]$ 的元素 $F_i(k,n)$ 使用第一列 $F_i(k,0)$ 归一化为

$$\tilde{F}_i(k,n) = F_i(k,n)/F_i(k,0) \qquad k,n = 0,1,\cdots,N-1 \qquad (4.34)$$

近完全整数 DFT 和完全整数 DFT 的整数 DFT 向量计算如下：

$$\underline{X}_1^{\mathrm{T}} = [\tilde{F}_i]^{\mathrm{T}} \underline{x}_1^{\mathrm{T}} \qquad (4.35)$$

$[F_i]^{\mathrm{T}}$ 可以用式 (4.29) 中的 $[IF][F_i]^{\mathrm{H}} = [D]$ 进行归一化，得到归一化整数 DFT $[\tilde{F}_i]^{\mathrm{T}}$ 如下：

$$[\tilde{F}_i] = ([D]^{1/2})^{-1}[F_i] \qquad (4.36)$$

式中，对角矩阵 $[D]$ 由式 (4.22) 定义。类似地有：

$$[\tilde{IF}] = ([D]^{1/2})^{-1}[IF] \qquad (4.37)$$

则 $[\tilde{F}_i]^{-1} = [\tilde{IF}]^{\mathrm{H}}$，即 $[\tilde{F}_i]$ 和 $[\tilde{IF}]$ 双正交。

4.5　小结

本章介绍了基于提升技术的整数 FFT(IntFFT) 并列举了其优点。介绍了一个使用分裂基结构的特定算法(8 点 IntFFT)。下一章的重点是将一维 DFT 扩展到多维 DFT(特别是二维 DFT)。除了定义和性质，还将讨论二维信号例如图像的滤波，以及 DFT 域的方差分布等相关问题。

4.6　习题

　4.1　若 $\det[A] = 1$ 且 $b \neq 0$，

$$[A] = \begin{bmatrix} a & b \\ c & d \end{bmatrix} = \begin{bmatrix} 1 & 0 \\ (d-1)/b & 1 \end{bmatrix} \begin{bmatrix} 1 & b \\ 0 & 1 \end{bmatrix} \begin{bmatrix} 1 & 0 \\ (a-1)/b & 1 \end{bmatrix} \qquad (P4.1)$$

　　　　假设 $c \neq 0$，用式 $(P4.1)$ 推导出式 (4.5)。

　4.2　使用分裂基结构(见图 4.4)实现 8 点整数 IFFT，画出相应的流图。

　4.3　令 $N = 16$，重做习题 4.2，分别实现正向和反向整数 FFT。

　4.4　列出 5 个表 4.5 中未给出的整数 FFT 的其他系数。你需要什么样公式？

4.7　课程实践

　4.1　仿真例 4.2 中所述的整数 DFT，获得图 4.5 所示的结果。

第 5 章　二维离散傅里叶变换

5.1　定义

二维 DFT 主要应用在图像/视频处理方面。一维 DFT 可很自然地扩展到二维 DFT。二维 DFT 及其逆变换可定义为

$$X^{\mathrm{F}}(k_1,k_2) = \sum_{n_1=0}^{N_1-1}\sum_{n_2=0}^{N_2-1} x(n_1,n_2) W_{N_1}^{n_1k_1} W_{N_2}^{n_2k_2} \quad \text{二维}(N_1 \times N_2)\text{DFT}$$

矩形阵列

$$k_1 = 0,1,\cdots,N_1-1 \text{ 和 } k_2 = 0,1,\cdots,N_2-1$$

$$\text{(5.1a)}$$

$$x(n_1,n_2) = \frac{1}{N_1 N_2}\sum_{k_1=0}^{N_1-1}\sum_{k_2=0}^{N_2-1} X^{\mathrm{F}}(k_1,k_2) W_{N_1}^{-n_1k_1} W_{N_2}^{-n_2k_2} \quad \text{二维}(N_1 \times N_2)\text{IDFT}$$

$$n_1 = 0,1,\cdots,N_1-1 \text{ 和 } n_2 = 0,1,\cdots N_2-1 \qquad \text{(5.1b)}$$

式中，$W_{N_1} = \exp(-\mathrm{j}2\pi/N_1)$，$W_{N_2} = \exp(-\mathrm{j}2\pi/N_2)$；$x(n_1,n_2)$ 为二维空域均匀采样获得的序列（注意在空域水平和垂直坐标上的采样间隔可以不同）；$X^{\mathrm{F}}(k_1,k_2)$ 为二维离散频域的 DFT 系数。与一维的情况相同，归一化因子 $N_1 N_2$ 可以均匀分配在前向 DFT 和反向 DFT 之间，或者整个放在前向 DFT。归一化的二维 DFT 及其逆变换可以定义为

$$X^{\mathrm{F}}(k_1,k_2) = \frac{1}{\sqrt{N_1 N_2}}\sum_{n_1=0}^{N_1-1}\sum_{n_2=0}^{N_2-1} x(n_1,n_2) W_{N_1}^{n_1k_1} W_{N_2}^{n_2k_2}$$

$$k_1 = 0,1,\cdots,N_1-1 \text{ 和 } k_2 = 0,1,\cdots,N_2-1 \qquad \text{(5.2a)}$$

$$x(n_1,n_2) = \frac{1}{\sqrt{N_1 N_2}}\sum_{k_1=0}^{N_1-1}\sum_{k_2=0}^{N_2-1} X^{\mathrm{F}}(k_1,k_2) W_{N_1}^{-n_1k_1} W_{N_2}^{-n_2k_2}$$

$$n_1 = 0,1,\cdots,N_1-1 \text{ 和 } n_2 = 0,1,\cdots,N_2-1 \qquad \text{(5.2b)}$$

N_1 和 N_2 可以是任意维数，为简便起见，我们假设 $N_1 = N_2 = N$。所有的概念、定理、性质、算法等都将基于 $N_1 = N_2$ 构建，但对于 $N_1 \neq N_2$ 仍然适用。因此，对式 (5.1) 中描述的二维 DFT 的变换对可以做如下简化：

$$X^{\mathrm{F}}(k_1,k_2) = \sum_{n_1=0}^{N-1}\sum_{n_2=0}^{N-1} x(n_1,n_2) W_N^{(n_1k_1+n_2k_2)} \quad k_1,k_2 = 0,1,\cdots,N-1 \qquad \text{(5.3a)}$$

$$x(n_1,n_2) = \frac{1}{N^2} \sum_{k_1=0}^{N-1} \sum_{k_2=0}^{N-1} X^{\mathrm{F}}(k_1,k_2) W_N^{-(n_1k_1+n_2k_2)} \quad n_1,n_2 = 0,1,\cdots,N-1 \quad (5.3\text{b})$$

该变换对可表示为 $x(n_1,n_2) \Leftrightarrow X^{\mathrm{F}}(k_1,k_2)$。

二维 DFT 的可分离性可以通过重写式 (5.3a)，表示如下：

$$X^{\mathrm{F}}(k_1,k_2) = \sum_{n_2=0}^{N-1} \Big(\sum_{n_1=0}^{N-1} x(n_1,n_2) W_N^{n_1k_1} \Big) W_N^{n_2k_2}$$
$$k_1,k_2 = 0,1,\cdots,N-1 \quad (5.4\text{a})$$

及

$$x(n_1,n_2) = \frac{1}{N} \sum_{k_2=0}^{N-1} \Big(\frac{1}{N} \sum_{k_1=0}^{N-1} X^{\mathrm{F}}(k_1,k_2) W_N^{-n_1k_1} \Big) W_N^{-n_2k_2}$$
$$n_1,n_2 = 0,1,\cdots,N-1 \quad (5.4\text{b})$$

式 (5.4a) 可以看作是二维序列 $x(n_1,n_2)$ 沿着列方向进行一维 DFT，然后对得到的矩阵再沿着行方向进行一维 DFT。类似地，式 (5.4b) 可以看作是二维序列 $X^{\mathrm{F}}(k_1, k_2)$ 沿着列方向进行一维 IDFT，再沿着行方向进行一维 IDFT。通过重新排列式 (5.4)，对行和列的操作可以交换顺序，即

$$X^{\mathrm{F}}(k_1,k_2) = \sum_{n_1=0}^{N-1} \Big(\sum_{n_2=0}^{N-1} x(n_1,n_2) W_N^{n_2k_2} \Big) W_N^{n_1k_1}$$
$$k_1,k_2 = 0,1,\cdots,N-1 \quad (5.5\text{a})$$

$$x(n_1,n_2) = \frac{1}{N} \sum_{k_1=0}^{N-1} \Big(\frac{1}{N} \sum_{k_2=0}^{N-1} X^{\mathrm{F}}(k_1,k_2) W_N^{-n_2k_2} \Big) W_N^{-n_1k_1}$$
$$n_1,n_2 = 0,1,\cdots,N-1 \quad (5.5\text{b})$$

这一过程如图 5.1 所示。

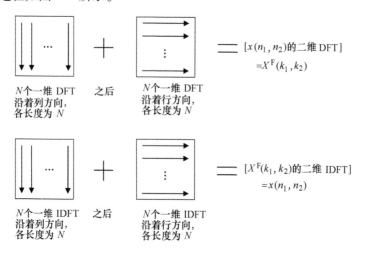

图 5.1　二维 DFT 和二维 IDFT 的可分离性

因此，一个 $(N \times N)$ 二维 DFT 可以使用 $2N$ 个长度为 N 的一维 DFT 实现。为了有效实现二维 DFT，本书第 3 章介绍的一维情况下的 FFT 算法均适用于二维 DFT。假设 N 为 2 的整数倍。基 -2 一维 FFT（见本书第 3 章）需要 $N\log_2 N$ 次复数加法和 $\frac{N}{2}\log_2 N$ 次复数乘法，一个基 $-2(N \times N)$ 二维 DFT 需要 $2N^2 \log_2 N$ 次复数加法和 $N^2 \log_2 N$ 次复数乘法。显然这些性质对于二维 IDFT 也成立。

式 (5.3) 描述的二维 DFT/IDFT 可以通过矩阵形式表述如下（可分离性）：

$$\begin{array}{c} [X^{\mathrm{F}}(k_1,k_2)] \\ (N \times N) \end{array} = [F] \begin{array}{c} [x(n_1,n_2)] \\ (N \times N) \end{array} [F] \tag{5.6a}$$

及

$$\begin{array}{c} [x(n_1,n_2)] \\ (N \times N) \end{array} = \frac{1}{N^2}[F]^* \begin{array}{c} [X^{\mathrm{F}}(k_1,k_2)] \\ (N \times N) \end{array} [F]^* \tag{5.6b}$$

其中

$$\begin{array}{c} [x(n_1,n_2)] \\ (N \times N) \end{array} = \begin{bmatrix} x(0,0) & x(0,1) & \cdots & x(0,N-1) \\ x(1,0) & x(1,1) & \cdots & x(1,N-1) \\ \vdots & \vdots & \ddots & \vdots \\ x(N-1,0) & x(N-1,1) & \cdots & x(N-1,N-1) \end{bmatrix} \tag{5.7a}$$

和

$$\begin{array}{c} [X^{\mathrm{F}}(k_1,k_2)] \\ (N \times N) \end{array} = \begin{bmatrix} X^{\mathrm{F}}(0,0) & X^{\mathrm{F}}(0,1) & \cdots & X^{\mathrm{F}}(0,N-1) \\ X^{\mathrm{F}}(1,0) & X^{\mathrm{F}}(1,1) & \cdots & X^{\mathrm{F}}(1,N-1) \\ \vdots & \vdots & \ddots & \vdots \\ X^{\mathrm{F}}(N-1,0) & X^{\mathrm{F}}(N-1,1) & \cdots & X^{\mathrm{F}}(N-1,N-1) \end{bmatrix} \tag{5.7b}$$

将式 (5.6a) 代入式 (5.6b) 得

$$\frac{1}{N^2}[F]^*[F][x(n_1,n_2)][F][F]^* = [x(n_1,n_2)]$$

注意，$[F]^*[F] = N[I_N], ([F] = [F]^{\mathrm{T}})$

很容易看出，式 (5.6) 同样可以表述为

$$\begin{array}{c} [\underline{X}^{\mathrm{F}}(k_1,k_2)]_{\mathrm{LO}} \\ (N^2 \times 1) \end{array} = ([F] \otimes [F]) \begin{array}{c} [\underline{x}(n_1,n_2)]_{\mathrm{LO}} \\ (N^2 \times 1) \end{array} \tag{5.8a}$$

及

$$\begin{array}{c} [\underline{x}(n_1,n_2)]_{\mathrm{LO}} \\ (N^2 \times 1) \end{array} = \frac{1}{N^2}([F]^* \otimes [F]^*) \begin{array}{c} [\underline{X}^{\mathrm{F}}(k_1,k_2)]_{\mathrm{LO}} \\ (N^2 \times 1) \end{array} \tag{5.8b}$$

式中，$[\underline{x}(n_1,n_2)]_{\mathrm{LO}} = [x(0,0),x(0,1),\cdots,x(0,N-1),x(1,0),x(1,1),\cdots,x(1,N-1),x(N-1,1,\cdots,x(N-1,0),),\cdots,x(N-1,N-1)]^{\mathrm{T}}$，为一个 $(N^2 \times 1)$ 的列向量。这可以通过对式 (5.7a) 的各行作为一列 N 个元素进行重排序得到。这样

的重组叫作词典排序（Lexicographic Ordering, LO）。通过对$[X^{\mathrm{F}}(k_1,k_2)]$进行词典排序，可以得到$[\underline{X}^{\mathrm{F}}(k_1,k_2)]_{\mathrm{LO}}$。

符号$\otimes$表示克罗内克积（Kronecker product，也叫作矩阵积或者直接积），其定义见本书附录 E。

$$[A]\otimes[B]=\begin{bmatrix} a_{11} & a_{12} & \cdots & a_{1n} \\ a_{21} & a_{22} & \cdots & a_{2n} \\ \vdots & \vdots & \ddots & \vdots \\ a_{m1} & a_{m2} & \cdots & a_{mn} \end{bmatrix}\otimes\begin{bmatrix} b_{11} & b_{12} & \cdots & b_{1q} \\ b_{21} & b_{22} & \cdots & b_{2q} \\ \vdots & \vdots & \ddots & \vdots \\ b_{p1} & b_{p2} & \cdots & b_{pq} \end{bmatrix}$$

$$(m\times n)\qquad\qquad\qquad (p\times q)$$

$$=\begin{bmatrix} a_{11}[B] & a_{12}[B] & \cdots & a_{1n}[B] \\ a_{21}[B] & a_{22}[B] & \cdots & a_{2n}[B] \\ \vdots & \vdots & \ddots & \vdots \\ a_{m1}[B] & a_{m2}[B] & \cdots & a_{mn}[B] \end{bmatrix}=\begin{array}{c}[C] \\ (mp\times nq)\end{array}$$

$$(mp\times nq) \tag{5.9}$$

注意，一般情况下，$[A]\otimes[B]\neq[B]\otimes[A]$。

5.2　性质

一维 DFT 的各种性质对于二维 DFT 均适用。

5.2.1　周期性

$x(n_1,n_2)$和$X^{\mathrm{F}}(k_1,k_2)$均在两个维度上周期为N，即

$$x(n_1+N,n_2)=x(n_1,n_2+N)=x(n_1+N,n_2+N)=x(n_1,n_2) \tag{5.10a}$$

$$X^{\mathrm{F}}(k_1+N,k_2)=X^{\mathrm{F}}(k_1,k_2+N)=X^{\mathrm{F}}(k_1+N,k_2+N)=X^{\mathrm{F}}(k_1,k_2) \tag{5.10b}$$

5.2.2　共轭对称

当$x(n_1,n_2)$为实数时，有

$$X^{\mathrm{F}}\left(\frac{N}{2}\pm k_1,\frac{N}{2}\pm k_2\right)=\left[X^{\mathrm{F}}\left(\frac{N}{2}\mp k_1,\frac{N}{2}\mp k_2\right)\right]^* \quad k_1,k_2=0,1,\cdots,\frac{N}{2}-1 \tag{5.11a}$$

$$X^{\mathrm{F}}(k_1,k_2)=\left[X^{\mathrm{F}}(N-k_1,N-k_2)\right]^* \quad k_1,k_2=0,1,\cdots,N-1 \tag{5.11b}$$

这意味着在N^2个 DFT 系数中，仅有图 5.2a 所示的双线区域的 DFT 系数是惟一的。对于系数为实数，图 5.2b 给出了$M=N=8$时 DFT 系数具体的共轭对。

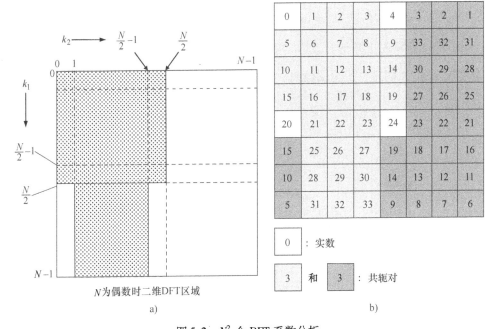

图 5.2 N^2 个 DFT 系数分析

a) 当 $x(n_1,n_2)$ 是实数时，交叉区域的 DFT 系数是惟一的

（若 N 是偶数，这些系数的个数是 $(N^2/2)+2$；若 N 是奇数，则这些系数的个数是 $(N^2+1)/2$

b) 实数图像数据的 DFT 系数的共轭对称性（M、N 为偶数，$M=N=8$）

5.2.3 时域/空域的循环移位（周期性移位）

$$x(n_1,n_2)\Leftrightarrow X^{\mathrm{F}}(k_1,k_2)$$

$$x(n_1-m_1,n_2-m_2)\Leftrightarrow X^{\mathrm{F}}(k_1,k_2)W_N^{k_1m_1+k_2m_2} \qquad (5.12)$$

式中，$x(n_1-m_1,n_2-m_2)$ 为 $x(n_1,n_2)$ 沿着 n_1 循环移位了 m_1 个样本点，以及沿着 n_2 循环移位了 m_2 个样本点。因为 $|W_N^{k_1m_1+k_2m_2}|=1$，所以 $x(n_1,n_2)$ 的幅度谱和功率谱对于其循环移位来说是不变的。

5.2.4 频域的循环移位（周期性移位）

$$x(n_1,n_2)W_N^{-(n_1u_1+n_2u_2)}\Leftrightarrow X^{\mathrm{F}}(k_1-u_1,k_2-u_2) \qquad (5.13\mathrm{a})$$

式中，$X^{\mathrm{F}}(k_1-u_1,k_2-u_2)$ 为 $X^{\mathrm{F}}(k_1,k_2)$ 沿着 k_1 循环位移了 u_1 个样本点，以及沿着 k_2 循环位移了 u_2 个样本点。循环移位的一个有趣的特例是 $u_1=u_2=\dfrac{N}{2}$ 时的情况。此时，有

$$x(n_1,n_2)(-1)^{n_1+n_2}\Leftrightarrow X^{\mathrm{F}}\left(k_1-\frac{N}{2},k_2-\frac{N}{2}\right) \qquad N \text{ 为偶数} \quad (5.13\mathrm{b})$$

条件为

$$W_N^{N/2} = -1, W_N^{-(n_1+n_2)N/2} = \exp\left[\frac{\pm j2\pi}{N}(n_1+n_2)\frac{N}{2}\right] = e^{j\pi(n_1+n_2)} = (-1)^{n_1+n_2}$$

图 5.3a 所示左上角的直流（dc）系数 $X^F(0,0)$ 现在移到了二维频率平面的中心

（见图 5.3b）。（同理，N 为偶数时，$x(n_1-\frac{N}{2}, n_2-\frac{N}{2}) \Leftrightarrow (-1)^{k_1+k_2}X^F(k_1,k_2)$。）

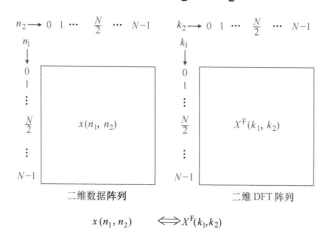

$$x(n_1, n_2) \quad \Longleftrightarrow \quad X^F(k_1,k_2)$$

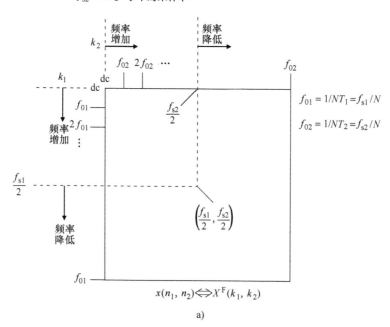

$$x(n_1,n_2) \Leftrightarrow X^F(k_1,k_2)$$

a)

图 5.3　$x(n_1,n_2)$ 和 $x(n_1,n_2)(-1)^{n_1+n_2}$ 的二维 DFT

a) $x(n_1,n_2)$ 的二维 DFT

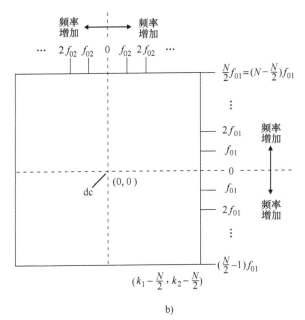

图 5.3　$x(n_1,n_2)$ 和 $x(n_1,n_2)(-1)^{n_1+n_2}$ 的二维 DFT(续)

b) $x(n_1,n_2)(-1)^{n_1+n_2}$ 的二维 DFT

假设沿着 n_1 和 n_2 的采样间隔分别为 T_1 和 $T_2(f_{s1}=1/T_1$ 和 $f_{s2}=1/T_2$ 分别为相应的采样率，#样本点/米)，沿着 k_1 和 k_2 的频率分辨率分别为 $f_{01}=\dfrac{1}{NT_1}$ 和 $f_{02}=\dfrac{1}{NT_2}$。

5.2.5　斜特性

$$x(n_1-mn_2,n_2)\Leftrightarrow X^F(k_1,k_1+mk_2) \tag{5.14}$$

图像中某一维度偏斜 m 相应于该图像的频率在另外一个维度偏斜 $(-m)$[IP26]。例如，令 $m=1$，有

$$[x]=\begin{pmatrix} 4 & 5 & 6 & 0 \\ 1 & 2 & 3 & 0 \\ 0 & 0 & 0 & 0 \\ 0 & 0 & 0 & 0 \end{pmatrix}\Leftrightarrow[X^F]=\begin{pmatrix} 21 & -4-j7 & 7 & -4+j7 \\ 15-j6 & -4-j3 & 5-j2 & -j7 \\ 9 & -j3 & 3 & j3 \\ 15+j6 & j7 & 5+j2 & -4+j3 \end{pmatrix}$$

$$[y]=\begin{pmatrix} 4 & 0 & 0 & 0 \\ 1 & 5 & 0 & 0 \\ 0 & 2 & 6 & 0 \\ 0 & 0 & 3 & 0 \end{pmatrix}\Leftrightarrow[Y^F]=\begin{pmatrix} 21 & -4-j7 & 7 & -4+j7 \\ -4-j3 & 5-j2 & j7 & 15-j6 \\ 3 & j3 & 9 & -j3 \\ -4+j3 & 15+j6 & -j7 & 5+j2 \end{pmatrix}$$

注意，空域经过了补零，并且 $[Y^F]$ 每行的 DFT 系数进行了循环移位。这一性质的证明见本书附录 F.2。

5.2.6　旋转性

将图像在空域旋转一个角度 θ 将引起其二维 DFT 在频域旋转相同的角度[E5]，有：

$$x(n_1\cos\theta - n_2\sin\theta, n_1\sin\theta + n_2\cos\theta) \Leftrightarrow X^{\mathrm{F}}(k_1\cos\theta - k_2\sin\theta, k_1\sin\theta + k_2\cos\theta) \quad (5.15)$$

式中，图像 $x(n_1, n_2)$ 在 $N \times N$ 的方格坐标以逆时针方向旋转角度 θ。

注意，方格坐标旋转后，新的格点可能未被定义。图像在最近的可用格点的值可以通过插值预测得出（见本书 8.4 节）。

5.2.7　帕斯瓦尔定理

这是任何酉变换都具有的性质，即在正交变换的情况下，能量守恒。这一定理表述为

$$\sum_{n_1=0}^{N-1}\sum_{n_2=0}^{N-1}|x(n_1,n_2)|^2 = \sum_{n_1=0}^{N-1}\sum_{n_2=0}^{N-1}[x(n_1,n_2)]x^*(n_1,n_2)$$

$$= \sum_{n_1=0}^{N-1}\sum_{n_2=0}^{N-1}\left[\frac{1}{N^2}\sum_{k_1=0}^{N-1}\sum_{k_2=0}^{N-1}X^{\mathrm{F}}(k_1,k_2)W_N^{-(n_1k_1+n_2k_2)}\right]x^*(n_1,n_2)$$

$$= \frac{1}{N^2}\sum_{k_1=0}^{N-1}\sum_{k_2=0}^{N-1}X^{\mathrm{F}}(k_1,k_2)\left[\sum_{n_1=0}^{N-1}\sum_{n_2=0}^{N-1}x(n_1,n_2)W_N^{(n_1k_1+n_2k_2)}\right]^*$$

$$= \frac{1}{N^2}\sum_{k_1=0}^{N-1}\sum_{k_2=0}^{N-1}X^{\mathrm{F}}(k_1,k_2)[X^{\mathrm{F}}(k_1,k_2)]^*$$

$$= \frac{1}{N^2}\sum_{k_1=0}^{N-1}\sum_{k_2=0}^{N-1}|X^{\mathrm{F}}(k_1,k_2)|^2 \quad (5.16)$$

5.2.8　卷积定理

两个周期序列在时域/空域的循环卷积相当于二维 DFT 域的相乘。令 $x(n_1,n_2)$ 和 $y(n_1,n_2)$ 为沿着 n_1 和 n_2 方向周期为 N 的两个实数周期序列。它们的循环卷积为

$$z_{\mathrm{con}}(m_1,m_2) = \frac{1}{N^2}\sum_{n_1=0}^{N-1}\sum_{n_2=0}^{N-1}x(n_1,n_2)y(m_1-n_1,m_2-n_2)$$

$$= x(n_1,n_2) * y(n_1,n_2) \quad (5.17\mathrm{a})$$

$$m_1,m_2 = 0,1,\cdots,N-1$$

在二维 DFT 域，这等同于

$$Z_{\mathrm{con}}^{\mathrm{F}}(k_1,k_2) = \frac{1}{N^2}[X^{\mathrm{F}}(k_1,k_2)Y^{\mathrm{F}}(k_1,k_2)]$$

$$k_1,k_2 = 0,1,\cdots,N-1 \quad (5.17\mathrm{b})$$

其中

$$x(n_1,n_2) \Leftrightarrow X^{\mathrm{F}}(k_1,k_2)$$

$$y(n_1,n_2) \Leftrightarrow Y^{\mathrm{F}}(k_1,k_2)$$

$$z_{\mathrm{con}}(m_1,m_2) \Leftrightarrow Z_{\mathrm{con}}^{\mathrm{F}}(k_1,k_2)$$

$$z_{\mathrm{con}}(m_1,m_2) = \frac{1}{N^4} \sum_{k_1=0}^{N-1} \sum_{k_2=0}^{N-1} X^{\mathrm{F}}(k_1,k_2) Y^{\mathrm{F}}(k_1,k_2) W_N^{-(m_1k_1+m_2k_2)} \qquad (5.17c)$$

【例 5.1】 利用空域两个周期阵列的循环卷积式(5.17a)，有：

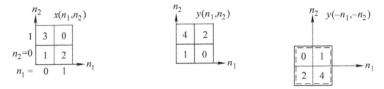

将阵列 $x(n_1,n_2)$ 使用周期 $(2,2)$ 扩展为 2 倍，即 $x(n_1,n_2) = x(n_1+2,n_2+2)$

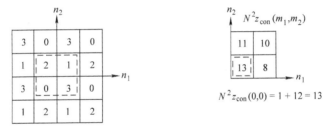

输出 $z_{\mathrm{con}}(m_1,m_2)$ 可以写成以列排列的向量方程(见参考文献[B6]中例2.7)。

【例 5.2】 二维 DFT 域的相乘式(5.17b)及其逆变换的 MATLAB 程序代码如下所示。输入阵列已在例 5.1 中给出。注意，矩阵表述是在二维笛卡儿坐标表述的基础上顺时针旋转 $90°$ 而成的。

```
x = [1 3;2 0];
y = [1 4;0 2];
X = fft2(x);Y = fft2(y);z = ifft2(X.*Y);
%z = [13   11;
%      8   10]
```

与使用 DFT/FFT 计算一维信号的非循环卷积一样（见图2.9），为了通过 DFT/FFT 获得两个序列的非循环（非周期）卷积，这两个序列需要进行补零扩展。详细说明如下：

由于 DFT 和 IDFT 都具有周期性，所以使用 DFT/FFT 法求解出的实际是循环卷积。然而，通过在原始序列末尾添加足够多的零，则可以通过 DFT/FFT 法得到非周期卷积（见图5.4）。

注意，$X_{\mathrm{e}}^{\mathrm{F}}(k_1,k_2)$ 和 $Y_{\mathrm{e}}^{\mathrm{F}}(k_1,k_2)$ 分别表示扩展后序列 $x_{\mathrm{ext}}(n_1,n_2)$ 和 $y_{\mathrm{ext}}(n_1,n_2)$ 的二维 DFT。

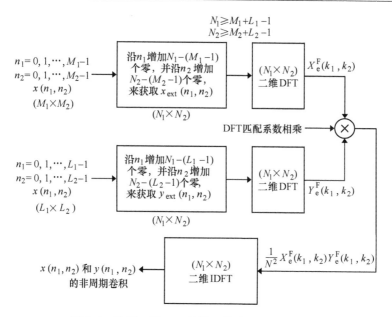

图 5.4   使用二维 DFT 计算二维非周期（非循环）
卷积 （DFT 和 IDFT 由快速算法实现）

5.2.9   相关定理

类似于卷积 – 相乘定理（时/空域的卷积相当于 DFT 域的相乘，反之亦然），对于相关有着相似的关系。类似式（5.17a），循环相关为

$$z_{\text{cor}}(m_1,m_2) = \frac{1}{N^2}\sum_{n_1=0}^{N-1}\sum_{n_2=0}^{N-1}x(n_1,n_2)y(m_1+n_1,m_2+n_2)$$

$$m_1,m_2=0,1,\cdots,N-1 \tag{5.18a}$$

在二维 DFT 域，这等同于

$$Z_{\text{cor}}^{\text{F}}(k_1,k_2)=\frac{1}{N^2}\big[X^{\text{F}}(k_1,k_2)\big]^*Y^{\text{F}}(k_1,k_2) \tag{5.18b}$$

其中

$$z_{\text{cor}}(m_1,m_2)\Leftrightarrow Z_{\text{cor}}^{\text{F}}(k_1,k_2)$$

为了通过 DFT/FFT 获得两个序列的非循环（非周期）相关，这两个序列需要在末尾补零（与卷积的情况类似）。通过先取 $X^{\text{F}}(k_1,k_2)$ 的复数共轭，再将其与 $Y^{\text{F}}(k_1,k_2)$ 相乘，使用图 5.4 所示的框架即可获得序列的非循环相关。

5.2.10   空域微分

$$\frac{\partial^m x(n_1,n_2)}{\partial n_1^m}\Leftrightarrow(\text{j}k_1)^m X^{\text{F}}(k_1,k_2) \tag{5.19a}$$

5.2.11　频域微分

$$(-\mathrm{j}n_1)^m x(n_1,n_2) \Leftrightarrow \frac{\partial^m X^{\mathrm{F}}(k_1,k_2)}{\partial k_1^m} \tag{5.19b}$$

5.2.12　拉普拉斯算子

$$\nabla^2 x(n_1,n_2) \Leftrightarrow -(k_1^2+k_2^2)X^{\mathrm{F}}(k_1,k_2) \tag{5.20}$$

5.2.13　矩形方程

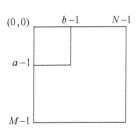

图 5.5　矩形方程

(rect (a,b))

这是图像系统运动模糊(见图 5.5 和图 5.6a、b)的单位脉冲响应模型。模糊图像 $y(n_1,n_2)$ 和单位脉冲响应矩阵 rect(a,b) 表述为

$$y(n_1,n_2) = \sum_{m_1=a-1}^{0} \sum_{m_2=b-1}^{0} x(n_1-m_1,n_2-m_2)$$

$$\mathrm{rect}(a,b) \Leftrightarrow ab\ \mathrm{sinc}\left(\frac{k_1 a}{M}\right)\mathrm{sinc}\left(\frac{k_2 b}{N}\right)\mathrm{e}^{-\mathrm{j}\pi(k_1 a/M + k_2 b/N)} \tag{5.21}$$

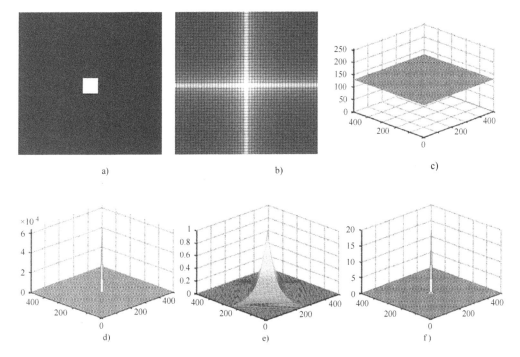

图 5.6　居中的二维酉 DFT 幅度

a) 方块图像　b) 图 a 的 DFT 幅度图　c) 二维直流信号　d) 图 c 的 DFT 幅度图(峰值,直流系数是 125×500)　e) 二维指数函数 $x(n_1,n_2) = \mathrm{e}^{-(n_1-250)(n_2-250)}$　f) 图 e 的 DFT 幅度图

5.3 二维滤波

通过将二维 DFT 系数适当进行加权，即可实现对于二维信号 $x(n_1, n_2)$ 的频域滤波(见图 5.7)。

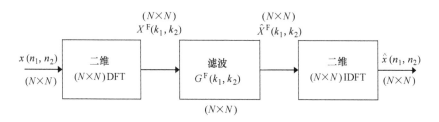

图 5.7 二维 DFT (频) 域的二维滤波

在图 5.7 中，$\hat{X}^F(k_1, k_2) = X^F(k_1, k_2) G^F(k_1, k_2)$。其中，$G^F(k_1, k_2)$ 是加权函数(二维滤波器)。图 5.8 和图 5.9 给出了相应的低通滤波器(Low Pass Filter, LPF)、带通滤波器(Band Pass Filter, BPF)和高通滤波器(High Pass Filter, HPF)。图像的二维 DFT，如图 5.10 和图 5.11 所示。

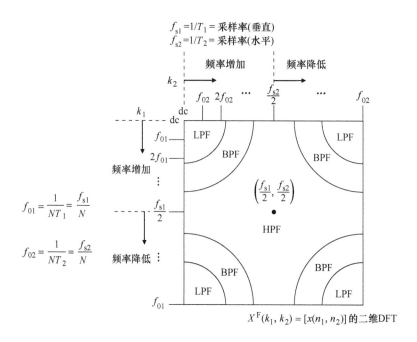

图 5.8 相应区域的二维 DFT(系数保持不变,其余部分设置为 0)

LPF—低通滤波器 BPF—带通滤波器 HPF—高通滤波器

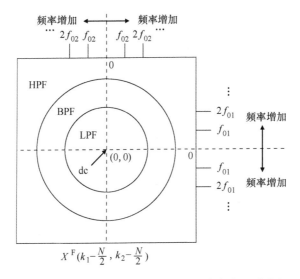

图 5.9　$[x(n_1,n_2)(-1)^{n_1+n_2}]$ 二维 DFT 的区域滤波(正如图 5.8 所示,
　　　二维 DFT 系数在相应区域内保持不变,其余部分设置为 0)

图 5.10　256×256 图像的二维酉 DFT,8 比特/像素 (0~255)

a) 原始图像 (Lena)　b) 相位谱　c) 二维 DFT$[x(n_1,n_2)]$ 的幅度谱

d) 二维 DFT$[x(n_1,n_2)(-1)^{n_1+n_2}]$ 的幅度谱 (直流系数在中心位置)

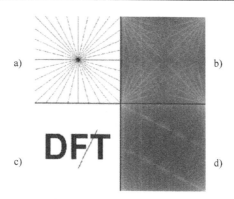

图 5.11　图像的二维酉 DFT

a）分辨率图　b）分辨率图的幅度谱　c）二值图像　d）二值图像的幅度谱

5.3.1　逆高斯滤波器（IGF）

逆高斯滤波器（Inverse Gaussian Filter, IGF）（见图 5.12）的定义如下：

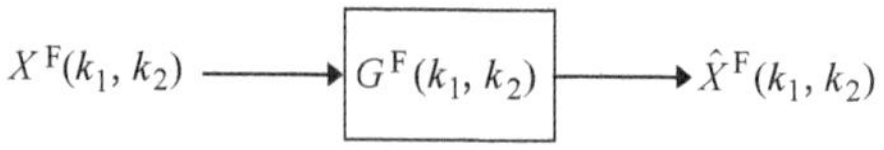

$$X^{\mathrm{F}}(k_1, k_2) \longrightarrow \boxed{G^{\mathrm{F}}(k_1, k_2)} \longrightarrow \hat{X}^{\mathrm{F}}(k_1, k_2)$$

图 5.12　逆高斯滤波器

$$G^{\mathrm{F}}(k_1, k_2) = \begin{cases} \mathrm{e}^{(k_1^2 + k_2^2)/2\sigma^2} & k_1, k_2 = 0, 1, \cdots, \dfrac{N}{2} \\ G^{\mathrm{F}}(N - k_1, N - k_2) & \text{其他} \end{cases} \tag{5.22}$$

逆高斯滤波器的径向截面如图 5.13c 所示。DFT 域的运算为点乘运算，即

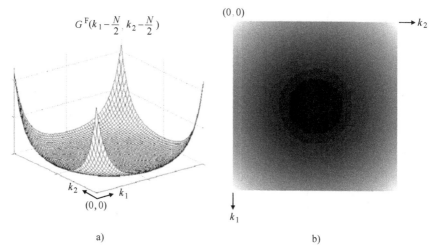

a）　　　　　　　　　　　　　　　　b）

图 5.13　逆高斯滤波器（IGF）（$N_1 = N_2 = N = 512$）

a）$\sigma^2 = 2 \times 83^2$ 时 IGF 的频域响应（直流系数位于中心位置）

b）$\sigma^2 = 2 \times 200^2$ 时 IGF 在二维 DFT 域的可视化表示（直流系数位于中心位置）

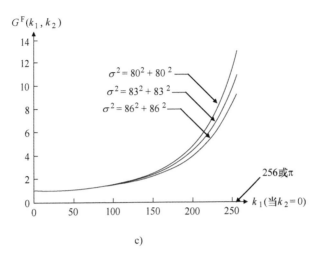

c)

图 5.13 逆高斯滤波器(IGF)($N_1 = N_2 = N = 512$)(续)

c) 不同 σ^2 情形下 IGF 的径向截面

$$\hat{X}^{\mathrm{F}}(k_1, k_2) = G^{\mathrm{F}}(k_1, k_2) X^{\mathrm{F}}(k_1, k_2) \qquad k_1, k_2 = 0, 1, \cdots, N-1 \qquad (5.23)$$

此滤波器使得高频分量加权很重,用于恢复被大气干扰或者其他可用高斯分布建模的现象引起的图像的模糊(见图 5.14)。

a)　　　　　　　　　　b)

图 5.14 "Lena"图像(512×512)的逆高斯滤波

a) 原始图像　b) 滤波增强图像($\sigma^2 = k_1^2 + k_2^2, k_1 = k_2 = 83$)

5.3.2　根滤波器

二维 DFT 系数 $X^{\mathrm{F}}(k_1, k_2)$ 可用式(5.24)表述,包括幅度和相位。根滤波器的描述如图 5.15 所示。

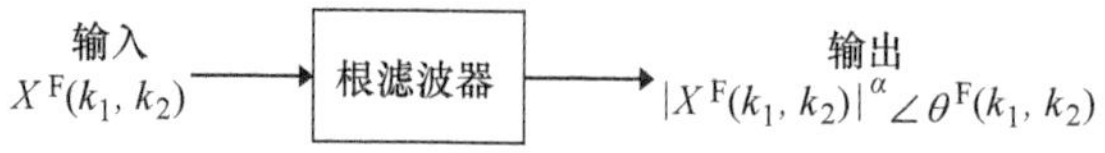

输入　　　　　　　　　　　　　　　　　　输出
$X^F(k_1,k_2)$ →　根滤波器　→ $|X^F(k_1,k_2)|^{\alpha} \angle \theta^F(k_1,k_2)$

图 5.15　根滤波器$(0 \leqslant \alpha \leqslant 1)$

$$X^F(k_1,k_2) = |X^F(k_1,k_2)| \angle \theta^F(k_1,k_2) \tag{5.24}$$

式中，$\angle \theta^F(k_1,k_2) = e^{j\theta^F(k_1,k_2)}$。

通常情况下，与低频系数相比，高频系数的幅度较小。根滤波增强（增加权重）了高频系数（低幅度）相对于低频系数的幅度（见图 5.16 和表 5.1）。

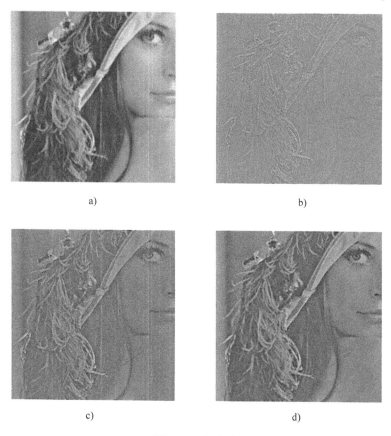

a)　　　　　　　　　　　　　　　　　b)

c)　　　　　　　　　　　　　　　　　d)

图 5.16　根滤波

a）原始图像　b）$\alpha = 0$（只有相位）　c）$\alpha = 0.5$　d）$\alpha = 0.7$

表 5.1　根滤波器增强了高频系数

	$\alpha = 1/2$	
	滤波前	滤波后
|低频系数|	100	10
|高频系数|	10	3.162

5.3.3　同态滤波

若将对数函数应用于 DFT 的幅度谱，公式如下：

$$S^{\mathrm{F}}(k_1,k_2)=(\ln|X^{\mathrm{F}}(k_1,k_2)|)\mathrm{e}^{\mathrm{j}\theta(k_1,k_2)} \qquad |X^{\mathrm{F}}(k_1,k_2)|\geqslant0 \qquad (5.25\mathrm{a})$$

则 $S^{\mathrm{F}}(k_1,k_2)$ 的逆变换（用 $s(n_1,n_2)$ 表示）叫作图像的倒谱（cepstrum）（见图 5.17a）。倒谱的例子如图 5.18 所示。同态变换降低了图像在变换域的动态范围。

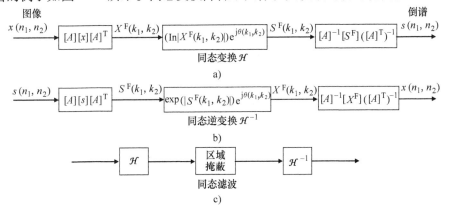

图 5.17　倒谱和同态滤波（注意同态滤波可应用于任何变换域，
如 DCT 和哈达玛（Hadamard）变换（见图 5.18））
a）同态变换　b）同态逆变换　c）同态滤波

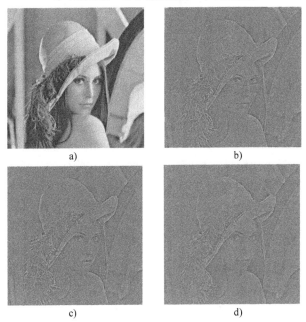

图 5.18　倒谱
a）原始图像　b）DFT　c）DCT　d）哈达玛变换

    同态滤波可有效地用于存在乘性噪声的情况下图像的恢复。图 5.19 描述了这一过程。输入图像可看做是无噪图像 $r(n_1, n_2)$ 与照明干扰阵列 $l(n_1, n_2)$ 的乘积，即

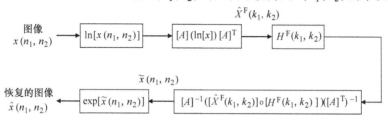

图 5.19   实现图像增强功能的同态滤波 （"○" 表示两个矩阵的点乘）

$$x(n_1, n_2) = r(n_1, n_2) l(n_1, n_2) \qquad (5.25b)$$

将对数函数应用于式（5.25b）可得加性噪声观察模型：

$$\ln\{x(n_1, n_2)\} = \ln\{r(n_1, n_2)\} + \ln\{l(n_1, n_2)\} \qquad (5.25c)$$

进而应用二维 DFT 域的区域掩蔽（zonal mask）以降低干扰分量的对数。接下来是求幂运算的区域掩蔽。增强过程的例子如图 5.20 所示。例中，照明场 $l(n_1, n_2)$ 从左到右自 0.05 增加至 2。使用一个巴特沃斯高通滤波器（见本书课程实践 P8.16）代替区域高通滤波器来作为平滑截止滤波器。另外，参考文献 [IP19] 中图 4.61 所示的方案设计用于通过而不是阻止低频。因此，此滤波器近似于高频增强滤波器。

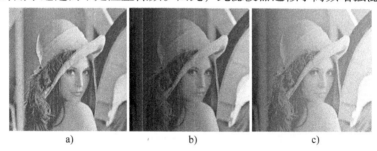

图 5.20   受照明干扰图像的同态滤波
a) 原始图像   b) 受到照明干扰的图像   c) 同态滤波后的恢复图像

    图像的光照分量变化缓慢，然而反射系数分量在物体的连接处变化剧烈。因此对数图像二维 DFT 的低频分量对应于光照，而高频分量则对应于反射系数（类似例子见参考文献 [IP18, B42]）。

5.3.4   范围压缩

    图像二维 DFT 的动态范围非常大，使得仅一小部分系数是可见的。动态范围可以通过对数变换进行压缩，即

$$V^F(k_1, k_2) = c\log_{10}(1 + |X^F(k_1, k_2)|) \qquad (5.26)$$

式中，c 为一个缩放比例常数（见图 5.21）。在实际应用中，幅度谱将加上一个正的常数，以防止对数函数趋于负无穷大。

5.3.5 高斯低通滤波器

$N \times N$ 图像的高斯低通滤波器具有下列频率响应:

$$H^{F}(k_1,k_2) = \begin{cases} e^{-(k_1^2+k_2^2)/2\sigma^2} & k_1,k_2 = 0,1,\cdots,\dfrac{N}{2} \\ H^{F}(N-k_1,N-k_2) & \text{其他} \end{cases}$$

(5.27)

式中, $\sqrt{k_1^2+k_2^2}$ 为点 (k_1,k_2) 到滤波器中心的距离 (见图 5.8); σ 为截断系数。当 $\sqrt{k_1^2+k_2^2} = \sigma$ 时, 滤波器落在其最大值 1 的 0.667 处(见图 5.22c)。注意, 图 5.22a、b 所示对应于图 5.9 所示情况。

图 5.21 Lena 图像 DFT 的范围压缩(见图 5.10)
(本书所有的幅度谱图像都经过了范围压缩)
a) $\left|X^{F}\left(k_1-\dfrac{N}{2},k_2-\dfrac{N}{2}\right)\right|$ b) $\left|V^{F}\left(k_1-\dfrac{N}{2},k_2-\dfrac{N}{2}\right)\right|$

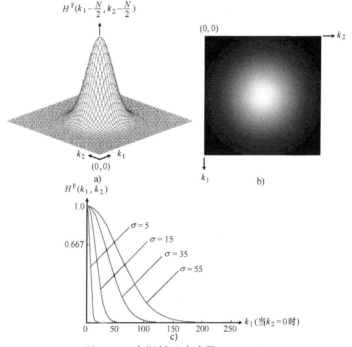

图 5.22 高斯低通滤波器($N=500$)
a) 高斯低通滤波器(LPF)的频率响应 b) 二维 DFT 域高斯低通滤波器(LPF)的图像化显示
c) 不同 σ 值对应的高斯低通滤波器(LPF)的径向截面

5.4 逆滤波和维纳滤波

逆滤波器能够完美地恢复一幅无噪声线性系统输出的模糊图像。然而, 当存在加性白噪声时性能不佳。频谱比 N^{F}/H^{F} 影响着图像恢复[B43]。假设在频域, 有图

5.23 所示的下列系统：

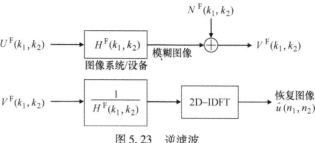

图 5.23　逆滤波

$$V^{\mathrm{F}}(k_1, k_2) = U^{\mathrm{F}}(k_1, k_2)H^{\mathrm{F}}(k_1, k_2) + N^{\mathrm{F}}(k_1, k_2) \tag{5.28}$$

式中，$U^{\mathrm{F}}(k_1, k_2)$ 为输入图像 $u(n_1, n_2)$ 的二维 DFT；$N^{\mathrm{F}}(k_1, k_2)$ 为加性噪声；$H^{\mathrm{F}}(k_1, k_2)$ 为退化函数。$V^{\mathrm{F}}(k_1, k_2)$ 的二维 IDFT 是模糊的图像，同时也是逆滤波器 $\dfrac{1}{H^{\mathrm{F}}(k_1, k_2)}$ 的输入。当 $|H^{\mathrm{F}}(k_1, k_2)| < \varepsilon$ 时，$\dfrac{N^{\mathrm{F}}(k_1, k_2)}{H^{\mathrm{F}}(k_1, k_2)}$ 变得非常大（见图 5.24c）。因此伪逆滤波器定义为

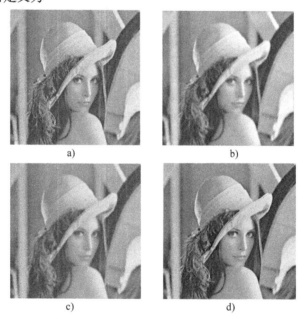

图 5.24　逆滤波及伪逆滤波后的图像
a）原始图像　b）模糊图像　c）逆滤波后的图像　d）伪逆滤波后的图像

$$H^{-}(k_1, k_2) = \begin{cases} \dfrac{1}{H^{\mathrm{F}}(k_1, k_2)} & |H^{\mathrm{F}}| \neq 0 \\ 0 & |H^{\mathrm{F}}| = 0 \end{cases} \tag{5.29}$$

当 $|H^{\mathrm{F}}|$ 小于一个特定的量 ε 时，$H^{-}(k_1, k_2)$ 设置为 0。

逆滤波是从一个系统的输出恢复其输入的过程。逆滤波器通过在二维 DFT 域将

退化图像除以原始图像得到。如果下降为 0 或者为非常小的值，则 $N^\mathrm{F}/H^\mathrm{F}$ 非常显著。

5.4.1 维纳滤波器

　　逆滤波器和伪逆滤波器仍然对噪声很敏感，因此噪声可能被放大。而维纳（Wiener）滤波器就可以克服这个缺点。维纳滤波是在图像同时存在模糊和噪声的情况下的一种有效的恢复图像的手段。这种恢复滤波器是线性空间不变滤波器，它使用了图像及噪声的功率谱来防止噪声的过分放大，见式（5.32b）。

　　已知 $E[u(n_1,n_2)] = 0$ 和 $E[\nu(n_1,n_2)] = 0$，从观察/退化图像 $\nu(n_1,n_2)$ 获得原始图像 $u(n_1,n_2)$ 的一个预测 $\hat{u}(n_1,n_2)$，使得如下的均方误差（Mean Square Error, MSE）最小（见图 5.25a）：

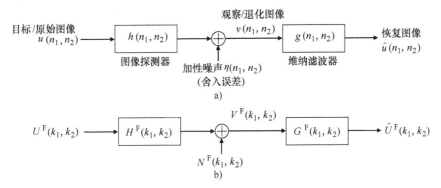

图 5.25　维纳滤波（其具体实现见参考文献[B6]中的图 8.13）
a) 空域中维纳滤波器　b) 二维 DFT 域中的维纳滤波器

$$\sigma_\mathrm{e}^2 = E([u(n_1,n_2) - \hat{u}(n_1,n_2)]^2) \tag{5.30}$$

式中，$E(\cdot)$ 表示整体图像的期望。即，通过下式，我们可获得原始图像 $u(n_1, n_2)$ 的最佳线性预测：

$$\hat{u}(n_1,n_2) = \sum_{m_1,m_2 = -\infty}^{\infty} g(n_1 - m_1, n_2 - m_2)\nu(m_1,m_2) \tag{5.31}$$

式中，维纳滤波器 $g(n_1,n_2;m_1,m_2)$ 由最小化式（5.30）的 MSE 得到。

　　令 U^F、V^F、$\hat{U}^\mathrm{F}$ 和 N^F 分别为 u、ν、$\hat{u}$ 和加性噪声 η 的二维 DFT。令 S_{uu} 和 $S_{\eta\eta}$ 分别为 u 和 η 的功率谱密度（Power Spectral Density, PSD）。输入图像 $u(n_1,n_2)$ 的功率谱密度 S_{uu} 定义为

$$S_{uu}(k_1,k_2) = \frac{1}{N^2}|U^\mathrm{F}(k_1,k_2)|^2$$

且 S_{uu} 为 $u(n_1,n_2)$ 的自相关函数的二维 DFT。

　　对于一个频率响应为 $H^\mathrm{F}(k_1,k_2)$ 的线性移不变（Linear Shift Invariant, LSI）系统来说，其傅里叶维纳滤波器定义为

$$G^\mathrm{F}(k_1,k_2) = \frac{[H^\mathrm{F}(k_1,k_2)]^* S_{uu}(k_1,k_2)}{|H^\mathrm{F}(k_1,k_2)|^2 S_{uu}(k_1,k_2) + S_{\eta\eta}(k_1,k_2)} \tag{5.32a}$$

$$= \frac{[H^F(k_1,k_2)]^*}{|H^F(k_1,k_2)| + \dfrac{S_{\eta\eta}(k_1,k_2)}{S_{uu}(k_1,k_2)}} \tag{5.32b}$$

此滤波器需要知道目标/原始图像和噪声的功率谱，以及成像系统的频率响应（或点扩散函数（Point Spread Function，PSF）的二维 DFT）。对于一个典型的图像恢复问题，这些都是已知的。如果噪声方差未知，可以从观察图像中的平坦区域预测。此外，还可通过其他多种方法预测 S_{uu}。其中最常用的方法是使用观察图像 $v(n_1,n_2)$ 的功率谱 S_{vv} 作为 S_{uu} 的预测[LA16]。去模糊的图像通过下式计算得到：

$$\hat{u}(n_1,n_2) = 二维\ IDFT[G^F(k_1,k_2)V^F(k_1,k_2)]$$

均方误差可以写为（酉变换前后总能量保持不变）

$$\sigma_e^2 = z_{cor}(0,0) = ((n_1,n_2) = (0,0))\ 时误差的\ PSD\ 的二维\ IDFT$$

$$= \frac{1}{N^2}\sum_{k_1,k_2=0}^{N-1} S_e(k_1,k_2) \tag{5.33a}$$

式中，S_e 为误差的功率谱密度（PSD），即

$$S_e(k_1,k_2) = |1 - G^F H^F|^2 S_{uu} + |G^F|^2 S_{\eta\eta} \tag{5.33b}$$

通过使用式（5.32），这可以简化为

$$S_e = \frac{S_{uu}S_{\eta\eta}}{|H^F|^2 S_{uu} + S_{\eta\eta}} \tag{5.33c}$$

噪声模糊图像的维纳滤波如图 5.26 所示。

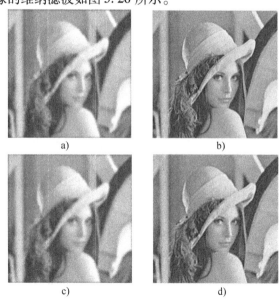

图 5.26　噪声模糊图像的维纳滤波

a）弱噪声模糊图像　b）图 a 经维纳滤波后恢复的图像

c）强噪声模糊图像　d）图 c 经维纳滤波后恢复的图像

5.4.2　几何平均滤波器（GMF）

此滤波器为伪逆滤波器和维纳滤波器的几何平均，即

$$G_s(k_1,k_2) = (H^-(k_1,k_2))^s \left(\frac{[H^F(k_1,k_2)]^* S_{uu}(k_1,k_2)}{|H^F(k_1,k_2)|^2 S_{uu}(k_1,k_2) + S_{\eta\eta}(k_1,k_2)} \right)^{1-s}$$
$$0 \leqslant s \leqslant 1 \tag{5.34}$$

对于 $s = \dfrac{1}{2}$，几何平均滤波器（Geometric Mean Filter,GMF）描述为

$$G_{1/2}(k_1,k_2) = |H^F(k_1,k_2)H^-(k_1,k_2)|^{1/2} \exp(-\mathrm{j}\theta_H)$$
$$\left(\frac{S_{uu}(k_1,k_2)}{|H^F(k_1,k_2)|^2 S_{uu}(k_1,k_2) + S_{\eta\eta}(k_1,k_2)} \right)^{1/2} \tag{5.35}$$

式中，$\theta_H(k_1,k_2)$ 为 $H^F(k_1,k_2)$ 的相位谱。式（5.35）是几何平均的真实含义（见本书附录 A.1）（见图 5.27）。对于 $s=0$，GMF 变为维纳滤波器；而对于 $s=1$，GMF 则变为逆滤波器。

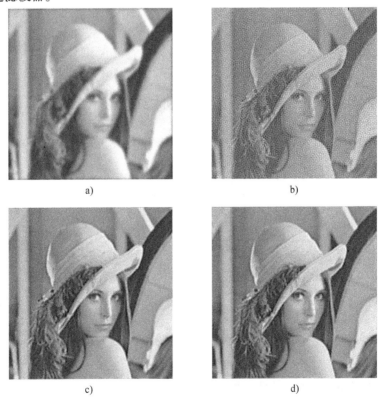

图 5.27　几何平均滤波

a）噪声模糊图像　　b）伪逆滤波后的图像

c）维纳滤波后的图像　　d）$s=1/2$ 时几何平均滤波后的图像

5.5　三维 DFT

类似于二维 DFT（见式（5.1）），三维 DFT 的变换对可定义如下[DS10]。

5.5.1　三维 DFT

$$X^{\mathrm{F}}(k_1,k_2,k_3) = \sum_{n_1=0}^{N_1-1}\sum_{n_2=0}^{N_2-1}\sum_{n_3=0}^{N_3-1} x(n_1,n_2,n_3) W_{N_1}^{n_1k_1} W_{N_2}^{n_2k_2} W_{N_3}^{n_3k_3}$$

$$k_i = 0,1,\cdots,N_i-1; i=1,2,3 \tag{5.36a}$$

式中，$W_{N_i} = \exp(-\mathrm{j}2\pi/N_i), i=1,2,3$。

5.5.2　三维 IDFT

$$x(n_1,n_2,n_3) = \frac{1}{N_1N_2N_3}\sum_{k_1=0}^{N_1-1}\sum_{k_2=0}^{N_2-1}\sum_{k_3=0}^{N_3-1} X^{\mathrm{F}}(k_1,k_2,k_3) W_{N_1}^{-n_1k_1} W_{N_2}^{-n_2k_2} W_{N_3}^{-n_3k_3}$$

$$n_i = 0,1,\cdots,N_i-1; i=1,2,3 \tag{5.36b}$$

5.5.3　三维坐标

水平，垂直和时域。

为简单起见，假设 $N_1=N_2=N_3=N$，则对三维 DFT 的变换对可以做如下简化。

5.5.4　三维 DFT

$$X^{\mathrm{F}}(k_1,k_2,k_3) = \sum_{n_1,n_2,n_3=0}^{N-1} x(n_1,n_2,n_3) W_N^{\sum_{i=1}^{3} n_i k_i}$$

$$k_i = 0,1,\cdots,N-1; i=1,2,3 \tag{5.37a}$$

式中，$\displaystyle\sum_{n_1,n_2,n_3=0}^{N-1}$ 意味着 $\displaystyle\sum_{n_1=0}^{N-1}\sum_{n_2=0}^{N-1}\sum_{n_3=0}^{N-1}$。

5.5.5　三维 IDFT

$$x(n_1,n_2,n_3) = \frac{1}{N^3}\sum_{k_1,k_2,k_3=0}^{N-1} X^{\mathrm{F}}(k_1,k_2,k_3) W_N^{-\sum_{i=1}^{3} n_i k_i} \tag{5.37b}$$

$$n_i = 0,1,\cdots,N-1; i=1,2,3$$

三维 DFT 的变换对可象征性地表示为

$$x(n_1,n_2,n_3) \Leftrightarrow X^{\mathrm{F}}(k_1,k_2,k_3) \tag{5.38}$$

所有一维和二维 DFT 的性质、概念、定理等都可以很容易扩展到三维 DFT。三维 DFT 已被应用于水印中[E4,E8]。

二维和三维 DFT 可以扩展到更为普遍的意义上。例如，L 维 DFT 和 IDFT 可以表示为

$$X^{\mathrm{F}}(k_1,k_2,\cdots,k_L) = \sum_{n_1=0}^{N_1-1}\sum_{n_2=0}^{N_2-1}\cdots\sum_{n_L=0}^{N_L-1}x(n_1,n_2,\cdots,n_L)W_{N_1}^{n_1k_1}W_{N_2}^{n_2k_2}\cdots W_{N_L}^{n_Lk_L}$$

$$k_i = 0,1,\cdots,N_i-1;i=1,2,\cdots,L \tag{5.39a}$$

$$x(n_1,n_2,\cdots,n_L) = \frac{1}{N_1N_2\cdots N_L}\sum_{k_1=0}^{N_1-1}\sum_{k_2=0}^{N_2-1}\cdots\sum_{k_L=0}^{N_L-1}X^{\mathrm{F}}(k_1,k_2,\cdots,k_L)W_{N_1}^{-n_1k_1}W_{N_2}^{-n_2k_2}\cdots W_{N_L}^{-n_Lk_L}$$

$$n_i = 0,1,\cdots,N_i-1;i=1,2,\cdots,L \tag{5.39b}$$

与上述同样的情况，当 $N_1=N_2=\cdots N_L=N$，对 L 维 DFT 的变换对可以简化为

$$X^{\mathrm{F}}(k_1,k_2,\cdots,k_L) = \sum_{n_1,n_2,\cdots,n_L=0}^{N-1}x(n_1,n_2,\cdots,n_L)W_N^{\sum_{i=1}^{L}n_ik_i}$$

$$k_i = 0,1,\cdots,N-1;i=1,2,\cdots,L \tag{5.40a}$$

$$x(n_1,n_2,\cdots,n_L) = \frac{1}{N^L}\sum_{k_1,k_2,\cdots,k_L=0}^{N-1}X^{\mathrm{F}}(k_1,k_2,\cdots,k_L)W_N^{-\sum_{i=1}^{L}n_ik_i}$$

$$n_i = 0,1,\cdots,N-1;i=1,2,\cdots,L \tag{5.40b}$$

毫无疑问，所有一维、二维和三维 DFT 的性质、概念、定理等都适用于 L 维 DFT。

5.6　一维 DFT 域的方差分布

$\underline{x}=[x(0),x(1),\cdots,x(N-1)]^{\mathrm{T}}$ 是一个实随机向量。其中，$x(0),x(1),\cdots,x(N-1)$ 是 N 个随机变量。假设 $\underline{x}$ 为实矩阵，$\underline{x}$ 的协方差矩阵为 $[\Sigma]$，有：

$$[\Sigma] = E\big[(\underline{x}-\bar{\underline{x}})(\underline{x}-\bar{\underline{x}})^{\mathrm{T}}\big] \tag{5.41a}$$

式中，$\bar{\underline{x}}=E(\underline{x})$，为 $\underline{x}$ 的中值。

$$\underset{(N\times N)}{[\Sigma]} = E\left[\begin{pmatrix} x_0-\bar{x}_0 \\ x_1-\bar{x}_1 \\ \vdots \\ x_{N-1}-\bar{x}_{N-1} \end{pmatrix}(x_0-\bar{x}_0,x_1-\bar{x}_1,\cdots,x_{N-1}-\bar{x}_{N-1})\right] \tag{5.41b}$$

数据域的协方差矩阵为

$$[\Sigma] = \begin{bmatrix} \sigma_{00}^2 & \sigma_{01}^2 & \sigma_{02}^2 & \cdots & \sigma_{0,N-1}^2 \\ \sigma_{10}^2 & \sigma_{11}^2 & \sigma_{12}^2 & \cdots & \sigma_{1,N-1}^2 \\ \sigma_{20}^2 & \sigma_{21}^2 & \sigma_{22}^2 & \cdots & \sigma_{2,N-1}^2 \\ \cdots & \cdots & \cdots & \ddots & \cdots \\ \sigma_{N-1,0}^2 & \sigma_{N-1,1}^2 & \sigma_{N-1,2}^2 & \cdots & \sigma_{N-1,N-1}^2 \end{bmatrix} \tag{5.41c}$$

在 $[\boldsymbol{\Sigma}]$ 中，对角元素为方差，反对角元素为协方差。

$$E[(x_j - \bar{x}_j)(x_k - \bar{x}_k)] = \sigma_{jk}^2 \qquad (j \neq k)$$
$$= x_j \text{ 和 } x_k \text{ 之间的协方差}$$
$$E[(x_j - \bar{x}_j)(x_j - \bar{x}_j)] = \sigma_{jj}^2 = x_j \text{ 的方差}$$

DFT 域的协方差矩阵为

$$\underset{(N \times N)}{[\boldsymbol{\Sigma}]}^{\mathrm{F}} = E[(\underline{X}^{\mathrm{F}} - \overline{\underline{X}}^{\mathrm{F}})(\underline{X}^{\mathrm{F}} - \overline{\underline{X}}^{\mathrm{F}})^{*\mathrm{T}}]$$
$$= E\{[F](\underline{x} - \overline{\underline{x}})([F](\underline{x} - \overline{\underline{x}}))^{*\mathrm{T}}\}$$
$$= [F]E[(\underline{x} - \overline{\underline{x}})(\underline{x} - \overline{\underline{x}})^{\mathrm{T}}][F]^*$$
$$= \underset{(N \times N)}{[F]} \underset{(N \times N)}{[\boldsymbol{\Sigma}]} \underset{(N \times N)}{[F]}^* \tag{5.42a}$$

$$\underset{(N \times N)}{[\boldsymbol{\Sigma}]}^{\mathrm{F}} = \begin{bmatrix} \tilde{\sigma}_{00}^2 & \tilde{\sigma}_{01}^2 & \tilde{\sigma}_{02}^2 & \cdots & \tilde{\sigma}_{0,N-1}^2 \\ \tilde{\sigma}_{10}^2 & \tilde{\sigma}_{11}^2 & \tilde{\sigma}_{12}^2 & \cdots & \tilde{\sigma}_{1,N-1}^2 \\ \tilde{\sigma}_{20}^2 & \tilde{\sigma}_{21}^2 & \tilde{\sigma}_{22}^2 & \cdots & \tilde{\sigma}_{2,N-1}^2 \\ \vdots & \vdots & \vdots & \ddots & \vdots \\ \tilde{\sigma}_{N-1,0}^2 & \tilde{\sigma}_{N-1,1}^2 & \tilde{\sigma}_{N-1,2}^2 & \cdots & \tilde{\sigma}_{N-1,N-1}^2 \end{bmatrix} \tag{5.42b}$$

在 $[\boldsymbol{\Sigma}]^{\mathrm{F}}$ 中，对角元素为方差，反对角元素为 DFT 域的协方差。

5.7　酉变换下的方差和不变

$$\underset{(N \times 1)}{\underline{X}} = \underset{(N \times N)}{[A]} \underset{(N \times 1)}{\underline{x}}, \qquad [A]^{-1} = ([A]^*)^{\mathrm{T}} \text{ 和 } \underline{x} = ([A]^*)^{\mathrm{T}} \underline{X}$$

式中，$\underline{x} = (x_0, x_1, x_2, \cdots, x_{N-1})^{\mathrm{T}}$ 为随机向量；$[A]$ 为酉变换。

$$E[(\underline{x}^*)^{\mathrm{T}}\underline{x}] = E[\underline{x}^{\mathrm{T}}\underline{x}] = E[\sum_{i=0}^{N-1} x_i^2] = \sum_{i=0}^{N-1} E[x_i^2] = \sum_{i=0}^{N-1} \sigma_{ii}^2$$
$$= \text{数据域的方差和}$$
$$E[(\underline{x}^*)^{\mathrm{T}}\underline{x}] = E[(\underline{X}^*)^{\mathrm{T}}([A]^*)^{\mathrm{T}}[A]\underline{X}] = E[(\underline{X}^*)^{\mathrm{T}}\underline{X}]$$
$$= E[\sum_{i=0}^{N-1} |X_i|^2] = \sum_{i=0}^{N-1} E[|X_i|^2] = \sum_{i=0}^{N-1} \tilde{\sigma}_{ii}^2$$
$$= \text{酉变换域的方差和}$$

式中，$\underline{X} = (X_0, X_1, X_2, \cdots, X_{N-1})^{\mathrm{T}}$ 为变换系数向量。

5.8　二维 DFT 域的方差分布

对于二维$(N \times N)$数据阵列，$[\boldsymbol{x}]$可以描述为

$$[\boldsymbol{x}] = \begin{bmatrix} x_{00} & x_{01} & x_{02} & \cdots & x_{0,N-1} \\ x_{10} & x_{11} & x_{12} & \cdots & x_{1,N-1} \\ x_{20} & x_{21} & x_{22} & \cdots & x_{2,N-1} \\ \vdots & \vdots & \vdots & \ddots & \vdots \\ x_{N-1,0} & x_{N-1,1} & x_{N-1,2} & \cdots & x_{N-1,N-1} \end{bmatrix} \tag{5.43}$$

它具有 N^4 个协方差和 N^2 个方差。其中，N^2 个方差的估计可以通过假设行列统计特性独立而简化。

假设二维数据行列统计特性相互独立。这一假设简化了数据域和变换域 N^2 方差的计算。令数据域任意行元素（每一行具有相同的统计特性）的方差为（σ_{00R}^2，σ_{11R}^2，σ_{22R}^2，$\cdots$，$\sigma_{N-1,N-1,R}^2$）。类似地，每一列也具有相同的统计特性（不一定与任意行的统计特性相同）。令数据域任意列元素的方差为（σ_{00C}^2，σ_{11C}^2，σ_{22C}^2，$\cdots$，$\sigma_{N-1,N-1,C}^2$），则 $[x]$ 的方差为

$$\begin{bmatrix} \begin{pmatrix} \sigma_{00R}^2 \\ \sigma_{11R}^2 \\ \sigma_{22R}^2 \\ \vdots \\ \sigma_{N-1,N-1,R}^2 \end{pmatrix} (\sigma_{00C}^2, \sigma_{11C}^2, \sigma_{22C}^2, \cdots, \sigma_{N-1,N-1,C}^2) \end{bmatrix}$$
$$\qquad (N \times 1) \qquad\qquad\qquad (1 \times N)$$

$$= \begin{bmatrix} (\sigma_{00R}^2 \sigma_{00C}^2) & (\sigma_{00R}^2 \sigma_{11C}^2) & \cdots & (\sigma_{00R}^2 \sigma_{N-1,N-1,C}^2) \\ (\sigma_{11R}^2 \sigma_{00C}^2) & (\sigma_{11R}^2 \sigma_{11C}^2) & \cdots & (\sigma_{11R}^2 \sigma_{N-1,N-1,C}^2) \\ \vdots & \vdots & \ddots & \vdots \\ (\sigma_{N-1,N-1,R}^2 \sigma_{00C}^2) & (\sigma_{N-1,N-1,R}^2 \sigma_{11C}^2) & \cdots & (\sigma_{N-1,N-1,R}^2 \sigma_{N-1,N-1,C}^2) \end{bmatrix}$$
$$(N \times N) \tag{5.44}$$

令 $[x]$ 的二维 DFT 为 $[X^F]$（假设同上，$[x]$ 具有独立的行列统计特性）

$$[X^F(k_1,k_2)] = [F][x(n_1,n_2)][F]$$

$$\underset{(N \times N)}{[X^F(k_1,k_2)]} = \begin{bmatrix} X_{00}^F & X_{01}^F & X_{02}^F & \cdots & X_{0,N-1}^F \\ X_{10}^F & X_{11}^F & X_{12}^F & \cdots & X_{1,N-1}^F \\ X_{20}^F & X_{21}^F & X_{22}^F & \cdots & X_{2,N-1}^F \\ \vdots & \vdots & \vdots & \ddots & \vdots \\ X_{N-1,0}^F & X_{N-1,1}^F & X_{N-1,2}^F & \cdots & X_{N-1,N-1}^F \end{bmatrix} \tag{5.45}$$

令 $[X^F]$ 任意行的方差为（$\tilde{\sigma}_{00R}^2$，$\tilde{\sigma}_{11R}^2$，$\tilde{\sigma}_{22R}^2$，$\cdots$，$\tilde{\sigma}_{N-1,N-1,R}^2$）。类似地，令 $[X^F]$

任意列的方差为 $(\widetilde\sigma_{00\mathrm{C}}^2,\widetilde\sigma_{11\mathrm{C}}^2,\widetilde\sigma_{22\mathrm{C}}^2,\cdots,\widetilde\sigma_{N-1,N-1,\mathrm{C}}^2)$，则 $[X^{\mathrm{F}}]$ 的方差为

$$
\left[\begin{pmatrix} \widetilde\sigma_{00\mathrm{R}}^2 \\ \widetilde\sigma_{11\mathrm{R}}^2 \\ \widetilde\sigma_{22\mathrm{R}}^2 \\ \vdots \\ \widetilde\sigma_{N-1,N-1,\mathrm{R}}^2 \end{pmatrix}(\widetilde\sigma_{00\mathrm{C}}^2,\widetilde\sigma_{11\mathrm{C}}^2,\widetilde\sigma_{22\mathrm{C}}^2,\cdots,\widetilde\sigma_{N-1,N-1,\mathrm{C}}^2)\right]
$$

$$
\qquad (N\times1) \qquad\qquad\qquad (1\times N)
$$

$$
= \begin{bmatrix}
(\widetilde\sigma_{00\mathrm{R}}^2\widetilde\sigma_{00\mathrm{C}}^2) & (\widetilde\sigma_{00\mathrm{R}}^2\widetilde\sigma_{11\mathrm{C}}^2) & \cdots & (\widetilde\sigma_{00\mathrm{R}}^2\widetilde\sigma_{N-1,N-1,\mathrm{C}}^2) \\
(\widetilde\sigma_{11\mathrm{R}}^2\widetilde\sigma_{00\mathrm{C}}^2) & (\widetilde\sigma_{11\mathrm{R}}^2\widetilde\sigma_{11\mathrm{C}}^2) & \cdots & (\widetilde\sigma_{11\mathrm{R}}^2\widetilde\sigma_{N-1,N-1,\mathrm{C}}^2) \\
\vdots & \vdots & \ddots & \vdots \\
(\widetilde\sigma_{N-1,N-1,\mathrm{R}}^2\widetilde\sigma_{00\mathrm{C}}^2) & (\widetilde\sigma_{N-1,N-1,\mathrm{R}}^2\widetilde\sigma_{11\mathrm{C}}^2) & \cdots & (\widetilde\sigma_{N-1,N-1,\mathrm{R}}^2\widetilde\sigma_{N-1,N-1,\mathrm{C}}^2)
\end{bmatrix}
$$

$$
(N\times N) \tag{5.46}
$$

通过采用基于变换系数方差的比特分配，可以实现有效的数据压缩。这一概念在此以 DFT 为例而描述，但它同样适用于任何正交变换。

5.9　基于变换系数方差的量化

如果一个一维变换编码系统中，每个变换系数用的平均比特数为 B，第 k 个系数用的比特数为 B_k，则

$$
B = \frac{1}{N}\sum_{k=0}^{N-1}B_k = \text{已给定的平均比特率} \Leftarrow \text{限制} \tag{5.47}
$$

式中，N 为变换系数的个数。第 k 个系数重建误差的方差 $\widetilde\sigma_{B_k}^2$ 与第 k 个量化器的输入方差 $\widetilde\sigma_k^2$ 之间的关系为[D37(第28页),B6(第103页)]

$$
\widetilde\sigma_{B_k}^2 = \alpha_k 2^{-2B_k}\widetilde\sigma_k^2 \tag{5.48}
$$

式中，α_k 为取决于输入分布和量化器的因子。总的重建误差方差 $\widetilde\sigma_B^2 = \sum_{k=0}^{N-1}\widetilde\sigma_{B_k}^2$ 由下式得到

$$
\widetilde\sigma_B^2 = \sum_{k=0}^{N-1}\alpha_k 2^{-2B_k}\widetilde\sigma_k^2 \Leftarrow \text{最小化} \tag{5.49}
$$

比特分配问题即为得到在给定限制式(5.47)下，找到最小化失真式(5.49)的 B_k。假设式(5.49)中的 α_k 对于所有 k 均为常数，则有

$$
\widetilde\sigma_B^2 = \alpha\sum_{k=0}^{N-1}2^{-2B_k}\widetilde\sigma_k^2 \tag{5.50}
$$

限制式(5.47)的可以重写为

$$\left[B - \frac{1}{N} \sum_{k=0}^{N-1} B_k \right] = 0 \tag{5.51}$$

则可以使用拉格朗日因子 λ 建立这个优化问题[IP32, IP33, IP34]。因此，上述优化问题转化为对包含了限制的函数 J 求最小值：

$$J = \alpha \sum_{k=0}^{N-1} 2^{-2B_k} \widetilde{\sigma}_k^2 - \lambda \left[B - \frac{1}{N} \sum_{k=0}^{N-1} B_k \right] \tag{5.52}$$

式中，B_k 为变量，$k = 0, 1, \cdots, N-1$。设 J 对于 B_l 的偏导为零，解出 B_l。为了避免下列公式中的混淆，这里下角标 k 改写为 l：

$$\frac{\partial}{\partial B_l}(J) = 0 \qquad l = 0, 1, \cdots, N-1 \tag{5.53}$$

$$\alpha \frac{\partial}{\partial B_l} (\widetilde{\sigma}_l^2 2^{-2B_l}) + \frac{\lambda}{N} = 0 \tag{5.54}$$

$$\alpha \widetilde{\sigma}_l^2 \frac{\partial}{\partial B_l} \left(\frac{1}{2} \right)^{2B_l} + \frac{\lambda}{N} = 0 \tag{5.55}$$

注意

$$\frac{\partial}{\partial B_l} (2^{-2})^{B_l} = (2^{-2})^{B_l} \ln(2^{-2}) \qquad (\ln = \log_e) \tag{5.56}$$

由指数函数的偏导（证明见附录 F）可知

$$\frac{\mathrm{d}}{\mathrm{d}u}(a^u) = a^u \ln a \tag{5.57}$$

对于式(5.56)，有 $a = 2^{-2}$。

$$\alpha \widetilde{\sigma}_l^2 \left(\frac{1}{2} \right)^{2B_l} \left[\ln \left(\frac{1}{2} \right) \right] 2 + \frac{\lambda}{N} = 0 \tag{5.58}$$

或

$$(2\alpha \widetilde{\sigma}_l^2)(\ln 2) 2^{-2B_l} = \frac{\lambda}{N} \tag{5.59}$$

对式(5.59)的等式两侧同时应用以 2 为基的对数函数，可得

$$\log_2 \left[(2\alpha \widetilde{\sigma}_l^2)(\ln 2) \right] - 2B_l = \log_2 \left(\frac{\lambda}{N} \right) \tag{5.60}$$

$$B_l = \frac{1}{2} \log_2 (2\alpha \widetilde{\sigma}_l^2 \ln 2) - \frac{1}{2} \log_2 \left(\frac{\lambda}{N} \right) \tag{5.61}$$

因为平均比特率 $B = \frac{1}{N} \sum_{k=0}^{N-1} B_k$，则

$$B = \frac{1}{2N} \sum_{k=0}^{N-1} \log_2 (2\alpha \widetilde{\sigma}_k^2 \ln 2) - \frac{1}{2} \log_2 \left(\frac{\lambda}{N} \right) \tag{5.62}$$

则

$$\log_2\left(\frac{\lambda}{N}\right) = \left[\frac{1}{N}\sum_{k=0}^{N-1}\log_2(2\alpha\widetilde{\sigma}_k^2\ln2) - 2B\right] \tag{5.63}$$

$$\frac{\lambda}{N} = 2^{-2B}\prod_{k=0}^{N-1}(2\alpha\widetilde{\sigma}_k^2\ln2)^{1/N} \tag{5.64}$$

将式（5.64）代入式（5.61）

$$B_l = \frac{1}{2}\log_2(2\alpha\widetilde{\sigma}_l^2\ln2) - \frac{1}{2}\log_2\left[2^{-2B}\prod_{k=0}^{N-1}(2\alpha\widetilde{\sigma}_k^2\ln2)^{1/N}\right] \tag{5.65}$$

$$B_l = \frac{1}{2}\log_2(2\alpha\widetilde{\sigma}_l^2\ln2) - \frac{1}{2N}\sum_{k=0}^{N-1}\log_2(2\alpha\widetilde{\sigma}_l^2\ln2) + B \tag{5.66}$$

$$B_l = \frac{1}{2}\log_2\left[\frac{\widetilde{\sigma}_l^2}{\prod_{k=0}^{N-1}(\widetilde{\sigma}_k^2)^{1/N}}\right] + B \tag{5.67}$$

由于下角标 k 为局部变量，k 可以写为 m。则下角标 l 可以重新写为 k。则有：

$$\boxed{B_k = B + \frac{1}{2}\log_2\widetilde{\sigma}_k^2 - \left[\frac{1}{2N}\sum_{m=0}^{N-1}\log_2\widetilde{\sigma}_m^2\right]} \qquad k = 0,1,\cdots,N-1 \tag{5.68}$$

式(5.68)的最后一项是与 k 独立的常数。这意味着分配给第 k 个变换系数的比特数 B_k 与其方差的对数成正比。注意，B_k 在满足式(5.47)的情况下，量化到其最近的整数。

类似式(5.68)，二维变换系数的比特分配可以用式(5.69)表示（见图5.28）：

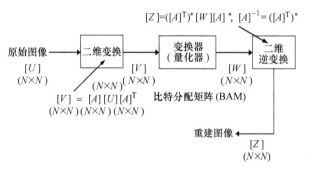

图5.28　基于二维变换系数的方差实现比特分配，
对于每个$(N \times N)$的块进行变换（可分变换）

$B_{i,j}$ 为分配给变换系数 $v_{i,j}$ 的比特数；$i,j = 0,1,\cdots,N-1$。

$$B_{i,j} = B + \frac{1}{2}\log_2\widetilde{\sigma}_{i,j}^2 - \left[\frac{1}{2N^2}\sum_{k=0}^{N-1}\sum_{l=0}^{N-1}\log_2\widetilde{\sigma}_{k,l}^2\right] \tag{5.69}$$

$$B = \frac{1}{N^2}\sum_{k=0}^{N-1}\sum_{l=0}^{N-1} B_{k,l} = \text{平均比特率} \Leftarrow \text{限制}$$

$$B_{i,j} \propto \log_2 \tilde{\sigma}_{i,j}^2 \tag{5.70}$$

即，$B_{i,j}$正比于变换系数 $v_{i,j}$方差的对数。量化的级别数为 $2^{B_{i,j}}$。

如果某些变换系数具有很小的方差，那么它们可被置换为 0。图 5.29 和图 5.30 所示为二维(16×16)DFT 系数的比特率分配。

dc　→ k_2，↓ k_1

[7]	5	4	4	3	3	3	3	3	3	3	3	3	4	4	5
5	4	3	2	2	2	1	1	1	1	1	2	2	2	3	4
4	3	2	1	1	1	0	0	0	0	0	1	1	1	2	3
4	2	1	1	0	0	0	0	0	0	0	0	0	1	1	2
3	2	1	0	0	0	0	0	0	0	0	0	0	0	1	2
3	2	1	0	0	0	0	0	0	0	0	0	0	0	1	2
3	1	0	0	0	0	0	0	0	0	0	0	0	0	0	1
3	1	0	0	0	0	0	0	0	0	0	0	0	0	0	1
3	1	0	0	0	0	0	0	0	0	0	0	0	0	0	1
3	1	0	0	0	0	0	0	0	0	0	0	0	0	0	1
3	1	0	0	0	0	0	0	0	0	0	0	0	0	0	1
3	2	1	0	0	0	0	0	0	0	0	0	0	0	1	2
3	2	1	0	0	0	0	0	0	0	0	0	0	0	1	2
4	2	1	1	0	0	0	0	0	0	0	0	0	1	1	2
4	3	2	1	1	1	0	0	0	0	0	1	1	1	2	3
5	4	3	2	2	2	1	1	1	1	1	2	2	2	3	4

图 5.29　基于变换系数方差分布的二维 DFT 域中比特分配图
(平均比特率是 1 比特/变换系数，或式(5.70)中的 $B=1$、$\rho=0.95$)。
只有系数的幅值被编码，ρ 是相邻相关系数。二维 ($N \times N$)
数据域样本点受一阶马尔科夫过程控制(见式(5.75))

0	0	0	0	0	0	0	1	3	1	0	0	0	0	0	0
0	0	0	0	0	0	0	1	3	1	0	0	0	0	0	0
0	0	0	0	0	0	0	1	3	1	0	0	0	0	0	0
0	0	0	0	0	0	1	2	3	2	1	0	0	0	0	0
0	0	0	0	0	0	1	2	3	2	1	0	0	0	0	0
0	0	0	0	0	1	1	2	4	2	1	1	0	0	0	0
0	0	0	1	1	1	2	3	4	3	2	1	1	1	0	0
1	1	1	2	2	2	3	4	5	4	3	2	2	2	1	1
3	3	3	3	3	4	4	5	[7]	5	4	4	3	3	3	3
1	1	1	2	2	2	3	4	5	4	3	2	2	2	1	1
0	0	0	1	1	1	2	3	4	3	2	1	1	1	0	0
0	0	0	0	0	1	1	2	4	2	1	1	0	0	0	0
0	0	0	0	0	0	1	2	3	2	1	0	0	0	0	0
0	0	0	0	0	0	1	2	3	2	1	0	0	0	0	0
0	0	0	0	0	0	0	1	3	1	0	0	0	0	0	0
0	0	0	0	0	0	0	1	3	1	0	0	0	0	0	0

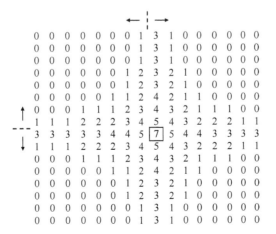

图 5.30　二维 DFT 的比特分配图(图 5.7 所示左上角的直流系数
现在已经移到二维频率平面的中心位置。图 5.28 所示
与图 5.7 所示对应。图 5.30 所示与图 5.9 所示对应(使用 fftshift))

5.10　最大方差区域采样（MVZS）

变换（正交）域的协方差矩阵$[\hat{\pmb{\Sigma}}]$和数据域的协方差矩阵$[\pmb{\Sigma}]$之间的关系为

$$[\hat{\pmb{\Sigma}}] = [A]E[(\underline{x}-\bar{\underline{x}})(\underline{x}-\bar{\underline{x}})^{\mathrm{T}}][A]^{\mathrm{T}} = [A][\pmb{\Sigma}][A]^{\mathrm{T}} \qquad (5.71)$$

假设$[A]$为实酉矩阵（归一化的）$[A]^{\mathrm{T}} = [A]^{-1}$，则

$$\underline{x} = (x_0, x_1, \cdots, x_{N-1})^{\mathrm{T}}$$

$$[\hat{\pmb{\Sigma}}] = \begin{bmatrix} \widetilde{\sigma}_{00}^2 & \widetilde{\sigma}_{01}^2 & \cdots & \widetilde{\sigma}_{0,N-1}^2 \\ \widetilde{\sigma}_{10}^2 & \widetilde{\sigma}_{11}^2 & \cdots & \widetilde{\sigma}_{1,N-1}^2 \\ \vdots & \vdots & \ddots & \vdots \\ \widetilde{\sigma}_{N-1,0}^2 & \widetilde{\sigma}_{N-1,1}^2 & \cdots & \widetilde{\sigma}_{N-1,N-1}^2 \end{bmatrix} \qquad (5.72)$$

在任何正交变换域，二维数据的方差可使用行列统计独立性得到（类似 DFT）。对于一维数据，一阶马尔科夫过程在变换域方差的分布见表5.2 和图5.33。方差沿着任何一列求和均相等（能量不变）。归一化的基本限制误差定义为

表5.2　$\rho = 0.9$、$N = 16$ 时的平稳马尔科夫序列变换系数的方差$\widetilde{\sigma}_{kk}^2$
（表中各变换的基础定义见参考文献[B6]）

变换 k	长洛变换（KLT）	DCT – II	DST – I	酉 DFT	哈达玛（Hadamard）变换	哈尔（Haar）变换	斜（slant）变换
0	9.927	9.835	9.218	9.835	9.835	9.835	9.835
1	2.949	2.933	2.642	1.834	0.078	2.536	2.854
2	1.128	1.211	1.468	0.519	0.206	0.864	0.105
3	0.568	0.582	0.709	0.250	0.105	0.864	0.063
4	0.341	0.348	0.531	0.155	0.706	0.276	0.347
5	0.229	0.231	0.314	0.113	0.103	0.276	0.146
6	0.167	0.169	0.263	0.091	0.307	0.276	0.104
7	0.129	0.130	0.174	0.081	0.104	0.276	0.063
8	0.104	0.105	0.153	0.078	2.536	0.100	1.196
9	0.088	0.088	0.110	0.081	0.098	0.100	0.464
10	0.076	0.076	0.099	0.091	0.286	0.100	0.105
11	0.068	0.068	0.078	0.113	0.105	0.100	0.063
12	0.062	0.062	0.071	0.155	1.021	0.100	0.342
13	0.057	0.057	0.061	0.250	0.102	0.100	0.146
14	0.055	0.055	0.057	0.519	0.303	0.100	0.104
15	0.053	0.053	0.054	1.834	0.104	0.100	0.063

$$J_m = \frac{\displaystyle\sum_{k=m}^{N-1} \widetilde{\sigma}_{kk}^2}{\displaystyle\sum_{k=0}^{N-1} \widetilde{\sigma}_{kk}^2} \qquad m = 0, 1, \cdots, N-1 \qquad (5.73)$$

式中，$\tilde{\sigma}_{kk}^2$ 被重新组织为非升顺序（见图 5.34）。这里一阶平稳马尔科夫序列 $x(n)$ 的协方差函数为

$$r(n) = \rho^{|n|} \qquad |\rho| < 1 \qquad \forall n \qquad (5.74)$$

这通常用作图像扫描线的协方差模型。对于一个 $(N \times 1)$ 向量 $\underline{x}$，它的协方差矩阵为 $\{r(m-n)\}, m, n = 0, 1, \cdots, N-1$，即

$$[\boldsymbol{R}] = \begin{bmatrix} 1 & \rho & \rho^2 & \cdots & \rho^{N-1} \\ \rho & 1 & \rho & \ddots & \vdots \\ \rho^2 & \rho & 1 & \ddots & \rho^2 \\ \vdots & & \ddots & \ddots & \rho \\ \rho^{N-1} & \cdots & \rho^2 & \rho & 1 \end{bmatrix} \qquad (5.75)$$

因此，使用 $[\boldsymbol{R}]$ 而非式(5.71)中的 $[\boldsymbol{\Sigma}]$ 来获得一阶马尔科夫过程在变换域的方差分布（见表 5.2 和图 5.33）。

在最大方差区域采样（Maximum Variance Zonal Sampling, MVZS）中，方差较大的变换系数可被量化编码，剩余的（方差很小）系数则设置为 0。表示这些系数的比特流被传输到接收端，然后进行反向操作，即解码、反量化、逆变换等，进而重建信号或者图像（见图 5.31）。

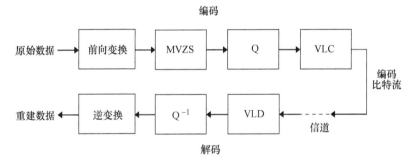

图 5.31 最大方差区域采样变换编码

5.11 几何区域采样(GZS)

在图 5.31 中，使用几何区域抽样（Geometrical Zonal Sampling, GZS）代替 MVZS，如图 5.32、图 5.35 ~ 5.39 所示。详情参见本书附录 A.7。

图 5.32 几何区域采样

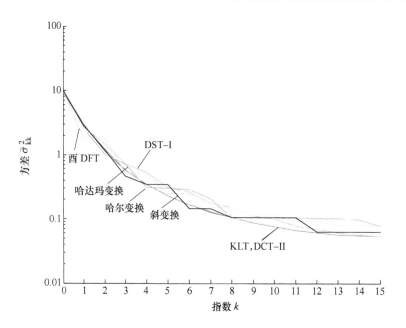

图 5.33　马尔科夫序列统计变换系数(降序)
方差的分布(此序列 $\rho = 0.9$、$N = 16$)

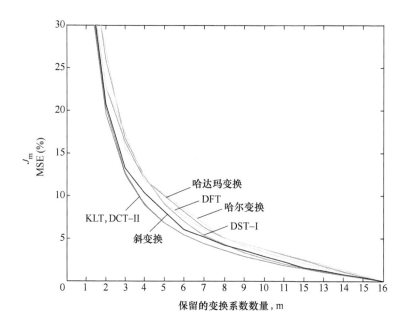

图 5.34　以基数量(m)下的基限制误差(J_m)为准则，
各种酉变换性能比较(此时平稳马尔科夫序列的 $\rho = 0.9$、$N = 16$)

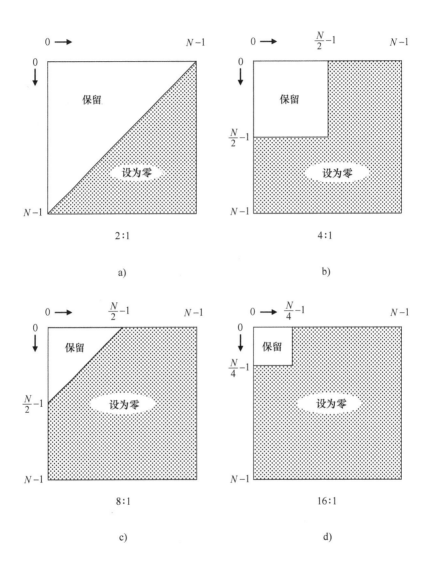

图 5.35　2:1、4:1、8:1 和 16:1 样本简化的几何区域滤波器
（白色区域为通带，而阴影区域为阻带。而对于 DFT 来说，
这些区域需要修改（见图 5.36））
a) 2:1　b) 4:1　c) 8:1　d) 16:1

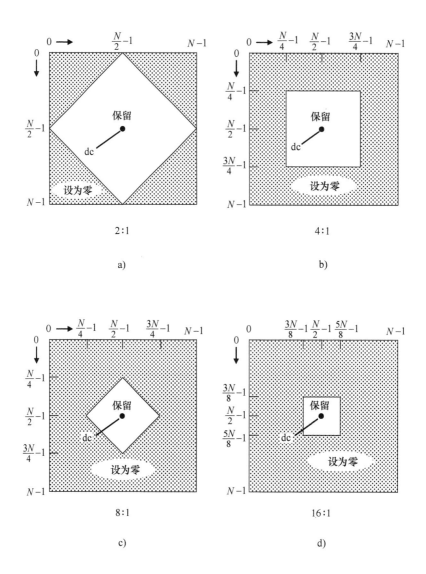

图 5.36　2:1、4:1、8:1 和 16:1 样本简化的二维 DFT 域的几何区域
滤波器（白色区域为通带，而阴影区域为阻带（见图 5.8 和图 5.9 ））
a) 2:1　b) 4:1　c) 8:1　d) 16:1

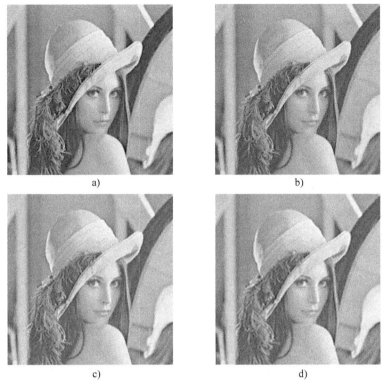

图 5.37　DCT 域基本限制区域滤波后的图像(几何区域采样见图 5.35)

a) 原始图像　b) 4:1 样本简化　c) 8:1 样本简化　d) 16:1 样本简化

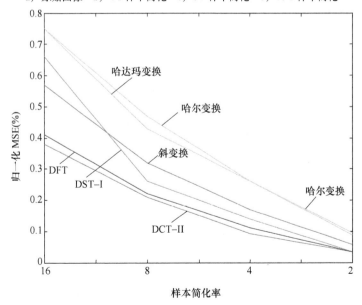

图 5.38　512×512 的 Lena 图像基本限制区域滤波与其他不同变换的性能比较

(归一化均方误差的定义见式(A.8)。几何区域采样见图 5.35 和图 5.36)

a)

b)

c)

d)

e)

f)

图 5.39　4:1 采样简化使用不同变换进行的基本限制区域滤波

（几何区域采样见图 5.35 和图 5.36）

a）DCT – Ⅱ　b）DST – Ⅰ　c）酉 DFT　d）哈达玛变换　e）哈尔变换　f）斜变换

5.12 小结

本章首先给出了二维 DFT 类似于一维 DFT 的定义和性质，以及基于行 - 列一维方法的快速算法。然后定义了处理二维信号（例如图像）的各种滤波器，并用例子进行了详细说明。最后将 DFT 与其他正交变换在一些标准准则下进行了比较，如方差分布、基本限制误差等。下一章将重点介绍向量基二维 FFT 算法。

5.13 习题

5.1 本书附录 F.2 给出了使用变量替换法的公式证明；同样地，试证明式（5.15）。

5.2 根据参考文献［B6］中第 276～279 页，试推导出维纳滤波器的表达式（即式（5.32））。

5.3 从图 5.25b 所示可以看出，重建图像与原始图像的二维 DFT 的误差 $e(n_1, n_2)$ 可以表述为

$$U^F - \hat{U}^F = U^F(1 - G^F H^F) - G^F N^F$$

试证明此误差的功率谱密度（PSD）可以表述为式（5.33c）。其中，$G^F(k_1, k_2)$ 的表达式见式（5.32）。

5.4 根据式（5.47），试详细推导到式（5.68）。

5.5 类似式（5.68）的一维的例子，试推导对于二维变换系数的比特分配可以表述为式（5.69）。

5.14 课程实践

5.1

（1）对 Lena 图像进行二维 DFT（图像见参考文献［IP30,IP31］，可从网上获取）。

（2）对第一步的结果分别进行低通滤波、带通滤波和高通滤波的区域掩盖 $G^F(k_1, k_2)$。功能是 $G^F(k_1, k_2)$ 在特定滤波器支持的部分外为零（见图 P5.1）。

（3）对（2）的所有结果进行二维 IDFT。

（4）计算重建图像和原始图像的 MSE。

（5）计算重建图像的峰 - 峰值信噪比（PSNR）（8 比特/像素）。

本课程实践的流程图如图 P5.2 所示。

对于 $N \times N$ 的图像 $x(n_1, n_2)$ 和 $\hat{x}(n_1, n_2)$，均方误差定义为

$$\sigma_a^2 = \frac{1}{N^2} \sum_{n_1=0}^{N-1} \sum_{n_2=0}^{N-1} (E[x(n_1, n_2) - \hat{x}(n_1, n_2)])^2 \tag{P5.1}$$

当 $x(n_1, n_2)$ 和 $\hat{x}(n_1, n_2)$ 的集不可用时，最小均方误差被看作式（P5.1）的估计。当然这种情况只针对 $N \times N$ 的图像。

$$\sigma_{1s}^2 = \frac{1}{N^2} \sum_{n_1=0}^{N-1} \sum_{n_2=0}^{N-1} E \mid x(n_1, n_2) - \hat{x}(n_1, n_2) \mid^2 \qquad (P5.2)$$

均方误差从峰-峰值信噪比（PSNR，单位为 dB）的角度定义为

$$\mathrm{PSNR} = 10\log_{10} \frac{255^2}{\sigma_e^2} \qquad \sigma_e^2 = \sigma_a^2 \ 或 \ \sigma_{1s}^2 \qquad (P5.3)$$

式中，255 为 8 比特 PCM 的 $x(n)$ 的范围。

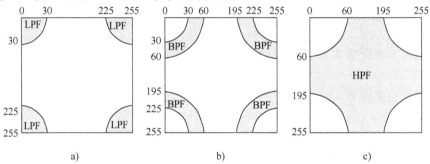

图 P5.1　二维 DFT 域中的区域掩盖（$N_1 = N_2 = N = 256$；黑色区域为通带，白色区域为阻带）

a）低通滤波　b）带通滤波　c）高通滤波（见图 5.7）

图 P5.2　二维 DFT 域滤波

图 P5.3　二维 DFT 域中的根滤波器

5.2　根滤波器（见图 5.15）是一种在频域增强对比的方法。它只对变换系数 $X^F(k_1, k_2)$ 的幅值部分求 α 次方根而相位部分保持不变。用公式表达则为

对于二维 DFT　　$R^F(k_1, k_2) = \mid X^F(k_1, k_2) \mid^\alpha \mathrm{e}^{\mathrm{j}\theta^F(k_1, k_2)}$　　　$0 \leq \alpha \leq 1$　　(P5.4)

式中，变换系数 $X^F(k_1, k_2)$ 可写为

对于二维 DFT　　$X^F(k_1, k_2) = \mid X^F(k_1, k_2) \mid \angle \theta^F(k_1, k_2)$　　　　　(5.24)

步骤：

（1）对大小为 256×256 的输入图像（即 Lena 图像）进行二维 DFT。

（2）对（1）的结果分别进行 α 为 0.6 和 0.8 的根滤波 $R^F(k_1, k_2)$（见参考文献[B6]第 258、259 页）。

（3）求出根滤波前后的能量比，并求出（1）和（2）对于 α 为 0.6 和 0.8 的结果（求出变换图像（见图 5.21b 和重构图像）。（能量：见图 P5.3 和参考文献［B6］第 171 ~ 175 页的例 5.9 和例 5.10）

5.3　逆高斯滤波器增加了高频分量的权重。它可以恢复被以高斯分布为模型的气流干扰所模糊的图像（见图 5.14）。滤波器定义见式（5.22）。试对 Lena 图像进行这一滤波。

5.4　一幅图像的二维 DFT 的动态范围太大，以至于只有一小部分变换系数可见（见图 5.21a）。而使用式（5.26）中的对数变换可以将动态范围压缩。试使用 Lena 图像进行这一变换。

5.5　逆滤波器和维纳滤波器

逆滤波器　可以完美地恢复一个无噪线性系统输出的模糊图像。然而，当出现加性白噪声时，性能不佳。试证明本课题中频谱比 $N^{\mathrm{F}}/H^{\mathrm{F}}$ 是如何影响图像的恢复的。

已知：假设我们在频域有如下系统（见图 P5.4），

（1）　　　$V^{\mathrm{F}}(k_1,k_2) = U^{\mathrm{F}}(k_1,k_2)H^{\mathrm{F}}(k_1,k_2) + N^{\mathrm{F}}(k_1,k_2)$　　　　　（5.28）

式中，$U^{\mathrm{F}}(k_1,k_2)$ 为输入图像 $u(n_1,n_2)$ 的二维 DFT；$N^{\mathrm{F}}(k_1,k_2)$ 为在二维 DFT 域中的零均值和单位方差的白噪声；$H^{\mathrm{F}}(k_1,k_2)$ 为退化函数如下式所示的：

$$H^{\mathrm{F}}(k_1,k_2) = \exp\left(-c\left[(k_1)^2 + (k_2)^2\right]^{5/6}\right)　　　　（P5.5）$$

（2）$V^{\mathrm{F}}(k_1,k_2)$ 的二维 IDFT 是一幅模糊图像。$\hat{u}(n_1,n_2)$ 是图 P5.4 所示的恢复图像。

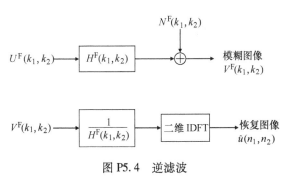

图 P5.4　逆滤波

（3）$\dfrac{1}{H^{\mathrm{F}}(k_1,k_2)}$ 是逆滤波器。当 $|H^{\mathrm{F}}(k_1,k_2)| < \varepsilon$ 时，$\dfrac{N^{\mathrm{F}}(k_1,k_2)}{H^{\mathrm{F}}(k_1,k_2)}$ 将变得非常大（见图 8.10c 和参考文献［B6］第 277 页）。因此，我们使用伪逆滤波器，其定义如下：

$$H^{-}(k_1,k_2) = \begin{cases} \dfrac{1}{H^{\mathrm{F}}(k_1,k_2)} & |H^{\mathrm{F}}| \neq 0 \\[2mm] 0 & |H^{\mathrm{F}}| = 0 \end{cases}　　　　（5.29）$$

当 $|H^F|$ 小于所选择量 ε 的任何时候，$H^-(k_1,k_2)$ 都将被设置为 0。

维纳滤波器

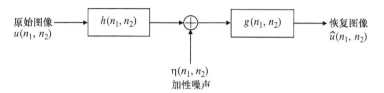

原始图像 $u(n_1,n_2)$ → $h(n_1,n_2)$ → ⊕ → $g(n_1,n_2)$ → 恢复图像 $\hat{u}(n_1,n_2)$

$\eta(n_1,n_2)$ 加性噪声

对于维纳滤波器

$$G^F(k_1,k_2) = \frac{[H^F(k_1,k_2)]^* S_{uu}(k_1,k_2)}{|H^F(k_1,k_2)|^2 S_{uu}(k_1,k_2) + S_{\eta\eta}(k_1,k_2)} \quad (5.32a)$$

式中，S_{uu} 和 $S_{\eta\eta}$ 分别为 $u(n_1,n_2)$ 和 $\eta(n_1,n_2)$ 自相关函数的二维 DFT。

步骤：

（1）读取一幅图像（最大为 512×512）。

（2）计算当式（P5.5）中的 c 分别设置为 0.0025、0.001、0.00025 时的三个不同的退化函数 $H^F(k_1,k_2)$。

（3）由（2）得到的 $H^F(k_1,k_2)$ 计算维纳滤波器 $G^F(k_1,k_2)$，并且展示三幅不同的模糊图像。

（4）对每个 $H^F(k_1,k_2)$ 实现逆滤波和维纳滤波。

（5）由比值 N^F/H^F 得到并展示恢复图像。其中，N^F 和 H^F 分别为加性噪声 $\eta(n_1,n_2)$ 和 $h(n_1,n_2)$ 的二维 DFT。

参考资料

（1）参考文献 [B6] 第 275 ~ 284 页的 8.3 节。

（2）Gonzalez 与 Wood 编写的《Digital Image Processing》（数字图像处理）第 2 版 [IP18] 第 258 ~ 264 页、第 3 版 [IP19] 第 351 ~ 357 页（Prentice – Hall 出版社）。

注意

逆滤波是从一个系统的输出恢复其输入的过程。逆滤波器通过在二维 DFT 域将退化图像除以原始图像得到。如果下降为 0 或者非常小的值，则 N^F/H^F 非常显著。

逆滤波器和伪逆滤波器仍然对噪声很敏感，从而噪声可能被放大。而维纳滤波器就可以克服这个缺点。维纳滤波是在同时存在模糊和噪声的情况下的一种有效的图像恢复手段。

5.6　几何平均滤波器（GMF）

（1）对于课程实践 5.5（逆滤波和维纳滤波）中的退化图像，进行 $s = \frac{1}{2}$ 几何平均滤波并展示恢复后的图像。$s = \frac{1}{2}$ 的 GMF 的描述见式（5.35）。

（2）对于 $s = \dfrac{1}{4}$，重复进行（1）。

（3）对于 $s = \dfrac{3}{4}$，重复进行（1）。

对恢复后的图像进行解释。

（提示：$s = 0$ 时，GMF 演化为维纳滤波器；而 $s = 1$ 时，GMF 演化为逆滤波器）

参考资料

（1）参考文献［B6］第 291 页 8.5 节。

（2）Gonzalez 与 Wood 编写的《Digital Image Processing》（数字图像处理）第 2 版[IP18]第 270 页、第 3 版[IP19]第 361 页 5.10 节（Prentice‑Hall 出版社）。

5.7

a. 式（5.12）中定义了时域/空域的循环移位性。试对大小为 512×512 的 Lena 图像应用此性质。并试说明这幅图像沿 n_1 循环移位了 $m_1 = 100$ 个样本点，沿着 n_2 循环移位了 $m_2 = 50$ 个样本点，并获取图 P5.5a 所示图像的过程。

b. 同样地，式（5.13a）定义了频域的循环移位性。试使用 Lena 图像说明此性质。并试说明图像的幅度谱沿着 k_1 循环移位 $u_1 = \dfrac{N}{2} + 100$ 个样本点，沿着 k_2 循环移位 $u_2 = \dfrac{N}{2} + 50$ 个样本点的过程（见图 P5.5b）。其中，$N = 512$。

a)　　　　　　　　　　　　　b)

图 P5.5　循环移位性

a）空域循环移位　b）频域循环移位

5.8　一般受运动和大气湍流影响的模糊图像可通过逆滤波和维纳滤波得到恢复，这些方法已经应用于天文图像的处理。

a. 运动模糊代表了相邻像素的一致平均值，它也是由相机移动或快速物体运动所引起的一种常见的结果。这里给出一个沿对角线的运动。它可以看作是退化函数的一种数学模型

$$H^{\mathrm{F}}(k_1,k_2) = C\,\frac{\sin\big[\,\pi(k_1 a + k_2 b)\,\big]}{\pi(k_1 a + k_2 b)}\mathrm{e}^{-\mathrm{j}\pi(k_1 a + k_2 b)} \tag{P5.6a}$$

$$= C\mathrm{sinc}(k_1 a + k_2 b)\mathrm{e}^{-\mathrm{j}\pi(k_1 a + k_2 b)} \qquad \mathrm{sinc}(0)=1 \tag{P5.6b}$$

式中，$a = b = 0.1$；$C = 1$。

可以看出，原始图像和通过退化函数模糊的图像是相同的，如图 P5.6 所示。

a)   b)

图 P5.6　$a = b = 0.2$、$C = 1$ 时的运动模糊图像（512×512）

a)原始图像　b)运动模糊图像

用 MATLAB 的 sinc 函数，我们将从模糊图像中恢复出来原始图像。详细内容将在下面 c 中介绍。

b. 大气湍流所模糊的一个退化函数一般出现在当空中物体的图像有以下形式时：

$$H^{\mathrm{F}}(k_1,k_2) = \exp\left(-c\Big[\Big(k_1 - \frac{M}{2}\Big)^2 + \Big(k_2 - \frac{N}{2}\Big)^2\Big]^{5/6}\right) \tag{P5.7}$$

$$M = N = 480$$

（1）这种模糊在遥感和航空地表图像中很常见，试仿真噪声的影响。

（2）逆滤波器对噪声非常敏感。因此，这种逆滤波器仅应用在低通滤波器中半径为 40、70 和 85 的区域，如图 P5.7 所示。对被模糊的图像加白噪声的仿真描述如图 P5.4 所示。

MATLAB 语句如下：

var = 0.001；

noise = imnoise(zeros(size(Image)) ,‘ gaussian’ ,0 , var)；

为了去除一幅滤波后图像（见图 P5.8d）中的振铃效应（ringing artifact），我们将一个 10 阶巴特沃斯低通滤波函数用在一个半径为 40 的逆滤波器上。15 阶的同样的滤波函数用在半径为 100 的逆滤波器上，可以用来处理半径边缘出现的锐转变（见图 P5.8e）。与图 P5.8g 所示相比，图 P5.8e 所示具有较少的振铃效应。

对于式（P5.7）模糊函数所描述的、图 P5.8h 所示径向截面的圆柱体的外侧，伪逆滤波器将置为 0。因此，半径为 100 左右是锐转变巴特沃斯低通滤波器的较好选择。

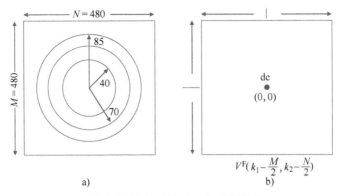

图 P5.7　逆滤波器的一个稳定形式

a）仅能应用于低通区域的逆滤波器　b）原点为中心模糊图像的 $V^F\left(k_1-\dfrac{M}{2},k_2-\dfrac{N}{2}\right)$ 二维 DFT（见图 5.23）

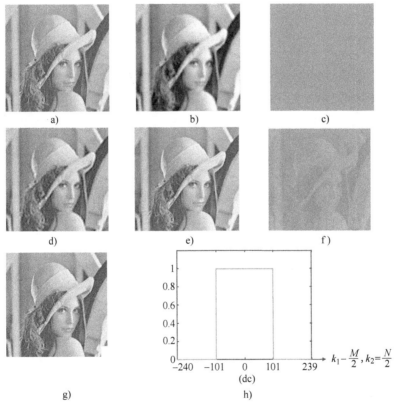

图 P5.8　逆滤波器只能应用于低通（LP）区域（半径为 100 的低通
（LP）滤波器具有最佳的性能。这个滤波器可以作为逆滤波器的一个
稳定形式来替代伪逆滤波器。图中图像大小为 480×480 像素）

a）原始图像　b）模糊处理后的图像（$c=0.0025$）　c）逆滤波后的图像

d）半径为 40 的低通（LP）滤波后的图像　e）半径为 100 的低通（LP）滤波后的图像

f）半径为 140 的低通（LP）滤波后的图像　g）伪逆滤波后的图像　h）圆柱体的径向截面

（3）逆滤波器与维纳滤波器的比较。

先研究一下参考文献［IP19］第 355 页的图 5.28 和第 356 页的图 5.29（即本书图 P5.8）。

对一个频率响应为 $H^{\mathrm{F}}(k_1,k_2)$ 的线性移不变系统，维纳滤波器定义为

$$
\begin{aligned}
G^{\mathrm{F}}(k_1,k_2) &= \frac{\left[H^{\mathrm{F}}(k_1,k_2)\right]^* S_{uu}(k_1,k_2)}{\left|H^{\mathrm{F}}(k_1,k_2)\right|^2 S_{uu}(k_1,k_2) + S_{\eta\eta}(k_1,k_2)} \\
&= \frac{\left[H^{\mathrm{F}}(k_1,k_2)\right]^*}{\left|H^{\mathrm{F}}(k_1,k_2)\right|^2 + \dfrac{S_{\eta\eta}(k_1,k_2)}{S_{uu}(k_1,k_2)}}
\end{aligned} \tag{P5.8}
$$

如果不知道原始图像的功率谱密度，那么可以通过常量 K 代替式（P5.8）中的 $\dfrac{S_{\eta\eta}(k_1,k_2)}{S_{uu}(k_1,k_2)}$，并尝试不同的 K 进行实验，则有

$$
G^{\mathrm{F}}(k_1,k_2) = \frac{\left[H^{\mathrm{F}}(k_1,k_2)\right]^*}{\left|H^{\mathrm{F}}(k_1,k_2)\right|^2 + K} \tag{P5.9}
$$

a)　　　　　　　　　　　　b)

c)　　　　　　　　　　　　d)

图 P5.9　模糊图像的维纳滤波

a）使用式（P5.5）（$c=0.0025$）进行模糊处理后的图像　b）伪逆处理后的图像

c）使用式（P5.9）（$K=4\times10^{-4}$）进行维纳滤波后的图像　d）使用式（P5.8）进行维纳滤波后的图像

表 P5.1 中，K 为常数。这里或许有些过分简化，因为比值 $\dfrac{S_{\eta\eta}(k_1,k_2)}{S_{uu}(k_1,k_2)}$ 是 $(k_1,$ $k_2)$ 的一个函数而不是一个常数[LA20]。从图 P5.9c 和图 P5.9d 所示，我们可以看到有或没有原始图像功率谱密度的维纳滤波器产生的效果很相近（见图 P5.9）。

c. 恢复运动模糊的图像。试进行图 P5.10 所示的仿真，其中的退化函数 H^F (k_1,k_2) 已由式（P5.6）给出。计算恢复图像的 PSNR，比较式（P5.8）和式（P5.9）中两种维纳滤波方法的性能，并将结果进行表格统计（见表 P5.1）。

表 P5.1 PSNR 结果

噪声方差	式（P5.9）		式（P5.8）
	K	PSNR/dB	PSNR/dB
386	0.085	21.78	23.51
17.7	0.035	23.17	25.89
1.8×10^{-3}	0.002	27.97	30.61

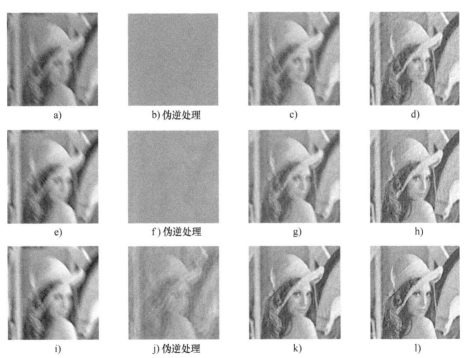

图 P5.10 噪声干扰模糊图像的维纳滤波

a）噪声方差为 386 的运动模糊处理后的图像 b）伪逆处理后的图像

c）使用式（P5.9）进行维纳滤波后的图像 d）使用式（P5.8）进行维纳滤波后的图像

e）~h）噪声方差为 17.7 的图像 i）~l）噪声方差为 1.8×10^{-3} 的图像

当 K 小于某一特定常数时（见表 P5.1 中的 K 值），式（P5.9）的维纳滤波器演化为一个高通滤波器。因为模糊处理常使用低通滤波器，所以滤波后的图像不是很模糊，但是有很多噪声。而当 K 大于该值时，维纳滤波器则演化为一个低通滤波器。

　　5.9　选取大小为 (256×256) 或 (512×512)、8 比特/像素的图像，并对图像进行图 5.19 和图 5.20 所示的同态滤波。

第6章 矢量基二维 FFT 算法

类似基 −2FFT，矢量基二维 FFT 可以应用于多维信号处理中。与基 −2FFT 情形一致，矢量基算法可由 DIT 和 DIF 的方式形成[SR2,DS1,B398]。并且，DIT 和 DIF 可以混合于同一算法中。事实上，对于任何基（如基 −2、基 −3[A14]、基 −4 等），矢量基算法都存在。本章以二维信号为例，介绍基于 DIT 和 DIF 的矢量基 FFT 算法。这一技术可以很容易扩展到任何其他矢量基算法。同所有快速算法一样，矢量基二维 FFT 的优点是降低了计算复杂度，减少了对内存（存储）需求，并降低了有限字长运算引起的误差。矢量基算法更适用于矢量处理器。

6.1 矢量基 DIT − FFT

式（5.1）中定义的二维 DFT 假设 $x(n_1,n_2)$ 和 $X^F(k_1,k_2)$ 均具有周期性，在两个维度上的周期分别是 N_1 和 N_2，即

$$x(n_1,n_2) = x(n_1+N_1,n_2) = x(n_1,n_2+N_2) = x(n_1+N_1,n_2+N_2) \quad (6.1a)$$

$$X^F(k_1,k_2) = X^F(k_1+N_1,k_2) = X^F(k_1,k_2+N_2) = X^F(k_1+N_1,k_2+N_2) \quad (6.1b)$$

矢量基 −2 的二维 DIT − FFT 可以用下面的符号进行说明：

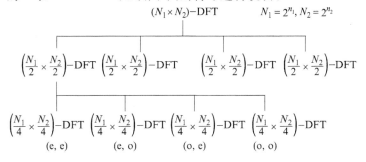

式中，e 表示偶数；o 表示奇数。

在每一级将此过程继续分解，直到获得（2 × 2）二维 DFT。回溯整个过程可得 $(N_1 \times N_2)$ 二维 DFT（N_1 和 N_2 均为 2 的整数次幂）。

为了简便，假设 $N_1 = N_2 = N$，则

$$X^F(k_1,k_2) = \sum_{n_1=0}^{N-1} \sum_{n_2=0}^{N-1} x(n_1,n_2) W_N^{(n_1k_1+n_2k_2)}$$

$$k_1,k_2 = 0,1,\cdots,N-1$$

$$(5.3a)$$

这将被分解为

$$X^{\mathrm{F}}(k_1,k_2) = \sum_{m_1=0}^{\frac{N}{2}-1}\sum_{m_2=0}^{\frac{N}{2}-1} x(2m_1,2m_2) W_N^{[2m_1k_1+2m_2k_2]} \qquad (\mathrm{e},\mathrm{e})$$

$$+ \sum_{m_1=0}^{\frac{N}{2}-1}\sum_{m_2=0}^{\frac{N}{2}-1} x(2m_1,2m_2+1) W_N^{[2m_1k_1+(2m_2+1)k_2]} \qquad (\mathrm{e},\mathrm{o})$$

$$+ \sum_{m_1=0}^{\frac{N}{2}-1}\sum_{m_2=0}^{\frac{N}{2}-1} x(2m_1+1,2m_2) W_N^{[(2m_1+1)k_1+2m_2k_2]} \qquad (\mathrm{o},\mathrm{e})$$

$$+ \sum_{m_1=0}^{\frac{N}{2}-1}\sum_{m_2=0}^{\frac{N}{2}-1} x(2m_1+1,2m_2+1) W_N^{[(2m_1+1)k_1+(2m_2+1)k_2]} \qquad (\mathrm{o},\mathrm{o})$$

$$(6.2\mathrm{a})$$

$$X^{\mathrm{F}}(k_1,k_2) = \Big[\sum_{m_1=0}^{N/2-1}\sum_{m_2=0}^{N/2-1} x(2m_1,2m_2) W_{N/2}^{[m_1k_1+m_2k_2]} \Big]$$

$$+ W_N^{k_2}\Big[\sum_{m_1=0}^{N/2-1}\sum_{m_2=0}^{N/2-1} x(2m_1,2m_2+1) W_{N/2}^{[m_1k_1+m_2k_2]} \Big]$$

$$+ W_N^{k_1}\Big[\sum_{m_1=0}^{N/2-1}\sum_{m_2=0}^{N/2-1} x(2m_1+1,2m_2) W_{N/2}^{[m_1k_1+m_2k_2]} \Big]$$

$$+ W_N^{k_1+k_2}\Big[\sum_{m_1=0}^{N/2-1}\sum_{m_2=0}^{N/2-1} x(2m_1+1,2m_2+1) W_{N/2}^{(m_1k_1+m_2k_2)} \Big] \qquad (6.2\mathrm{b})$$

$$X^{\mathrm{F}}(k_1,k_2) = S_{00}(k_1,k_2) + S_{01}(k_1,k_2) W_N^{k_2} + S_{10}(k_1,k_2) W_N^{k_1} + S_{11}(k_1,k_2) W_N^{k_1+k_2} \qquad (6.2\mathrm{c})$$

对于 $S_{00}(k_1,k_2)$，$S_{01}(k_1,k_2)$，$S_{10}(k_1,k_2)$，$S_{11}(k_1,k_2)$

沿着 k_1 和 k_2 周期均为 $N/2$，即

$$S_{ij}(k_1,k_2) = S_{ij}\Big(k_1+\frac{N}{2},k_2\Big) = S_{ij}\Big(k_1,k_2+\frac{N}{2}\Big) = S_{ij}\Big(k_1+\frac{N}{2},k_2+\frac{N}{2}\Big) \quad i,j=0,1 \quad (6.3)$$

$$S_{00}(k_1,k_2) = \sum_{m_1=0}^{N/2-1}\sum_{m_2=0}^{N/2-1} x(2m_1,2m_2) W_{N/2}^{(m_1k_1+m_2k_2)} \qquad (6.4\mathrm{a})$$

$$S_{01}(k_1,k_2) = \sum_{m_1=0}^{N/2-1}\sum_{m_2=0}^{N/2-1} x(2m_1,2m_2+1) W_{N/2}^{(m_1k_1+m_2k_2)} \qquad (6.4\mathrm{b})$$

$$S_{10}(k_1,k_2) = \sum_{m_1=0}^{N/2-1}\sum_{m_2=0}^{N/2-1} x(2m_1+1,2m_2) W_{N/2}^{(m_1k_1+m_2k_2)} \qquad (6.4\mathrm{c})$$

$$S_{11}(k_1,k_2) = \sum_{m_1=0}^{N/2-1}\sum_{m_2=0}^{N/2-1} x(2m_1+1,2m_2+1) W_{N/2}^{(m_1k_1+m_2k_2)}$$

$$k_1,k_2 = 0,1,\cdots,\frac{N}{2}-1 \qquad (6.4\mathrm{d})$$

对于式(5.3a)给出的 $\{x(n_1,n_2)\}$，其 $(N\times N)$ 二维 DFT 可表示为

$$S_{00}(k_1,k_2) + S_{01}(k_1,k_2) W_N^{k_2} + S_{10}(k_1,k_2) W_N^{k_1} + S_{11}(k_1,k_2) W_N^{k_1+k_2}$$

式中，S_{00}、S_{01}、S_{10} 和 S_{11} 为 $(\frac{N}{2} \times \frac{N}{2})$ 二维 DFT。下面用 $N_1 = N_2 = 4$ 来说明。

$$x_{00}, x_{01}, x_{02}, x_{03}, x_{10}, x_{11}, x_{12}, x_{13}, x_{20}, x_{21}, x_{22}, x_{23}, x_{30}, x_{31}, x_{32}, x_{33}$$

S_{00}	S_{01}	S_{10}	S_{11}
$x_{00}, x_{02}, x_{20}, x_{22}$	$x_{01}, x_{03}, x_{21}, x_{23}$	$x_{10}, x_{12}, x_{30}, x_{32}$	$x_{11}, x_{13}, x_{31}, x_{33}$
(e, e)	(e, o)	(o, e)	(o, o)

用式(6.2)和式(6.3)，矢量基二维 DFT 可如下表示：

$$
\begin{bmatrix}
X^{\mathrm{F}}(k_1, k_2) \\
X^{\mathrm{F}}(k_1, k_2 + N/2) \\
X^{\mathrm{F}}(k_1 + N/2, k_2) \\
X^{\mathrm{F}}(k_1 + N/2, k_2 + N/2)
\end{bmatrix}
=
\begin{bmatrix}
1 & 1 & 1 & 1 \\
1 & -1 & 1 & -1 \\
1 & 1 & -1 & -1 \\
1 & -1 & -1 & 1
\end{bmatrix}
=
\begin{bmatrix}
S_{00}(k_1, k_2) \\
W_N^{k_2} S_{01}(k_1, k_2) \\
W_N^{k_1} S_{10}(k_1, k_2) \\
W_N^{k_1 + k_2} S_{11}(k_1, k_2)
\end{bmatrix}
$$

$$k_1, k_2 = 0, 1, \cdots, \frac{N}{2} - 1 \tag{6.5}$$

$$W_N^{2m_1 k_1} = W_{N/2}^{m_1 k_1}, \quad W_N^{2m_2 k_2} = W_{N/2}^{m_2 k_2}$$

$$W_N^{2m} = \exp\left(\frac{-\mathrm{j}2\pi}{N} 2m\right) = \exp\left(\frac{-\mathrm{j}2\pi}{N/2} m\right) = W_{N/2}^{m}$$

式(6.5)的矩阵关系可以用流图的形式给出(此时需要 3 次乘法和 8 次加法)(见图 6.1)。

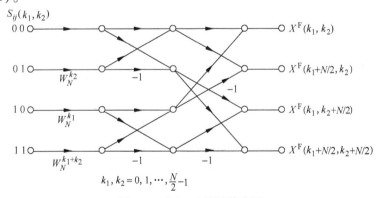

图 6.1　式(6.5)的运算流图

这便是矢量基(2×2)二维 DIT – DFT。对于 $N_1 = N_2 = 2^n = N$，抽取的过程重复 $\log_2 N$ 次。每一步抽取都有 $N^2/4$ 个蝶形运算。每个蝶形需要 3 次复数乘法和 8 次复数加法。因此，$(N \times N)$ 点基(2×2) DIT – DFT 需要 $3(\frac{N^2}{4}\log_2 N)$ 次复数乘法和 $8(\frac{N^2}{4}\log_2 N)$ 次复数加法。穷举算法需要 N^4 次复数乘法和复数加法。当 $N_1 = R_1^n$，$N_2 = R_2^n$ 时，可实现(R_1, R_2)矢量基 DIT – DFT。与(2×2)矢量基 DIT – DFT 类似，它也叫作混合矢量基 FFT。矢量基算法还有各种各样的形式，如矢量基 DIF – DFT、混合矢量基 DIF – DFT 及矢量基 DIF/DIT – DFT 等。

6.2　矢量基 DIF – FFT

矢量基 DIF – FFT 类似矢量基 DIT – FFT。如上文所述，假设 $N_1 = N_2 = 2^n = N$，则对于

$$x(n_1, n_2) \qquad n_1, n_2 = 0, 1, \cdots, N-1$$

其二维 DFT 可表示为

$$
\begin{aligned}
X^{\mathrm{F}}(k_1, k_2) &= \sum_{n_1=0}^{N-1} \sum_{n_2=0}^{N-1} x(n_1, n_2) W_N^{n_1 k_1} W_N^{n_2 k_2} \\
&= \Big(\sum_{n_1=0}^{(N/2)-1} + \sum_{n_1=N/2}^{N-1} \Big)\Big(\sum_{n_2=0}^{(N/2)-1} + \sum_{n_2=N/2}^{N-1} \Big)\big[x(n_1, n_2) W_N^{n_1 k_1} W_N^{n_2 k_2} \big] \\
&= \Big(\sum_{n_1=0}^{(N/2)-1} \sum_{n_2=0}^{(N/2)-1} + \sum_{n_1=0}^{(N/2)-1} \sum_{n_2=N/2}^{N-1} + \sum_{n_1=N/2}^{N-1} \sum_{n_2=0}^{(N/2)-1} + \sum_{n_1=N/2}^{N-1} \sum_{n_2=N/2}^{N-1} \Big) \\
&\quad \times \big[x(n_1, n_2) W_N^{n_1 k_1} W_N^{n_2 k_2} \big] \qquad k_1, k_2 = 0, 1, \cdots, \frac{N}{2} - 1 \\
&= I + II + III + IV
\end{aligned}
\tag{6.6}
$$

式中，I、II、III、IV 分别表示相应的 4 个求和。

在 II、III、IV 中，求和变量分别代换如下：

$$n_2 = m_2 + N/2, n_1 = m_1 + N/2, n_1 = m_1 + N/2, n_2 = m_2 + N/2$$

则式(6.6)可以简化为

$$
\begin{aligned}
X^{\mathrm{F}}(k_1, k_2) &= \sum_{n_1=0}^{(N/2)-1} \sum_{n_2=0}^{(N/2)-1} x(n_1, n_2) W_N^{n_1 k_1 + n_2 k_2} \\
&\quad + \sum_{n_1=0}^{(N/2)-1} \sum_{n_2=0}^{(N/2)-1} x\Big(n_1, n_2 + \frac{N}{2}\Big) W_N^{n_1 k_1 + n_2 k_2} (-1)^{k_2} \\
&\quad + \sum_{n_1=0}^{(N/2)-1} \sum_{n_2=0}^{(N/2)-1} x\Big(n_1 + \frac{N}{2}, n_2\Big) W_N^{n_1 k_1 + n_2 k_2} (-1)^{k_1} \\
&\quad + \sum_{n_1=0}^{(N/2)-1} \sum_{n_2=0}^{(N/2)-1} x\Big(n_1 + \frac{N}{2}, n_2 + \frac{N}{2}\Big) W_N^{n_1 k_1 + n_2 k_2} (-1)^{k_1 + k_2} \\
&\qquad k_1, k_2 = 0, 1, \cdots, N-1
\end{aligned}
\tag{6.7}
$$

二维 DFT 可以考虑以下四种情况：

k_1	k_2
(a)偶整数$(2r_1)$	偶整数$(2r_2)$
(b)奇整数$(2r_1 + 1)$	偶整数$(2r_2)$
(c)偶整数$(2r_1)$	奇整数$(2r_2 + 1)$
(d)奇整数$(2r_1 + 1)$	奇整数$(2r_2 + 1)$

$$r_1, r_2 = 0, 1, \cdots, \frac{N}{2} - 1$$

对于这四种情况，式(6.7)可表示为

$$X^{\mathrm{F}}(2r_1,2r_2) = \sum_{n_1=0}^{(N/2)-1}\sum_{n_2=0}^{(N/2)-1}\Big[x(n_1,n_2) + x(n_1,n_2+\frac{N}{2})$$
$$+ x(n_1+\frac{N}{2},n_2) + x(n_1+\frac{N}{2},n_2+\frac{N}{2})\Big]W_{N/2}^{n_1r_1+n_2r_2} \qquad (6.8\mathrm{a})$$

$$X^{\mathrm{F}}(2r_1+1,2r_2) = \sum_{n_1=0}^{(N/2)-1}\sum_{n_2=0}^{(N/2)-1}W_N^{n_1}\Big[x(n_1,n_2) + x(n_1,n_2+\frac{N}{2})$$
$$- x(n_1+\frac{N}{2},n_2) - x(n_1+\frac{N}{2},n_2+\frac{N}{2})\Big]W_{N/2}^{n_1r_1+n_2r_2} \qquad (6.8\mathrm{b})$$

$$X^{\mathrm{F}}(2r_1,2r_2+1) = \sum_{n_1=0}^{(N/2)-1}\sum_{n_2=0}^{(N/2)-1}W_N^{n_2}\Big[x(n_1,n_2) - x(n_1,n_2+\frac{N}{2})$$
$$+ x(n_1+\frac{N}{2},n_2) - x(n_1+\frac{N}{2},n_2+\frac{N}{2})\Big]W_{N/2}^{n_1r_1+n_2r_2} \qquad (6.8\mathrm{c})$$

$$X^{\mathrm{F}}(2r_1+1,2r_2+1) = \sum_{n_1=0}^{(N/2)-1}\sum_{n_2=0}^{(N/2)-1}W_N^{n_1+n_2}\Big[x(n_1,n_2) - x(n_1,n_2+\frac{N}{2})$$
$$- x(n_1+\frac{N}{2},n_2) + x(n_1+\frac{N}{2},n_2+\frac{N}{2})\Big]W_{N/2}^{n_1r_1+n_2r_2} \qquad (6.8\mathrm{d})$$

$$r_1,\ r_2 = 0,\ 1,\ \cdots,\ \frac{N}{2}-1$$

其中

$X^{\mathrm{F}}(2r_1,2r_2)$ 是

$\Big[x(n_1,n_2) + x(n_1,n_2+\frac{N}{2}) + x(n_1+\frac{N}{2},n_2) + x(n_1+\frac{N}{2},n_2+\frac{N}{2})\Big]$ 的 $(\frac{N}{2}\times\frac{N}{2})$

二维 DFT

$X^{\mathrm{F}}(2r_1+1,2r_2)$ 是

$W_N^{n_1}\Big[x(n_1,n_2) + x(n_1,n_2+\frac{N}{2}) - x(n_1+\frac{N}{2},n_2) - x(n_1+\frac{N}{2},n_2+\frac{N}{2})\Big]$ 的 $(\frac{N}{2}\times$

$\frac{N}{2})$ 二维 DFT

$X^{\mathrm{F}}(2r_1,2r_2+1)$ 是

$W_N^{n_2}\Big[x(n_1,n_2) - x(n_1,n_2+\frac{N}{2}) + x(n_1+\frac{N}{2},n_2) - x(n_1+\frac{N}{2},n_2+\frac{N}{2})\Big]$ 的 $(\frac{N}{2}\times$

$\frac{N}{2})$ 二维 DFT

$X^{\mathrm{F}}(2r_1+1,2r_2+1)$ 是

$W_N^{n_1+n_2}\Big[x(n_1,n_2) - x(n_1,n_2+\frac{N}{2}) - x(n_1+\frac{N}{2},n_2) + x(n_1+\frac{N}{2},n_2+\frac{N}{2})\Big]$ 的 $(\frac{N}{2}$

$\times\frac{N}{2})$ 二维 DFT

$$r_1, r_2 = 0, 1, \cdots, \frac{N}{2} - 1 \tag{6.9}$$

式(6.9)的这种设置可以用图6.2所示的流图形式来表述，并且可被进一步简化为图6.3所示的形式。简化的形式除了3次乘法($W_N^{n_1}, W_N^{n_2}, W_N^{n_1+n_2}$)之外，仅需要8次加法，而非原先的12次加法。

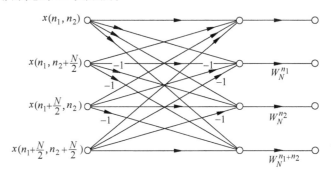

图 6.2　式(6.9)的运算流图

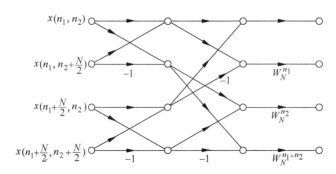

图 6.3　式(6.9)的简化运算流图

一个$(N \times N)$二维 DFT，即

$$X^{\mathrm{F}}(k_1, k_2) \qquad k_1, k_2 = 0, 1, \cdots, N-1$$

分解成 4 个$\left(\frac{N}{2} \times \frac{N}{2}\right)$二维 DFT，即

$$\begin{bmatrix} X^{\mathrm{F}}(2r_1, 2r_2) \\ X^{\mathrm{F}}(2r_1+1, 2r_2) \\ X^{\mathrm{F}}(2r_1, 2r_2+1) \\ X^{\mathrm{F}}(2r_1+1, 2r_2+1) \end{bmatrix} \qquad r_1, r_2 = 0, 1, \cdots, \frac{N}{2} - 1$$

将这些$\left(\frac{N}{2} \times \frac{N}{2}\right)$二维 DFT 继续分解为$\left(\frac{N}{4} \times \frac{N}{4}\right)$二维 DFT，直至获得$(2 \times 2)$二维 DFT(见图6.4和图6.5)。这便是矢量基 DIF－FFT 算法。与 DIT 算法类似，DIF 算法也有很多可能的方式。

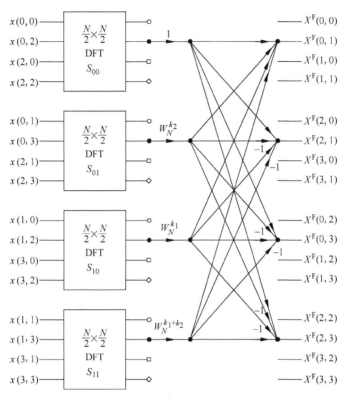

图 6.4　基 –(2×2)FFT 的第一步抽取(为了避免混淆,
只表示了四个蝶形算法中的一个; $N_1 = N_2 = 4$;(4×4)二维 DFT)

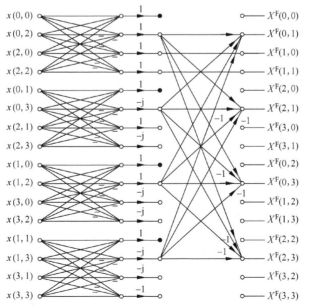

图 6.5　完整(4×4)–点基 –(2×2)DFT(本图只展示了第二步四个蝶形算法中的一个)

6.3　小结

本书第 3 章和第 5 章分别介绍了以 x 为基（$x = 2, 3, 4\cdots$）的各种算法。本章集中讨论了矢量基二维 FFT 算法。这些算法适合使用矢量处理器进行实现。下一章将定义和研究非均匀 DFT（Nonuniform DFT, NDFT），并给出其性质。

第7章 非均匀离散傅里叶变换

7.1 简介

对于包含大量频率分量的信号，傅里叶变换（FT）能够有效地揭示出其频域的内容，通过在频域内将带宽等分，从而使用可接受的分辨率表示信号。离散傅里叶变换（DFT）是数字信号处理中的一个重要工具。其中，长度为 N 的序列的 N 点 DFT 是对序列频谱的 N 点均匀采样[W23]。DFT 已经被广泛应用在解决时域和频域的问题、信号分析/合成、检测/估计，以及数据压缩中[B6]。

在过去的几十年里，随着 DFT 处理算法的发展，出现了对非均匀离散傅里叶变换（Nonuniform DFT，NDFT）的需求[N26]。对于 NDFT 来说，数据将在时域或频域（或者两者兼有）进行非均匀采样，相应的采样点落在 N 个任意但不相同的位置。因此，NDFT 可看做是 DFT 的一般形式，而 DFT 是 NDFT 中的一种特殊情况。

尽管长久以来，人们已经认识到 NDFT 的重要性，但是因为 NDFT 无法保证酉不变性，相应的快速变换算法一直未能获得具体的发展。自 20 世纪 90 年代中期以来，出现了一些使用近似算法的快速 NDFT 算法[N27,N35,N30]。

NDFT 的应用领域包括有效的频谱分析、滤波器设计、天线模式合成、双音多频（Dual – Tone Multi – Frequency，DTMF）信号的解码[N16]、合成孔径雷达（Synthetic Aperture Radar，SAR）、探地雷达（Ground Penetrating Radar，GPR）、天线设计[N43]、磁共振成像（Magnetic Resonance Imaging，MRI）、X 射线断层扫描（Computerized Tomography，CT）[N37]等。其中一些应用涉及将均匀采样的图像非均匀地变换到频域，而另外一些应用对非均匀采样得到的图像进行均匀变换。

本章，我们将研究 NDFT，其采样点在时域或频域中可能是非均匀分布的。由于许多应用涉及在任意点分析频率成分，我们重点研究频域非均匀采样。在下面的小节中我们定义一维和二维 NDFT，并将这些性质与其他章节中给出的均匀 DFT 的性质进行对比分析。快速算法和反变换是 NDFT 发展的主要障碍，本章也将讨论相关内容。最后我们将讨论其在 MATLAB 中的一些应用和实现。

7.2 一维非均匀离散傅里叶变换（NDFT）

7.2.1 均匀采样序列的离散傅里叶变换

首先，考虑连续域内傅里叶变换的定义：在某些特定的情况下，函数 $x(t)$ 的

傅里叶变换存在，且可被定义为

$$X(\omega) = \int_{-\infty}^{\infty} x(t) e^{-j\omega t} dt \tag{7.1}$$

式中，$\omega = 2\pi f$；f 为时间频率，单位为 Hz。通过傅里叶反变换，原始信号可被恢复成如下形式：

$$x(t) = \frac{1}{2\pi} \int_{-\infty}^{\infty} X(\omega) e^{j\omega t} d\omega \tag{7.2}$$

现在我们从傅里叶变换定义的角度考虑 DFT。此时，我们有信号 $x(t)$ 在规则的间隔时间 T_s（即采样间隔）采样的 N 个样本点。注意，这个信号在空间域同样可能是一个函数。在实际情况中，信号 $x(t)$ 的持续时间不是无限长的，但它的整体持续时间为 $T = NT_s$，我们有 $x(t)$ 在均匀时间间隔上的一组样本点 $\{x_n\}$。我们可以定义 $x_n = x(t_n)$。其中，$t_n = nT_s$，是采样坐标，$n = 0, 1, \cdots, N-1$。

对于 DFT 的情况，我们不仅希望信号是离散、不连续的，而且还希望作为时间频率的函数，傅里叶变换在频域内也仅被定义在有规律的点上。也就是说，函数 $X(\omega)$ 并不是对每一个 ω 都有定义，而仅对一些特定的 ω_m 值才有定义。同时，我们希望 $X(\omega_m)$ 的间隔也是有规律的，这样所有的采样 ω_m 都是主频 $\frac{1}{T}$ 的倍数，即 $\omega_m = \frac{2\pi}{T} m$。其中，$m = 0, 1, \cdots, N-1$。注意，$T$ 为信号 $x(t)$ 持续的有限时间，我们希望在这个时间内定义 $x(t)$ 的 DFT。同时注意，我们假设频域内的采样点数等于时域内的采样点数，均为 N。这并不是一个必要条件，但它简化了符号标记。将式（7.1）直接扩展到离散域，则有：

$$X(\omega_m) = \sum_{n=0}^{N-1} x(t_n) e^{-j\omega_m t_n} \tag{7.3}$$

考虑到 ω_m 仅定义在离散的值 $\frac{2\pi}{T} m$，t_n 也仅定义在离散值 nT_s，式（7.3）可以重新写为

$$X(\omega_m) = \sum_{n=0}^{N-1} x(t_n) e^{-j(m\frac{2\pi}{T})(nT_s)} = \sum_{n=0}^{N-1} x(t_n) e^{-j(m\frac{2\pi}{NT_s})(nT_s)} \tag{7.4}$$

现在可以简化公式，使用 m 表示与 ω_m 相关，用 n 表示与 t_n 相关。因此，离散傅里叶变换的最终定义为

$$X^{F}(m) = \sum_{n=0}^{N-1} x(n) e^{-j\frac{2\pi}{N}nm} = \sum_{n=0}^{N-1} x(n) W_N^{nm} \quad m = 0,1,\cdots,N-1 \tag{7.5}$$

式中，$W_N = e^{-j\frac{2\pi}{N}}$。离散傅里叶反变换定义为

$$x(n) = \frac{1}{N} \sum_{m=0}^{N-1} X^{F}(m) e^{j\frac{2\pi}{N}nm} = \frac{1}{N} \sum_{m=0}^{N-1} X^{F}(m) W_N^{-nm} \quad n = 0,1,\cdots,N-1 \tag{7.6}$$

7.2.2　非均匀离散傅里叶变换的定义

现在我们将 DFT 的定义和计算从规则采样扩展到非规则采样域。一般来说，NDFT 的定义与式（7.3）中给出的一样，只要考虑到时间域（t_n）和/或频率域（ω_m）上的采样可能是不规则的。

NDFT 是均匀离散傅里叶变换的扩展，而后者是前者的一种特殊情况。在这里，均匀 DFT 是等间隔数据 $x(n)$ 的傅里叶变换在等间隔的网格上进行分析的。假设时间采样坐标为 $\{t_n, n = 0, 1, \cdots, N-1\} \in [0, N)$，频率采样坐标为 $\{\omega_m, m = 0, 1, \cdots, N-1\} \in [0, N)$。参考文献［N19］给出了四种不同类型的广义 DFT，具体形式见下文。复数序列 $x = \{x(t_0), \cdots, x(t_{N-1})\}$ 与其相应的指数方程卷积得到它的谱函数 $X = \{X(\omega_0), \cdots, X(\omega_{N-1})\}$。如果在等间隔的网格点上估计等间隔数据 $x(n)$ 的傅里叶变换，则将 t_n、ω_m 分别用 n 和 m 替换。

（1）NDFT – 1：非均匀时间采样点和均匀频率采样点。从磁共振成像中得到的图像属于这种情况[N37]。NDFT – 1 非均匀离散傅里叶变换定义如下：

$$X(m) = \frac{1}{\sqrt{N}} \sum_{n=0}^{N-1} x(t_n) \exp\left(\frac{-j2\pi m t_n}{N}\right) \quad m, n = 0, 1, \cdots, N-1 \quad (7.7)$$

（2）NDFT – 2：均匀时间采样点和非均匀频率采样点。从普通相机获取的图像属于这种情况。NDFT – 2 非均匀离散傅里叶变换定义如下：

$$X(\omega_m) = \frac{1}{\sqrt{N}} \sum_{n=0}^{N-1} x(n) \exp\left(\frac{-j2\pi n \omega_m}{N}\right) \quad m, n = 0, 1, \cdots, N-1 \quad (7.8)$$

（3）NDFT – 3：非均匀时间采样点和非均匀频率采样点。从非规则的采样设备获取并变换到非规则频域的图像则属于这种情况。NDFT – 3 非均匀离散傅里叶变换定义如下：

$$X(\omega_m) = \frac{1}{\sqrt{N}} \sum_{n=0}^{N-1} x(t_n) \exp\left(\frac{-j2\pi \omega_m t_n}{N}\right) \quad m, n = 0, 1, \cdots, N-1 \quad (7.9)$$

（4）NDFT – 4：均匀时间采样点和均匀频率采样点。传统的 DFT 属于这种情况，具体的定义见（7.5）。

然而在实际应用中，我们希望考虑更为严格的情况。其中一个情况就是非等间隔数据 $x(t_n)$，$n = 0, 1, \cdots, N-1$ 的傅里叶变换在等间隔网格上进行分析（即 NDFT – 1）。从而，由非等间隔采样到等间隔采样的扩展，为非等间隔时间样本点提供了一个有效的变换工具，如医学图像分析[N37]。除非有一些先验知识，时域的任意点采样应该用特定的、难以适用于信号特性的条件来定义。

另一种可能的考虑，就是用非等间隔的网格点 ω_m，$m = 0, 1, \cdots, N-1$，来估计等间隔数据 $x(n)$ 的傅里叶变换（即 NDFT – 2）。如图 7.1 所示，这个方案对于在任意频率点获得频谱更加灵活。在特定的应用中，如频谱分析，通常更倾向于根据频谱特性，对 Z 变换 $X(z)$ 在 z 平面单位圆上非等间隔分布的点进行分析。频域中频谱更集中的部分，就应该分配更多的采样点。粗略的分析对于幅度较小分量并不会引起严重的误差。

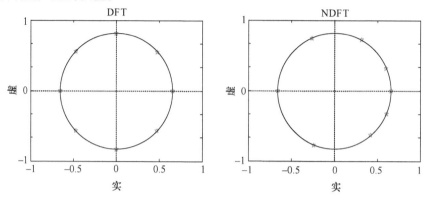

图 7.1　DFT 和 NDFT 在 z 平面单位圆上的 8 个频率点

　　NDFT 的实现可以通过直接将 NDFT 矩阵与数据矩阵相乘来实现，或者用本章后面将要讲到的快速乘法来实现。直接相乘法对于理解变换的概念很有帮助。为了方便比较，下面分别给出了 DFT 和 NDFT 正向变换和反变换的 MATLAB 函数。

```
function [Xk] = dft1d(xn, N)
 % Computes Uniform Discrete Fourier Transform by multiplication of
 DFT matrix.
 %- - - - - - - - - - - - - - - - - - - - -
 % xn = N-point 1D input sequence over 0 <= n <= N-1 (row vector)
 % Xk = 1D DFT coefficient array over 0 <= k <= N-1
 % N = Length of DFT
 % Usage: Xk = dft1d(xn, N)
 %
 n = 0 : 1 : N-1; % Index for input data
 k = 0 : 1 : N-1; % Index for DFT coefficients
 Wn = exp(-j*2*pi/N); % Twiddle factor
 nk = k'*n; % Creates an N × N matrix
 DFTmtx = Wn .^ nk; % DFT matrix (N × N)
 Xk = (DFTmtx * xn.'); % DFT coefficients (column vector)
 % xn.' is the non-conjugate transpose of xn and equals to "transpose
 (xn)".

function [xn] = idft1d(Xk, N)
 % Computes Uniform Inverse Discrete Fourier Transform.
 %- - - - - - - - - - - - - - - - - - - - -
 % xn = N-point 1D input sequence over 0 <= n <= N-1 (column vector)
 % Xk = 1D DFT coefficient array over 0 <= k <= N-1
 % N = Length of DFT
 % Usage: xn = idft1d(Xk, N)
 %
 n = 0 : 1 : N-1; % Index for input data
 k = 0 : 1 : N-1; % Index for DFT coefficients
 Wn = exp(j*2*pi/N); % Twiddle factor
 nk = n'*k; % Creates an N × N matrix
 IDFTmtx = Wn .^ nk; % IDFT matrix (N × N), equivalent to (DFTmtx)'
```

```
xn = (IDFTmtx * Xk).' / N; % Reconstructed sequence (row vector)
function [Xk] = ndft1d(xn, N, fs)

% Computes NonUniform Discrete Fourier Transform
% - - - - - - - - - - - - - - - - - - - -
% xn = N-point 1D input sequence over 0 <= n <= N-1 (Uniform)
% Xk = 1D NDFT coefficient array (NonUniform)
% fs = nonuniform frequency vector (N-point)
% N = Length of DFT
% Usage: Xk = ndft1d(xn, N, fs)
%

n = 0 : 1 : N-1; % Index for input data
Wn = exp(-j*2*pi/N); % Twiddle factor
nk = fs' * n; % Creates an N × N matrix
DFTmtx = Wn .^ nk; % DFT matrix (N × N)
Xk = (DFTmtx * xn.'); % DFT coefficients (column vector)

function [xn] = indft1d(Xk, N, fs)
% Computes 1D NonUniform Inverse Discrete Fourier Transform
% - - - - - - - - - - - - - - - - - - - - - - - -
% xn = N-point 1D input sequence over 0 <= n <= N-1
% fs = Nonuniform frequency vector (N-point)
% Xk = 1D DFT coefficient array over 0 <= k <= N-1
% N = Length of DFT
% Usage: xn = indft1d(Xk, N, fs)
%
n = 0 : 1 : N-1; % Index for input data

Wn = exp(-j*2*pi/N); % Twiddle factor
nk = fs' * n; % Creates an N × N matrix
DFTmtx = Wn .^ nk; % DFT matrix (N × N)
xn = (inv(DFTmtx) * Xk).'; % Reconstructed sequence (row vector)
```

7.2.3　NDFT 的性质

根据上文的定义，序列 $x(n)$ 的 NDFT 在 z 域用 $X(z_k)$ 表示，序列的 DFT 在其单位圆上，用 $X^F(k)$ 表示（见图 2.3b）。因此，DFT 的某些性质也同样适用于 NDFT 运算。

1. 线性性质

设 $x_1(n) \xleftrightarrow{\text{NDFT}} X_1(z_k)$ 和 $x_2(n) \xleftrightarrow{\text{NDFT}} X_2(z_k)$，则有

$$[a_1 x_1(n) + a_2 x_2(n)] \xleftrightarrow{\text{NDFT}} [a_1 X_1(z_k) + a_2 X_2(z_k)] \tag{7.10}$$

式中，a_1 和 a_2 为常数。因此，就像 DFT 一样，NDFT 也是线性运算。

如果两个信号的长度不同，也就是 $x_1(n)$ 的长度是 N_1，$x_2(n)$ 的长度是 N_2，那么这两个序列的线性组合的最大长度是 $N = \max(N_1, N_2)$。如果一个序列的长度较小，则需要在线性操作之前将它提前补零，以达到相同的长度。

2. 复共轭

对于 N 点 DFT 和 NDFT，有

$$x^*(n) \xleftrightarrow{\text{NDFT}} X^*(z_k^*) \tag{7.11}$$

式中，$x^*(n)$ 为 $x(n)$ 的共轭。$x^*(n)$ 的 NDFT 为

$$F_N[x^*(n)] = \sum_{n=0}^{N-1} x^*(n) z_k^{-n} = \left\{ \sum_{n=0}^{N-1} x(n)(z_k^*)^{-n} \right\}^* = X^*(z_k^*) \tag{7.12}$$

式中，$F_N[x^*(n)]$ 表示 $x^*(n)$ 的 NDFT。因此，原始序列的共轭将引起其 NDFT 的共轭，在 z 域内的共轭样本点上进行估计。

3. 序列的实部

一个序列的实部的 NDFT 是自身 NDFT 和其共轭的均值，即

$$\mathrm{Re}\{x(n)\} \xleftrightarrow{\mathrm{NDFT}} \frac{1}{2}\{X(z_k) + X^*(z_k^*)\} \tag{7.13}$$

由于 $x(n)$ 的实部由 $x_r(n) = \frac{1}{2}\{x(n) + x^*(n)\}$ 给出，因此其 NDFT 可以应用线性和复共轭的性质得到，即

$$F_N[x_r(n)] = \frac{1}{2}\{X(z_k) + X^*(z_k^*)\} \tag{7.14}$$

4. 序列的虚部

$$\mathrm{jIm}\{x(n)\} \xleftrightarrow{\mathrm{NDFT}} \frac{1}{2}\{X(z_k) - X^*(z_k^*)\} \tag{7.15}$$

由于序列 $x(n)$ 的虚部可以表示为 $x_i(n) = \frac{1}{\mathrm{j}2}\{x(n) - x^*(n)\}$，其 NDFT 可以应用线性和复共轭的性质得到，即

$$F_N[\mathrm{j}x_i(n)] = \frac{1}{2}\{X(z_k) - X^*(z_k^*)\} \tag{7.16}$$

5. 时域平移

设有正整数 q_0，考虑任意间隔的离散时域信号 $x(n-q_0)u(n-q_0)$，它由 $x(n)u(n)$ 平移 q_0 步长得到，则

$$x(n-q_0)u(n-q_0) \xleftrightarrow{\mathrm{NDFT}} \sum_{n=0}^{N-1+q_0} x(n-q_0)u(n-q_0)z_k^{-n} \tag{7.17}$$

由于当 $n < q_0$ 时有 $u(n-q_0) = 0$，而当 $n \geq q_0$ 时有 $u(n-q_0) = 1$，则

$$x(n-q_0)u(n-q_0) \xleftrightarrow{\mathrm{NDFT}} \sum_{n=q_0}^{N-1+q_0} x(n-q_0)z_k^{-n} \tag{7.18}$$

将式（7.18）中右边的求和改变一下上标。令 $m = n - q_0$，则有 $n = m + q_0$。那么，当 $n = q_0$ 时 $m = 0$，当 $n = N-1+q_0$ 时 $m = N-1$。因此可得

$$\sum_{n=q_0}^{N-1+q_0} x(n-q_0)z_k^{-n} = \sum_{m=0}^{N-1} x(m)z_k^{-(m+q_0)} = z_k^{-q_0}\sum_{m=0}^{N-1} x(m)z_k^{-m} = z_k^{-q_0}X(z_k) \tag{7.19}$$

将此式与式（7.18）结合将产生变换对，即

$$x(n-q_0)u(n-q_0) \xleftrightarrow{\mathrm{NDFT}} z_k^{-q_0}X(z_k) \tag{7.20}$$

这说明在时域的平移将导致非均匀离散傅里叶变换 $X(z_k)$ 与复因子 $z_k^{-q_0}$ 的相乘。

6. 与 a_s^n 的乘积

$$a_s^n x(n) \xleftrightarrow{\mathrm{NDFT}} X\left(\frac{z_k}{a_s}\right) \tag{7.21}$$

对任意非零实数或者复数 a_s，与序列相乘的 NDFT 为

$$F_N[a_s^n x(n)] = \sum_{n=0}^{N-1} a_s^n x(n) z_k^{-n} = \sum_{n=0}^{N-1} x(n) \left(\frac{z_k}{a_s}\right)^{-n} = X\left(\frac{z_k}{a_s}\right) \qquad (7.22)$$

7. 时域反转

$$x(-n) \xleftarrow{\text{NDFT}} X\left(\frac{1}{z_k}\right) \qquad (7.23)$$

$x(-n)$ 的 NDFT 计算如下：

$$F_N[x(-n)] = \sum_{n=-N+1}^{0} x(-n) z_k^{-n} \qquad (7.24)$$

令 $m = -n$，则有

$$F_N[x(-n)] = \sum_{m=0}^{N-1} x(m) z_k^m = X\left(\frac{1}{z_k}\right) \qquad (7.25)$$

可见，序列在时域反转引起采样点在 z 平面上的位置取倒数。

7.2.4　NDFT-2 示例

本章的目的是推导信号 DFT 后在频域进行非均匀采样，非均匀样本点将用 NDFT 进行变换。例如，假设图 7.2 所示信号是两个正弦信号的混合，即 0.2π 和

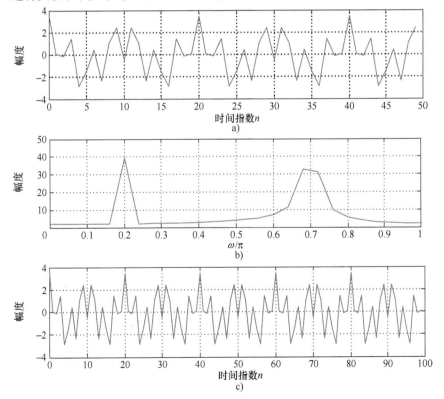

图 7.2　DFT 的结果

a) 输入序列为 50 个采样点　b) 图 a 的 DFT 输出　c) 输入序列为 100 个采样点

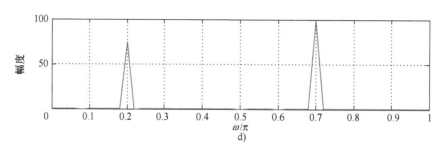

图 7.2   DFT 的结果（续）

d）图 c 的 DFT 输出

0.7π。信号的 DFT 可以通过规则采样间隔得到（见图 7.1）。我们假设采样点数无限多，也就是说信号持续无限长时间，这样信号在频域内的相应将会是无限短的。

然而，图 7.2a 所示的有限采样点信号的 DFT 并没有显示出合适的频率分析，而是导致了图 7.2b 中在 0.2π 和 0.7π 附近有很宽的频谱范围。如图 7.2c 所示，我们用更多的采样点获得了改进的性能，但是在 0.2π 和 0.7π 这两个主频附近仍然含有额外的频率成分。这意味着一个信号所包含的频率分量中，其单位脉冲响应是通过时域无限多的采样点得到的，这在现实的情况下是不可行的。换句话说，为了获得精确的频域特性，信号在时域应该是无限长的。因此，我们需要引入一种在频域内非均匀分配采样点的新概念，使得采样点在特定频率范围内密集分布，同时在不太重要的频率范围减少采样点的数量。NDFT 产生主要频谱的最优逼近。

上述实验的 MATLAB 程序代码如下：

```
%Program test_fft.m
k = 0:49;
w1 = 0.2*pi;w2 = 0.7*pi;
x1 = 1.5*cos(w1*k); x2 = 2*cos(w2*k);
x = x1+x2;
G = fft(x);
figure
subplot(2,1,1);
plot(k,x); grid; axis([0 49 -4 4]);
xlabel('Time Index n'); ylabel('Amplitude');
title('Input Sequence(50 pts)');
subplot(2,1,2);
plot(2*k/50,abs(G)); grid; axis([0 1 0 50])
xlabel('\rmomega/\rmpi'); ylabel('Amplitude');
title('Output Sequence');

k = 0:99;
w1 = 0.2*pi;w2 = 0.7*pi;
x1 = 1.5*cos(w1*k); x2 = 2*cos(w2*k);
x = x1+x2;
G = fft(x);
figure
subplot(2,1,1);
plot(k,x); grid;
xlabel('Time Index n'); ylabel('Amplitude');
```

```
title('Input Sequence(100 pts)');
subplot(2,1,2);
plot(k/50,abs(G)); grid; axis([0 1 0 100])
xlabel('\rmomega/\rmpi'); ylabel('Amplitude');
title('Output Sequence');
```

为了计算 NDFT，我们在两个主频的周围设定非均匀采样间隔。这一过程可以通过手动调节或图 7.3 所示的在质心重采样方法来实现[N44]。注意，R^n 中一组有限点 x_1，x_2，$\cdots$，x_k 的质心 C 定义为

$$C = \frac{x_1 + x_2 + \cdots + x_k}{k} \qquad (7.26)$$

式中，R^n 为所有具有实数元的 $n \times 1$ 的矩阵。在这个例子中，NDFT 中样本的顺序是非线性分配的，并且集中在主频附近。这种非线性重采样可以在 DFT 域实现，步骤如下：

（1）使用 DFT，进行频域等间隔采样。

（2）以一定的比例（大于 2）在采样区间进行插值，并基于曲线拟合来重塑幅度谱，例如三次样条函数曲率[B6,296]。

（3）以质心的概念，对插值采样点进行重采样，获得与等间隔采样一样的采样点数。

（4）使用非等间隔频率重采样实现 NDFT。

图 7.3 通过采样过密和质心的概念进行非均匀重采样

频域重采样是基于 1~10 的插值比和质心实现的。这是为了得到与原始采样相同的采样点数。图 7.4 给出的结果显示了最优的能量分布和重采样得到有限的频率分量。

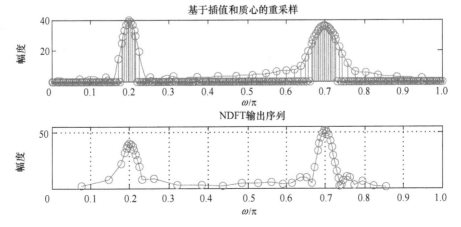

图 7.4 基于插值和质心的重采样结果（在频谱幅度较大时进行更密集的采样，
下图给出了使用重采样点时 NDFT 的输出）

　　下面的指令是基于输入信号的 FFT 来实现使用 NDFT 检测两个主频的。其中，过采样因数为 10 倍，用质心的概念进行重采样获得与输入相同的 50 个采样点，前向 NDFT 的 MATLAB 的程序代码如下：

```
%Program ndft_cent_run.m
clear ; k = 0:49;
w1 = 0.2*pi ; w2 = 0.7*pi;
x1 = 1.5*cos(w1*k) ; x2 = 2*cos(w2*k);
x = x1+x2;
%
G = fft(x) ; y = abs(G); % 50 samples
%resample_fun(k,G1,0,24,20,20)
xx=0:0.1:49; %491 samples
yy = spline(k,y,xx); yy = abs(yy); %491 samples
% Resampling (downsampling) to nsample
tsum=sum(yy); inc=0; nsample=100; snum=length(xx);
avstep = tsum/nsample;
for i=1:nsample % nsample is # of cent_position
   tmp=0; step=0;
   for j=1+inc:snum
     tmp=tmp+yy(j);
     step=step+1;
     if tmp >= avstep
       tmp1=tmp-yy(j);
       if (avstep-tmp1) <= (tmp-avstep)
         cent_position(i)=j-1;
         inc=inc+step-1;
         break
       else
         cent_position(i)=j;
         inc=inc+step;
         break
       end
     end
   end
end
cent_position

yy1=zeros(1,snum);
for j=1:nsample-1
   yy1(cent_position(j))=yy(cent_position(j));
end
subplot(3,1,1);
stem(2*xx/50,yy1);grid; axis([0 1 0 40])
hold on;
plot(2*xx/50,yy); axis([0 1 0 40])
xlabel('\rmomega/\rmpi'); ylabel('Magnitude');
title('Resampling based on interpolation and centroid')

Zi=2*cent_position/snum;
Zi=Zi(1:50);
[H,Z] = ndft(x,pi*Zi,'uc');

subplot(3,1,2);
plot(Zi,abs(H), 'Marker','o'); grid; axis([0 1 0 55])
xlabel('\rmomega/\rmpi'); ylabel('Magnitude');
title('NDFT output sequence');
```

另外一个例子是通过上/下线性插值来检验 NDFT 和 INDFT（NDFT 的反变换），证明了将在 7.3 节中讨论的合理近似方法，如图 7.5 所示。其 MATLAB 的程序代码如下：

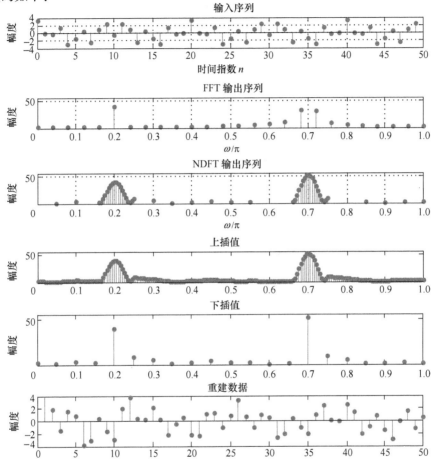

图 7.5 基于上/下插值和 FFT 反变换的 NDFT 及 INDFT

```
% Program to test NDFT/INDFT using up/down interpolation
%
clf; % clear current figure
% Generate the input sequence
k = 0:49;
w1 = 0.2*pi; w2 = 0.7*pi;
x1 = 1.5*cos(w1*k); x2 = 2*cos(w2*k);
x = x1+x2;
% Calculating the Discrete Fourier Transform of the
% sequence to find the frequencies involved in the signal.
G = fft(x);
% Calculating the NDFT around the frequencies of interest.
Zi1 = [0.16:.005:0.25]; Zi2 = [0.35:.05:0.55];
Zi3 = [0.66:.005:0.75]; Zi4 = [0.85:.05:1];
```

```
Zi = [0.05 0.1 Zi1 0.3 Zi2 Zi3 Zi4];
[H,Z] = ndft(x,pi*Zi,'uc');
% Plot the input and output sequences
subplot(4,1,1);
stem(k,x, 'Marker','.'); grid; axis([0 50 -4 4]);
xlabel('Time index n'); ylabel('Amplitude');
title('Input sequence');
subplot(4,1,2);
stem(2*k/50,abs(G), 'Marker','.');grid; axis([0 1 0 55])
xlabel('\rmomega/\rmpi'); ylabel('Magnitude');
title('FFT output sequence');
subplot(4,1,3);
stem(Zi,abs(H), 'Marker','.');grid; axis([0 1 0 55])
xlabel('\rmomega/\rmpi'); ylabel('Magnitude');
title('NDFT output sequence');
Zinc = [0:0.005:1]; Zdec = [0:0.05:1];
H_int = interp1(Zi, H, Zinc,'linear', 'extrap');
ix = ifft(G);
subplot(4,1,4);stem(Zinc,abs(H_int), 'Marker','.');
axis([0 1 0 55]);title('Up interpolated');
H_rec = interp1(Zinc, H_int, Zdec,'linear', 'extrap');
figure;subplot(411);stem(Zdec,abs(H_rec), 'Marker','.');
axis([0 1 0 55]);title('Down interpolated');
Fi = ifft(H_rec, 50);
subplot(412);stem([1:50],real(Fi)*2, 'Marker','.');
axis([0 50 -4 4]); title('Reconstructed data');
```

7.3　NDFT 的快速算法

7.3.1　前向 NDFT

　　NDFT 的计算可以直接通过乘法和加法运算来实现。计算 NDFT 的每一个复数样本点，我们都需要 N 次复数乘法和 $N-1$ 次复数加法，即 $4N$ 次实数乘法和（$4N-2$）次实数加法。因此，计算 N 个样本的计算复杂度大概与 N^2 成正比。注意，这个复杂度同直接计算 DFT 是一样的。然而，由于 DFT 使用正交基函数，可以使用 FFT 实现快速算法，但 Cooley 和 Tukey 算法[N3]则不能用于 NDFT。

　　DFT 可以定义为 Z 变换的一个子集，因为频率域的采样点都落在单位圆上。现在我们将采样点扩展到 z 平面的任意点。因此，N 点 NDFT 被定义为 Z 变换的任意的 N 点频率采样，表示形式如下：

$$X_{\text{ndft}}(z_m) = \sum_{n=0}^{N-1} x_n z_m^{-n} \qquad (7.27)$$

式中，z_m 为感兴趣的复数点，这些点的间隔可以是非规则的。

　　式（7.27）可以重新写为矩阵形式 $\underline{X} = [D]\underline{x}$。其中，矩阵 $[D]$ 及向量 $\underline{X}$ 和 $\underline{x}$ 为

$$\underline{X} = \begin{bmatrix} X_{\text{ndft}}(z_0) \\ X_{\text{ndft}}(z_1) \\ \vdots \\ X_{\text{ndft}}(z_{N-1}) \end{bmatrix}, \quad \underline{x} = \begin{bmatrix} x[0] \\ x[1] \\ \vdots \\ x[N-1] \end{bmatrix},$$

$$[D] = \begin{bmatrix} 1 & z_0^{-1} & z_0^{-2} & \cdots & z_0^{-(N-1)} \\ 1 & z_1^{-1} & z_1^{-2} & \cdots & z_1^{-(N-1)} \\ \vdots & \vdots & \vdots & \ddots & \vdots \\ 1 & z_{N-1}^{-1} & z_{N-1}^{-2} & \cdots & z_{N-1}^{-(N-1)} \end{bmatrix}$$

(7.28)

注意，矩阵乘法需要 $O(N^2)$ 次运算复杂度。

7.3.1.1　霍纳嵌套相乘方法

霍纳（Horner）方法[N7]是一种递归的算法，可以减少内存大小，仅保持两个乘法系数。式（7.27）可以写为

$$X_{\text{ndft}}(z_m) = \sum_{n=0}^{N-1} x_n z_m^{-n} = z_m^{-(N-1)} \sum_{n=0}^{N-1} x_n z_m^{N-1-n} = z_m^{-(N-1)} A_m$$

(7.29)

其中

$$A_m = \sum_{n=0}^{N-1} x_n z_m^{N-1-n} = x_0 z_m^{N-1} + x_1 z_m^{N-2} + \cdots + x_{N-2} z_m + x_{N-1}$$

它也可以表示成一个嵌套的结构，这种结构可以很容易用递归算法计算，即

$$A_m = (\cdots (x_0 z_m + x_1) z_m + \cdots) z_m + x_{N-1}$$

(7.30)

【例】　当 $N = 3$ 时，$A_m = ((x_0 z_m + x_1) z_m + x_2) z_m + x_3^{\ominus}$

最小的嵌套输出是 $y_1 = y_0 z_m + x_1$，初始条件是 $y_0 = x_0$，式（7.30）可以用递归差分方程表示为 $y_n = y_{n-1} z_m + x_n$。当这个算法运行 N 次，我们则可以获得最终结果 $A_m = y_{N-1}$。因此，计算第 m 个 NDFT 样本只需要两个乘法系数（z_m 和 $z_m^{-(N-1)}$），这样就减少了输入信号所需的内存（缓存）大小。但是这种算法的复杂度需要 $4N$ 次的实数乘法和（$4N-2$）次的实数加法，这和直接计算的方法复杂度相同。

霍纳算法可以用如下的 MATLAB 程序代码来实现：

```
function [Xndft, zm] = ndft(x, z, 'Horner') % z(m) = zm

% Arbitrary points in the z-plane: Using Horner's method
N = length(x);
for m = 1: N
  x_tmp = x(1);
  for n = 2:N
    x_tmp = x_tmp * z(m) + x(n);
  end
  A(m) = x_tmp; % A(m) = Am
end
X = z.^(1-N).*A; Xndft = X; zm = z; % Output
```

　⊖　原书此处将 z_m 错印为 z。——译者注

```
subplot(2,1,1);
stem(angle(zm), abs(X)); title('Magnitude plot of the NDFT');
xlabel('Frequency \omega'); ylabel('Magnitude');
axis([min(angle(Zm)) max(angle(zm)) 0 max(abs(X))]);
subplot(2,1,2);
stem(angle(zm), unwrap(angle(X))); title('Phase plot of the NDFT');
xlabel('Frequency \omega'); ylabel('Phase in radians');
axis([min(angle(zm)) max(angle(zm)) min(unwrap(angle(X)))
max(unwrap(angle(X)))]);
```

7.3.1.2 Goertzel 算法

序列 x_n 的 NDFT 是落在 z 平面上任意 N 点的 Z 变换。为了减少计算复杂度，NDFT 可以用落在以原点为中心的单位圆上的点（即 $z_m = e^{j\omega_m}$）估计。其中，ω_m 是角频率。Goertzel 算法[N2,M13]用三角序列进行表述，每一个 NDFT 样本仅需要三个系数：$\cos\omega_m$，$\sin\omega_m$ 和 $e^{-j(N-1)\omega_m}$。则式（7.27）可以写为

$$X_{\text{ndft}}(z_m) = \sum_{n=0}^{N-1} x_n z_m^{-n} = z_m^{-(N-1)} \sum_{n=0}^{N-1} x_n z_m^{N-1-n}$$

$$= e^{-j(N-1)\omega_m} \sum_{n=0}^{N-1} x_n e^{j(N-1-n)\omega_m} = e^{-j(N-1)\omega_m} A_m \tag{7.31}$$

其中

$$A_m = \sum_{n=0}^{N-1} x_n e^{j(N-1-n)\omega_m}$$

这是由于

$$z_m^{-n} = z_m^{-(N-1)} z_m^{N-1-n}$$

我们可以将 A_m 进一步分解成余弦和正弦的成分：

$$A_m = C_m + jS_m \tag{7.32}$$

其中

$$C_m = \sum_{n=0}^{N-1} x_n \cos\left[(N-1-n)\omega_m\right], S_m = \sum_{n=0}^{N-1} x_n \sin\left[(N-1-n)\omega_m\right]$$

由于每一个成分需要 N 个系数，我们需要 $2N$ 点的计算。为了减少复杂度，定义部分和为

$$C_m^{(i)} = \sum_{n=0}^{i} x_n \cos\left[(N-1-n)\omega_m\right] \quad i = 0,1,\cdots,N-1 \tag{7.33a}$$

$$S_m^{(i)} = \sum_{n=0}^{i} x_n \sin\left[(N-1-n)\omega_m\right] \quad i = 0,1,\cdots,N-1 \tag{7.33b}$$

如果 $i = N-1$，则有 $C_m^{(N-1)} = C_m$，$S_m^{(N-1)} = S_m$。通过分析式（7.33），我们观察到

$$C_m^{(1)} = x_0 \cos\left[(N-1)\omega_m\right] + x_1 \cos\left[(N-2)\omega_m\right] \tag{7.34}$$

考虑三角恒等式：

$$\cos(a+b) = \cos a \cos b - \sin a \sin b \tag{7.35a}$$

$$\cos(a - b) = \cos a \cos b + \sin a \sin b \tag{7.35b}$$

将式（7.35a）和式（7.35b）相加得

$$\cos(a + b) = 2\cos a \cos b - \cos(a - b) \tag{7.35c}$$

则可得出式（7.34）中的余弦方程 $\cos[(N-1)\omega_m]$ 可以表示为

$$\cos\left[(N-1)\omega_m\right] = \cos\left\{\left[(N-2)+1\right]\omega_m\right\}$$
$$= 2\cos\left[(N-2)\omega_m\right]\cos\omega_m - \cos\left[(N-3)\omega_m\right]$$

然后式（7.34）可以重新写为

$$C_m^{(1)} = (2x_0\cos\omega_m + x_1)\cos\left[(N-2)\omega_m\right] - x_0\cos\left[(N-3)\omega_m\right] \tag{7.36a}$$

下一个部分和可以表示为

$$C_m^{(2)} = (2x_0\cos\omega_m + x_1)\cos\left[(N-2)\omega_m\right] + (x_2 - x_0)\cos\left[(N-3)\omega_m\right] \tag{7.36b}$$

类似地，有

$$C_m^{(3)} = (2g_2\cos\omega_m + x_2 - x_0)\cos\left[(N-3)\omega_m\right] + (x_2 - g_2)\cos\left[(N-4)\omega_m\right]$$
$$\tag{7.36c}$$

一般的表达式为

$$C_m^{(i)} = g_i\cos\left[(N-i)\omega_m\right] + h_i\cos\left[(N-i-1)\omega_m\right] \quad i=1,2,\cdots,N-1$$
$$\tag{7.36d}$$

其中

$$g_1 = x_0, \qquad\qquad h_1 = x_1$$
$$g_i = 2g_{i-1}\cos\omega_m + h_{i-1}, \qquad h_i = x_i - g_{i-1} \quad i=2,\cdots,N-1$$

最后的余弦项表示为

$$C_m = C_m^{(N-1)} = g_{N-1}\cos\omega_m + h_{N-1} \tag{7.37}$$

类似地

$$\sin\left[(N-1)\omega_m\right] = \sin\left\{\left[(N-2)+1\right]\omega_m\right\}$$
$$= 2\sin\left[(N-2)\omega_m\right]\cos\omega_m - \sin\left[(N-3)\omega_m\right]$$

在式（7.33b）中定义的正弦形式可以重新写为

$$S_m^{(i)} = g_i\sin\left[(N-i)\omega_m\right] + h_i\sin\left[(N-i-1)\omega_m\right] \qquad i=1,2,\cdots,N-1$$

S_m 可以通过对 g_i 递归求解来计算：

$$S_m = S_m^{(N-1)} = g_{N-1}\sin\omega_m \tag{7.38}$$

式中，g_i 和 h_i 已经在式（7.36b）中定义了。这种方法将复杂度降低到 $O(N)$。总的计算量是（$2N+4$）次实数相乘和（$4N-2$）次实数相加。如果输入是实信号，那么它的余弦和正弦形式（C_m 和 S_m）也是实数。因此，总的计算量减少到（$N+2$）次实数相乘和（$2N-1$）次实数相加。

Goertzel 算法可以通过如下的 MATLAB 程序代码实现（流图如图 7.6 所示）：

```
function [Xndft, z] = ndft(x, omega, 'Goertzel')
% Input: x(n), ωm  % Output: Xndft(zm), zm
% On the unit circle: Using the Goertzel algorithm
% with trigonometric series interpretation.
N = length(x); j = sqrt(-1);
for m = 1:N
    h = x(1); g = 0;
    for n = 2:N
        h_pre = h;
        h = x(n) - g;
        g = 2*g*cos(omega(m)) + h_pre;
    end
    C = g*cos(omega(m)) + h;
    S = g*sin(omega(m));
    A(m) = C + j*S; % A(m) = Am
end
X = exp(-j*(N-1)*omega) .*A; Xndft = X; % Output
z = exp(j*omega); % zm = e^{jωm}, z(m) = zm

subplot(2,1,1);
stem(omega, abs(X)); title('Magnitude plot of the NDFT');
xlabel('Frequency \omega'); ylabel(' Magnitude');
axis([min(omega) max(omega) 0 max(abs(X))]);
subplot(2,1,2);
stem(omega, unwrap(angle(X))); title('Phase plot of the NDFT');
xlabel('Frequency \omega'); ylabel('Phase in radians');
axis([min(omega) max(omega) min(unwrap(angle(X)))
max(unwrap(angle(X)))]);
```

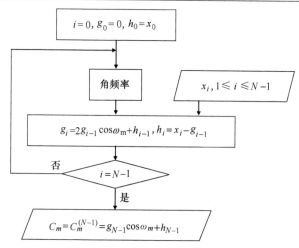

图 7.6　Goertzel 算法流图（只显示了 C_m 的计算）

7.3.2　NDFT 的逆变换（INDFT）

通常情况下，INDFT 没有简单的公式形式，这是因为我们必须为非均匀间隔的频率采样推导逆矩阵。注意，给定一个 NDFT 向量 $\underline{X}$，通过简单运算确定出信号意味着 $\underline{x} = [D]^{-1}\underline{X}$。逆矩阵可以通过高斯消元[B27]求解线性系统来得到。这种方法需要 $O(N^3)$ 次运算。

INDFT 与多项式插值技术是类似的，正如从非均匀频率网格重建均匀频率网格上的信号向量。我们处理下面的重建或恢复问题。设 C 代表一组复数。给定在不等间隔数据点 p_j（其中，$j = 0, 1, 2, \cdots, N-1$）处的值 $x_j \in C (j = 0, 1, 2, \cdots, N-1)$，目的是重建一个接近于原始样本 x_j 的三角多项式 $x(p_j)$，表示如下：

$$x(p_j) = \sum_k X_k \exp(j2\pi p_j) \cong x_j \tag{7.39}$$

即

$$[E]\underline{X} \cong \underline{x}$$

式中，$[E]$ 代表了傅里叶反变换的矩阵形式。

一个标准的方法就是用 Moore – Penrose 伪逆求解[N6]，它可以解决一般的线性最小方差问题：

$$\text{最小化} \|\underline{X}\|^2 \qquad \text{条件为} \|\underline{x} - [E]\underline{X}\|^2 \text{ 最小} \tag{7.40}$$

上述算法是用来最小化残差（误差）范数 $\|\cdot\|^2$。当然，使用奇异值分解计算伪逆问题是非常浪费的，并且完全没有现实可行的方法。

一个更实际的方式是使用加权逼近问题来降低相似误差 $\underline{r} = \underline{x} - [E]\underline{X}$，即

$$\min \|\underline{x} - [E]\underline{X}\|_{[W]} \tag{7.41}$$

其中

$$\|\underline{x} - [E]\underline{X}\|_{[W]} = \left(\sum_{j=0}^{N-1} w_j \, |x_j - x(p_j)|^2 \right)^{\frac{1}{2}}$$

式中，$[W]$ 代表了对角加权矩阵。

7.3.2.1　拉格朗日插值方法

拉格朗日（Lagrange）插值方法可用于将给定的 NDFT 系数转化为相应序列的 Z 变换[N26]。如果上述过程可以实现，则序列（反变换）可以被看成是 Z 变换的系数。用 $N-1$ 阶拉格朗日多项式，Z 变换的系数可以表示为

$$X(z) = \sum_{m=0}^{N-1} \frac{L_m(z)}{L_m(z_m)} X_{\text{ndft}}[m] \tag{7.42}$$

其中

$$L_m(z) = \prod_{i=0, i \neq m}^{N-1} (1 - z_i z^{-1}) \quad m = 0, 1, \cdots, N-1$$

那么，我们只需挑出 $X(z)$ 中的系数就可以得到原始序列 x_n 的采样值。对于较短的序列，如 $N < 50$ 时，它能给出比较理想的结果。但是，当序列很长的时候，它就会产生无穷大的插值误差。

在此以序列长度 $N = 3$ 为例进行说明。为简化起见，假设频率点表示为 $\{z[k]\} = $

$\{a,b,c\}$，NDFT 的样本序列表示为 $\{X_{\text{ndft}}[k]\} = \{\hat{X}[0], \hat{X}[1], \hat{X}[2]\}$，则 Z 变换可以表示为

$$X(z) = \frac{L_0(z)}{L_0(a)}\hat{X}[0] + \frac{L_1(z)}{L_1(b)}\hat{X}[1] + \frac{L_2(z)}{L_2(c)}\hat{X}[2] \tag{7.43}$$

注意，$L_k(z_i)$ 在给定的点上是常数。因此我们将式（7.43）继续展开为

$$X(z) = (1 - bz^{-1})(1 - cz^{-1})\frac{\hat{X}[0]}{L_0(a)} + (1 - az^{-1})(1 - cz^{-1})\frac{\hat{X}[1]}{L_1(b)}$$

$$+ (1 - az^{-1})(1 - bz^{-1})\frac{\hat{X}[2]}{L_2(c)}$$

将此式展开到二阶多项式得

$$X(z) = (1 - (b+c)z^{-1} + bcz^{-2})\frac{\hat{X}[0]}{L_0(a)} + (1 - (c+a)z^{-1} + acz^{-2})\frac{\hat{X}[1]}{L_1(b)}$$

$$+ (1 - (a+b)z^{-1} + abz^{-2})\frac{\hat{X}[2]}{L_2(c)}$$

$x(n)$ 的逆 NDFT（Inverse NDFT）可以被看作是插值多项式 $X(z)$ 的系数。因为

$$\{a[n]\} = \{a_0, a_1\} \leftrightarrow A(z) = a_0 + a_1 z^{-1}$$

则 $x[n]$ 可以用下面的矩阵形式表示：

$$\{x[n]\} = \begin{bmatrix} 1 & 1 & 1 \\ -(b+c) & -(c+a) & -(a+b) \\ bc & ca & ab \end{bmatrix} \begin{bmatrix} \dfrac{\hat{X}[0]}{L_0(a)} \\[2ex] \dfrac{\hat{X}[1]}{L_1(b)} \\[2ex] \dfrac{\hat{X}[2]}{L_2(c)} \end{bmatrix} \tag{7.44}$$

这个矩阵产生了三个数据点。然而，由于系数和数据点"所有组合"的性质，上述形式将导致很高的复杂度。

用拉格朗日插值计算 INDFT 的 MATLAB 程序代码如下：

```
function x = indft(Xndft, z)
  % Input : X_ndft(z_m), z_m % Output : x(n)
  % INDFT using Lagrange interpolation
  format long g
  N = length(Xndft); L = zeros(1,N);
  vec_old = zeros(1,N);
  for m = 1:N
    vec_new = 1;
```

```
temp_vec = [z(1:m-1) z(m+1:N)];
% Computing the fundamental Lagrange polynomial Lm(Zm)
L(m) = prod(1-temp_vec/z(m));
% Computing the fundamental Lagrange polynomial Lm(Z|Zm)
for n = 1: N-1
    vec_new = conv(vec_new,[1-temp_vec(n)]);
end
vec_old = vec_old + vec_new * Xndft(m)/L(m);
end
x = vec_old;
format
```

尽管非均匀样本点的位置可以是任意的，但是如果两个样本点距离很近的话，那么矩阵$[A]$的条件数C将会大幅度增加，其中C定义如下：

$$C([A]) = \|[A]\| \, \|[A]^{-1}\| \tag{7.45}$$

式中，$\|\cdot\|$代表矩阵范数。对矩阵范数我们有许多不同的定义。在 MATLAB 中，用命令 norm（A,$'$parameter$'$）和 cond（A,$'$parameter$'$）检验结果。如果参数是"1"，那么最大绝对误差和$\|[A]\|_1$可以通过$\|[A]\|_1 = \max\limits_j \sum\limits_{i=1}^{n} |a_{ij}|$计算。如果参数是"2"，那么$([A]^{\mathrm{T}})^*[A]$（其中，$([A]^{\mathrm{T}})^*$代表$[A]$的转置共轭）最大特征值的二次方根可以通过$\|[A]\|_2 = [([A]^{\mathrm{T}})^*[A]$的最大特征值$]^{\frac{1}{2}}$计算，这也常被称为矩阵范数。例如，已知$2 \times 2$正交矩阵$[A] = \begin{bmatrix} 1 & 1 \\ 1 & -1 \end{bmatrix}$，而且$\|[A]\|_1 = 2$，$\|[A]\|_2 = \sqrt{2}$。条件数计算命令为

$$C(A) = \mathrm{norm}(A,2) * \mathrm{norm}(\mathrm{inv}(A),2)$$

其中，"$*$"在 MATLAB 中代表乘法。对于所有的矩阵，矩阵范数都大于1。由于一个矩阵$[A]$和它的逆矩阵是一一对应的关系。如果条件数接近1，那么就说$[A]$是良态的矩阵。如果条件数是无限大的，那么这个系统就是奇异的。如果条件数很大的话，那么系统就是非良态的。这里"很大"是指$\log C$比矩阵元的精度还要大（其中C为条件数）。

因此，分级采样的方案可通过引入插值和下采样，来确定非均匀样本点的位置。如图 7.7 所示，对于重要的区域可进行密集采样，与此同时其他区域进行稀疏采样。

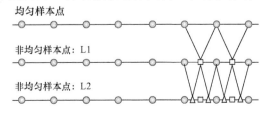

图 7.7 以 2 为因子进行分级插值

7.4　二维 NDFT

与一维 NDFT 相比，二维 NDFT 可以在时域或频域内实际的非均匀采样位置上进行计算。考虑设计者要求的频率，检测某一个精确频率的特性是可能的。假设在频域进行了非均匀采样，对于一个大小为 $N_1 \times N_2$ 的序列 $x(n_1, n_2)$，其二维 NDFT 定义如下：

$$X(z_{1k}, z_{2k}) = \sum_{n_1=0}^{N_1-1} \sum_{n_2=0}^{N_2-1} x(n_1, n_2) z_{1k}^{-n_1} z_{2k}^{-n_2} \quad k = 0, 1, \cdots, N_1 N_2 - 1 \quad (7.46)$$

式中，(z_{1k}, z_{2k}) 代表了 (z_1, z_2) 区域中 $N_1 N_2$ 个不同的点。只要反变换存在，这些点可以被任意选取。

二维序列可以被看作是依次排列的一维序列。也就是说，$N_1 \times N_2$ 个数据可以被重组获得 $N_1 N_2$ 个点。相应的变换矩阵的大小是 $N_1 N_2 \times N_1 N_2$。在这里，我们用一个例子 $N_1 = N_2 = 2$ 进行说明。变换的矩阵形式如下：

$$\underline{X} = [D]\underline{x} \quad (7.47)$$

其中

$$\underline{X} = \begin{bmatrix} X(z_{10}, z_{20}) \\ X(z_{11}, z_{21}) \\ X(z_{12}, z_{22}) \\ X(z_{13}, z_{23}) \end{bmatrix}, \quad \underline{x} = \begin{bmatrix} x(0,0) \\ x(0,1) \\ x(1,0) \\ x(1,1) \end{bmatrix},$$

$$[D] = \begin{bmatrix} 1 & z_{20}^{-1} & z_{10}^{-1} & z_{10}^{-1} z_{20}^{-1} \\ 1 & z_{21}^{-1} & z_{11}^{-1} & z_{11}^{-1} z_{21}^{-1} \\ 1 & z_{22}^{-1} & z_{12}^{-1} & z_{12}^{-1} z_{22}^{-1} \\ 1 & z_{23}^{-1} & z_{13}^{-1} & z_{13}^{-1} z_{23}^{-1} \end{bmatrix}$$

7.4.1　二维采样结构

7.4.1.1　均匀的三角结构

长期以来，图 7.8a 所示的这种规则结构在许多频率分析和处理中获得了应用，传统的均匀 DFT 擅长处理这种结构下的样本。相应的变换从本质上是可分离的。

7.4.1.2　非均匀矩形结构

这种情况下，采样点落在 (z_1, z_2) 区间内矩形网格的节点上，如图 7.8b 所示。z_1 和 z_2 坐标之间的间隔是非均匀的，但是线条（行或列）互相平行。只要是不同的行列，行列之间的距离是任意选择的。

由于所有的点定义在一条直线上，所以变换的运算是可以分离的，并且可以表

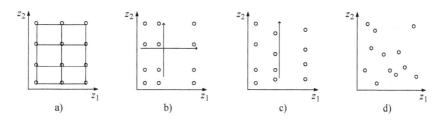

图 7.8　二维情况下的频率采样结构

a）均匀的矩形　b）非均匀的矩形结构　c）平行线上的非均匀结构　d）任意的非均匀结构

示成如下更为简单的矩阵形式：

$$[X] = [D_1][x][D_2]^T \tag{7.48}$$

其中

$$[X] = \begin{bmatrix} X(z_{10},z_{20}) & X(z_{10},z_{21}) & \cdots & X(z_{10},z_{2,N_2-1}) \\ X(z_{11},z_{20}) & X(z_{11},z_{21}) & \cdots & X(z_{11},z_{2,N_2-1}) \\ \vdots & \vdots & \ddots & \vdots \\ X(z_{1,N_1-1},z_{20}) & X(z_{1,N_1-1},z_{21}) & \cdots & X(z_{1,N_1-1},z_{2,N_2-1}) \end{bmatrix}$$

$$[x] = \begin{bmatrix} x(0,0) & x(0,1) & \cdots & x(0,N_2-1) \\ x(1,0) & x(1,1) & \cdots & x(1,N_2-1) \\ \vdots & \vdots & \ddots & \vdots \\ x(N_1-1,0) & x(N_1-1,1) & \cdots & x(N_1-1,N_2-1) \end{bmatrix}$$

$$[D_1] = \begin{bmatrix} 1 & z_{10}^{-1} & z_{10}^{-2} & \cdots & z_{10}^{-(N_1-1)} \\ 1 & z_{11}^{-1} & z_{11}^{-2} & \cdots & z_{11}^{-(N_1-1)} \\ \vdots & \vdots & \vdots & \ddots & \vdots \\ 1 & z_{1,N_1-1}^{-1} & z_{1,N_1-1}^{-2} & \cdots & z_{1,N_1-1}^{-(N_1-1)} \end{bmatrix}$$

$$[D_2] = \begin{bmatrix} 1 & z_{20}^{-1} & z_{20}^{-2} & \cdots & z_{20}^{-(N_2-1)} \\ 1 & z_{21}^{-1} & z_{21}^{-2} & \cdots & z_{21}^{-(N_2-1)} \\ \vdots & \vdots & \vdots & \ddots & \vdots \\ 1 & z_{2,N_2-1}^{-1} & z_{2,N_2-1}^{-2} & \cdots & z_{2,N_2-1}^{-(N_2-1)} \end{bmatrix}$$

式中，$[D_1]$ 和 $[D_2]$ 分别称为大小为 $N_1 \times N_1$ 和 $N_2 \times N_2$ 的范德蒙矩阵。这种形式的矩阵有时被称为交替矩阵[N11]。范德蒙矩阵的行列式有一个特殊的简洁形式：

$$\det [D_1] = \prod_{i \neq j, i > j} (z_{1i}^{-1} - z_{1j}^{-1})$$

由于这种结构产生了可分离的变换，矩阵 $[D]$ 可以用克罗内克积的形式表示为

$$[D] = [D_1] \otimes [D_2] \tag{7.49}$$

应用克罗内克积⊗的一个性质，矩阵$[D]$的行列式可以重新写为

$$\det [D] = (\det [D_1])^{N_2}(\det [D_2])^{N_1}$$

$$= \prod_{i \neq j, i > j} (z_{1i}^{-1} - z_{1j}^{-1})^{N_2} \prod_{p \neq q, p > q} (z_{2p}^{-1} - z_{2q}^{-1})^{N_1} \quad (7.50)$$

因此，假如$[D_1]$和$[D_2]$是非奇异的，那么矩阵$[D]$是非奇异的。也就是说，如果z_{10}，z_{11}，$\cdots$，z_{1,N_1-1}和z_{20}，z_{21}，$\cdots$，z_{2,N_2-1}这些点是不同的，用于计算矩阵的自由度则从二维 NDFT 情形下的$N_1 N_2$下降到$N_1 + N_2$。通过二维 NDFT 的反变换来得到二维数据，可以分别通过计算两个分离的、大小为N_1和N_2的线性系统来实现。这一过程需要$O(N_1^3 + N_2^3)$次运算，而不是$O(N_1^3 N_2^3)$次运算。

7.4.1.3 平行线非均匀结构

如图 7.8c 所示，由于各点沿着行的方向非均匀分布，这种结构不一定能够应用可分离的操作。然而，这种情况下，二维 NDFT 矩阵可以表示为广义克罗内克积的形式。

$$[D] = [D_2] \otimes [D_1] \quad (7.51)$$

式中，$[D_1]$为一个$N_1 \times N_1$的范德蒙矩阵；$\{[D_2]\}$定义为一系列$N_1 (N_2 \times N_2)$的范德蒙矩阵$[D_{2i}]$，$i = 0, 1, \cdots, N_1 - 1$，表示为

$$\{[D_2]\} = \left\{ \begin{array}{c} [D_{20}] \\ [D_{21}] \\ \vdots \\ [D_{2,N_1-1}] \end{array} \right\} \quad (7.52)$$

其中

$$[D_{2i}] = \begin{bmatrix} 1 & z_{20i}^{-1} & z_{20i}^{-2} & \cdots & z_{20i}^{-(N_2-1)} \\ 1 & z_{21i}^{-1} & z_{21i}^{-2} & \cdots & z_{21i}^{-(N_2-1)} \\ \vdots & \vdots & \vdots & \ddots & \vdots \\ 1 & z_{2,N_2-1,i}^{-1} & z_{2,N_2-1,i}^{-2} & \cdots & z_{2,N_2-1,i}^{-(N_2-1)} \end{bmatrix} \quad i = 0,1,\cdots,N_1-1$$

这意味着

$$[D] = \left\{ \begin{array}{c} [D_{20}] \otimes \underline{d}_0 \\ [D_{21}] \otimes \underline{d}_1 \\ \vdots \\ [D_{2,N_1-1}] \otimes \underline{d}_{N_1-1} \end{array} \right\} \quad (7.53)$$

式中，$\underline{d}_i$表示矩阵$[D_1]$中的第i个行向量。$[D]$的行列式则可以写为

$$\det [D] = (\det [D_1])^{N_2} \prod_{i=0}^{N_1-1} \det [D_{2i}] \quad (7.54)$$

因此，如果$[D_1]$和$[D_{2i}]$是非奇异的，则$[D]$是非奇异的。在这种情况下，变换是部分可分离的。

7.4.1.4　任意采样结构

如图 7.8d 所示，由于频率域的样本点是随机的，可分离变换将不能获得保证。在这种情况下，应当采用连续的一维变换。所有的变换矩阵都应比可分离的情况要大，需要更高的复杂度。

7.4.2　二维非均匀矩形采样的例子

下面给出实现非均匀矩形采样结构（见图 7.8b）二维 NDFT 的 MATLAB 程序代码：

```
function [Xk] = ndft2(xn, M, N, fs1, fs2)
% Computes NonUniform Discrete Fourier Transform
% - - - - - - - - - - - - - - - - - - - - - - -
% xn = N-point 2D input sequence over 0 <= n <= N-1 (Uniform)
% Xk = 2D NDFT coefficient array (NonUniform)
% fs = nonuniform frequency vector (N-point)
% N, M = Length of NDFT
% Usage: Xk = ndft2d_r(xn, N, M, fs1, fs2)
%

n1 = 0 : 1 : M-1;                       % Index for input data
Wn = exp(-j*2*pi/M);                    % Twiddle factor
nk1 = fs1' * n1;                        % Creates an M x M matrix
DFTmtx1 = Wn .^ nk1;                    % DFT matrix (M x M)

n2 = 0 : 1 : N-1;                       % Index for input data
Wm = exp(-j*2*pi/N);                    % Twiddle factor
Nk2 = fs2' * n2;                        % Creates an N x N matrix
DFTmtx2 = Wm .^ nk2;                    % DFT matrix (N x N)
Xk = DFTmtx1 * xn * DFTmtx2.';
```

测试图像数据二维 NDFT 的程序代码示例如下：

```
% 2D NonUniform DFT simulation
x = double(imread('image64.tif'));
figure, imshow(x, [])

t = 0 : 63;
fs1=[[0:0.5:15] [16:32] [33:2:63]];
fs2 = fs1;
Xf = ndft2(x, 64, 64, fs1, fs2);
figure, imshow(abs(Xf), [])

Xfc = fftshift(Xf);
figure, imshow(abs(Xfc), [])

Xfl = log(1+abs(Xfc));
figure, imshow(Xfl, [])

%nonuniform grid plotting
figure, fs11 = decimate(fs1,4); %64 pts -> 16 pts for showing purpose
[X,Y] = meshgrid(fs11); Z = zeros(16);
plot3(X, Y, Z, 'k.'); axis([0 64 0 64]) %Two-dim. nonuniform grids
displayed!
```

在仿真中，非均匀采样结构的选取是最受关注的。例如，我们设计了一个图 7.9 所示的强调低频的结构，这一结构在低频部分有很密集的采样，然而在高频部分采样较稀疏。二维 NDFT 的变换结果在图 7.10 中给出，并将其与均匀的 DFT 进行了对比。从图中可以看出，代表低频分量的中间区域在图 7.10c（原书此处将图 7.10c 错印为图 7.10b。——译者注）所示图像中得到了扩张，这是由于在这部分区域有更多的采样点。

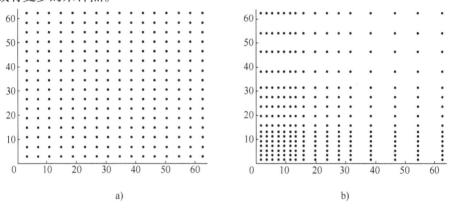

a)　　　　　　　　　　　　　b)

图 7.9　频率采样结构的例子

a) 均匀矩形　b) 非均匀矩形

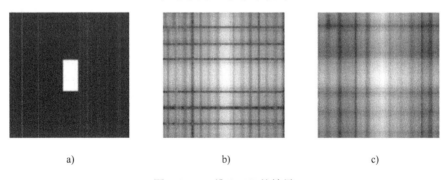

a)　　　　　　　　　b)　　　　　　　　　c)

图 7.10　二维 NDFT 的结果

a) 输入图像　b) 均匀采样　c) 非均匀采样

7.5　使用 NDFT 设计滤波器

7.5.1　低通滤波器的设计

回想一下线性相位（Linear - phase）低通滤波器（Low - pass Filter，LPF）的设计，考虑滤波器抽头个数 N 为奇数。我们假设滤波器的脉冲响应是实对称的，有

$$h[n] = h[N-1-n] \qquad n = 0,1,\cdots,N-1 \tag{7.55}$$

即

$$h[0] = h[N-1], h[1] = h[N-2], \cdots$$

滤波器的频率响应用时域 DFT 的表示形式如下：

$$H(e^{j\omega}) = \sum_{n=0}^{N-1} h[n]e^{-j\omega n} \tag{7.56}$$

由于滤波器是对称的，所以上式可以扩展为

$$H(e^{j\omega}) = h\left(\frac{N-1}{2}\right)e^{-j\omega\left(\frac{N-1}{2}\right)} + \sum_{n=1}^{\frac{(N-1)}{2}} h\left(\frac{N-1}{2}-n\right)\left[e^{-j\omega\left(\frac{N-1}{2}-n\right)} + e^{-j\omega\left(\frac{N-1}{2}+n\right)}\right]$$

$$= \left[h\left(\frac{N-1}{2}\right) + 2\sum_{n=1}^{\frac{(N-1)}{2}} h\left(\frac{N-1}{2}-n\right)\frac{1}{2}(e^{j\omega n} + e^{-j\omega n})\right]e^{-j\omega\left(\frac{N-1}{2}\right)}$$

因此

$$H(e^{j\omega}) = \sum_{k=0}^{\frac{(N-1)}{2}} r[k](\cos(\omega k))e^{-j\omega\frac{N-1}{2}} = R(\omega)e^{-j\omega\frac{N-1}{2}} \tag{7.57}$$

式中，幅度函数 $R(\omega)$ 为 ω 的实、偶、周期性函数，表示为[N26]

$$R(\omega) = \sum_{k=0}^{\frac{(N-1)}{2}} r[k]\cos(\omega k) \tag{7.58}$$

其中

$$r[0] = h\left[\frac{N-1}{2}\right]$$
$$r[k] = 2h\left[\frac{N-1}{2}-k\right] \quad k = 1,2,\cdots,\frac{N-1}{2} \tag{7.59}$$

现在，我们需要通过通带（passband）边界 ω_p、阻带（stopband）边界 ω_s，以及通带和阻带的峰值波动 δ_p 和 δ_s，来定义希望得到的频率响应。

切比雪夫（chebyshev）滤波器[B19,B40] 在通带（类型 Ⅰ）或阻带（类型 Ⅱ）存在等波纹现象，有一定可以接受的容忍度，如图 7.11 所示。此外，在通带和阻带之间特别设计了过渡带，从而使滤波器的幅度响应能够平滑地下降。切比雪夫滤波器可以由如下 MATLAB 程序代码实现：

```
% Chebyshev type I and II filters
% Order of the filters
N = 5;
% Passband edge frequency

Wp = 0.5;
% Ripple in the pass-band (dB)
RipplePass = 1;
% Ripple in the stop-band (dB)
RippleStop = 20;
```

```
w = 0:pi/255:pi;

[numer, denom] = cheby1(N, RipplePass, Wp);
chebyshev1 = abs(freqz(numer, denom, w));

[numer, denom] = cheby2(N, RippleStop, Wp);
chebyshev2 = abs(freqz(numer, denom, w));

subplot(2,1,1);
plot(w, chebyshev1); axis([0 3.14 -0.05 1.05]);
title('Chebyshev type I filter')
subplot(2,1,2);
plot(w, chebyshev2); axis([0 3.14 -0.05 1.05]);
title('Chebyshev type II filter')
```

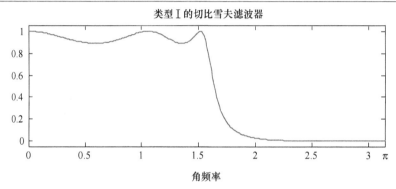

类型 I 的切比雪夫滤波器

角频率

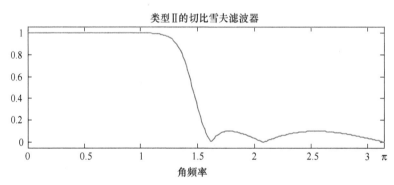

类型 II 的切比雪夫滤波器

角频率

图 7.11　类型 I 和类型 II 的第五阶切比雪夫滤波器（幅度响应）

7.5.1.1　产生期望的频率响应

实数取值的幅度响应 $R(\omega)$ 可以分解为通带 $R_p(\omega)$ 和阻带 $R_s(\omega)$ 两部分：

$$R(\omega) = \begin{cases} R_p(\omega), & 0 \leqslant \omega \leqslant \omega_p \\ R_s(\omega), & \omega_s \leqslant \omega \leqslant \pi \end{cases} \qquad (7.60)$$

式中，$R_p(\omega)$ 和 $R_s(\omega)$ 定义为[N14]

$$R_p(\omega) = 1 - \delta_p T_P(X_p(\omega)) \qquad (7.61)$$

$$R_s(\omega) = -\delta_s T_S(X_s(\omega)) \qquad (7.62)$$

式中，$T_M(\cdot)$ 代表 M 阶切比雪夫多项式，即

$$T_M(x) = \begin{cases} \cos\left(M\cos^{-1}(x)\right), & -1 \leqslant x \leqslant 1 \\ \cosh\left(M\cosh^{-1}(x)\right), & |x| > 1 \end{cases} \tag{7.63}$$

切比雪夫多项式在频率范围内产生小于或等于 ±1 的等波纹, 在频率范围外是单调的。这里, 需要使用函数 $X_p(\omega)$ 和 $X_s(\omega)$, 分别将切比雪夫多项式 $X_p(\omega)$ 和 $X_s(\omega)$ 映射到通带的区间范围 $0 \leqslant \omega \leqslant \omega_p$ 和阻带 $\omega_s \leqslant \omega \leqslant \pi$。这个映射可以通过如下设置 $X_p(\omega)$ 和 $X_s(\omega)$ 来完成:

$$X_p(\omega) = A\cos(a\omega + b) + B$$
$$X_s(\omega) = C\cos(c\omega + d) + D \tag{7.64}$$

这里我们可以通过对滤波器响应 $R_p(\omega)$ 和 $R_s(\omega)$ 的进行合理的限制, 来获得所需的 8 个参数 a, b, c, d, A, B, C, D。具体步骤如下:

1. 参数 b

由于式 (7.60) 中的响应 $R(\omega)$ 关于 $\omega = 0$ 是偶对称的, 则

$$R_p(\omega) = R_p(-\omega) \text{ 和 } X_p(\omega) = X_p(-\omega) \tag{7.65}$$

将 (7.64) 式中的 $X_p(\omega)$ 代入式 (7.65) 得

$$\cos(a\omega + b) = \cos(-(a\omega - b)) = \cos(a\omega - b)$$

因此, b 应该等于 π, 即

$$b = \pi \tag{7.66}$$

2. 参数 d

为了推导其他参数, 我们假设 $R_s(\omega)$ 关于 $\omega = \pi$ 对称, 则

$$R_s(\omega + \pi) = R_s(-\omega + \pi) \text{ 和 } X_s(\omega + \pi) = X_s(-\omega + \pi) \tag{7.67}$$

将式 (7.67) 中的 $X_s(\omega)$ 用式 (7.64) 中的代替, 得

$$\cos(c\omega + (c\pi + d)) = \cos(-c\omega + (c\pi + d))$$

因此, $(c\pi + d)$ 应该等于 π, 则

$$d = \pi(1 - c) \tag{7.68}$$

3. 参数 a

在通带结束处, 即 $\omega = \omega_p$ 时, 式 (7.61) 中的频率响应 $R_p(\omega)$ 应该等于 $1 - \delta_p$ 才能满足暂态响应, 即

$$R_p(\omega_p) = 1 - \delta_p \tag{7.69}$$

再根据式 (7.61), 得

$$T_P(X_p(\omega_p)) = 1 \tag{7.70}$$

由式 (7.63) 中 $T_M(\cdot)$ 的定义, 可以得出 $X_p(\omega_p) = 1$。将此带入式 (7.64), 可得

$$X_p(\omega_p) = A\cos(a\omega_p + b) + B = 1 \tag{7.71}$$

式中, 参数 b 由式 (7.66) 得出。应用三角函数的性质, 有

$$a = \frac{1}{\omega_p}\cos^{-1}\left(\frac{B - 1}{A}\right) \tag{7.72}$$

4. 参数 c

在阻带的起始点 $\omega = \omega_s$ 处，式（7.61）中的频率响应 $R_s(\omega)$ 应该等于 δ_s 才能满足暂态响应，即

$$R_s(\omega_s) = \delta_s \qquad (7.73)$$

这意味着在式（7.62）和式（7.63）中有

$$T_S(X_s(\omega_s)) = 1 \text{ 和 } X_s(\omega_s) = 1 \qquad (7.74)$$

使用式（7.64）中 $X_s(\omega)$ 的形式，可以得

$$X_s(\omega_s) = C\cos(c\omega_s + d) + D = 1 \qquad (7.75)$$

式中，参数 d 由式（7.68）获得。应用三角函数的性质，则

$$c = \frac{1}{\omega_s - \pi}\cos^{-1}\left(\frac{D-1}{C}\right) \qquad (7.76)$$

5. 参数 B

对于 N 为奇数的切比雪夫滤波器，$R_p(\omega)$ 极值发生在 $\omega = 0$ 处。此时有

$$R_p(0) = 1 + \delta_p \qquad (7.77)$$

从式（7.61）得

$$T_P(X_p(0)) = -1 \qquad (7.78)$$

从式（7.63）的定义可知：

$$\cos(M\cos^{-1}(X_p(0))) = -1$$

$$\cos^{-1}(X_p(0)) = \pi, \text{如果} M = 1$$

$$X_p(0) = -1$$

将式（7.64）中的 $X_p(\omega)$ 代入上式，并且使用式（7.66）中 b 值（原书此处将式（7.66）错印为式（7.68）。——译者注），得

$$B = A - 1 \qquad (7.79)$$

（原书此处公式错印为 $D = C - 1$。——译者注）

6. 参数 D

对于 N 为奇数的切比雪夫滤波器，$R_s(\omega)$ 极值发生在 $\omega = \pi$ 处，即

$$R_s(\pi) = -\delta_s \qquad (7.80)$$

（原书此处公式将 $R_s(\pi)$ 错印为 $R_p(\pi)$。——译者注）

从式（7.62）可知

$$T_S(X_s(\pi)) = -1 \qquad (7.81)$$

从式（7.63）的定义可知

$$X_s(\pi) = -1$$

将 $X_s(\omega)$ 以式（7.64）中的形式代替，并且用式（7.68）中 d 值（原书此处将式（7.66）错印为式（7.68）。——译者注），则可求出

$$D = C - 1 \qquad (7.82)$$

（原书此处公式错印为 $B = A - 1$。——译者注）

7. 参数 A

通带响应的最小值定义为

$$\min(R_p(\omega)) = -\delta_s \tag{7.83}$$

即 $R_p(\omega)$ 必须大于阻带波纹的负值。我们将这个条件限制用于式 (7.61)，得

$$T_P(X_p(\omega))\rightarrow\max, \qquad \cos(M\cos^{-1}(x))\rightarrow\max, \qquad \cos^{-1}(X_p(\omega))\rightarrow\min,$$

$$X_p(\omega) = A\cos(a\omega+b)+B\rightarrow\max, \qquad \cos(a\omega+b)=1, \qquad X_p(\omega)=A+B$$

我们将这个结果同样用于式 (7.82) 得

$$1-\delta_p T_P(2A-1) = -\delta_s$$

$$A = \frac{1}{2}\left[T_P^{-1}\left(\frac{1+\delta_s}{\delta_p}\right)+1\right] \tag{7.84}$$

式中，$T_M^{-1}(\cdot)$ 表示 M 阶切比雪夫反函数。

8. 参数 C

阻带响应的最大值可以被定义为

$$\max(R_s(\omega)) = 1+\delta_p \tag{7.85}$$

也就是说，$R_s(\omega)$ 必须比通带的最高波纹要小。我们将这个条件限制应用于式 (7.62)，得

$$\delta_s T_S(C+D) = 1+\delta_p$$

$$C = \frac{1}{2}\left[T_S^{-1}\left(\frac{1+\delta_p}{\delta_s}\right)+1\right] \tag{7.86}$$

7.5.1.2　非均匀频率样本的位置

这里讨论的滤波器在时域包含 N 个滤波器系数。一种设计滤波器的方式是设计频域的频率响应，然后采用 N 点的反变换。首先，对期望得到的频率响应在 z 平面单位圆上进行 N 点非均匀采样[N17]。然后，通过对这些频率采样点进行 INDFT 即可得到滤波器的系数。非均匀样本的最优位置选择为通带和阻带的极值。

由于滤波器的脉冲响应是对称的，独立滤波器的个数 N_i 接近总系数个数 N 的一半，定义如下：

$$N_i = \frac{N+1}{2} \tag{7.87}$$

我们必须将 N_i 个采样以非均匀的方式放置在 $0\leqslant\omega\leqslant\pi$ 的范围内。这些采样带选在通带的极值 P 和阻带的极值 S 处。在通带的极值 P 处，$R_p(\omega)$ 的幅度响应为

$$R_p(\pi) = 1\pm\delta_p \tag{7.88}$$

或者

$$T_P(X_p(\omega)) = \pm1$$

并有

$$X_p(\omega) = \cos\left(\frac{k\pi}{P}\right) \qquad k=1,2,\cdots,N_p \tag{7.89}$$

将式 (7.89) 代入式 (7.64) 得到通带内最优落脚点 $\omega_k^{(p)}$ 为

$$\omega_k^{(\mathrm{p})} = \frac{1}{a}\left[\cos^{-1}\left(\frac{\cos\left(\dfrac{k\pi}{P}\right) - B}{A} \right) - b \right] \quad k = 1,2,\cdots,N_{\mathrm{p}} \qquad (7.90)$$

类似地，可以得出阻带内最优落脚点 $\omega_k^{(\mathrm{s})}$ 为

$$\omega_k^{(\mathrm{s})} = \frac{1}{c}\left[\cos^{-1}\left(\frac{\cos\left(\dfrac{k\pi}{S}\right) - D}{C} \right) - d \right] \quad k = 1,2,\cdots,N_{\mathrm{s}} \qquad (7.91)$$

所以，通带中的 P 个位置和阻带内的 S 个位置可以用式（7.90）和式（7.91）中的参数来定义。极值的个数 $P+S$ 等于 $0 \leqslant \omega \leqslant \pi$ 范围内所有间隔的个数。它也等于总长度 N 去掉中心系数之后的一半，即

$$L = P + S = \frac{N-1}{2} \qquad (7.92)$$

因此，我们必须再确定一个中心点的位置，可以放在通带截止频率 ω_{p}，也可以放在阻带起始频率 ω_{s}。

7.5.2　非均匀低通滤波器的例子

我们用上面的参数设计一个切比雪夫 I 型低通滤波器。这里需要计算出波纹带内的极值，这些极值将会用于获得频域非均匀采样的滤波器的脉冲响应。这个滤波器的参数定义为

$$\text{滤波器的长度 } N = 37 \qquad\qquad \text{波纹比} \frac{\delta_{\mathrm{p}}}{\delta_{\mathrm{s}}} = 15$$

$$\text{通带截止频率 } \omega_{\mathrm{p}} = 0.4\pi \qquad\qquad \text{阻带起始频率 } \omega_{\mathrm{s}} = 0.5\pi$$

通带和阻带滤波器多项式的阶数已经由通带和阻带的阶数 P 和 S 及总的间隔给出。在这个例子中，我们得到 $L = 18$，$P = 8$，$S = 10$。首先，8 个参数可以通过步骤 1~8 得到。其次，计算通带函数 $X_{\mathrm{p}}(\omega)$（见图 7.12a）和阻带函数 $X_{\mathrm{s}}(\omega)$。切比雪夫滤波器的通带响应如图 7.12b 所示，其中包含 4 个极大值和 5 个极小值，共（$P+1$）个极值。如何进行阻带响应的设计、极值的计算和通过反变换得到时域脉冲响应，这些问题留给读者思考。上述例子的 MATLAB 的程序代码如下：

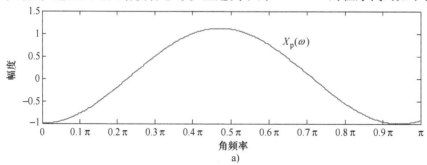

图 7.12　通带函数

a）I 型切比雪夫滤波器的通带响应

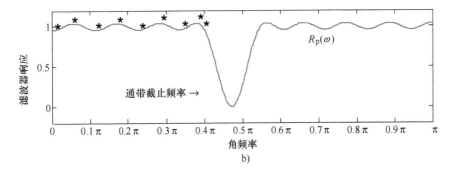

b)

图 7.12 通带函数（续）

b) $(P+1)$ 个极值将用于设计非均匀采样的滤波器

```
% Chebyshev filter design using nonuniform samples
N = 37; % Filter length
wp = 0.4*pi; % Passband edge
ws = 0.5*pi; % Stopband edge
k = 15; % Ripple ratio delta_p/delta_s

Nextrema = (N-1)/2; % Number of extrema = P+S
P = (wp/(wp+(pi-ws)))*Nextrema; % Passband alternations
S = ((pi-ws)/(wp+(pi-ws)))*Nextrema; % Stopband alternations

delta_p = sqrt(k)*10^(-0.1162*(ws-wp)*(N-1)-0.65);
delta_s = delta_p/k;

% Rpw = Acos(aw+b)+B
b = pi;
% A = 0.5(aTp(rip)+1) where rip = (1+delta_s)/delta_p
rip = (1+delta_s)/delta_p;
temp = cos(acos(rip)/P); % Tp(x) = cos(P acos(x))
A = (temp+1)/2;
B = A-1;
a = acos((B-1)/A)/wp;

w = [0:0.01:pi];
Xpw = A*cos(a*w+b)+B;
Rpw = 1 - delta_p * cos(P*acos(Xpw));
subplot(2,1,1); plot(w, Xpw, 'LineWidth', 1.4); axis([0 pi -1 1.5]);
xlabel({'Radian Frequency';'(a)'}); ylabel('Amplitude');
text(2, 0.85, 'Xp(w)');
set(gca,'XLim',[0 pi],'XTick',[0:pi/10:pi]);
set(gca,'XTickLabel',{'0','0.1p','0.2p','0.3p','0.4p','0.5p','0.6p','0.7p',
'0.8p','0.9p','p'},'FontName','Symbol');
subplot(2,1,2); plot(w, Rpw, 'LineWidth', 1.4); axis([0 pi -0.2 1.2]);
xlabel({'Radian Frequency';'(b)'}); ylabel('Filter Response');
text(2, 0.85, 'Rp(w)');
set(gca,'XLim',[0 pi],'XTick',[0:pi/10:pi]);
set(gca,'XTickLabel',{'0','0.1p','0.2p','0.3p','0.4p','0.5p','0.6p','0.7p',
'0.8p','0.9p','p'},'FontName','Symbol');
pass = wp/pi*length(w);
Reduced = Rpw(1:pass);
[wmax,imax,wmin,imin] = extrema(Reduced);
text(w(imax), Rpw(imax), '*', 'FontSize', 20);
text(w(imin), Rpw(imin), '*', 'FontSize', 20);
text(0.5, 0.2, 'Passband edge \rightarrow');

function [wmax,imax,wmin,imin] = extrema(x)
%    EXTREMA Gets the extrema points from filter response
%    [XMAX,IMAX,XMIN,IMIN] = EXTREMA(W) returns maxima, index, minima,
%                                              index
%    XMAX - maxima points
```

```
%      IMAX - indice of the XMAX
%      XMIN - minima points
%      IMIN - indice of the XMIN
wmax = []; imax = []; wmin = []; imin = [];

% Vector input?
Nt = numel(x);
if Nt ~= length(x)
    error('Entry must be a vector.')
end

% Not-a-Number?
inan = find(isnan(x));
indx = 1:Nt;
if ~isempty(inan)
    indx(inan) = [];
    x(inan) = [];
    Nt = length(x);
end

% Difference between subsequent elements
dx = diff(x);

% Flat peaks? Put the middle element:
a = find(dx~=0); % Indice where x changes
lm = find(diff(a)~=1) + 1; % Indice where a do not changes
d = a(lm) - a(lm-1); % Number of elements in the flat peak
a(lm) = a(lm) - floor(d/2); % Save middle elements
a(end+1) = Nt;

% Peaks?
xa = x(a); %
b = (diff(xa) > 0); % 1 => positive slopes (minima begin)
% 0 => negative slopes (maxima begin)
xb = diff(b); % -1 => maxima indice (but one)
% +1 => minima indice (but one)
imax = find(xb == -1) + 1; % maxima indice
imin = find(xb == +1) + 1; % minima indice
imax = a(imax);
imin = a(imin);

nmaxi = length(imax);
nmini = length(imin);

% Maximum or minumim on a flat peak at the ends?
if (nmaxi==0) && (nmini==0)
    if x(1) > x(Nt)
        wmax = x(1);
        imax = indx(1);
        wmin = x(Nt);
        imin = indx(Nt);
    elseif x(1) < x(Nt)
        wmax = x(Nt);
        imax = indx(Nt);
        wmin = x(1);
        imin = indx(1);
    end
    return
end

% Maximum or minumim at the ends?
if (nmaxi==0)
    imax(1:2) = [1 Nt];
elseif (nmini==0)
    imin(1:2) = [1 Nt];
else
    if imax(1) < imin(1)
        imin(2:nmini+1) = imin;
        imin(1) = 1;
```

```
    else
        imax(2:nmaxi+1) = imax;
        imax(1) = 1;
    end
    if imax(end) > imin(end)
        imin(end+1) = Nt;
    else
        imax(end+1) = Nt;
    end
end
wmax = x(imax);
wmin = x(imin);

% Not-a-Number?
if ~isempty(inan)
    imax = indx(imax);
    imin = indx(imin);
end
```

7.6　小结

本章定义并讨论了非均匀 DFT（NDFT），包括其性质。现在我们已经强调了 DFT/FFT 的各个方面，在本书最后一章（即第 8 章），我们将把重点放在各类应用上。

7.7　习题

7.1　NDFT 的一个好处就是可以对信号的频率进行准确检测，然而一般来说，相应的变换不是正交的，必须认真考虑反变换的问题。矩形结构可以帮助解决这个问题，但是采样间隔必须足够大，从而得到相应的逆矩阵。已知一个包含 256 个样本点的声音数据输入，并且采样速率为 8Kbit/s。推导非均匀反变换的最小采样间隔。

7.2　设计一个 MATLAB 程序，对于"Windows XP Shutdown. wav"数据进行一维 NDFT，并将其与均匀 DFT 进行对比。画出原始信号和变换后的结果。参考程序代码如下：

```
% One-dimensional NDFT test
x = 1 : 256;
fid = fopen('Sound.wav','rb');
data = fread(fid, 256)';
subplot(311); plot(x, data)

fsd = 0 : 255;
Xfd = dft1d(data, 256);
subplot(312); plot(x, abs(Xfd))

fs = (0 : 255)/255;
fs1 = [[0:0.5:40] [41:1:174] [175:2:255]];
Xf = ndft1d(data, 256, fs1);
subplot(313); plot(x, abs(Xf))
```

7.3　分析并比较下列 NDFT 的快速算法：霍纳嵌套方法[N7] 和 Goertzel 算法[N6]。

7.4　快速反变换是基于插值问题的。分析和比较拉格朗日插值算法[N26,B6] 和牛顿迭代算法[N26]。

7.5　写一个 MATLAB 程序，实现采样结构为沿着列方向平行线上非均匀网格的二维 NDFT。

7.6　在考虑到人类感兴趣区域的前提下，如边缘信息在空域及其对应的频域分量，推导二维图像数据的非均匀采样结构。

7.7　基于非均匀频率采样，设计一个高通滤波器。

7.8　使用二维 NDFT 设计一个图像压缩算法，强调重要区域或分量，去掉不重要的分量。

7.9　(a)从式（7.33a）推导到式（7.37）；（b）从式（7.33b）推导到式（7.38）。

第8章 应　　用

本章主要介绍 FFT/IFFT 在多种不同领域内的应用。考虑到应用的广泛性，主要以概念的形式进行相应的描述，具体的内容请读者参看参考文献，以进一步了解相关理论背景、示例、局限性等问题。总体来说，本章的目标是让读者感受到，DFT 在一般信号/图像处理领域的应用是无止境的。

8.1　频域下采样

假设一个信号带宽已知，信号的采样频率至少应为信号最高频率的 2 倍。奈奎斯特（Nyquist）采样率需为带宽的 2 倍。当带限信号的采样速率低于奈奎斯特采样率时就会发生信号混叠。

以低于奈奎斯特速率的采样率对连续信号进行采样，将会在基波频谱上高于或低于采样率一半的地方产生能量混叠。

对于样本点进行下采样也是如此。因此，当使用二中取一的采样速率进行下采样时会发生混叠，而这样的混叠可以通过预先对信号进行低通滤波（下采样滤波）加以避免。通过低通滤波，只保留小于带宽一半的信号（见图 8.1）。为了实现精确下采样，应当保留这一过程[F11,G2]。

考虑下采样因子为 2 的情况。一个 N 点序列（假设 $N = 2^l$，l 为整数）可以分解为两个 $N/2$ 点的序列（一个由偶数样本点 $x(2n)$ 组成，另一个由奇数样本点 $x(2n+1)$ 组成）（见图 8.2）。根据本书第 2 章式（2.1a）：

$$X^{\mathrm{F}}(k) = \sum_{n=0}^{N-1} x(n) W_N^{kn} \quad k = 0, 1, \cdots, N-1$$

有

$$X^{\mathrm{F}}(k) = \sum_{n=0}^{\frac{N}{2}-1} \left[x(2n) W_N^{2nk} + x(2n+1) W_N^{(2n+1)k} \right]$$

$$= \sum_{n=0}^{\frac{N}{2}-1} \left[x(2n) W_{\frac{N}{2}}^{nk} + x(2n+1) W_{\frac{N}{2}}^{nk} W_N^{k} \right] \tag{8.1}$$

式中，$W_N^{2nk} = W_{N/2}^{nk}$。将 2 个半 DFT 块对应位置系数相加，可得到数据域内的下采样：

$$X^{\mathrm{F}}(k) + X^{F}\left(k + \frac{N}{2}\right)$$

$$= \sum_{n=0}^{\frac{N}{2}-1} \left[\left(x(2n) W_{\frac{N}{2}}^{nk} + x(2n+1) W_{\frac{N}{2}}^{nk} W_N^{k} \right) + \left(x(2n) W_{\frac{N}{2}}^{n\left(k+\frac{N}{2}\right)} + x(2n+1) W_{\frac{N}{2}}^{n\left(k+\frac{N}{2}\right)} W_N^{k+\frac{N}{2}} \right) \right]$$

$$= \sum_{n=0}^{\frac{N}{2}-1} \left[x(2n)W_{\frac{N}{2}}^{nk} + x(2n+1)W_{\frac{N}{2}}^{nk}W_N^k + x(2n)W_{\frac{N}{2}}^{nk} - x(2n+1)W_{\frac{N}{2}}^{nk}W_N^k \right]$$

$$= 2\sum_{n=0}^{\frac{N}{2}-1} x(2n)W_{\frac{N}{2}}^{nk}$$

$$= 2 \times \frac{N}{2} \text{ 点 DFT}[x(2n)] \tag{8.2}$$

式中，$k = 0, 1, \cdots, \frac{N}{2}-1$；$W_N^{nN} = W_N^{n(\frac{N}{2})} = 1$；$W_N^{\frac{N}{2}} = -1$。

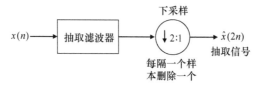

图 8.1　下采样器——数据/时间域下采样

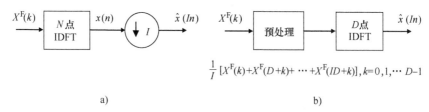

a)　　　　　　　　　　　　　　　　　　b)

图 8.2　时间域下采样和 DFT 域下采样

（参考文献［F11］ⓒ 1999 IEEE）

a）时间域下采样（"↓I"表示以 I 为因子进行下采样）　b）DFT 域下采样

　　因此，当 I 为整数且 $N = I \times D$ 时，对 N 点 IDFT 以 I 为因子进行下采样，相当于 I 个包含 D 个系数的 DFT 块与一个 D 点 IDFT 相加。

　　令 $x(n)$ 为输入序列，$x(nI)$ 为以 I 为因子下采样的序列，根据式（2.1b）：

$$x(n) = \frac{1}{N}\sum_{k=0}^{N-1} X^F(k)W_N^{-kn} \qquad n = 0,1,\cdots,N-1$$

有

$$x(nI) = \frac{1}{D}\sum_{k=0}^{D-1}\left[\frac{1}{I}\sum_{l=0}^{I-1} X^F(lD+k)\right]W_D^{-nk}$$

$$= D \text{ 点 IDFT}\left[\frac{1}{I}\sum_{l=0}^{I-1} X^F(lD+k)\right] \qquad n,k = 0,1,\cdots,D-1 \tag{8.3}$$

【例 8.1】　令 $N = 8$，$D = 4$，$I = 2$，给定一个随机向量 $\underline{x}$ 为（1，2，3，4，5，6，7，8）^{T}（见图 8.3），则向量 $\underline{x}$ 的 DFT 为

$$\underline{X}^F = \underline{X}_r + j\underline{X}_i$$

其中

$$\underline{X}_r = (36, -4, -4, -4, -4, -4, -4, -4)^T$$
$$\underline{X}_i = (0, 9.657, 4, 1.657, 0, -1.657, -4, -9.657)^T$$

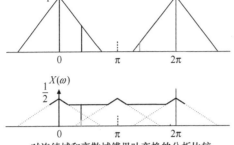

对连续域和离散域傅里叶变换的分析比较

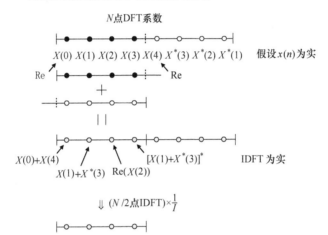

图 8.3 以 2:1 为采样因子在 DFT 域进行下采样（若对系数应用 N 点 IDFT，将产生插零）

DFT 向量 $\underline{X}^F$ 被分成两个块、四个样本，将两个相应块内的两个样本进行相加，即

$$\underline{X}_d^F = \frac{1}{2}[A](\underline{X}_r + j\underline{X}_i) = (16, -4, -4, -4)^T + j(0, 4, 0, -4)^T$$

其中

$$[A] = \begin{bmatrix} 1 & 0 & 0 & 0 & 1 & 0 & 0 & 0 \\ 0 & 1 & 0 & 0 & 0 & 1 & 0 & 0 \\ 0 & 0 & 1 & 0 & 0 & 0 & 1 & 0 \\ 0 & 0 & 0 & 1 & 0 & 0 & 0 & 1 \end{bmatrix} \tag{8.4}$$

因此，以 2 为因子下采样后的数据为

$$\underline{x}_d = D \text{ 点 IDFT}(\underline{X}_d^F) = (1, 3, 5, 7)^T$$

然而，这实际上并不是二分抽取法。我们需要对输入 $x(n)$ 进行下采样滤波，输入的所有样本均发生变化。我们每隔一个样本保留一个，或者每隔一个样本删除

一个。因此应在式（8.1）～（8.4）中描述的算法之前增加一个下采样滤波器，如图 8.1 所示（见参考文献 [D37] 第 220 页）。

8.1.1 频域上采样（零插入）

类似地，在数据域以 I 为因子的上采样（零插入）也可以通过在频域填充 DFT 块 $(I-1)$ 次（见图 8.4）[IN5]。

对于以 2 为因子的上采样，令 $X^F(k)$ 为 $x(n)$ 的 DFT，$n = 0, 1, \cdots, \dfrac{N}{2} - 1$。因此有

$$X^F\left(k + \frac{N}{2}\right) = X^F(k) \qquad k = 0, 1, \cdots, \frac{N}{2} - 1 \tag{8.5}$$

则

$$x_u(2m) = x(n) = \frac{N}{2}\text{点 IDFT}\left[X^F(k)\right] \qquad k, m, n = 0, 1, \cdots, \frac{N}{2} - 1 \tag{8.6a}$$

$$x_u(2m + 1) = x\left(n + \frac{1}{2}\right) = 0 \qquad m, n = 0, 1, \cdots, \frac{N}{2} - 1 \tag{8.6b}$$

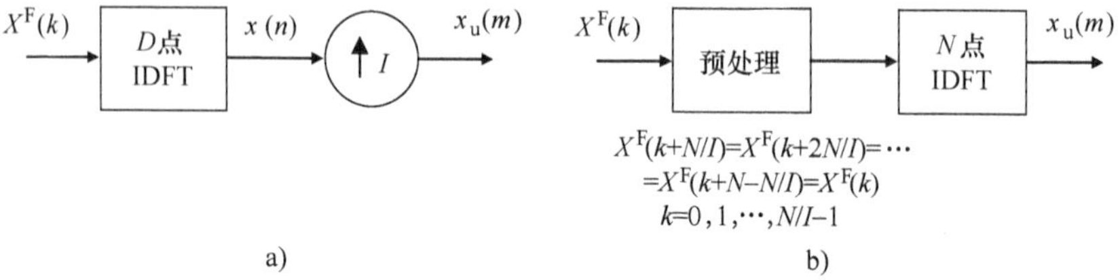

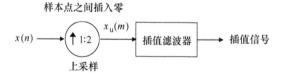

图 8.4 数据域和 DFT 域上采样

a）数据域上采样（"↑I"表示以 I 为因子进行上采样） b）DFT 域上采样

【例 8.2】 设一个随机向量 $\underline{x}$ 为 $(1, 2, 3, 4)^T$ 且 $I = 2$，则 $D = 4$、$N = 8$。$\underline{x}$ 的 DFT 为

图 8.5 内插器——数据/时间域内插

$$\underline{X}^F = \underline{X}_r + j\,\underline{X}_i$$

其中

$$\underline{X}_r = (10, -2, -2, -2)^T$$

$$\underline{X}_i = (0, 2, 0, -2)^T$$

将 DFT 向量 $\underline{X}^F$ 以重复自身的方式进行扩展，直至扩展后长度为 $N = D \times I$，则扩展后的 DFT 序列为

$$X_u^F = [A]^T (\underline{X}_r + j\underline{X}_i)$$

$$= (10, -2, -2, -2, 10, -2, -2, -2)^T + j(0, 2, 0, -2, 0, 2, 0, -2)^T$$

式中，$[A]$ 由式（8.4）定义。因此，以 2 为因子的上采样数据为

$$\underline{x}_u = N \text{ 点 IDFT}(\underline{X}_u^F) = (1, 0, 2, 0, 3, 0, 4, 0)^T$$

以 1:2 内插为例，在输入序列 $x(n)$ 的样本点之间插入零，如例 8.2 所示，并对所有采样点应用插值滤波器（见图 8.5），则 $x(n)$ 中的样本保持不变，仅采样点间的零值发生了变化（见参考文献［D37］第 220 页）。

8.2　分形图像压缩[FR3,FR6]

对于分形或迭代函数系统（Iterated Function System，IFS）图像编码[B23,IP34]，可以通过对快速循环卷积使用 FFT 来加快速度。

编码的图像被分成一系列图像块，在分形编码术语中称为值域（range）块。对每一个值域块，寻找图像中另一个定义域（domain）块，使其经过缩放与某种可以调整亮度的仿射变换后能很好地匹配该值域块。这些表示每一个值域块与对应定义域块及亮度仿射变换的一系列参数连同划分方式，一起称为分形码（fractal code）。

上述编码步骤的主要目的在于为每个值域块寻找一个码本块，并调整仿射变换使得两者 L^2-误差（欧氏距离）最小。因此每一对值域块和码本块都需要一系列复杂的最小均方误差优化运算步骤来为其选择最优仿射变换和对应的匹配误差。

给定一个需要编码的图像，标记为 $[I] \in R^{N \times N}$ 或（$N \times N$）矩阵 $[I]$。其中，N 为 2 的整数次幂。图像被分为互相不重叠的值域块 $[g_r]$，$r = 0, 1, \cdots, N_r - 1$。令定义域块 $[h]$ 大小为（$N/2 \times N/2$），来表示经放缩后的图像 $[I]$，即

$$h(m_1, m_2) = \frac{1}{4} \sum_{n_1 = 2m_1}^{2m_1+1} \sum_{n_2 = 2m_2}^{2m_2+1} I(n_1, n_2) \qquad 0 \le m_1, m_2 \le \frac{N}{2}$$

每一个值域块 $[g_r]$ 用下式近似：

$$[\hat{g}_r] = s_r T_r([h]) + o_r, \qquad r = 0, 1, \cdots, N_r - 1 \tag{8.7}$$

式中，s_r、o_r 分别称为缩放因子（scaling factor）和偏移量（offset）；T_r 为等距变换，其作用是移动下采样定义域块 $[h]$ 内的像素。等距变换包含对定义域块 $[h]$ 的循环移位和反转操作。因此码本块 $[c_l]$ 是由 $[h]$ 生成的，$l = 0, 1, \cdots, N_c - 1$。接着每一个值域块 $[g_r]$ 由一个码本块的仿射变换近似得出。有：

$$[\hat{g}_r] = s_r [c_l] + o_r, \qquad r = 0, 1, \cdots, N_r - 1 \tag{8.8}$$

为得到最优码本块，一个值域块需与所有码本块相匹配，并选择最小匹配误差对应的码本块作为匹配快。

对于给定的值域块，其对应的码本块包括所有与该值域块具有相同大小和形状的图像块（经缩放后的 $[h]$）。注意，值域块可为任意形状如多边形。若使用任意

但具有一定扫描方式的步骤，则值域块与码本块可转化为一系列向量，表示为

$$\underline{R},\ \underline{D}_{0,0}^{R},\ \cdots,\ \underline{D}_{\frac{N}{2}-1,\frac{N}{2}-1}^{R}$$

并重新称之为"块"。由于码本块允许越过图像边界，因此对于给定的值域块，其对应码本块数量为 $N^2/4$。为简化分析，该方法未考虑对缩放图像进行的等距变换（进行 $\pi/2$ 整数倍角度的旋转与反转）。为更好的可读性，我们用 $\underline{D}$ 代替 D_{m_1,m_2}^{R}。值域块向量 $\underline{R}$ 和码本块向量 $\underline{D}$ 的失真函数，是一个关于亮度仿射变换参数 s、o 的二次函数，即

$$d_{D,R}(s,o) = \| \underline{R} - (s\,\underline{D} + o\underline{1}) \|_2^2$$
$$= <\underline{D},\underline{D}>s^2 + 2<\underline{D},\underline{1}>so + no^2 - 2<\underline{R},\underline{D}>s - 2<\underline{D},\underline{1}>o + <\underline{R},\underline{R}>$$

$$(8.9)$$

在感兴趣像素区域，具有单位亮度值的常数块转化为向量 $\underline{1}$。符号 $\langle,\rangle$ 表示 n 维向量空间中的内积，n 为值域块的像素个数。当 $\underline{R}$ 和 $\underline{D}$ 为列向量时，$\langle \underline{R}, \underline{D} \rangle = \underline{R}^{\mathrm{T}}\underline{D}$。

图 8.6 给出了算法中用基于 FFT 的方法计算 $\langle \underline{D}, \underline{1} \rangle$、$\langle \underline{D}, \underline{D} \rangle$ 和 $\langle \underline{D}, \underline{R} \rangle$ 的部分。内积 $\langle \underline{D}, \underline{1} \rangle$ 利用缩放图像与一个所有亮度值都为 1 的"区域"（称为区域形变矩阵，range shape matrix）的互相关计算得出。$\langle \underline{D}, \underline{D} \rangle$ 二次方和可用相同的方式利用区域形变矩阵计算得出，其中缩放图像的所有亮度值在计算互相关前都经过了二次方运算。

该方法在对大量非规则形状值域块进行自适应图像分割及寻找分形码的情形下具有很好的应用前景。由于可以对值域块以外的像素进行零填充，因此基于 FFT 的方法能够很好地处理非规则形状值域块的情况。当值域块有不同的形状时，不能使用图 8.6 所示的方法计算 $\langle \underline{D}, \underline{1} \rangle$ 和 $\langle \underline{D}, \underline{D} \rangle$。这是由于该方法是用来均匀分割的情况的。该方法可以提高运行速度。

【例 8.3】　二维循环相关记作 ★，下面给出当 $N=3$ 时的例子。

$$(h_1 \bigstar h_2)(n_1,n_2) = \sum_{k_1=0}^{N-1} \sum_{k_2=0}^{N-1} h_1(k_1,k_2) h_2((k_1-n_1)\bmod N,(k_2-n_2)\bmod N)$$

$$(8.10)$$

$$(h_1 \bigstar h_2)(0,0) = \begin{bmatrix} h_1(0,0) & h_1(0,1) & h_1(0,2) \\ h_1(1,0) & h_1(1,1) & h_1(1,2) \\ h_1(2,0) & h_1(2,1) & h_1(2,2) \end{bmatrix} \circ \begin{bmatrix} h_2(0,0) & h_2(0,1) & h_2(0,2) \\ h_2(1,0) & h_2(1,1) & h_2(1,2) \\ h_2(2,0) & h_2(2,1) & h_2(2,2) \end{bmatrix}$$

的各元素之和

$$(h_1 \bigstar h_2)(0,1) = \begin{bmatrix} h_1(0,0) & h_1(0,1) & h_1(0,2) \\ h_1(1,0) & h_1(1,1) & h_1(1,2) \\ h_1(2,0) & h_1(2,1) & h_1(2,2) \end{bmatrix} \circ \begin{bmatrix} h_2(0,2) & h_2(0,0) & h_2(0,1) \\ h_2(1,2) & h_2(1,0) & h_2(1,1) \\ h_2(2,2) & h_2(2,0) & h_2(2,1) \end{bmatrix}$$

的各元素之和

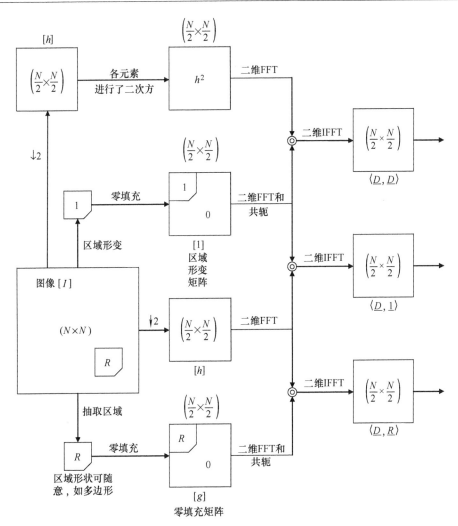

图 8.6　基于 FFT 技术计算内积 $\langle \underline{D}, \underline{D} \rangle$，$\langle \underline{D}, \underline{1} \rangle$，$\langle \underline{D}, \underline{R} \rangle$ 的流程图

（"。"代表两个复傅里叶系数矩阵的哈达玛乘积；这里值域块不一定是正方形的）

（参考文献［FR6］（也可参考［FR3］）ⓒ 2000 Elsvier）

$$(h_1 \bigstar h_2)(0,2) = \begin{bmatrix} h_1(0,0) & h_1(0,1) & h_1(0,2) \\ h_1(1,0) & h_1(1,1) & h_1(1,2) \\ h_1(2,0) & h_1(2,1) & h_1(2,2) \end{bmatrix} \circ \begin{bmatrix} h_1(0,1) & h_1(0,2) & h_1(0,0) \\ h_1(1,1) & h_1(1,2) & h_1(1,0) \\ h_1(2,1) & h_1(2,2) & h_1(2,0) \end{bmatrix}$$

的各元素之和

$$(h_1 \bigstar h_2)(1,0) = \begin{bmatrix} h_1(0,0) & h_1(0,1) & h_1(0,2) \\ h_1(1,0) & h_1(1,1) & h_1(1,2) \\ h_1(2,0) & h_1(2,1) & h_1(2,2) \end{bmatrix} \circ \begin{bmatrix} h_1(2,0) & h_1(2,1) & h_1(2,2) \\ h_1(0,0) & h_1(0,1) & h_1(0,2) \\ h_1(1,0) & h_1(1,1) & h_1(1,2) \end{bmatrix}$$

的各元素之和

为了得到结果矩阵的元素,需首先对矩阵$[h_2]$的元素进行水平和垂直循环移位,其次对两个矩阵应用哈达玛乘积,最后将所有元素相加。哈达玛乘积表示两个矩阵对应位置的元素相乘。

$$\begin{bmatrix} h_1(0,0) & h_1(0,1) & h_1(0,2) \\ h_1(1,0) & h_1(1,1) & h_1(1,2) \\ h_1(2,0) & h_1(2,1) & h_1(2,2) \end{bmatrix}$$

$\circ \longrightarrow (h_1 \star h_2)(0,0)$

$$\begin{matrix}
h_2(0,0) & h_2(0,1) & h_2(0,2) & h_2(0,0) & h_2(0,1) & h_2(0,2) \\
h_2(1,0) & h_2(1,1) & h_2(1,2) & h_2(1,0) & h_2(1,1) & h_2(1,2) \\
h_2(2,0) & h_2(2,1) & h_2(2,2) & h_2(2,0) & h_2(2,1) & h_2(2,2) \\
h_2(0,0) & h_2(0,1) & h_2(0,2) & h_2(0,0) & h_2(0,1) & h_2(0,2) \\
h_2(1,0) & h_2(1,1) & h_2(1,2) & h_2(1,0) & h_2(1,1) & h_2(1,2) \\
h_2(2,0) & h_2(2,1) & h_2(2,2) & h_2(2,0) & h_2(2,1) & h_2(2,2)
\end{matrix}$$

$(h_1 \star h_2)(0,1)$

$(h_1 \star h_2)(0,2)$

【例8.4】 计算$[h_1]$和$[h_2]$的二维循环相关。

$$[h_1] = \begin{bmatrix} 5 & 3 \\ 1 & 0 \end{bmatrix}, \quad [h_2] = \begin{bmatrix} 1 & 2 \\ 3 & 4 \end{bmatrix}$$

$$\begin{bmatrix} 5 & 3 \\ 1 & 0 \end{bmatrix}$$

$\circ \longrightarrow (h_1 \star h_2)(0,0) = 14$

$$\begin{matrix}
1 & 2 & 1 & 2 \\
3 & 4 & 3 & 4 \\
1 & 2 & 1 & 2 \\
3 & 4 & 3 & 4
\end{matrix}$$

$(h_1 \star h_2)(0,0) = 5 \times 1 + 3 \times 2 + 1 \times 3 + 0 \times 4 = 14$

$(h_1 \star h_2)(0,1) = 5 \times 2 + 3 \times 1 + 1 \times 4 + 0 \times 3 = 17$

$(h_1 \star h_2)(1,0) = 5 \times 3 + 3 \times 4 + 1 \times 1 + 0 \times 2 = 28$

$(h_1 \star h_2)(1,1) = 5 \times 4 + 3 \times 3 + 1 \times 2 + 0 \times 1 = 31$

$$[h_1] \star [h_2] = 二维 \text{IDFT}([H_1]^* \circ [H_2]) = \begin{bmatrix} 14 & 17 \\ 28 & 31 \end{bmatrix}$$

式中，$[H_1]$ 为 $[h_1]$ 的二维 DFT；"$\circ$" 为式（8.11）定义的哈达玛乘积。

FFT 应用（用 FFT 实现互相关）：

$$[A] \circ [B] = \begin{bmatrix} a_{11} & a_{12} & \cdots & a_{1N} \\ a_{21} & a_{22} & & a_{2N} \\ \vdots & & \ddots & \vdots \\ a_{N1} & a_{N2} & \cdots & a_{NN} \end{bmatrix} \circ \begin{bmatrix} b_{11} & b_{12} & \cdots & b_{1N} \\ b_{21} & b_{22} & & b_{2N} \\ \vdots & & \ddots & \vdots \\ b_{N1} & b_{N2} & \cdots & b_{NN} \end{bmatrix} = [C] \qquad (8.11)$$

式中，"$\circ$" 表示哈达玛乘积，$[A]$ 和 $[B]$ 对应元素相乘得到 $[C]$。

8.3　纯相位相关

两幅对齐的纯相位图像的相关可用于图像配准[IP2]。

令 $x(n_1, n_2)$ 表示参考图像，$y(n_1, n_2)$ 表示 $x(n_1, n_2)$ 平移 (m_1, m_2) 后的图像，则有：

$$y(n_1, n_2) = x(n_1 + m_1, n_2 + m_2) \qquad n_1, n_2 = 0, 1, \cdots, N-1 \qquad (8.12)$$
$$-(N-1) \leqslant m_1, m_2 \leqslant N-1$$

由式（5.12）给出的傅里叶移位性质，式（8.12）的 DFT 为

$$Y^{\mathrm{F}}(k_1, k_2) = X^{\mathrm{F}}(k_1, k_2) W_N^{-k_1 m_1} W_N^{-k_2 m_2} \qquad (8.13)$$

纯相位图像的互功率谱定义为

$$Z_{\mathrm{poc}}^{\mathrm{F}}(k_1, k_2) = \frac{X^{\mathrm{F}}(k_1, k_2) Y^{\mathrm{F}*}(k_1, k_2)}{|X^{\mathrm{F}}(k_1, k_2) Y^{\mathrm{F}*}(k_1, k_2)|} \qquad k_1, k_2 = 0, 1, \cdots, N-1 \qquad (8.14)$$

$$Z_{\mathrm{poc}}^{\mathrm{F}}(k_1, k_2) = \frac{X^{\mathrm{F}}(k_1, k_2) X^{\mathrm{F}*}(k_1, k_2) W_N^{k_1 m_1} W_N^{k_2 m_2}}{|X^{\mathrm{F}}(k_1, k_2) X^{\mathrm{F}*}(k_1, k_2) W_N^{k_1 m_1} W_N^{k_2 m_2}|}$$

$$= \frac{X^{\mathrm{F}}(k_1, k_2) X^{\mathrm{F}*}(k_1, k_2) W_N^{k_1 m_1} W_N^{k_2 m_2}}{|X^{\mathrm{F}}(k_1, k_2) X^{\mathrm{F}*}(k_1, k_2)|}$$

$$= \exp\left(-\mathrm{j}2\pi \frac{k_1 m_1 + k_2 m_2}{N}\right) \qquad (8.15)$$

在空间域上式等价为

$$z_{\mathrm{poc}}(n_1, n_2) = \delta(n_1 - m_1, n_2 - m_2) \qquad n_1, n_2 = 0, 1, \cdots, N-1 \qquad (8.16)$$

因此，在 (m_1, m_2) 点可获得一个 $0 \leqslant z_{\mathrm{poc}}(n_1, n_2) \leqslant 1$ 范围的脉冲（下标 poc 表示纯相位相关）。图 8.7 给出了流程图。

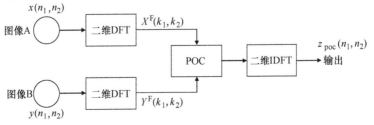

图 8.7　纯相位相关（Phase Only Correlation, POC）的实现流程图

相对于原图像平移 (m_1, m_2) 和 $(m_1 - N, m_2 - N)$ 的两幅图像可在相同位置获得一个峰值，只是两者峰值不同，如图 8.8h、i 所示。因此，除原点外的每一点都表示两个图像经过了相反方向的平移。

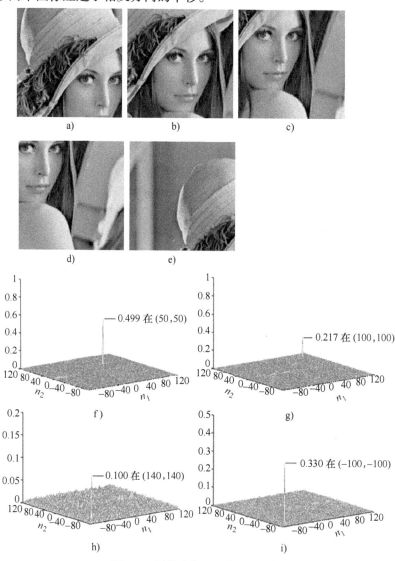

图 8.8　图像移位及相位相关函数

　　a) 原始图像　b) 图像（左上）移位 (50, 50)　c) 图像移位 (100, 100)

d) 图像移位 (140, 140)　e) 图像移位 (-100, -100)　f) (50, 50) 的相位相关函数

g) (100, 100) 的相位相关函数　h) (140, 140) 的相位相关函数　i) (-100, -100) 的相位相关函数

注：平面 (n_1, n_2) 的原点 (0, 0) 绕平面的中心移位的相位相关函数如图 f~i 所示。这里所有图像的大小都为 240×240。与初始图像相反方向移位 (140, 140) 和 (-100, -100) 的两幅图像进行配准得到了图 h 和图 i 所示相同的结果。其根据 (-100, -100) 的峰值实际坐标，此时 $N = 240$，$140 - N = -100$（原文此处将 $140 - N = -100$ 错印为 $140 - N = 100$。——译者注）。

傅里叶相位相关方法对于失真有较好的鲁棒性。仅少数情况需要原始图像即能获得较好的配准结果[IP19]。

对于图像匹配，相位相关方法对于图像移位/平移，图像遮挡和亮度变化具有不变性，且对噪声具有鲁棒性。

式（8.13）暗示了一种简单的可以分离 $\exp\left(-j2\pi\dfrac{k_1 m_1 + k_2 m_2}{N}\right)$ 的方法，即

$$Z_{\mathrm{poc2}}^{\mathrm{F}}(k_1, k_2) = \frac{X^{\mathrm{F}}(k_1, k_2)}{Y^{\mathrm{F}}(k_1, k_2)} = \exp\left(-j2\pi\frac{k_1 m_1 + k_2 m_2}{N}\right) \qquad (8.17)$$

在空间域，上式等同于式（8.16）。然而，该方法稳定性不及常规方法，这是由于当 Y^{F} 趋于零时，$X^{\mathrm{F}}/Y^{\mathrm{F}}$ 值会无限增大。而对于常规方法，分子和分母具有相同的幅度[IP19]。

纯相位相关的应用包括：指纹匹配[IP16]，波形匹配，利用基于相位的图像匹配进行虹膜识别，人脸识别，指纹识别，存档电影镜头的突变检测与渐变检测[IP17]。

8.4 利用 DFT/FFT 实现图像的旋转和平移

该方法是由 Cox 和 Tong 提出的[IP10]，它是 chirp$Z$ 变换算法的一类应用（见本书 3.14 节）。给定一个 $N \times N$ 网格上的图像 $x(n_1, n_2)$，下面计算逆时针旋转任意角 θ 与平移任意坐标 (m_1, m_2) 后的 $x(n_1, n_2)$。

首先，计算 $x(n_1, n_2)$ 的二维 FFT，即

$$X^{\mathrm{F}}(k_1, k_2) = \sum_{n_1=0}^{N-1}\sum_{n_2=0}^{N-1} x(n_1, n_2) W_N^{(n_1 k_1 + n_2 k_2)} \quad k_1, k_2 = 0, 1, \cdots, N-1 \quad (5.3\mathrm{a})$$

$$x(n_1, n_2) = \frac{1}{N^2}\sum_{k_1=0}^{N-1}\sum_{k_2=0}^{N-1} X^{\mathrm{F}}(k_1, k_2) W_N^{-(n_1 k_1 + n_2 k_2)} \quad n_1, n_2 = 0, 1, \cdots, N-1$$

$$(5.3\mathrm{b})$$

式中，$W_N = \exp\left(\dfrac{-j2\pi}{N}\right)$。

接下来计算所求输出网格上的图像 $x(n_1, n_2)$，有：

$$x(n_1\cos\theta - n_2\sin\theta + m_1, n_1\sin\theta + n_2\cos\theta + m_2)$$

$$= \frac{1}{N^2}\sum_{k_1=0}^{N-1}\sum_{k_2=0}^{N-1} X^{\mathrm{F}}(k_1, k_2)\exp\left[\frac{j2\pi}{N}(k_1 m_1 + k_2 m_2)\right]\exp\left[\frac{j2\pi}{N}(k_1 n_1 + k_2 n_2)\cos\theta\right]$$

$$\times \exp\left[\frac{j2\pi}{N}(k_2 n_1 - k_1 n_2)\sin\theta\right] \qquad (8.18)$$

为计算式（8.18），需要计算下列求和式：

$$g(n_1, n_2; \alpha, \beta) = \sum_{k_1=0}^{N-1}\sum_{k_2=0}^{N-1} G^{\mathrm{F}}(k_1, k_2)\exp(j2\pi[(k_1 n_1 + k_2 n_2)\alpha + (k_2 n_1 - k_1 n_2)\beta])$$

$$(8.19)$$

式中，α 和 β 为任意值$\left(\alpha = \dfrac{\cos\theta}{N}, \ \beta = \dfrac{\sin\theta}{N}\right)$，且有：

$$G^{\mathrm{F}}(k_1,k_2) = \frac{1}{N^2}X^{\mathrm{F}}(k_1,k_2)\exp\left[\frac{\mathrm{j}2\pi}{N}(k_1m_1 + k_2m_2)\right] \tag{8.20}$$

式（8.19）的一维模拟如下：

$$h(n;\alpha) = \sum_{k=0}^{N-1}H^{\mathrm{F}}(k)\exp(\mathrm{j}2\pi kn\alpha) \tag{8.21}$$

上式可利用 chirp Z 变换算法计算，通过做如下的扩张：

$$2kn = k^2 + n^2 - (k-n)^2 \tag{8.22}$$

则

$$
\begin{aligned}
h(n;\alpha) &= \exp(\mathrm{j}\pi n^2\alpha)\sum_{k=0}^{N-1}\{H^{\mathrm{F}}(k)\exp(\mathrm{j}\pi k^2\alpha)\}\exp[-\mathrm{j}\pi(k-n)^2\alpha]\\
&= \exp(\mathrm{j}\pi n^2\alpha)\sum_{k=0}^{N-1}\hat{H}^{\mathrm{F}}(k)V(n-k)\\
&= \exp(\mathrm{j}\pi n^2\alpha)\{\hat{H}^{\mathrm{F}}(k)*V(k)\}
\end{aligned}\tag{8.23}
$$

式中，$\hat{H}^{\mathrm{F}}(k) = H^{\mathrm{F}}(k)\exp(\mathrm{j}\pi k^2\alpha)$；$V(k) = \exp(-\mathrm{j}\pi k^2\alpha)$。该扩张可以看成是一个乘积、一个卷积和另一个乘积（见图8.9）。该卷积可以利用两个 FFT 和一个 IFFT 快速计算得出（见图5.4）。

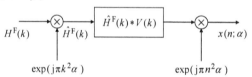

图8.9 式（8.23）中描述的 chirp $-Z$ 算法的流程图，它同时为式（8.19）的一维模拟

用类似的方法可以快速计算式（8.19），需要的整数扩张为

$$2(k_1n_1 + k_2n_2) = k_1^2 + n_1^2 - k_2^2 - n_2^2 - (k_1 - n_1)^2 + (k_2 + n_2)^2 \tag{8.24a}$$

$$2(k_2n_1 - k_1n_2) = 2k_1k_2 - 2n_1n_2 - 2(k_1 - n_1)(k_2 + n_2) \tag{8.24b}$$

利用以上两式，则式（8.19）可以表示为

$$g(n_1,n_2;\alpha,\beta) = Z^*(n_2,n_1)\sum_{k_1=0}^{N-1}\sum_{k_2=0}^{N-1}\{G^{\mathrm{F}}(k_1,k_2)Z(k_1,k_2)\}Z^*(k_1 - n_1, k_2 + n_2) \tag{8.25}$$

式中，$Z(n_1,n_2) = \exp\left(\mathrm{j}\pi[(n_1^2 - n_2^2)\alpha + 2n_1n_2\beta]\right)$；$G^{\mathrm{F}}(k_1,k_2)$ 由式（8.20）定义；"$*$"表示复共轭。上式使用了两个乘积和一个卷积，可以通过 3 个二维 FFT 实现（见图8.10）。式（8.25）中的矩阵$\{Z(n_2,n_1)\}$是$\{Z(n_1,n_2)\}$的转置。式（8.25）的另一种推导方法见习题8.6（见图8.11）。

这种方法仅能对图像进行 90°、180°、270° 的旋转（见图 8.11b ~ d），将其扩

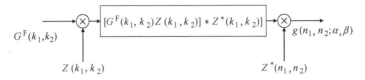

图 8.10　图像旋转[IP10,W30]

（卷积使用 3 个二维 FFT 实现。在磁共振成像（MRI）中，原始数据来源于傅里叶空间）

展到其他角度不失为一个可行的研究方向。

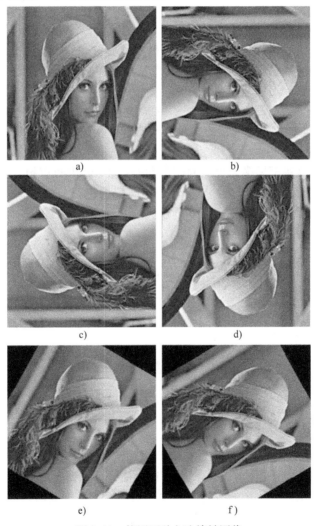

图 8.11　使用两种方法旋转图像

a）原始图像　b）旋转 90°的图像　c）旋转 270°的图像

d）旋转 180°的图像　e）旋转 30°的图像　f）旋转 60°的图像

注：图 b ~ d 使用 Cox – Tong 法[IP10]对图像进行旋转。图 e ~ f 使用 MATLAB 命令 imrotate（I，－30，
'bilinear'，'crop'）在空域对图像进行旋转。

8.5 帧内错误隐藏

在容易发生传输错误的环境（如无线网络）中，一个宏块（MacroBlock，MB）（在视频压缩标准如 MPEG – 1/2/4 及 H. 26x 系列[D37,IP28]中，其大小定义为 16 × 16）[IP29]在传输中会丢失或出现传输错误。有一种应对上述问题的方法称为错误隐藏，受损的宏块可以用相邻的没有受损的宏块或其加权所代替。

图 8.12 给出了一个帧内错误隐藏的例子。对于需要进行错误隐藏的（16 × 16）宏块（用灰色填充），其相邻区域包括（3 × 3）个宏块，共（48 × 48）个像素。对该区域使用二维 FFT，并进行二维低通滤波（LPF）以消除填充像素的不连续性。接着对其使用二维 IFFT 得到输入像素的重建值。由于存在低通滤波，因此重建图像与原图像并不完全相同。LPF 滤除的频率分量会影响相似的程度。若被滤除的频率分量较少，则周围像素会强烈影响错误隐藏宏块，反之亦然。错误宏块（输入）将被错误隐藏宏块（输出）所替代，而周围的 8 个宏块保持不变。整个过程，包括二维 FFT、二维 LPF 和二维 IFFT 将会被重复若干次。每一次重复中 LPF 滤除的频率分量会逐渐增多。根据周围像素的特性，LPF 可以设计成有方向的以提高错误隐藏的性能。当两个宏块（错误宏块与错误隐藏后的宏块）像素差异小于某个预先设定的阈值时，停止重复该过程。

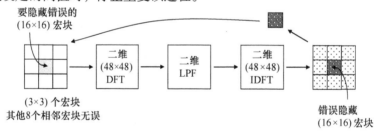

图 8.12 帧内宏块的错误隐藏（DFT 和 IDFT 分别利用 FFT 和 IFFT 实现）

8.6 表面纹理分析

通过比较多种离散正交变换（如 DFT、DCT、沃尔什变换、相移不变沃尔什变换、BIFORE 及哈尔变换[G5,G11 – G21]）在描述表面纹理数据方面的能力可知，DFT 和 DCT 因其在表面纹理分析中的快速收敛性及两者处理数据和峰值脱颖而出的能力，推荐用于进行表面纹理分析。详细比较过程见参考文献［J3］。

8.7 基于 FFT 的听觉模型

存在两种感知音频质量的客观评价方法：基本版本与高级版本[D46,D53]。前者包含模型输出变量（Model Output Variable，MOV），它是由基于 FFT 的听觉模型计算得出的（见图 8.13）。它使用了 11 个 MOV 用于预测基本感知音频质量，并使用了一个 2048 点 FFT。

高级版本同时包含了由基于滤波器库听觉模型计算得出的 MOV 和基本版本中的 MOV。频谱自适应激励模式和调制模式都是由模型中基于滤波器库的部分计算得出的。高级版本使用了 5 个 MOV 用于预测基本感知音频质量。

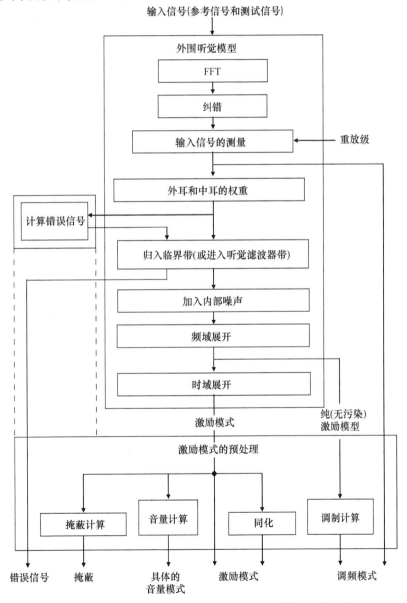

图 8.13　外围听觉模型与基于 FFT 模型激励模式的预处理

（参考文献［D46］ⓒ 1998 – 2001 ITU – R）

8.8 图像水印

用于保护版权与内容识别的数字媒体的水印，是一种广泛使用的用于避免或消除数字盗版的方法。它通过嵌入一个机密或个性的信息以达到保护一个产品的版权和展示其真实性的目的（内容识别、数据完整性和防止篡改[E8]）。盗版行为包括非法侵入、有目的性的篡改和版权侵害。同时，嵌入水印的图像要能够经受住对该图像的多种操作，如滤波、抖动、复印、扫描、裁剪、缩放、旋转、平移、JPEG压缩[IP28]等。在嵌入水印的过程中，DFT相位谱与幅度谱用于水印隐藏（见图8.14）。在DFT幅度谱中嵌入水印对于初等变换（如旋转、缩放和平移）具有鲁棒性[E4]。

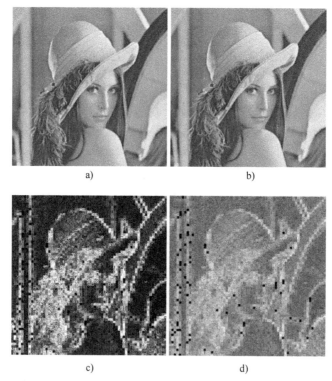

a)   b)

c)   d)

图 8.14 在图像二维 DFT 相位谱中嵌入水印[E2]

a）原始灰度图（512×512） b）利用（8×8）FFT 嵌入水印后的图像
c）原图像与嵌入水印图像的绝对误差（缩放因子为64） d）原图像与嵌入水印图像的误差取对数

参考文献［E2］指出，在实序列（如图像）的二维 DFT 相位谱中嵌入水印对图像篡改具有鲁棒性，同时对图像对比度调整也具有鲁棒性。而且为破坏水印，入侵者需引入较大的相位失真，这同时会导致图像质量严重下降。有关在图像相位谱中嵌入水印的详细介绍见参考文献［E2］。嵌入水印的图像没有明显的人工处理痕迹，而且当采用 JPEG[IP28] 编码器压缩图像时，水印可以达到 15∶1 的压缩比。

将人类视觉系统与水印算法相结合可以作为一个研究课题。而且，为了提高水印探测能力，可以深入研究图像失真对水印的影响。最新的技术不需要原始图像即可探测到水印[E2]。

Ruanaidh 和 Pun[E4] 将 DFT 与对数 – 极坐标映射方法相结合，研发了一种在不变域嵌入水印的方法。该方法对于旋转与缩放具有鲁棒性。该方法是水印不可见性与鲁棒性这对矛盾的折中。图 8.15 给出了一种典型的旋转、缩放与平移（Rotation Scaling and Translation，RST）不变性水印方案。由于对数 – 极坐标映射（Log – Polar Mapping，LPM）及其逆过程都为有损过程，因此图 8.16 给出了一种不需要将图像通过对数 – 极坐标映射器的嵌入水印的方法，仅二维扩频信号进行 ILPM（逆 LPM）。从隐秘图像（嵌入水印的图像）中提取水印的方法如图 8.17 所示。

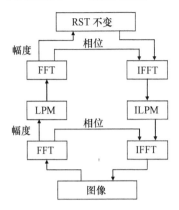

图 8.15　一个具有 RST 不变性水印方案的流程图

（参考文献 ［E4］ ⓒ 1998 Elsevier）

RST—旋转、缩放和平移

LPM、ILPM—对数 – 极坐标映射及其逆映射

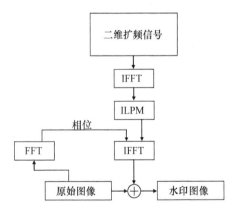

图 8.16　一种能够避免将图像映射至 RST 不变域的嵌入水印的方法

（参考文献 ［E4］ ⓒ 1998 Elsevier）

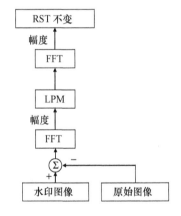

图 8.17　从图像中提取水印的方法

（参考文献 ［E4］ ⓒ 1998 Elsevier）

8.9　音频水印

在参考文献 ［E15］ 中，M 波段小波调制与码分多址（Code Division Multiple Access，CDMA）技术相结合产生了水印信号（见图 8.18）。CDMA 技术取代典型的扩频（Spread Spectrum，SS）技术提高了鲁棒性和容量需求。为满足 CDMA 携带

信号的正交条件，可使用 Gram – Schmidt 正交化方法[B40]修正产生的伪噪声（Pseudo Noise，PN）信号序列 $\underline{u}_i$。令 $b_i \in \{+1, -1\}$，表示一个携带水印信息的比特流。CDMA 的用法可用下式表示：

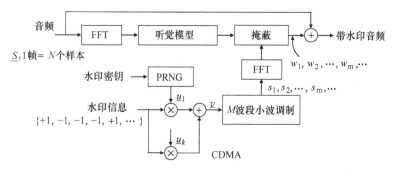

图 8.18　嵌入水印的流程图（当采样率为 44.1kHz 时，$M = 2^4$）

（参考文献［E15］ⓒ 2002 IEICE）

k—每帧携带 CDMA 信号的个数　PRNG—伪随机数生成器

$$\underline{v} = \sum_{i=1}^{k} b_i \underline{u}_i \qquad (8.26)$$

式中，k 为每帧 CDMA 携带信号的个数，且 k 要受到限制以使水印信号的强度在感知约束范围以内。

为使音频质量在可接受范围内，Ji 等人[E15]通过选择合适的掩蔽门限来控制水印信号的强度。他们使用的是频率掩蔽模型。该模型定义见 MPEG – 1 心理声学模型[E14]。

8.9.1　使用知觉掩蔽的音频水印

Swanson 等人[E14]开发了一种嵌入水印的方法，利用时域和频域的知觉掩蔽效应直接将版权保护水印嵌入到数字音频信号中。该方法能够确保嵌入水印是无声的，且对篡改和各种 DSP 操作具有鲁棒性。图 8.19 所示为该音频水印系统的流程图。其频率掩蔽模型基于 MPEG – 1 音频层 I[D22,D26]心理声学模型 1。图 8.19 中，$S_i(k)$ 表示第 i 个音频块经 Hann 窗函数 $h(n)$ 加权后的对数功率谱（音频信号按 32kHz 采样后的一个 16ms 段称为一个音频块，$N = 16\text{ms} \times 32\text{kHz} = 512$ 个采样点）。$h(n)$ 如下所示：

$$h(n) = \frac{\sqrt{\frac{8}{3}}}{2}\left[1 - \cos\left(2\pi\frac{n}{N}\right)\right] \qquad n = 0, 1, \cdots, N-1 \qquad (8.27)$$

信号 $s_i(n)$ 的功率谱计算如下

$$S_i(k) = 10\log_{10}\left[\frac{1}{N}\left\|\sum_{n=0}^{N-1} s_i(n)h(n)\exp\left(\frac{-\text{j}2\pi nk}{N}\right)\right\|^2\right] \qquad k = 0, 1, \cdots, N-1$$

$$(8.28)$$

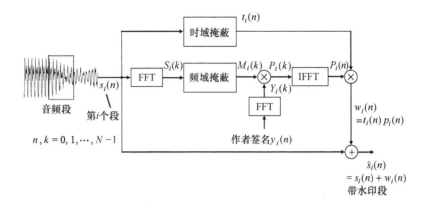

图 8.19 嵌入音频水印流程图

(参考文献 [E14] ⓒ 1998 Elsevier)

对每一个音频段加水印，即加入一个特定的类似噪声的序列经掩蔽现象改变形状这一过程所涉及的步骤如下（每一个音频段 $s_i(n)$）

（1）计算音频段 $s_i(n)$ 的功率谱 $S_i(k)$，见式（8.28）。

（2）计算功率谱 $S_i(k)$ 的频率掩蔽函数 $M_i(k)$（见参考文献 [E14] 3.1 小节）。

（3）计算作者签名信号 $y_i(n)$ 的 FFT，即 $Y_i(k)$。

（4）对该音频块，利用掩蔽函数 $M_i(k)$ 对类似噪声的作者签名信号进行加权，得到改变形状后的作者签名 $P_i(k) = Y_i(k)M_i(k)$。

（5）计算噪声信号的 IFFT，$p_i(n) = \text{IFFT}[P_i(k)]$。

（6）计算 $s_i(n)$ 的时域掩蔽函数 $t_i(n)$（见参考文献 [E14] 3.2 小节）

（7）利用时域掩蔽函数 $t_i(n)$ 进一步改变噪声的形状，生成该音频段的水印 $w_i(n) = t_i(n)p_i(n)$。

（8）生成嵌入水印后的音频块 $\hat{s}_i(n) = s_i(n) + w_i(n)$。

8.10 正交频分复用（OFDM）

正交频分复用/编码正交频分复用（Orthogonal Frequency Domain Multiplexing/Coded OFDM，OFDM/COFDM）已被欧洲地面数字电视和 HDTV 直播所采用[O2]。尽管 FCC 先进电视服务咨询委员会（Advisory Committee for Advanced Television Service，ACATS）已选择了 8 – VSB（VestigialSideband，残留边带）数字调制进行地面 HDTV 直播，但关于选择 COFDM 还是 VSB 或 QAM（正交幅度调制）进行地面 HDTV 直播的争论一直未能停止[O2,AP2]。这里重点介绍 FFT 在 OFDM 中的应用（见图 8.20）。

OFDM 通过降低数据速率来减小频率选择性衰落效应，具体做法是将数据流分成若干并行块然后将这些块进行传输[07]。通过分割与调制多个载波之间的信息，能使信号具有抗重影和抗干扰的能力[011]。OFDM用于无线通信系统的其他优势为高带宽效率、RF抗干扰性及对多径衰落具有鲁棒性。

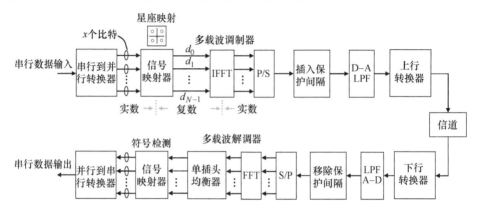

图 8.20　基于 FFT 的 OFDM 系统（参考文献 ［O2］ © 1995 IEEE）
P/S—并行转串行　S/P—串行转并行　D–A—数字–模拟转换　A–D—模拟–数字转换

8.10.1　使用 IFFT/FFT 表示 OFDM 信号

将 $N/2$ 子信道中的信号对应的复序列记为

$$\hat{d}_n = \hat{a}_n + \mathrm{j}\hat{b}_n \qquad n = 0,\ 1,\ \cdots,\ \frac{N}{2}-1 \qquad (8.29)$$

式中，$\hat{a}_n$ 和 $\hat{b}_n$ 根据信号星座图（见图 8.20）中点的个数可取 ± 1，± 3，…。例如，对于 16 点 QAM，$\hat{a}_n$，$\hat{b}_n$ 可取$\{\pm 1, \pm 3\}$；对 QPSK，可取$\{\pm 1\}$。这些信息采样点$\{\hat{d}_n\}$ 的 DFT 是一个多载波 OFDM 信号 $y(t)$，定义见式（8.34）。由于 $y(t)$ 须为实信号，因此我们利用 $\dfrac{N}{2}$ 个信息采样点生成 N 个采样点（见本书 2.3 节的复共轭理论），如下所示：

$$d_0 = \mathrm{Re}(\hat{d}_0) \qquad (8.30\mathrm{a})$$

$$d_{N/2} = \mathrm{Im}\ (\hat{d}_0) \qquad (8.30\mathrm{b})$$

$$d_n = \hat{d}_n \qquad n = 1,\ 2,\ \cdots,\ \frac{N}{2}-1 \qquad (8.30\mathrm{c})$$

$$d_{N-n} = (\hat{d}_n)^* \qquad n = 1, 2, \cdots, \frac{N}{2}-1 \qquad (8.30\mathrm{d})$$

复序列 $d_n = a_n + \mathrm{j}b_n$ 的 DFT 计算如下，$n = 0,\ 1,\ \cdots,\ N-1$：

$$X^{\mathrm{F}}(k) = \sum_{n=0}^{N-1} d_n W_N^{nk} \qquad k = 0, 1, \cdots, N-1$$

$$= \sum_{n=0}^{N-1} d_n \exp(-j2\pi f_n t_k) \qquad (8.31)$$

式中，$f_n = \dfrac{n}{N\Delta t}$；$t_k = k\Delta t$；$\Delta t$ 为 d_n 上任意选取的时间间隔。

$$X^{\mathrm{F}}(k) = \sum_{n=0}^{N-1} (a_n + jb_n)[\cos(2\pi f_n t_k) - j\sin(2\pi f_n t_k)] \qquad (8.32)$$

由式（8.30）中的假设可知，$X^{\mathrm{F}}(k)$ 的虚部将会抵消，仅剩下实部：

$$Y^{\mathrm{F}}(k) = \mathrm{Re}[X^{\mathrm{F}}(k)] = \sum_{n=0}^{N-1} [a_n\cos(2\pi f_n t_k) + b_n\sin(2\pi f_n t_k)]$$

$$k = 0, 1, \cdots, N-1 \qquad (8.33)$$

$Y^{\mathrm{F}}(k)$ 的低通滤波（LPF）输出在时间间隔 Δt 内近似于 FDM 信号，即

$$y(t) = \sum_{n=0}^{N-1} [a_n\cos(2\pi f_n t_k) + b_n\sin(2\pi f_n t_k)] \quad 0 \le t \le N\Delta t \qquad (8.34)$$

图 8.20 所示的功能模块更详细的介绍见参考文献［O2］。Weinstein 和 Ebert[O1] 提出了利用 DFT 实现多载波 OFDM 系统调制和解调的方法。

8.11 OFDM 的 FFT 处理器

在多载波调制（如正交频分复用（OFDM）和离散多音（Discrete Multitone，DMT））中，数据通过多个子载波进行并行传输。多载波调制技术已经被应用于通信标准中，如电话线（如 DSL）中的高速度传输、无线局域网（Wireless Local Area Network，WLAN）、非对称数字用户线（Asymmetric Digital Subscriber Line，AD-SL）、甚高速数字用户环路（Very High Speed Digital Subscriber Line，VDSL）、数字音频广播（Digital Audio Broadcasting，DAB）、数字电视广播（Digital Video Broadcasting，DVB）和电力线通信（Powerline Communication，PLC）[A31]。基于多载波调制的收发器中包含实时 DFT 计算（见参考文献［A31］所列的参考文献）。

参考文献［A31］中的 FFT 处理器使用了基 - 4DIF 算法和原位存储策略。该处理器能够以 42MHz 的主频工作且能在 6μs 内计算出一个 256 点复 FFT。

更高阶基的算法需要更少的计算周期。例如，基 - 2 算法与基 - 4 算法相比，需要多于 4 倍的计算周期。但基 - 4 算法的大小不能是 128、512、2048 和 8192，因为它们不是 4 的整数幂次方。为计算不是 4 的整数幂次方的 FFT，可以使用混合基（Mixed Radix，MR）算法。

原位算法能够降低存储空间的需求，因为它将同一个蝶形算法的输出与输入存储在相同的存储空间中。

参考文献［A31］中的连续流（Continuous - Flow，CR）MRFFT 处理器主要包括：MR（基 - 4/基 - 2）算法、原位策略和存储器组结构。该处理器仅需两个 N 字长的存储器。该存储器就硬件复杂度和功耗方面来说是一个主导元件。

当 N 点 DFT 可以被分解为互素的因子时，它也可以利用威诺格拉德傅里叶变换算法（WFTA）[A3]实现。该方法将一个素 N 点 DFT 脉动阵列与 WFTA 相结合，使得当变换长度很大时能够控制硬件复杂度的增加[T1]。在硬件、输入输出复杂度及吞吐量方面，DFT 脉动阵列的性能有所提高。

DVB – T 接收机（见图 8.21）[O5,O18]的 OFDM 使用了一种新型高性能 8K 点 FFT处理器结构，它是基于基 – 8FFT 算法开发出来的。该 8192 点 FFT 处理器在设计中使用了一个新型基于分布式计算的无蝶形结构无乘法运算的基 – 8FFT 结构。该结构涉及分阶段的四个基 – 8FFT 和一个基 – 2FFT（$8^4 \times 2 = 2^{12} \times 2 = 8192$）（见图8.22）。该 8192 点 FFT 可以在 $78\mu s$ 内计算出来。更多关于门数量、时钟周期、相关技术，高速吞吐量性能和面积效率的介绍见参考文献［O18］。

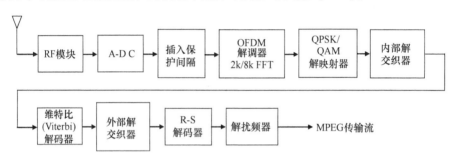

图 8.21　DVB – T 接收机（参考文献［O18］ⓒ 2007 IEEE）

R – S—里德 – 所罗门　QPSK—正交相移键控

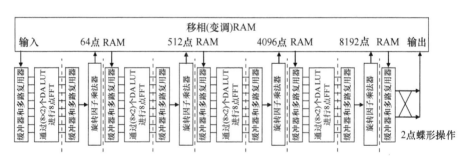

图 8.22　提出的 8k 点 FFT 结构（参考文献［O18］ⓒ 2007 IEEE）

DA—分布式算术　LUT—查表

8.12　基于 DF DFT 的信道估计方法[C16]

由最大似然（Maximum Likelihood，ML）准则导出的基于 DFT 的信道估计技术最初用作 OFDM 系统的导频信号[C15]。为节省带宽和提高系统性能，通常用判决反馈（Decision – Feedback，DF）信号在后续的 OFDM 信号中追踪信道变化，这种方法称作基于 DF DFT 的信道估计。然而，目前这种经验方法的工作原理还未能从牛顿法的观点中得出。本文利用牛顿法为时空分组码（Space – Time Block Code，ST-BC)/OFDM 系统推导了基于 DF DFT 的信道估计方法（见图 8.23）。这种推导方式同时给出了两种方法等价性。实验结果表明这两种算法都能通过以下四个部分实现：一个最小二次方（Least – Square，LS）估计器，一个 IDFT 矩阵，一个加权矩阵和一个 DFT 矩阵。但两种算法连接这四部分方式有所不同。一方面，在牛顿法中的梯度向量[W29]可以通过计算一个估计信道的频率响应和一个 LS 估计的差异得出，然后进行 IDFT 操作。另一方面，牛顿方法中 Hessian 矩阵的逆[B27,W29]即为 DF DFT 方法中的加权矩阵。

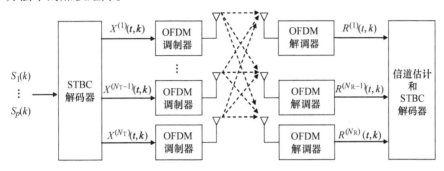

图 8.23　STBC/OFDM 系统（$a = 1, 2, \cdots, N_T$; $b = 1, 2, \cdots, N_R$）

（参考文献 [C16] ⓒ 2008 IEEE）

8.12.1　基于 DF DFT 的信道估计方法

如图 8.24b 所示，基于 DF DFT 信道估计方法的框图由一个 LS 估计器，一个 IDFT 矩阵，一个加权矩阵和一个 DFT 矩阵组成[C15]。一个 LS 估计器利用 DF 数据信号产生一个 LS 估计结果，这也是信道频率响应的一个有噪声估计。在利用 IDFT 将估计结果转换到时域之后，将其与一个加权矩阵相乘，以提高估计结果的准确性。该加权矩阵决定于所选的性能评价准则，可以是 ML 或最小均方误差（Minimum Mean Square Error，MMSE）[C15]。最后将改进的估计结果转换回频域用于下一次信道频率响应的估计。

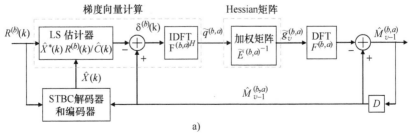

图 8.24　牛顿方法与基于 DF DFT 方法的等价性（D 是一个延迟元件）

a）牛顿方法

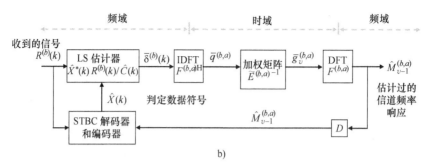

图 8.24　牛顿方法与基于 DF DFT 方法的等价性（D 是一个延迟元件）（续）

b）基于 DF DFT 方法

Ku 和 Huang[C16]研究了牛顿法和基于 DF DFT 方法用于 STBC/OFDM 系统信道估计的等价性。其结果可以为开发新算法提供思路。

8.13　共轭梯度快速傅里叶变换（CG - FFT）

矩量法（Method of Moment，MoM）是一种分析天线的有效方法[K1-K4,B12]。

共轭梯度快速傅里叶变换（Conjugate - Gradient FFT，CG - FFT）顺利地用来分析一个大规模周期偶极阵列。在 MoM 天线分析中，它提高了共轭梯度（Conjugate - Gradient，CG）迭代法中矩阵 - 向量相乘的运行速度。此外，将一个等价的子阵列预处理器与 CG - FFT 分析过程相结合可以减少迭代步骤与迭代过程的 CPU 处理时间。

将共轭梯度法与快速傅里叶变换相结合的方法（即 CG - FFT）在处理均匀矩型阵列时具有很高的效率，这是因为它的计算复杂度可以减少到 $O(N \log_2 N)$[K1,K4]。

在参考文献 [K4] 中，CG - FMM - FFT 被应用到了一个由任意几何形状阵列元素构成的大规模有限周期阵列天线中。此外，也对该子阵列预处理器与大规模有限周期天线的 CG - FMM - FFT 分析中的邻近组预处理器的性能进行了比较。

还研究了快速多极子法 - 快速傅里叶变换（Fast Multipole Method - FFM，FMM - FFT）与预处理器结合的方法，并将其应用于大规模周期天线问题的分析中。

DFT（通过 FFT 实现）已被应用与多种语音编码器中，或者利用时域混叠消除（Time Domain Aliasing Cancellation，TDAC）技术实现[D1,D2]（利用 MDCT/MDST）或者利用一个心理声学模型开发出来。下面简要回顾上述内容。

8.14　改进型离散余弦变换（MDCT）

参考文献 [D1，D2] 给出了几种已开发的改进型离散余弦变换（Modified Discrete Cosine Transform，MDCT）版本。MDCT 与改进型离散正弦变换（Modified Discrete Sine Transform，MDST）都被用作子带/变换编码中基于时域混叠消除（Time Domain Aliasing Cancellation，TDAC）的分析/综合滤波器库[D1]。这些也被称为"TDAC 变换"。Princen、Bradley 和 Johnson[D1] 为偶叠加和奇叠加分析/综合系统定义了两类 MDCT[D2,D20,D47,D49]。

调制重叠变换（Modulated Lapped Transform，MLT)[D40] 用于视频和音频压缩（MPEG – 1/2 音频和杜比 AC – 3（见图 8.26 和图 8.27））中的块变换编码。目前已开发出了几种形式的 MLT，称作 TDAC，MDCT 和余弦调制滤波器库（Cosine-Modulated Filter Bank，CMFB）（见表 8.1）。MPEG – 1 音频层 1 – 3（见表 8.2、图 8.28 和图 8.29）、MPEG – 2 音频层 1 – 4、MPEG – 4 音频部分、MPEG – 2 AAC（ACC 用于 MPEG – 2 第 7 部分和 MPEG – 4 第 3 部分）音频部分（见图 8.30 和 8.31）与杜比 AC – 3 都利用 CMFB 将音频序列从时域变换到子带或变换域进行压缩（见参考文献 [D37]）。

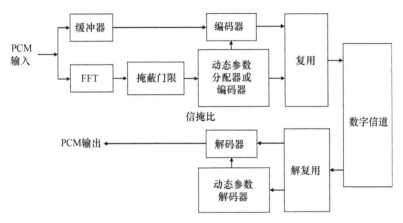

图 8.25 基于感知的编码器框图

（参考文献 [D33] © 1995 IEEE)

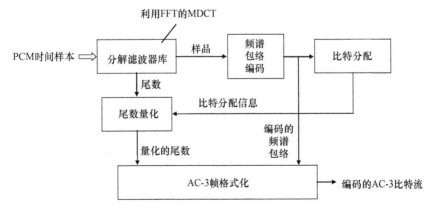

图 8.26 AC – 3（音频编码 – 3）编码器（一）（杜比实验室）

（参考文献 [D51] © 2006 IEEE)

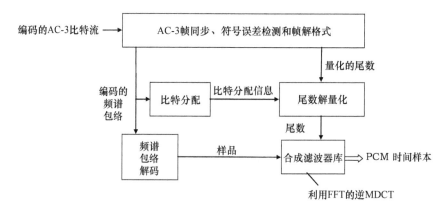

图 8.27　AC－3（音频编码－3）解码器（二）（杜比实验室）

（参考文献［D51］ⓒ 2006 IEEE）

表 8.1　音频编码标准中 CMFB 的公式与分类（参考文献［D45］ⓒ 1999 AES）

种类	MCT 对	标准中的 CMFB
TDAC	$X_k = \sum_{n=0}^{N-1} x_n \cos\left[\frac{\pi}{2N}\left(2n+1+\frac{N}{2}\right)(2k+1)\right]$ $x_n = \sum_{k=0}^{N/2-1} X_k \cos\left[\frac{\pi}{2N}\left(2n+1+\frac{N}{2}\right)(2k+1)\right]$ 当 $k = 0,1,\cdots,\frac{N}{2}-1$，和 $n = 0,1,\cdots,N-1$	MPEG－Ⅳ MPEG－Ⅱ－AAC MPEG 层3，第二级 AC－2 长变换
TDAC 变量	$X_k = \sum_{n=0}^{N-1} x_n \cos\left[\frac{\pi}{2N}(2n+1)(2k+1)\right]$ $x_n = \sum_{k=0}^{N/2-1} X_k \cos\left[\frac{\pi}{2N}(2n+1)(2k+1)\right]$ 当 $k = 0,1,\cdots,\frac{N}{2}-1$，和 $n = 0,1,\cdots,N-1$	AC－3 短变换1
	$X_k = \sum_{n=0}^{N-1} x_n \cos\left[\frac{\pi}{2N}(2n+1+N)(2k+1)\right]$ $x_n = \sum_{k=0}^{N/2-1} X_k \cos\left[\frac{\pi}{2N}(2n+1+N)(2k+1)\right]$ 当 $k = 0,1,\cdots,\frac{N}{2}-1$，和 $n = 0,1,\cdots,N-1$	AC－3 短变换2
多相滤波器库	$X_k = \sum_{n=0}^{N-1} x_n \cos\left[\frac{\pi}{N}\left(n-\frac{N}{4}\right)(2k+1)\right]$ $x_n = \sum_{k=0}^{N/2-1} X_k \cos\left[\frac{\pi}{N}\left(n-\frac{N}{4}\right)(2k+1)\right]$ 当 $k = 0,1,\cdots,\frac{N}{2}-1$，和 $n = 0,1,\cdots,N-1$	MPEG 层1、2 MPEG 层3，第一级

注：TDAC, Time Domain Aliasing Cancellation, 时域混叠消除；MCT, Modulated Cosine Transform, 调制的余弦变换；MLT, Modulated Lapped Transform, 调制的重叠变换；CMFB, Cosine Modulated Filter Bank, 余弦调制滤波器库。

表 8.2 MPEG – 1 各层规格

	层 I	层 II	层 III
采样频率/kHz	32，44.1，48	32，44.1，48	32，44.1，48
最小编码/解码延迟/ms	19	35	59
滤波器库	MUSICAM 滤波器库（32 子带）	MUSICAM 滤波器库（32 子带）	MUSICAM 滤波器库和 MDCT
采样频率 32kHz 下滤波器库的带宽/Hz	500	500	27.7（共 18 点 MDCT）
心理声学模型	1 或 2	1 或 2	1 或 2（使用频率掩蔽和时间掩蔽）
掩蔽阈值计算	512 点 FFT（粗频率分辨率）	1024 点 FFT（细频率分辨率）	1024 点 FFT 心理声学模型 1；1024 和 256 点 FFT，心理声学模型 2
比特分配	32 个子带，每个子带取一个有 12 个样本的块（＝384 输入样本）	有 36 个样本的块（3 个相邻的有 12 个样本的块）（＝3×384＝1152）	块大小自适应的以适应预回声处理
量化	一致	一致	不一致
熵编码	否	否	是
主观测试表现	384Kbit/s 的立体声比特率下表现很好	256Kbit/s 的立体声比特率下表现很好	128Kbit/s 的立体声比特率下，比层 II 的 MOS 提高了 0.6 分

注：MOS，Mean Opinion Score，平均意见分。

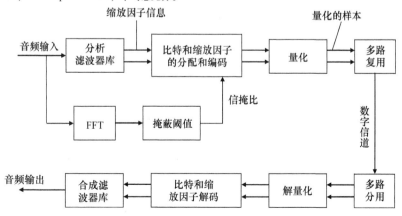

图 8.28 MPEG – 1 音频编码器与解码器（第 I、II 层）结构

（参考文献 ［D33］ ⓒ 1995 IEEE）

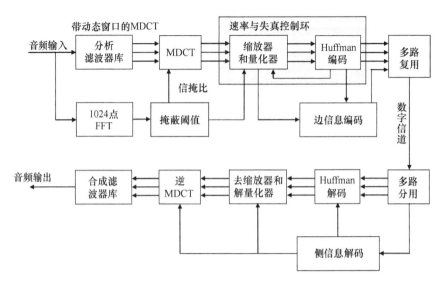

图 8.29　MPEG-1 第 Ⅲ 层音频编码器与解码器结构

(参考文献〔D33〕© 1995 IEEE)

在国际音频编码标准（MPEG 系列和 H. 262）和许多商业音频播放产品，如日本索尼公司的 MiniDisc/ATRAC/ATRAC2/SDDS 数字音频编码系统（ATRAC，Adaptive Transform Acoustic Coding，自适应变换声学编码）、美国 AT&T 公司的 PAC（Perceptual Audio Coder，感知音频编码）/美国朗讯科技（Lucent Technology）公司的 PAC/增强 PAC/多通道 PAC 中，MDCT 都为基本处理模块以获得高压缩率（见表 8.3 和表 8.4）[D35]。

这里我们集中考虑如何用 FFT 实现各种形式的 MDCT 和 IMDCT（逆 MDCT）。

图 8.25 给出了利用听觉掩蔽效应基于感知的编码器。幅度分辨率与由此得到的比特分配方法和每个临界频带的比特率，可由信掩比（Signal-to-Mask Ratio，SMR）与频率的关系得出。SMR 可通过对待编码音频块进行基于 FFT（如 1024 点 FFT）的谱分析得出。关于频域编码器与子带/变换系数的动态比特分配的内容详见参考文献〔D33〕。

美国高级电视业顾问委员会（Advanced Television Systems Committee，ATSC）的 DTV 标准包括数字高清电视（High Definition Television，HDTV）和标清电视（Standard Definition Television，SDTV）。ATSC 音频压缩标准为 AC-3（见参考文献〔D51，D52〕）。若需下载标准请访问 http：//www. atsc. org/standards/。

编码预处理模块（见图 8.32）给出了图 8.30 所示的增量控制的细节信息。解码后处理模块（见图 8.33）给出了图 8.31 所示的增量控制的细节信息。注意图 8.31 和图 8.32 所示的 256 或 32 点 MDCT 和 IMDCT 是通过 FFT 实现的（见图 8.33 和图 8.34）。

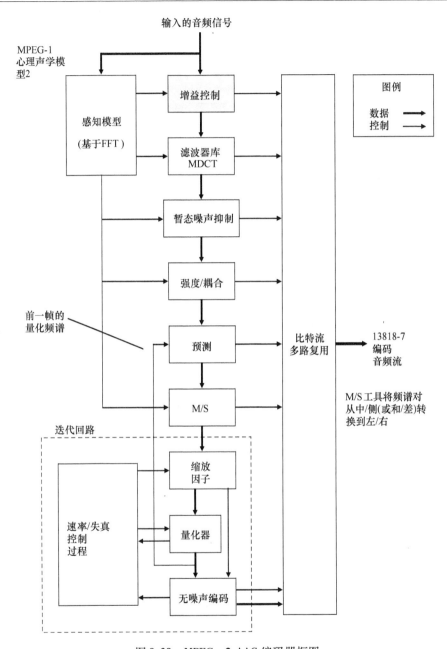

图 8.30　MPEG - 2 AAC 编码器框图

（参考文献［D39］ⓒ ISO. 本资料转载自 ISO/IEC 13818 - 7：2006，以国际标准化组织（ISO）名义经美国国家标准协会（ANSI）许可。未经 ANSI 授权不得以任何形式进行复制或转载，如利用电子恢复系统，或使其在因特网、公共网络中传播。该标准的副本可于 ANSI 购买，地址：25 West 43 Street, New York, NY 10036（212）642 - 4900, http：// webstore. ansi. org）

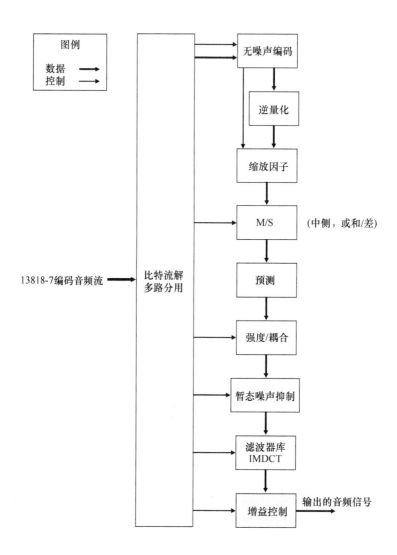

图 8.31　MPEG – 2 AAC 解码器框图

（参考文献 ［D39］ © ISO. 本资料转载自 ISO/IEC 13818 – 7：2006，以
国际标准化组织（ISO）名义经美国国家标准协会（ANSI）许可。未经 AN-
SI 授权不得以任何形式进行复制或转载，如利用电子恢复系统，或使其在因
特网、公共网络中传播。该标准的副本可于 ANSI 购买，地址：25 West 43
Street, New York, NY 10036 （212） 642 – 4900，http：//webstore. ansi. org）

表 8.3 滤波器库特性比较（参考文献［D38］ⓒ 1997 AES）

特性	层 1	层 2	层 3	AC－2	AC－3	ATRAC[①]	PAC/MPAC
类型	PQMF	PQMF	混合 PQMF/ MDCT	MDCT/MDST	MDCT	混合 QMF/ MDCT	MDCT
48kHz 下的频率分解/Hz	750	750	41.66	93.75	93.75	46.87	23.44
48kHz 下的时间分解/ms	0.66	0.66	4	1.3	2.66	1.3	2.66
脉冲响应（LW）	512	512	1664	512	512	1024	2048
脉冲响应（SW）	—	—	896	128	256	128	256
48kHz 下的帧长/ms	8	24	24	32	32	10.66	23

注：LW，Long Window，长窗口；SW，Short Window，短窗口。

① ATRAC 工作于采样频率为 44.1kHz 时。为便于比较，帧长度与冲击响应的数值是当 ATRAC 系统工作于 48kHz 时得到的。

表 8.4 现有音频编码系统比较（截至 1997 年）（参考文献［D38］ⓒ 1997 AES）

	比特率	质量	复杂性	主要应用	起用年份
MPEG－1 层 1	32~448Kbit/s total	192Kbit/s/ch 下质量好	低 enc/dec	DCC	1991
MPEG－1 层 2	32~384Kbit/s total	128Kbit/s/ch 下质量好	低解码器	DAB，CD－I，DVD	1991
MPEG－1 层 3	32~320Kbit/s total	96Kbit/s/ch 下质量好	低解码器	ISDN，卫星 广播系统 和因特网音频	1993
杜比 AC－2	128~192 Kbit/s/ch	128Kbit/s/ch 下质量好	低 enc/dec	点对点，cable	1989
杜比 AC－3	32~640Kbit/s	384Kbit/s/ch 下质量好	低解码器	点对多点 HDTV. cable. DVD	1991
索尼 ATRAC	≈140Kbit/s/ch		低 enc/dec	MD	1992
AT&T PAC			低解码器		
APT－X100	固定压缩	1:4	非常低 enc/dec	录音室专用	1989

注：enc/dec，encoder/decoder，编码器/解码器；DCC，Digital Compact Cassette，数字盒式磁带录音机；MD，MiniDisc，迷你光盘。

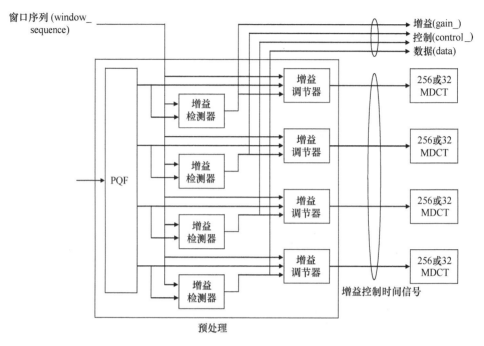

图 8.32　MPEG - 2 AAC 编码器预处理模块框图

（参考文献［D35］© 1997 AES）　PQF—多相正交滤波器

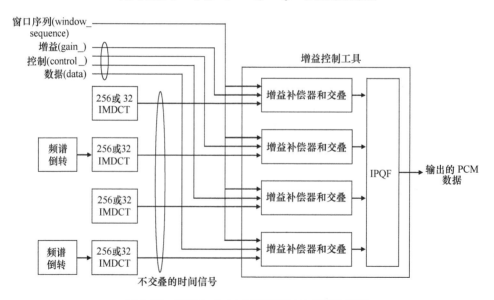

图 8.33　MPEG - 2 AAC 解码器后处理模块框图

（参考文献［D35］© 1997 AES）　IPQF—逆多相正交滤波器

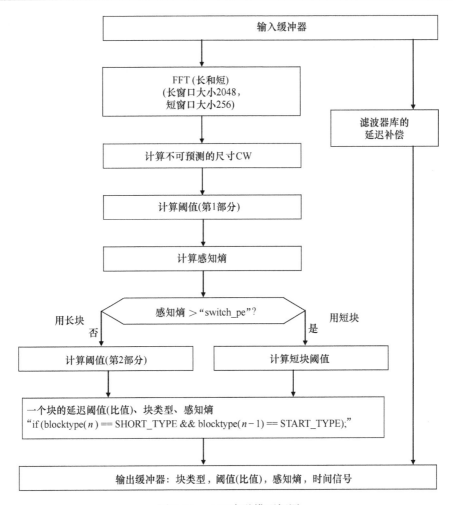

图 8.34　心理声学模型框图

8.15　奇叠加 TDAC

使用 MDCT 的奇叠加 TDAC 定义为[D23]

$$X^{\mathrm{MDCT}}(k) = \sum_{n=0}^{N-1} x(n) \cos\left[\frac{2\pi}{N}(n+n_0)\left(k+\frac{1}{2}\right)\right] \quad k = 0,1,\cdots,N-1$$

(8.35)

式中，$x(n)$ 为输入信号 $x(t)$ 在采样点 n 处的量化值；N 为采样块的长度；$n_0 = \dfrac{(N/2)+1}{2}$ 为需要进行混叠消除的相位项；$x(n)$ 表示第 n 个采样点值。

MDCT 可利用 FFT 如下实现：

将 $\left[x(n)\exp\left(-\dfrac{j\pi n}{N}\right)\right]$ 的 FFT 写为

$$\mathrm{FFT}\left[x(n)\exp\left(-\frac{j\pi n}{N}\right)\right] = \hat{X}(k) = R(k) + jQ(k) \tag{8.36}$$

式中，$R(k)$ 和 $Q(k)$ 分别为 $\hat{X}(k)$ 的实部和虚部，则

$$X^{\mathrm{MDCT}}(k) = R(k)\cos\left[\frac{2\pi n_0}{N}\left(k+\frac{1}{2}\right)\right] + Q(k)\sin\left[\frac{2\pi n_0}{N}\left(k+\frac{1}{2}\right)\right] \tag{8.37}$$

证明：

$$
\begin{aligned}
& \mathrm{FFT}\left[x(n)\exp\left(-\frac{j\pi n}{N}\right)\right] \\
&= \sum_{n=0}^{N-1} x(n)\exp\left(-\frac{j\pi n}{N}\right)\exp\left(-\frac{j2\pi nk}{N}\right) \\
&= \sum_{n=0}^{N-1} x(n)\exp\left[-\frac{j2\pi n}{N}\left(k+\frac{1}{2}\right)\right] \\
&= \sum_{n=0}^{N-1} x(n)\cos\left[\frac{2\pi n}{N}\left(k+\frac{1}{2}\right)\right] - j\sum_{n=0}^{N-1} x(n)\sin\left[\frac{2\pi n}{N}\left(k+\frac{1}{2}\right)\right] \\
&= R(k) + jQ(k)
\end{aligned} \tag{8.38}
$$

$$
\begin{aligned}
X^{\mathrm{MDCT}}(k) &= R(k)\cos\left[\frac{2\pi n_0}{N}\left(k+\frac{1}{2}\right)\right] + Q(k)\sin\left[\frac{2\pi n_0}{N}\left(k+\frac{1}{2}\right)\right] \\
&= \sum_{n=0}^{N-1} x(n)\left(\cos\left[\frac{2\pi n}{N}\left(k+\frac{1}{2}\right)\right]\cos\left[\frac{2\pi n_0}{N}\left(k+\frac{1}{2}\right)\right] - \right.\\
&\qquad \left. \sin\left[\frac{2\pi n}{N}\left(k+\frac{1}{2}\right)\right]\sin\left[\frac{2\pi n_0}{N}\left(k+\frac{1}{2}\right)\right]\right) \\
&= \sum_{n=0}^{N-1} x(n)\cos\left[\frac{2\pi}{N}(n+n_0)\left(k+\frac{1}{2}\right)\right]
\end{aligned} \tag{8.39}
$$

即式 (8.35)。图 8.35 给出了上述过程的流程图。

IMDCT 定义如下

$$x(n) = \frac{1}{N}\sum_{k=0}^{N-1} X^{\mathrm{MDCT}}(k)\cos\left[\frac{2\pi}{N}(n+n_0)\left(k+\frac{1}{2}\right)\right] \quad n=0,1,\cdots,N-1 \tag{8.40}$$

可以通过 IFFT 实现。首先，令

$$\hat{x}(n) = \mathrm{IFFT}\left[X^{\mathrm{MDCT}}(k)\exp\left(\frac{j2\pi kn_0}{N}\right)\right] \quad n=0,1,\cdots,N-1 \tag{8.41}$$

$$x(n) = r(n)\cos\left[\frac{\pi(n+n_0)}{N}\right] - q(n)\sin\left[\frac{\pi(n+n_0)}{N}\right] \tag{8.42}$$

式中，$r(n)$ 和 $q(n)$ 分别为 $\hat{x}(n)$ 的实部和虚部。

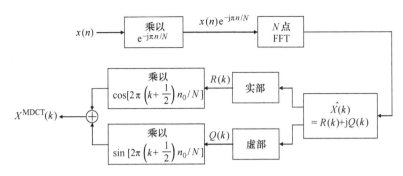

图 8.35　通过 FFT 实现奇叠加 TDAC 的框图

MDCT 已被用于 AC‑3、AAC、MPEG‑1 第 3 层第 2 级，MPEG‑4 音频部分和 ATSC 的 HDTV[D16, D18, D20, D31, D32, D38‑D40, D43, D45, D47‑D50]。除 FFT 以外，已经开发出了多种实现 MDCT/MDST 及其逆的高效快速算法[D45, D48, D49]。参考文献[D47]中给出了一种用整数实现的 MDCT，称作 IntMDCT。后者保留了许多 MDCT 比较好的特性，提供了非常好的重建性、块交叠、临界采样，以及较好的频率选择性和快速算法。其额外的作用是在无损音频压缩中的应用[D47]。

请详细研究参考文献［M13］的图 11.15 所示的 MATLAB 仿真和图 11.18 所示的使用 DCT 和 MDCT 的波形编码。

8.16　感知变换音频编码器[D3, D4]

对音频信号感知熵（Perceptual Entropy, PE）的估计是由几种众所周知的噪声掩蔽方法结合得来的。这些方法与一种启发式的音频激励短期频率掩蔽模型相结合用于音调估计。每一个短期音频激励段的感知熵，由编码该音频信号短期功率谱所需的比特数结合掩蔽模型等级处添加噪声所需的分辨率而估计得出。图 8.36 给出了关于感知熵计算的详细内容。加窗与频率变换是通过一个汉宁（Hanning）窗后接一个长度为 2048 的实‑复 FFT 并保留前 1024 个系数来实现的（dc 系数与 $\frac{f_s}{2}$ 频率处的系数算作一个）。临界频带分析用于计算掩蔽门限。借助于 FFT 可知，功率谱为 $P(\omega) = [\text{Re}^2(\omega) + \text{Im}^2(\omega)]$。其中，$\text{Re}(\omega) + j\text{Im}(\omega)$ 为 DFT 系数。通过将不同频段功率谱相加，可得临界频带。

PE 方法能够很好地估计出基于人耳听觉系统的音频信号比特率的下限。关于这部分的详细内容见参考文献［D3, D4］。

熵编码感知变换编码器最初是为单声道信号开发的[D3,D4]，后来扩展到了立体声信号[D6]（见图 8.37）。后者，同时利用了立体声信号的冗余与听觉环境中的声音混合效应，该效应使得编码立体声信号的比特率远小于单声道信号编码比特率的两倍。

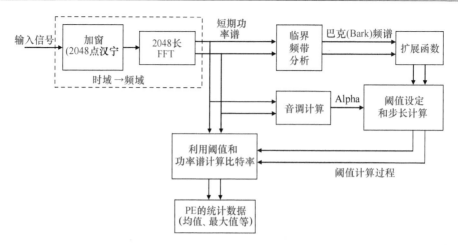

图 8.36　感知熵（PE）的计算

（参考文献［D4］© 1988 IEEE）

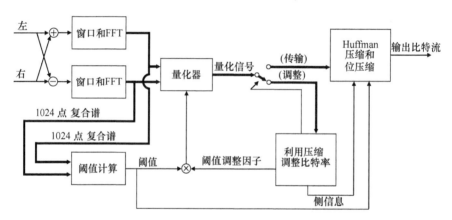

图 8.37　SEPXFM 编码器框图（立体声熵编码的感知变换编码器）

（参考文献［D6］© 1989 IEEE）

8.17　OCF 编码器

最优频域（Optimun Coding in the Frequency – domain，OCF）编码器[D10]使用了频谱值熵编码以增加编码效率和编码器灵活度。低复杂度自适应变换编码（Low – Complexity Adaptive Transform Coding，LC – ATC）与 OCF 编码器都使用了变换编码以去除冗余和高度适应感知。OCF 编码器框图如图 8.38 所示，解码器框图如图 8.39 所示。输入信号经过加窗处理，并用改进型离散余弦变换（Modified DCT，MDCT）进行变换，MDCT 被用作一个临界采样滤波器。MDCT 利用 FFT 实现，OCF 解码器中的逆变换（即 IMDCT）利用 IFFT 实现。

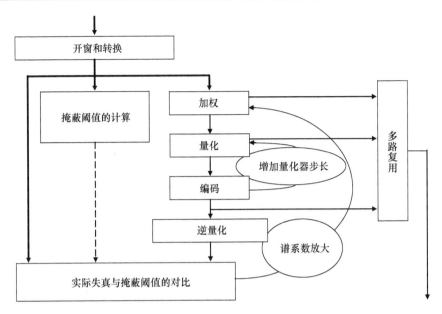

图 8.38 OCF 编码器框图

(参考文献〔D10〕© 1990 IEEE)

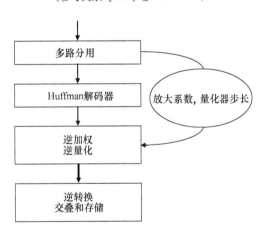

图 8.39 OCF 解码器框图

(参考文献〔D10〕© 1990 IEEE)

8.18 NMR 评估系统

在另一种应用中，FFT 用于基于噪掩比（Noise – to – Mask Ratio，NMR）和掩蔽标识（masking flag）的客观量化噪声可听度评估方法[D10]。它使用 1024 采样点的汉宁窗 FFT 计算每 512 个采样点（11.6ms，采样率为 44.1kHz）。NMR 评估系统框图如图 8.40 所示。

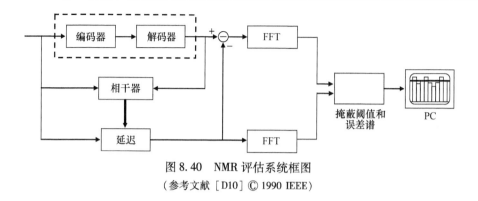

图 8.40　NMR 评估系统框图

（参考文献［D10］Ⓒ 1990 IEEE）

8.19　移动接收音频编码器

CCETT[D7] 开发了一个 48 kHz 采样率、工作于编码正交频分复用（Coded Orthogonal FDM，COFDM）广播系统上的子带音频编码系统。该系统致力于制作有声节目和降低比特率，包括信道编码与调制。优化的子带编解码器框图如图 8.41 所示。

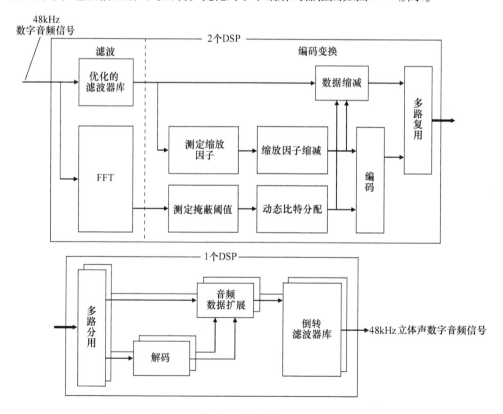

图 8.41　优化的立体声子带编码器（上）和解码器（下）

（参考文献［D7］Ⓒ 1989 ITU）

处理立体声的子带编码器可在一个与 VME 总线兼容的欧标板的 DSP 上实现。

8.20 高质量音乐信号的自适应功率谱感知熵编码（ASPEC）

如掩蔽模式通用子带集成编码与复用（Masking Pattern Universsal Subband Integrated Coding and Multiplexing, MUSICAM）中所述（见本章 8.23 节），高质量音乐信号的自适应功率谱感知编码（Adaptive Spectral Perceptual Entropy Coding of high quality music signals, ASPEC [D9, D17]是另一种音频编码标准，它被 ISO 选用作广泛的音频测试用于 MPEG 音频中可行的应用。MUSICAM（指子带算法）被选作为基本的 MPEG 音频部分，而 ASPEC 的心理声学模型被融入 MPEG 音频编码标准中。ASPEC 结合了许多其他高性能音频编码系统的思想，这些编码标准由德国埃尔朗根大学/弗劳恩霍夫协会（University of Erlangen/ Fraunhofer Society）、美国 AT&T 贝尔（Bell）实验室（两种编码器）、德国汉诺威大学/汤姆森消费电子（University of Hannover/ Thomson Consumer Electronics）和 CNET [D17]提出。ASPEC 同时满足了 ISO 包层协议的所有需求。下面给出了单通道编码器（见图 8.42）和解码器（见图 8.43）的框图。其中，滤波器通过改进型离散余弦变换（MDCT）来实现。MDCT 将 $2n$ 个时域采样点变换为 n 个频域变换系数，即（下采样）为 n 个时域采样点的块。每一

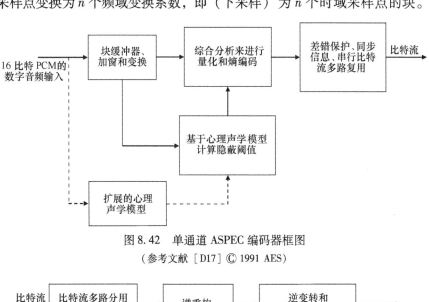

图 8.42 单通道 ASPEC 编码器框图

（参考文献［D17］Ⓒ 1991 AES）

图 8.43 单通道 ASPEC 解码器框图

（参考文献［D17］Ⓒ 1991 AES）

个采样点都同时为两个块的元素。IMDCT 将 n 个变换系数映射为 $2n$ 个时域采样点。一个重叠和相加的操作能够消除由下采样产生的混叠效应（属于 TDAC）。

MDCT 为

$$X_b(m) = \sum_{k=0}^{2n-1} f(k)x_b(k)\cos\left[\frac{\pi}{4n}(2k+1+n)(2m+1)\right]$$
$$m = 0,1,\cdots,n-1 \tag{8.43}$$

式中，$x_b(k)$ 为块 b 的第 k 个采样点，满足 $x_b(k+n) = x_{b+1}(k)$，$k=0,1,\cdots$，$n-1$；$f(k)$ 为加窗函数，$k=0,1,\cdots,2n-1$；$X_b(m)$ 为第 m 个变换系数，$m=0,1,\cdots,n-1$。其中的一个窗函数为

$$f(k) = \sin\left[\frac{\pi(2k+1)}{4n}\right] \qquad k=0,1,\cdots,2n-1 \tag{8.44}$$

IMDCT 为

$$y_b(p) = f(p)\sum_{m=0}^{n-1} X_b(m)\cos\left[\frac{\pi}{4n}(2p+1+n)(2m+1)\right]$$
$$p = 0,1,\cdots,2n-1 \tag{8.45}$$

且有

$$x_b(q) = y_{b-1}(q+n) + y_b(q) \qquad q=0,1,\cdots,n-1 \tag{8.46}$$

在已开发的几种实现 MDCT 及其逆变换的快速算法中，有一种高效的算法是利用 FFT 实现的。用于计算为子带变换系数分配比特的掩蔽门限的人类听觉系统心理声学模型是基于 FFT 的[D7]。

8.21　残差激励线性预测（RELP）声码器

FFT 另一种应用为残差激励线性预测（Residual Excited Linear Prediction，RELP）声码器（见图 8.44），关于声码器更详细的内容见参考文献 [D30]。

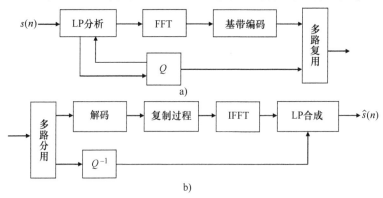

图 8.44　基于 FFT 的 RELP 声码器

（参考文献 [D30] ⓒ 1994 IEEE）

a）发射机　b）接收机

8.22 同态声码器

同态信号处理,如同态反卷积,可以用于测试声道特性,以及从激励中提取信号[D30]。同态声码器的主要思想是将声道和激励对数幅度谱结合可以产生语音对数幅度谱。

图 8.45 给出了一个使用倒谱的语音分析 – 合成系统。语音对数幅度谱的 IFFT 可以产生倒谱序列 $Ce(n)$。可以看出,与原点相近的倒谱("que – frency")样本与声道相关。这些系数可以使用一个倒谱窗提取。倒谱窗的长度必须小于最短的基音周期。还可以看出,对于浊音,倒谱序列在基音周期处有较大的采样值。因此,可以通过倒谱来估计基频。

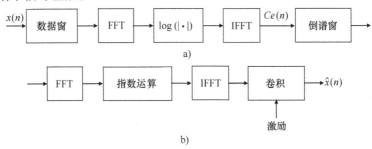

图 8.45 一个同态语音分析 – 合成系统

(参考文献 [D30] © 1994 IEEE)

a) 分析 b) 合成

合成器对倒谱进行了 FFT 并对其结果的频率分量进行指数运算。对这些分量作 IFFT 可得该声道的冲激响应,将该冲激响应与激励卷积可以产生合成语音。尽管倒谱声码器自提出后未能得到许多应用,但基于倒谱的基音和声道估计法已得到了许多语音处理其他方面的应用。此外,Chung 和 Schafer[D5, D12] 的报告指出,将同态反卷积与分析 – 合成激励模型相结合可以产生 4.8Kbit/s 上的高质量语音[D30]。

8.23 掩蔽模式通用子带集成编码与复用 (MUSICAM)

为响应 ISO"开发数字音频编码标准"的提议,有 14 家公司提交了提案。由于这些提案具有相似性,因此将这些公司分成了四个研发小组。最终选出了两种编码算法 (MUSICAM——子带编码,ASPEC——变换编码;ASPEC 在 8.20 节已经介绍过) 由瑞典广播公司 (位于瑞典斯德哥尔摩) 进行全方位测试。根据 11 种性能 (除过 ISO 包层协议的系统需求[D8]) 的得分经相应加权因子加权后得到的平均分,掩蔽模式通用子带集成编码与复用 (Masking – pattern Universal Sub – band Integrated Coding and Multiplexing，MUSICAM）获得的分数比 ASPEC 高近 6%（见表 8.5）[D15]。

MPEG 音频[D50]是两个组联合的结果，通过结合两个算法（MUSICAM 和 AS-PEC）最高效的部分得到了一个标准算法。

由法国、荷兰和德国的工程师[D11]开发的子带编码方案 MUSICAM 是基于人类听觉感知的，即人耳的时域和频域掩蔽效应（见图 8.46）。

滤波器产生了音频信号的子带信号（对于时域掩蔽效应很有用）。FFT 与音频信号的滤波并行进行，以对子带进行动态比特分配。通过结合 FFT 的高频域分辨率和缩放因子的高的时域分辨率，可以从时域和频域两个方面精确估计出人耳的掩蔽门限。

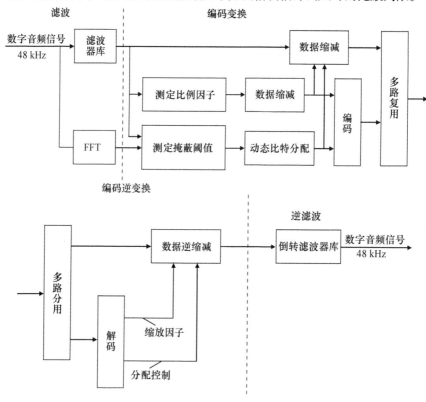

图 8.46　MUSICAM 编码器（上）与解码器（下）流程图
（参考文献［D11］ⓒ 1990 IEEE）

表 8.5　主观与客观测试得分（参考文献［D15］ⓒ 1990 IEEE）

算法	ASPEC	MUSICAM
主观测试	3272	2942
客观测试	4557	5408
合计	7829	8350

8.24 AC-2 音频编码器

美国杜比实验室开发的数字音频编码器称作杜比 AC-2。对于 16 比特 PCM，其采样频率为 32、44.1、48 kHz，对应的压缩率分别为 5.4:1、5.6:1、6.1:1[D13, D14, D19, D21, D24]。

一个加窗重叠相加过程用在了分析/合成滤波器中，且利用 FFT 高效实现。编解码框图分别如图 8.47 和 8.48 所示。正如前文提到的，TDAC 和子带分解（临界频带）是通过在重叠块进行可选的 MDCT/MDST 实现的。这是偶叠加 TDAC。

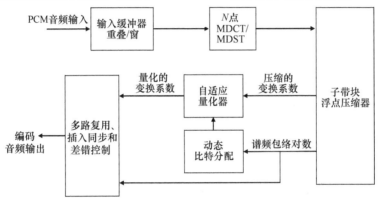

图 8.47　AC-2 数字音频编码器框图

（参考文献［D21］ⓒ 1992 IEEE）

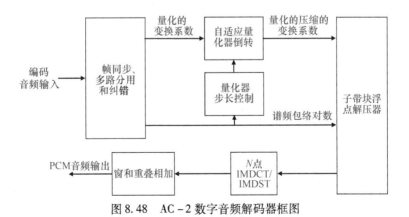

图 8.48　AC-2 数字音频解码器框图

（参考文献［D21］ⓒ 1992 IEEE）

MDCT/MDST 定义如下

$$X^{C}(k) = \frac{1}{N}\sum_{n=0}^{N-1} x(n)\cos\left[\frac{2\pi k}{N}(n+n_0)\right] \quad k = 0,1,\cdots,N-1 \quad (8.47)$$

和

$$X^S(k) = \frac{1}{N}\sum_{n=0}^{N-1} x(n)\sin\left[\frac{2\pi k}{N}(n+n_0)\right] \quad k=0,1,\cdots,N-1 \quad (8.48)$$

式中，$n_0 = \left(\dfrac{N}{2}+1\right)\Big/2$。在 TDAC 中每一个新的 N 采样点块与之前块重叠的长度为块长度的 50%。由于每一个 MDCT 或 MDST 仅会产生 $N/2$ 个非零变换系数，因此需要使用变换滤波器进行临界采样。

IMDCT/IMDST 将这些变换系数转换为 N 个时域交叠的音频采样点：

$$\hat{x}^C(n) = \sum_{k=0}^{N-1} X^C(k)\cos\left[\frac{2\pi k}{N}(n+n_0)\right] \quad n=0,1,\cdots,N-1 \quad (8.49)$$

$$\hat{x}^S(n) = \sum_{k=0}^{N-1} X^S(k)\sin\left[\frac{2\pi k}{N}(n+n_0)\right] \quad n=0,1,\cdots,N-1 \quad (8.50)$$

FFT 技术已经十分高效地应用在 MDCT/MDST 及其逆变换中。若将 MDCT 和 MDST 看作一个复数 FFT 的实部和虚部，则仅用一个 FFT 就可以实现这两种变换。这部分内容详见 8.25 节和 8.26 节。

8.25　利用 IFFT 实现 IMDCT/IMDST

N 个时域交叠的采样点 $\hat{x}^C(n)$ 和 $\hat{x}^S(n)$ 可由 IMDCT/IMDST 得出，且可以用 IFFT 如下实现：

$$
\begin{aligned}
\hat{x}^C(n) &= \mathrm{Re}\sum_{k=0}^{N-1} X^C(k)\exp\left[\frac{\mathrm{j}2\pi k}{N}(n+n_0)\right] \\
&= \mathrm{Re}\left(\sum_{k=0}^{N-1}\left[X^C(k)\exp\left(\frac{\mathrm{j}2\pi k n_0}{N}\right)\right]\left[\exp\left(\frac{\mathrm{j}2\pi k n}{N}\right)\right]\right) \quad (8.51)
\end{aligned}
$$

上式为 $\left[N X^C(k)\exp\left(\dfrac{\mathrm{j}2\pi k n_0}{N}\right)\right]$ 的 IFFT 的实部。类似地，IMDST 为 $\left[N X^S(k)\exp\left(\dfrac{\mathrm{j}2\pi k n_0}{N}\right)\right]$ 的 IFFT 的虚部，或者

$$\hat{x}^S(n) = \mathrm{Im}\left(\mathrm{IFFT}\left[N X^S(k)\exp\left(\frac{\mathrm{j}2\pi k n_0}{N}\right)\right]\right) \quad (8.52)$$

式中，$n_0 = \left(\dfrac{N}{2}+1\right)\Big/2$；$X^C(k)$ 和 $X^S(k)$ 分别为 $x(n)$ 的 MDCT 和 MDST（见式（8.47）和式（8.48））。

由于 $\left[X^C(k)\exp\left(\dfrac{\mathrm{j}2\pi k n_0}{N}\right)\right]$ 是共轭对称的，因此式（8.51）中 IFFT 的虚部为零。类似地，由于 $\left[X^S(k)\exp\left(\dfrac{\mathrm{j}2\pi k n_0}{N}\right)\right]$ 是共轭反对称的，因此式（8.52）中

IFFT 的实部为零。

由于式（8.51）和式（8.52）中的两个 IFFT 输出分别是纯实数和纯虚数，因此这两个 N 点 IFFT 可以合并为一个复 N 点 IFFT，相比于式（8.51）和式（8.52）可以降低一半的加法 - 乘法运算量。图 8.49 给出了该过程的框图。

证明：当 $N = 8$ 时

$$X^C(N-k) = -X^C(k) \quad k = 1, 2, \cdots, \frac{N}{2} - 1 \tag{8.53a}$$

$$X^C\left(\frac{N}{2}\right) = 0 \tag{8.53b}$$

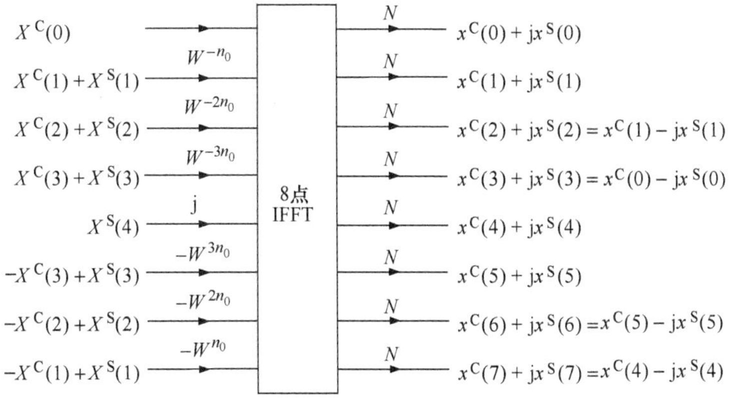

图 8.49　利用 IFFT 实现 IMDCT/IMDST （$N = 8$，$n_0 = \left(\frac{N}{2} + 1\right) / 2$，

$W = \mathrm{e}^{-\mathrm{j}2\pi/N}$。这里 $W = W_8$）

$$\left\{ \exp\left(\frac{\mathrm{j}2\pi k n_0}{N}\right) \right\}_{k=0}^{N-1} = (1,\ d_1,\ d_2,\ d_3,\ \mathrm{j},\ -d_3^*,\ -d_2^*,\ -d_1^*) \tag{8.54}$$

由式（8.53）和式（8.54）可知

$$\left[X^C(k) \exp\left(\frac{\mathrm{j}2\pi k n_0}{N}\right) \right]_{k=0}^{N-1} = \{ X^C(0), X^C(1)d_1, X^C(2)d_2, X^C(3)d_3, 0,$$

$$X^C(3)d_3^*, X^C(2)d_2^*, X^C(1)d_1^* \} \tag{8.55}$$

式中，$X^C(k)$ 恒为实值，因此 $\left[X^C(k)\ \exp\left(\frac{\mathrm{j}2\pi k n_0}{N}\right) \right]$ 是共轭对称的。由于

$$\hat{x}^C(n) = \mathrm{Re} \sum_{k=0}^{N-1} \left[X^C(k) \exp(\mathrm{j}2\pi k n_0/N) \right] W_N^{-kn} \tag{8.51}$$

$$\hat{x}^C(n) = \mathrm{Re}\big[X^C(0) + X^C(1)d_1 \mathrm{e}^{\mathrm{j}2n\pi/N} + X^C(2)d_2 \mathrm{e}^{\mathrm{j}4n\pi/N} + X^C(3)d_3 \mathrm{e}^{\mathrm{j}6n\pi/N}$$

$$+ X^C(3)d_3^* \mathrm{e}^{\mathrm{j}10n\pi/N} + X^C(2)d_2^* \mathrm{e}^{\mathrm{j}12n\pi/N} + X^C(1)d_1^* \mathrm{e}^{\mathrm{j}14n\pi/N} \big]$$

$$= \mathrm{Re}\big[X^C(0) + X^C(1)d_1 \mathrm{e}^{\mathrm{j}2n\pi/N} + X^C(2)d_2 \mathrm{e}^{\mathrm{j}4n\pi/N} + X^C(3)d_3 \mathrm{e}^{\mathrm{j}6n\pi/N}$$

$$+ X^C(3)d_3^* \mathrm{e}^{-\mathrm{j}6n\pi/N} + X^C(2)d_2^* \mathrm{e}^{-\mathrm{j}4n\pi/N} + X^C(1)d_1^* \mathrm{e}^{-\mathrm{j}2n\pi/N} \big]$$

$$= \mathrm{Re}\big[X^{\mathrm{C}}(0) + (c_1 + c_1^*) + (c_2 + c_2^*) + (c_3 + c_3^*)\big] \tag{8.56}$$

其中

$$c_k = X^{\mathrm{C}}(k) d_k \mathrm{e}^{\mathrm{j}2\pi nk/N} \quad k = 1, 2, \cdots, \frac{N}{2} - 1$$

且 n 为一个整数。式（8.56）方括号中的求和结果为实数。

类似地，对于 MDST 有：

$$X^{\mathrm{S}}(0) = 0 \tag{8.57a}$$

$$X^{\mathrm{S}}(N - k) = X^{\mathrm{S}}(k) \quad k = 1, 2, \cdots, \frac{N}{2} - 1 \tag{8.57b}$$

由式（8.57）和式（8.54）可得

$$\left[X^{\mathrm{S}}(k) \exp\left(\frac{\mathrm{j}2\pi kn_0}{N}\right)\right]_{k=0}^{N-1} = \{0, X^{\mathrm{S}}(1) d_1, X^{\mathrm{S}}(2) d_2, X^{\mathrm{S}}(3) d_3, \mathrm{j}X^{\mathrm{S}}(4),$$
$$- X^{\mathrm{S}}(3) d_3^*, - X^{\mathrm{S}}(2) d_2^*, - X^{\mathrm{S}}(1) d_1^*\} \tag{8.58}$$

因此 $\left[X^{\mathrm{S}}(k) \exp\left(\dfrac{\mathrm{j}2\pi kn_0}{N}\right)\right]$ 是共轭反对称的。

$$\hat{x}^{\mathrm{S}}(n) = \mathrm{Im} \sum_{k=0}^{N-1} \left[X^{\mathrm{S}}(k) \exp\left(\frac{\mathrm{j}2\pi kn_0}{N}\right)\right] W_N^{-kn} \tag{8.59}$$

$$\hat{x}^{\mathrm{S}}(n) = \mathrm{Im}\,\big[X^{\mathrm{S}}(1) d_1 \mathrm{e}^{\frac{\mathrm{j}2n\pi}{N}} + X^{\mathrm{S}}(2) d_2 \mathrm{e}^{\frac{\mathrm{j}4n\pi}{N}} + X^{\mathrm{S}}(3) d_3 \mathrm{e}^{\frac{\mathrm{j}6n\pi}{N}} + \mathrm{j}X^{\mathrm{S}}(4)$$
$$- X^{\mathrm{S}}(3) d_3^* \mathrm{e}^{\frac{\mathrm{j}10n\pi}{N}} - X^{\mathrm{S}}(2) d_2^* \mathrm{e}^{\frac{\mathrm{j}12n\pi}{N}} - X^{\mathrm{S}}(1) d_1^* \mathrm{e}^{\frac{\mathrm{j}14n\pi}{N}}\big]$$
$$= \mathrm{Im}\,\big[X^{\mathrm{S}}(1) d_1 \mathrm{e}^{\frac{\mathrm{j}2n\pi}{N}} + X^{\mathrm{S}}(2) d_2 \mathrm{e}^{\frac{\mathrm{j}4n\pi}{N}} + X^{\mathrm{S}}(3) d_3 \mathrm{e}^{\frac{\mathrm{j}6n\pi}{N}} + \mathrm{j}X^{\mathrm{S}}(4)$$
$$- X^{\mathrm{S}}(3) d_3^* \mathrm{e}^{-\frac{\mathrm{j}6n\pi}{N}} - X^{\mathrm{S}}(2) d_2^* \mathrm{e}^{-\frac{\mathrm{j}4n\pi}{N}} - X^{\mathrm{S}}(1) d_1^* \mathrm{e}^{-\frac{\mathrm{j}2n\pi}{N}}\big]$$
$$= \mathrm{Im}\,\big[(c_1 - c_1^*) + (c_2 - c_2^*) + (c_3 - c_3^*) + \mathrm{j}X^{\mathrm{S}}(4)\big] \tag{8.60}$$

其中

$$c_k = X^{\mathrm{S}}(k) d_k \mathrm{e}^{\mathrm{j}2\pi nk/N} \quad k = 1, 2, \cdots, \frac{N}{2} - 1$$

并且 n 为一个整数，式（8.60）的方括号中的求和结果为虚数。

本书第 2 章式（2.14）阐述了复共轭理论。类似地，当 $x(n)$ 为虚序列时，其 N 点 DFT 是共轭反对称的，即

$$X^{\mathrm{F}}\left(\frac{N}{2} + k\right) = - X^{\mathrm{F}*}\left(\frac{N}{2} - k\right) \quad k = 1, 2, \cdots, \frac{N}{2} \tag{8.61}$$

这暗示了 $X^{\mathrm{F}}(0)$ 和 $X^{\mathrm{F}}\left(\dfrac{N}{2}\right)$ 都为虚数。给定 $x(n) \Leftrightarrow X^{\mathrm{F}}(k)$，则有 $x^*(n) \Leftrightarrow X^{\mathrm{F}*}(-k)$。DFT 对称性总结如下：

数据域 $\Leftrightarrow$ DFT 域

实序列 $\Leftrightarrow$ 共轭对称 ［见本书式（2.14）和式（8.56）］

$$\frac{1}{2}[x(n) + x^*(n)] \Leftrightarrow \frac{1}{2}[X^{\mathrm{F}}(k) + X^{\mathrm{F}*}(-k)] \quad \text{由线性性质得出} \tag{8.62}$$

式中，$x(n)$ 为一个复数。

虚序列 ⟺ 共轭反对称 ［见式 (8.60) 和 (8.61)］

$$\frac{1}{2}[x(n) - x^*(n)] \Leftrightarrow \frac{1}{2}[X^F(k) - X^{F^*}(-k)] \tag{8.63}$$

式中，$x(n)$ 为一个复数。

由 DFT 的对偶性质有：

共轭对称 ⟺ 实序列

$$\frac{1}{2}[x(n) - x^*(N-n)] \Leftrightarrow \frac{1}{2}[X^F(k) + X^{F^*}(k)] \tag{8.64}$$

例如 $(0, 1, 2, 3, 2, 1) \Leftrightarrow (9, -4, 0, -1, 0, -4)$

共轭反对称⟺虚序列

$$\frac{1}{2}[x(n) - x^*(N-n)] \Leftrightarrow \frac{1}{2}[X^F(k) - X^{F^*}(k)] \tag{8.65}$$

因此

实对称⟺实对称

$$x\left(\frac{N}{2}+n\right) = x\left(\frac{N}{2}-n\right) \quad \text{或} \quad x(n) = x(N-n) \quad n=1,2,\cdots,\frac{N}{2} \tag{8.66}$$

例如 $\underline{x} = (3, 4, 2, 1, 2, 4)^T$

虚对称⟺ 虚对称 (8.67)

例如 $(j3, j, j2, j4, j2, j) \Leftrightarrow (j13, -j2, j4, j, j4, -j2)$

复对称⟺复对称 (由式 (8.66) 和式 (8.67) 线性结合可知)

假设 $x(0) = x\left(\frac{N}{2}\right) = 0$，则可推出 DFT 更多的反对称性质及其逆变换如下 (见参考文献 ［IP19］第 242 页和参考文献 ［B23］第 49 页)：

实反对称 ⟺ 虚反对称 (8.68)

例如 $(0, 1, 0, -1) \Leftrightarrow (0, -j2, 0, j2)$

虚反对称⟺实反对称 (8.69)

例如 $(0, j, 0, -j) \Leftrightarrow (0, 2, 0, -2)$

复反对称 ⟺ 复反对称 (由式 (8.68) 和 (8.69) 线性结合可知)

$$\tag{8.70}$$

例如 $(0, 1+j, 0, -(1+j)) \Leftrightarrow (0, 2-j2, 0, -(2-j2))$

注意，在式 (8.68) ~ (8.70) 中有 $X^F(0) = X^F\left(\frac{N}{2}\right) = 0$。

8.26 利用 IFFT 实现 MDCT/MDST

通过将 MDCT 和 MDST 看作一个复 IFFT 的实部和虚部，则可用一个 IFFT 实现

这两种变换。由式（8.47）和式（8.48）中 MDCT/MDST 的定义可知

$$X^C(k) + jX^S(k) = \frac{1}{N}\sum_{n=0}^{N-1} x(n)\left(\cos\left[\frac{2\pi k}{N}(n+n_0)\right] + j\sin\left[\frac{2\pi k}{N}(n+n_0)\right]\right)$$

$$= \frac{1}{N}\sum_{n=0}^{N-1} x(n)\exp\left[\frac{j2\pi k}{N}(n+n_0)\right]$$

$$= W_N^{-kn_0}\frac{1}{N}\sum_{n=0}^{N-1} x(n)W_N^{-kn}$$

$$= W_N^{-kn_0}\text{IFFT}[x(n)] \tag{8.71}$$

其中

$$n_0 = \frac{\frac{N}{2}+1}{2}$$

图 8.50 给出了当 $N=8$ 时的流程图。

现总结如下，FFT 及其逆变换已经广泛用于实现 MDCT/MDST 中的滤波器，以及用于开发国际标准音频编码器的心理声学模型。其他应用包括：RELP 声码器/同态声码器，OCF 编码器，感知变换音频编码器，NMR 评价方法等。

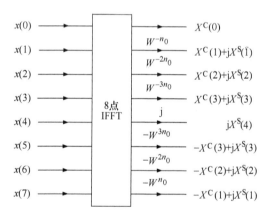

图 8.50 利用 IFFT 实现 MDCT/MDST（$N=8$，

$$n_0 = \left(\frac{N}{2}+1\right)/2, \quad W = e^{-j2\pi/N}, \text{ 这里 } W = W_8)$$

8.27 自相关函数和功率谱密度

在这部分，我们计算一个随机变量的自相关函数和功率谱密度。

（1）生成一个 $N=2000$ 的统计独立同分布的离散时域序列 $\{x_n\}$，该序列中的元素选自（-1，1）的均匀分布。则序列 $\{x_n\}$ 自相关函数的无偏估计定义为

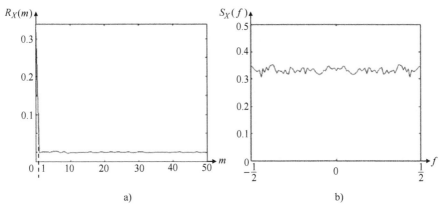

图 8.51 一个随机序列的自相关函数功率谱密度（假设 $f_s = 1$）

a）自相关函数 b）功率谱密度

$$R_X(m) = \left(\frac{1}{N-m}\right)\sum_{n=1}^{N-m} x_n x_{n+m} \qquad m = 0, 1, \cdots, M$$

$$= \left(\frac{1}{N-|m|}\right)\sum_{n=|m|}^{N} x_n x_{n+m} \quad m = -1, -2, \cdots, -M \qquad (8.72)$$

式中，$M = 50$，计算 $R_X(m)$ 并画图（见图 8.51a）。

（2）通过计算 $R_X(m)$ 的 DFT 来确定序列 $\{x_n\}$ 的功率谱密度，并画图。其 DFT 定义为

$$S_X(f) = S_X^F(k) = (2M+1) \text{ 点 } \mathrm{DFT}[R_X(m)] = \sum_{m=-M}^{M} R_X(m)\exp\left[\frac{-\mathrm{j}2\pi mk}{(2m+1)}\right]$$

$$f_s = 1 \quad \frac{1}{2} \leqslant f \leqslant \frac{1}{2} \quad -M \leqslant k, \ m \leqslant M \qquad (8.73)$$

DFT 通过 FFT 实现。

8.27.1 滤波白噪声

一个白随机过程 $x(t)$ 功率谱密度为 $S_X(f) = 1$（f 为任意值），其通过线性滤波器会产生一个冲激响应（见图 8.52）：

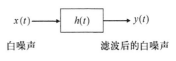

白噪声   滤波后的白噪声

图 8.52 滤波白噪声

$$h(t) = \begin{cases} \mathrm{e}^{-\frac{t}{4}} & t \geqslant 0 \\ 0 & \text{其他} \end{cases} \qquad (8.74)$$

（1）确定一个滤波器输出的功率谱密度 $S_Y(f)$，并画图。

$$H(f) = \int_{-\infty}^{\infty} (\mathrm{e}^{-t/4}) \mathrm{e}^{-\mathrm{j}2\pi ft}\mathrm{d}t = \int_{0}^{\infty} \mathrm{e}^{-\left(\frac{1}{4}+\mathrm{j}2\pi f\right)t}\mathrm{d}t = \frac{1}{\frac{1}{4}+\mathrm{j}2\pi f} \qquad (8.75)$$

$$f_s = 1 \qquad -\frac{1}{2} \leqslant f \leqslant \frac{1}{2}$$

$$S_Y(f) = S_X(f)H(f)H^*(f) = S_X(f)\,|H(f)|^2 = \frac{1}{\dfrac{1}{16} + (2\pi f)^2} \qquad (8.76)$$

因此，当 $f = 0$ 时有 $S_Y(f) = 16$。

（2）通过对 $S_Y(f)$ 的采样点做 IFFT 可求得滤波器输出 $y(t)$ 的自相关函数（见图 8.53），然后画图。

傅里叶变换和 DFT 的近似误差如图 8.53 所示。如果令 $h(t) = \mathrm{e}^{-\frac{t}{40}}$（$t \geqslant 0$ 时），则这两种变换可以得到相同的结果。

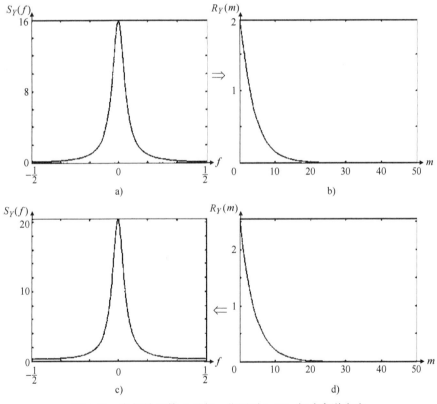

图 8.53　自相关函数（无归一化因子 $1/N$）与功率谱密度

（$R(m)$ 下降越慢，$S_Y(f)$ 越尖锐；假定 $f_s = 1$）

a）功率谱密度 $S_Y(f)$　　b）对 $S_Y(f)$ 进行 IDFT 实现的自相关

c）对图 d 所示函数进行 DFT 得到的功率谱密度　　d）利用函数 "xcorr（h）" 计算的自相关

8.28　三维人脸识别

在参考文献［LA7］中，多种利用 DFT 或 DCT 基于投影的特征被用于已注册人脸的三维扫描结果中来进行人脸识别。特征提取技术被用于已注册人脸的三种不同表示，即三维点云、二维深度图和三维 voxel（即体积元素）（见表 8.6）。

表 8.6 用于三维人脸识别的表示方法和特征（参考文献［LA7］© 2006 SPIE）

表示方法	特征
三维点云	· 二维 DFT · ICA（独立成分分析） · NNMF（非负矩阵分解）
二维深度图	· 全局 DFT · 全局 DCT · 块基 DFT（特征级处融合） · 块基 DCT（特征级处融合） · 块基 DFT（特征级处融合） · 块基 DCT（特征级处融合） · ICA（独立成分分析） · NNMF（非负矩阵分解）
三维 voxel 表示方法	· 三维 DFT

利用三维 DMA 人脸数据库[LA8]，Dutagaci、Sankur 和 Yemez[LA7]测试了用于识别时多种特征的性能（见表 8.7）。该数据库包含了 106 种人脸扫描结果。关于训练、测试数据及每个人所需样本数（这也为提高识别性能的建议）详见参考文献［LA7］。

Wu 和 Zhao[LA9]描述了基于 FFT 的新的精确测量电子功率谐波的方法。

表 8.7 识别性能与特征数（参考文献［LA7］© 2006 SPIE）

表示方法	特征	特征数	识别精度（%）
三维点云	二维 DFT	$2 \times 400 - 1 = 799$	95.86
	ICA	50	99.79
	NNMF	50	99.79
二维深度图	全局 DFT	$2 \times 8 \times 8 - 1 = 127$	98.24
	全局 DCT	$11 \times 11 = 121$	96.58
	块基 DFT（特征级处融合）	（20×20）块（12 个块）， 每个块为（$2 \times 2 \times 2 - 1$），共 84	98.76
	块基 DCT（特征级处融合）	（20×20）块（12 个块）， 每个块为（3×3），共 108	98.24
	块基 DFT（特征级处融合）	（20×20）块（12 个块）， 每个块为（$4 \times 4 - 1$），共 180	98.13
	块基 DCT（特征级处融合）	（20×20）块（12 个块）， 每个块为（6×6），共 432	97.82
	ICA	50	96.79
	NNMF	50	94.43
三维 voxel 表示方法	三维 DFT	$2 \times 4 \times 4 \times 4 - 1 = 127$	98.34

8.29   二维多采样率处理

本节，我们回顾一下二维多采样率系统的基本内容[F28]。对于可看作时间函数的信号，术语"多采样率"是指在系统中不同的点处的信号采样率也不同。对于二维信号，我们用"多采样率"表示在系统的点阵上，信号定义不同，而与点阵坐标轴的物理意义无关。

整数点阵（integer lattice）Λ 定义为所有整数向量 $\boldsymbol{n} = (n_1, n_2)^{\mathrm{T}}$ 的集合。采样后的子点阵 $\Lambda_{[D]}$ 对应于采样矩阵 $[D]$，为整数向量 $\boldsymbol{m}$ 的集合，满足 $\boldsymbol{m} = [D]\boldsymbol{n}$。考虑如下的采样矩阵 $[D]$：

$$[D] = [D_3] = \begin{pmatrix} 2 & 1 \\ -1 & 1 \end{pmatrix} \tag{8.77}$$

点阵 Λ 和 $\Lambda_{[D]}$ 如图 8.55e 所示。点阵 Λ 为空心和实心的小圆圈，子点阵 $\Lambda_{[D]}$ 为实心的小圆圈。为了更合理地定义子点阵，采样矩阵必须是非奇异的，且其元素必须为整数。对于一个子点阵，可以有无限多个采样矩阵与之相对应，而且其中任意一个矩阵都可以通过其他矩阵右乘一个行列式为 ±1 的整数矩阵得到。一个子点阵的陪集是由子点阵经移位向量 $\boldsymbol{k}$ 移位后得到的，因此对于 $\Lambda_{[D]}$ 有 $D = |\det ([D])|$ 个不同的陪集，且其并集恰好是整数点阵 Λ。我们将向量 $\boldsymbol{k}$ 与某一个特定的陪集一并称为一个陪集向量。

8.29.1   上采样与内插

考虑采样因子为 D 的上采样，$x(\boldsymbol{n})$ 的上采样 $y(\boldsymbol{n})$ 为

$$y(\boldsymbol{n}) = \begin{cases} x([D]^{-1}\boldsymbol{n}) & \text{如果} [D]^{-1}\boldsymbol{n} \in \Lambda \\ 0 & \text{其他} \end{cases} \quad \boldsymbol{n} = \begin{pmatrix} n_1 \\ n_2 \end{pmatrix} \tag{8.78}$$

则上采样信号 $y(\boldsymbol{n})$ 的 DFT 为

$$Y^{\mathrm{F}}(\boldsymbol{\omega}) = X^{\mathrm{F}}([D]^{\mathrm{T}}\boldsymbol{\omega}) \quad \boldsymbol{\omega} = \begin{pmatrix} \omega_1 \\ \omega_2 \end{pmatrix} \tag{8.79}$$

$$Y(\boldsymbol{z}) = X(\boldsymbol{z}^{[D]}) \quad \boldsymbol{z} = \begin{pmatrix} z_1 \\ z_2 \end{pmatrix} \tag{8.80}$$

对信号进行上采样在傅里叶变换域的表现为是特征范围的减小（例如通带）以及方向的偏移。正如图 8.54 灰色区域的运动方式所示，$X^{\mathrm{F}}(\boldsymbol{\omega})$ 的一个完整周期，即一个单位频率单元$\{\boldsymbol{\omega} \in [-\pi, \pi] \times [-\pi, \pi]\}$映射到了基带区域：

$$\{[D]^{\mathrm{T}}\boldsymbol{\omega}: \boldsymbol{\omega} \in [-\pi, \pi] \times [-\pi, \pi]\} \tag{8.81}$$

例如，若$[D] = [D_2]$，则

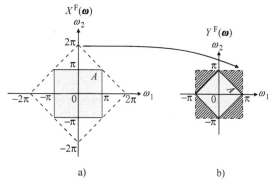

图 8.54　将一个频域的单位周期移动至基带与对图像进行 1:2 上采样，

$$[D_2]^T = \begin{pmatrix} 1 & -1 \\ 1 & 1 \end{pmatrix}$$

a）灰色的区域为一个单位周期

b）斜线阴影部分是由上采样造成的，需要滤掉；完整的图像共有 D 个（$D = |\det[D]| = 2$）

$$[D]^T \boldsymbol{\omega} = [D_2]^T \quad \boldsymbol{\omega} = \begin{pmatrix} 1 & -1 \\ 1 & 1 \end{pmatrix} \quad \begin{matrix}（新）\\ \begin{pmatrix} \pi \\ \pi \end{pmatrix}\end{matrix} \begin{matrix}（旧）\\ \begin{pmatrix} 0 \\ 2\pi \end{pmatrix}\end{matrix}$$

$$[D]^T \boldsymbol{\omega} = [D_3]^T \quad \boldsymbol{\omega} = \begin{pmatrix} 2 & -1 \\ 1 & 1 \end{pmatrix} \quad \begin{matrix}（新）\\ \begin{pmatrix} \dfrac{2}{3}\pi \\ \dfrac{1}{3}\pi \end{pmatrix}\end{matrix} \begin{matrix}（旧）\\ \begin{pmatrix} \pi \\ \pi \end{pmatrix}\end{matrix}$$

其中心为原点，单位晶格映射到了基带区域的周围。$Y^F(\boldsymbol{\omega})$ 中存在 D 个（对于我们的例子，$D = 2$，灰色正方形区域和剩余区域如图 8.54b 所示）$X^F(\boldsymbol{\omega})$ 一个周期的完整图像[F28]。

一个上采样器后接一个仅能通过一幅图像的滤波器称为内插器。

式（8.81）中的映射用于上采样也可以如下表示[F29]。这两种表示法都有其作用。通过观察式（8.78）和式（8.79）的傅里叶关系可以看出，图 8.54a 中灰色正方形区域为

$$\{-\pi \leqslant \omega_1 \leqslant \pi\} \cap \{-\pi \leqslant \omega_2 \leqslant \pi\} \quad 单元频率单元 \tag{8.82}$$

映射到了灰色方形（平行四边形）区域为

$$\{-\pi \leqslant d_{11}\omega_1 + d_{21}\omega_1 \leqslant \pi\} \cap \{-\pi \leqslant d_{12}\omega_1 + d_{22}\omega_1 \leqslant \pi\} \tag{8.83}$$

其中

$$[D] = \begin{pmatrix} d_{11} & d_{12} \\ d_{21} & d_{22} \end{pmatrix} \tag{8.84}$$

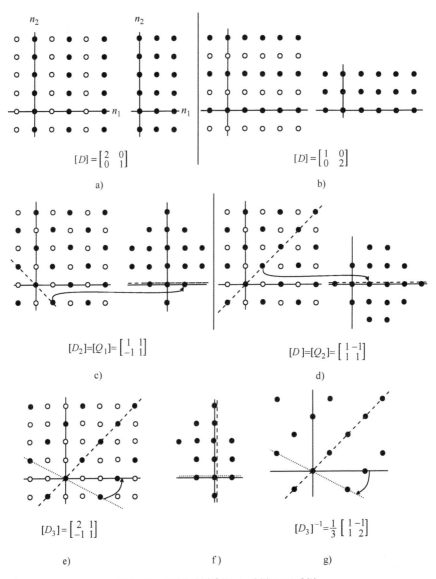

图8.55　不同采样率的上采样和下采样

a）水平下采样 $[D] = \begin{pmatrix} 2 & 0 \\ 0 & 1 \end{pmatrix}$　b）垂直下采样 $[D] = \begin{pmatrix} 1 & 0 \\ 0 & 2 \end{pmatrix}$

c）有方向的下采样 $[D_2] = [Q_1] = \begin{pmatrix} 1 & 1 \\ -1 & 1 \end{pmatrix}$　d）有方向的下采样 $[D] = [Q_2] = \begin{pmatrix} 1 & -1 \\ 1 & 1 \end{pmatrix}$

e）下采样 $[D_3] = \begin{pmatrix} 2 & 1 \\ -1 & 1 \end{pmatrix}$　f）下采样后移动采样点

g）上采样图 f 中的采样点移回原位 $[D_3]^{-1} = \frac{1}{3} \begin{pmatrix} 1 & -1 \\ 1 & 2 \end{pmatrix}$

注：图 a~d 下采样率为 2:1；图 f~g 下采样和上采样率都为 3:1

8. 29. 2 下采样和抽取

$x(\boldsymbol{n})$ 的 $[D]$ –重下采样 $y(\boldsymbol{n})$ 可表示为

$$y(\boldsymbol{n}) = x([D]\boldsymbol{n}) \quad \boldsymbol{n} = \begin{pmatrix} n_1 \\ n_2 \end{pmatrix} \tag{8.85}$$

式中，$[D]$ 称为采样矩阵（sampling matrix），且是一个非奇异 2×2 整数矩阵。容易验证：下采样因子 $D = |\det[D]|$。D 的倒数是采样密度（即采样率）。则下采样信号 $y(\boldsymbol{n})$ 的 DFT 为

$$Y^{\mathrm{F}}(\boldsymbol{\omega}) = \frac{1}{D} \sum_{l=0}^{D-1} X^{\mathrm{F}}(([D]^{\mathrm{T}})^{-1}(\boldsymbol{\omega} - 2\pi\boldsymbol{k}_l)) \tag{8.86}$$

存在 D 个陪集向量 $\boldsymbol{k}$ 与陪集 $[D]^{\mathrm{T}}$ 相关。

类似式（8.81），$X^{\mathrm{F}}(\boldsymbol{\omega} - 2\pi\boldsymbol{d}_l)$ 映射至相同的区域，$l = 0, D-1$。该区域为

$$\{ [D]^{\mathrm{T}}\boldsymbol{\omega} : \boldsymbol{\omega} \in 通带 \} \tag{8.87}$$

【例 8.5】 当 $X^{\mathrm{F}}(\boldsymbol{\omega} - 2\pi\boldsymbol{d}_0) = X^{\mathrm{F}}(\boldsymbol{\omega})$ 时，有：

$$[D]^{\mathrm{T}}\boldsymbol{\omega} = [D_2]^{\mathrm{T}}\boldsymbol{\omega} = \begin{pmatrix} 1 & -1 \\ 1 & 1 \end{pmatrix}\begin{pmatrix} 0 \\ -\pi \end{pmatrix} = \begin{pmatrix} \pi \\ -\pi \end{pmatrix}$$

$$[D]^{\mathrm{T}}\boldsymbol{\omega} = [D_3]^{\mathrm{T}}\boldsymbol{\omega} = \begin{pmatrix} 2 & -1 \\ 1 & 1 \end{pmatrix}\begin{pmatrix} 0 \\ -\pi \end{pmatrix} = \begin{pmatrix} \pi \\ -\pi \end{pmatrix}$$

考虑采样矩阵 $[D_3] = \begin{pmatrix} 2 & 1 \\ -1 & 1 \end{pmatrix}$（见图 8.56 和图 8.57），首先我们选择一个完整的与 $\boldsymbol{\Lambda}_{[D]^{\mathrm{T}}}$ 相关的陪集向量集合 $\boldsymbol{k}_l$。由于 $|\det(D)^{\mathrm{T}}| = 3$，因此有 3 个不同的陪集，$\boldsymbol{k}_l$ 的一种选择为

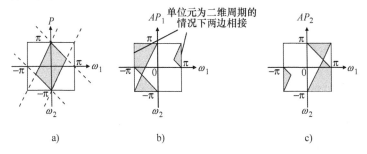

图 8.56 $[D_3] = \begin{pmatrix} 2 & 1 \\ -1 & 1 \end{pmatrix}$ 时的基带区域 P 及其两种重叠情况 AP_1 和 AP_2

（参考文献 [F28] ⓒ 1991 IEEE）

a）基带区域　b）重叠情况 AP_1　c）重叠情况 AP_2

$$\boldsymbol{k}_0 = \begin{pmatrix} 0 \\ 0 \end{pmatrix}, \ \boldsymbol{k}_1 = \begin{pmatrix} 1 \\ 0 \end{pmatrix}, \ \boldsymbol{k}_2 = \begin{pmatrix} 2 \\ 0 \end{pmatrix} \tag{8.88}$$

第二步是确定 2π（$[D]^{\mathrm{T}}$）$^{-1}\boldsymbol{k}_l$ 的混叠偏移量。

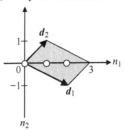

图 8.57 采样矩阵 $[D_3] = \begin{pmatrix} 2 & 1 \\ -1 & 1 \end{pmatrix} = (\boldsymbol{d}_1, \boldsymbol{d}_2)$ 的三个陪集向量集合

（当陪集向量用于一个多相的环境时，其被称为 $[D]$ 的多相移向量）

$$([D_3]^{\mathrm{T}})^{-1} = \begin{pmatrix} 1 & 1 \\ -1 & 2 \end{pmatrix} \tag{8.89}$$

一般情况下有下列结论成立：由 AP_1 和 AP_2 定义的频率区域是通带（见图 8.58）。

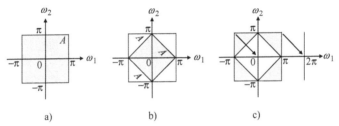

图 8.58 将单位周期移动至基带与图像上采样 $[D_2]^{\mathrm{T}} = \begin{pmatrix} 1 & -1 \\ 1 & 1 \end{pmatrix}$

（图 c 所示图像灰色区域是由上采样造成的，需要滤除）

对于 2:1 的下采样率无重叠时的频率划分的情况，当正方形区域顺时针旋转时，其面积缩小至原来的一半。灰色区域是通带。在本书图 5.36b 中我们已经见到 DFT 几何带状滤波的频率划分方式。

$$[D_2] = \begin{pmatrix} 1 & 1 \\ -1 & 1 \end{pmatrix} \Rightarrow ([D_2]^{\mathrm{T}})^{-1} = \begin{pmatrix} 1 & 1 \\ -1 & 1 \end{pmatrix} \tag{8.90}$$

下面的基本性质定义了一个可行的通带。令 P 表示通带频率的集合；AP_l 表示将 P 按重叠偏移 $2\pi([D]^{\mathrm{T}})^{-1}\boldsymbol{k}_l$ 平移后的集合，$l = 1, \cdots, D-1$。则有：

$$P = \{([D]^{\mathrm{T}})^{-1}\boldsymbol{\omega} : \boldsymbol{\omega} \in [-\pi, \pi] \times [-\pi, \pi]\}$$

即
$$([D]^{\mathrm{T}})^{-1}\boldsymbol{\omega} = ([D]^{\mathrm{T}})^{-1}\begin{pmatrix} \pi \\ \pi \end{pmatrix} = \begin{pmatrix} \pi \\ 0 \end{pmatrix} \tag{8.91}$$

$$AP_l = \{\boldsymbol{\omega} : \boldsymbol{\omega} + 2\pi([D]^{\mathrm{T}})^{-1}\boldsymbol{k}_l \in P\} \quad l = 1, \cdots, D-1 \tag{8.92}$$

则 P 与任意 AP_l 的交集必为空集，即

$$P \cap AP_l = \Phi \quad l = 1, \cdots, D-1 \tag{8.93}$$

否则，在通带中会存在一些频率与其他频率重叠。直观来说，若 P 中存在彼此相隔为重叠偏移值的两个频率，则该通带是不可行的，因为这两个频率在下采样过程中会重叠。与形状无关，一个可行的通带不得大于单位频率单元的 $1/D$ 倍。

令符号 $\Leftrightarrow$ 表示一维和二维表达式之间的关联性。

$$y(\boldsymbol{n}) = x([D]\boldsymbol{n}) \Leftrightarrow y(n) = x(2n) \tag{8.94}$$

$$S_{[D]}(\boldsymbol{n}) = \begin{cases} 1 & \text{当 } \boldsymbol{n} \in \boldsymbol{\Lambda}_{[D]} \\ 0 & \text{其他} \end{cases}$$

$$S_{[D]}(\boldsymbol{n}) = \frac{1}{D} \sum_{l=0}^{D-1} e^{j2\pi k_l^T [D]^{-1}\boldsymbol{n}} \Leftrightarrow \frac{1}{2}\left(1 + e^{\frac{j2\pi n}{2}}\right) \tag{8.95}$$

$$\boldsymbol{e}_{[D]}(\boldsymbol{\omega}) = \boldsymbol{e}_{[D]}\begin{pmatrix} \omega_1 \\ \omega_2 \end{pmatrix} = \begin{pmatrix} e^{-j2\pi\boldsymbol{\omega}^T\boldsymbol{d}_1} \\ e^{-j2\pi\boldsymbol{\omega}^T\boldsymbol{d}_2} \end{pmatrix} \tag{8.96}$$

$$[D] = (\boldsymbol{d}_1, \boldsymbol{d}_2), \boldsymbol{d}_1 = \begin{pmatrix} d_{11} \\ d_{21} \end{pmatrix}, \boldsymbol{d}_2 = \begin{pmatrix} d_{12} \\ d_{22} \end{pmatrix} \tag{8.97}$$

式中，$\boldsymbol{d}_k$ 为 $[D]$ 的第 k 列。

$$s_{[D]}(\boldsymbol{n}) = \frac{1}{D} \sum_{l=0}^{D-1} \left[\boldsymbol{e}_{[D]^{-1}}(2\pi\boldsymbol{k}_l) \right]^{-\boldsymbol{n}} \tag{8.98}$$

式 (8.94) 中的下采样信号 $y(\boldsymbol{n})$ 可以通过两个步骤得到，首先将 $x(\boldsymbol{n})$ 与 $s_{[D]}(\boldsymbol{n})$ 相乘得到一个中间信号，即

$$w(\boldsymbol{n}) = x(\boldsymbol{n})S_{[D]}(\boldsymbol{n}) \tag{8.99}$$

然后对其进行下采样。该两步过程[F28]是一个一维情形的扩展[IP34(第441页), F30(第91页)]。

$$w(\boldsymbol{n}) = \frac{1}{D} \sum_{l=0}^{D-1} x(\boldsymbol{n}) \left[\boldsymbol{e}_{[D]^{-1}}(2\pi\boldsymbol{k}_l) \right]^{-\boldsymbol{n}}$$

做 Z 变换可得

$$W(\boldsymbol{z}) = \frac{1}{D} \sum_{l=0}^{D-1} X\left[\boldsymbol{e}_{[D^{-1}]}(2\pi\boldsymbol{k}_l)\boldsymbol{z} \right] \tag{8.100}$$

由于 $w(\boldsymbol{n})$ 仅在 $\boldsymbol{\Lambda}_{[D]}$ 上是非零的，此时 $w(\boldsymbol{n})$ 与 $x(\boldsymbol{n})$ 相等，有：

$$Y(\boldsymbol{z}) = \sum_{\boldsymbol{n} \in \boldsymbol{\Lambda}} y(\boldsymbol{n})\boldsymbol{z}^{-\boldsymbol{n}} = \sum_{\boldsymbol{n} \in \boldsymbol{\Lambda}} x([D]\boldsymbol{n})\boldsymbol{z}^{-\boldsymbol{n}} = \sum_{\boldsymbol{n} \in \boldsymbol{\Lambda}} w([D]\boldsymbol{n})\boldsymbol{z}^{-\boldsymbol{n}} \tag{8.101}$$

将 $\boldsymbol{m} = [D]\boldsymbol{n}$ 代入，得

$$Y(\boldsymbol{z}) = \sum_{\boldsymbol{m} \in \boldsymbol{\Lambda}} w(\boldsymbol{m})\boldsymbol{z}^{-[D]^{-1}\boldsymbol{m}} = \sum_{\boldsymbol{n} \in \boldsymbol{\Lambda}} w(\boldsymbol{n})\boldsymbol{z}^{-[D]^{-1}\boldsymbol{n}} \tag{8.102}$$

$$= \sum_{\boldsymbol{n} \in \boldsymbol{\Lambda}} w(\boldsymbol{n})(\boldsymbol{z}^{[D]^{-1}})^{-\boldsymbol{n}} = w(\boldsymbol{z}^{[D]^{-1}}) \tag{8.103}$$

因此，根据式 (8.100) 可得

$$Y(\boldsymbol{z}) = \frac{1}{D} \sum_{l=0}^{D-1} X(\boldsymbol{e}_{[D]^{-1}}(2\pi\boldsymbol{k}_l)\boldsymbol{z}^{[D]^{-1}} \tag{8.104}$$

$$Y(z) = \frac{1}{D} \sum_{l=0}^{D-1} X(e^{-j2\pi k_l^T [D]^{-1}} z^{[D]^{-1}}) \tag{8.105}$$

$$Y^F(\omega) = \frac{1}{D} \sum_{l=0}^{D-1} X^F(([D^{-1}]^T)\omega - 2\pi([D^{-1}]^T)k_l) \tag{8.106}$$

多采样率认证（通常称为权威认证（noble identity）），在分析多维多采样率系统时是一个很有用的工具。其分析部分如图 8.59 所示，$H(\omega)$ 和 $[D]$ 分别为一个二维滤波器和一个 2×2 的下采样矩阵。有了多采样率认证，滤波器和下采样矩阵的顺序可以互换。这是因为若一个系统的 Z 变换为 $z^{[D]}$ 的函数，则其有一个 $\Lambda_{[D]}$ 上的非零冲激响应。类似可知其综合部分[F28, F32]。

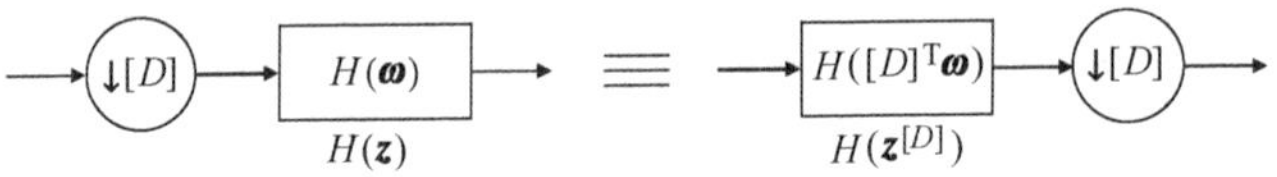

图 8.59　多采样率认证

（参考文献［F32］ⓒ 2009 IEEE）

定义 8.1　令矩阵 $[D]$ 第 l 列由 d_l 给出，则 $z^{[D]}$ 可定义为一个向量，其第 l 列元素由下式给出：

$$z_l = z^{d_l} \tag{8.107}$$

【例 8.6】　令

$$z = \begin{pmatrix} z_1 \\ z_2 \end{pmatrix} = \begin{pmatrix} e^{j\omega_1} \\ e^{j\omega_2} \end{pmatrix}, \quad \omega = \begin{pmatrix} \omega_1 \\ \omega_2 \end{pmatrix}, \quad [D] = (d_1, d_2) = \begin{pmatrix} 2 & 2 \\ -1 & 1 \end{pmatrix}$$

则向量 $z^{[D]}$ 的元素可由下式计算：

$$z_1 = z^{d_1} = e^{j\omega^T d_1} = e^{j(2\omega_1 - \omega_2)} = z_1^2 z_2^{-1} \tag{8.108}$$

$$z_2 = z^{d_2} = e^{j\omega^T d_2} = e^{j(2\omega_1 + \omega_2)} = z_1^2 z_2^1 \tag{8.109}$$

$$z^{[D]} = \begin{pmatrix} z_1^2 z_2^{-1} \\ z_1^2 z_2^1 \end{pmatrix} \tag{8.110}$$

$$H(z^{[D]}) = H\begin{pmatrix} z_1^2 z_2^{-1} \\ z_1^2 z_2^1 \end{pmatrix} \tag{8.111}$$

注意，由于 $[D]$ 是一个矩阵，因此 $z^{[D]}$ 被映射为一个向量；又因为 d_l 为一个向量，因此 z^{d_l} 被映射为一个复数。

定义 8.2　一个广义梅花形采样矩阵（generalized quincunx sampling matrix）所有元素都为 ±1，其行列为 2。典型的梅花形采样矩阵为

$$[Q_1] = \begin{pmatrix} 1 & 1 \\ -1 & 1 \end{pmatrix} \quad [Q_2] = \begin{pmatrix} 1 & -1 \\ 1 & 1 \end{pmatrix} \tag{8.112}$$

$[Q_1]$ 是这种情况下最常用的矩阵，因此在下文中若没有特定的说明，我们将默认使用它。梅花形下采样来源于一个下采样旋转表达式。

当对一个通带的频率表达式进行下采样时，我们需要从上采样做起（见图

8.60）。

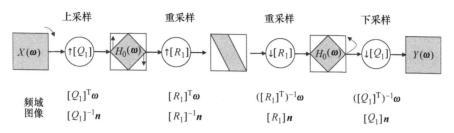

上采样　　　　　重采样　　　　　重采样　　　　　下采样

频域	$[Q_1]^\mathrm{T}\boldsymbol{\omega}$	$[R_1]^\mathrm{T}\boldsymbol{\omega}$	$([R_1]^\mathrm{T})^{-1}\boldsymbol{\omega}$	$([Q_1]^\mathrm{T})^{-1}\boldsymbol{\omega}$
图像	$[Q_1]^{-1}\boldsymbol{n}$	$[R_1]^{-1}\boldsymbol{n}$	$[R_1]\boldsymbol{n}$	$[Q_1]\boldsymbol{n}$

图 8.60　对该带限信号进行下采样会将其变换延伸到整个单元格

（见式（8.82）定义）中，且没有混叠

一个重采样的矩阵具有单位模。一个单位模矩阵仅含有 0、+1 和 -1 元素，其行列式为 ±1，其逆矩阵也具有单位模。那么有：

$$[R_1] = \begin{pmatrix} 1 & 1 \\ 0 & 1 \end{pmatrix} \quad [R_2] = \begin{pmatrix} 1 & -1 \\ 0 & 1 \end{pmatrix}$$

$$[R_3] = \begin{pmatrix} 1 & 0 \\ 1 & 1 \end{pmatrix} \quad [R_4] = \begin{pmatrix} 1 & 0 \\ -1 & 1 \end{pmatrix} \tag{8.113}$$

式中，$[R_i]$ 叫作重采样矩阵（resampling matrix）或菱形转换矩阵（diamond-conversion matrix），$i = 1, \cdots, 4$。将每一个矩阵应用到菱形通带上可得相应的平行四边形通带（见图 8.61）

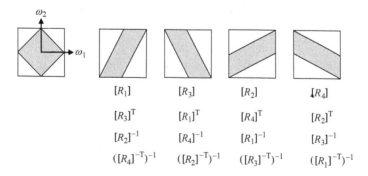

$[R_1]$	$[R_3]$	$[R_2]$	$[R_4]$
$[R_3]^\mathrm{T}$	$[R_1]^\mathrm{T}$	$[R_4]^\mathrm{T}$	$[R_2]^\mathrm{T}$
$[R_2]^{-1}$	$[R_4]^{-1}$	$[R_1]^{-1}$	$[R_3]^{-1}$
$([R_4]^{-\mathrm{T}})^{-1}$	$([R_2]^{-\mathrm{T}})^{-1}$	$([R_3]^{-\mathrm{T}})^{-1}$	$([R_1]^{-\mathrm{T}})^{-1}$

图 8.61　一个菱形的通带和四个 $[R_i]$ 平行四边形通带，$i = 1, \cdots, 4$

（每个矩阵下列出了三个等价的关系式）

（参考文献 [F31] ⓒ 2004 IEEE）

8.30　快速均匀离散曲波（curvelet）变换（FUDCuT）

小波分析方法在表示具有孤立奇异点的物体时很有效，而脊波（ridgelet）分析方法在表示具有线状奇异点的物体时很有效[F25]。可以粗略地将 ridgelet 看作沿某条线串联的一维小波。因此在图像处理中使用 ridgelet 的动机是，图像中的奇异点通常是沿着某个边缘或轮廓连成一条线的[F34]。

　　由于在二维信号中，点和线是通过 Radon 变换相关联的[B6]（Radon 变换中一个点对应于自然图像的一条线），因此小波和 ridgelet 变换通过 Radon 变换相关联。在二维情形中，ridgelet 分析方法能够高效地处理线形的情形，而小波分析方法不能有效的处理沿着线和轮廓的奇异点。

8.30.1　Radon 变换

　　一个函数 $f(x, y)$ 的连续 Radon 变换，记作 $R_p(t, \theta)$，定义为沿着 (x, y) 空间域与 y 轴夹角为 θ 并与原点距离为 t 的直线的线积分[B6, F34]。数学上可写为

$$R_p(t, \theta) = \iint_{-\infty}^{\infty} f(x, y) \delta(x \cos \theta + y \sin \theta - t) \mathrm{d}x \mathrm{d}y$$

$$-\infty < t < \infty, \ 0 \leqslant \theta < \pi \tag{8.114}$$

式中，$\delta(t)$ 为狄拉克（Dirac）δ 函数。在数字域这相当于位于一条特定的线上的像素之和，该线由截距 t 和倾角 θ 所定义（MATLAB 中命令为"radon"，"iradon"）。

　　需要注意的是，将一维傅里叶变换用到 Radon 变换 $R_p(t, \theta)$ 上相当于极坐标情形下的二维傅里叶变换。具体来说，令 $F^F(\omega_1, \omega_2)$ 为 $f(x, y)$ 的二维傅里叶变换，在极坐标情形下，我们写成 $F_p^F(\xi, \theta) = F^F(\xi \cos \theta, \xi \sin \theta)$，则有：

$$F^F(\xi \cos \theta, \xi \sin \theta) = \text{一维 FT}[R_p(t, \theta)] = \int_{-\infty}^{\infty} R_p(t, \theta) \exp(-j \xi t) \mathrm{d}t$$

$$\tag{8.115}$$

　　这便是非常著名的投影切片（projection - slice）理论，用于基于投影方法的图像重建[F36, B6]。类似地，对一幅图像的二维傅里叶变换做一维傅里叶逆变换可以产生该图像的 Radon 变换。与一般情况下的逆变换不同，该一维傅里叶逆变换定义为沿着 (ω_1, ω_2) 傅里叶域与 ω_2 轴夹角为 θ 直线的线积分。其中，逆变换对于每个 θ 应用于每一条线可得二维 Radon 变换数据。这种关系将被用于推导 ridgelet 变换，从而进一步推导 curvelet 变换。curvelet 变换将于本节后面的部分介绍（见图8.62）。

8.30.2　脊波（ridgelet）变换

　　脊波（ridgelet）变换[F36]恰好是一维小波变换在 Radon 变换片上的应用，其夹角 θ 恒定，t 是变化的。为完成 ridgelet 变换，我们必须沿着 Radon 空间中的径向变量方向做一维小波变换，即

$$RI(a, b, \theta) = \int_{-\infty}^{\infty} \psi_{a,b}(t) R_p(t, \theta) \mathrm{d}t \tag{8.116}$$

其中一维小波定义为

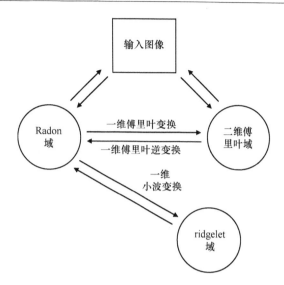

图 8.62　各种变换之间的关系（Radon 变换相当于将一维傅里叶变换应用在二维傅里叶变换片上，ridgelet 变换相当于将一维小波变换应用在 Radon 变换的片上。需要注意的是在本节内容中，Radon 变换是使用二维傅里叶变换来计算的，而不是直接计算的）

（参考文献［F36］ⓒ IEEE 2003）

$$\psi_{a,b}(t) = a^{-\frac{1}{2}}\psi\left(\frac{t-b}{a}\right) \tag{8.117}$$

式中，$a=2^m$，表示尺度扩张；$b=k2^m$，表示平移。其中，m 为级别指数，m 和 k 均为整数。ridgelet 变换在检测给定长度的线方面是最优的，线的长度即为块的尺寸。

　　ridgelet 变换恰好是一维小波变换在 Radon 变换片上的应用。因此，有限 ridgelet 变换（Finite Ridgelet Transform，FRIT）[F33] 相当于将有限 Radon 变换（Finite Radon Transform，FRAT）[F33] 应用于整幅图像后对每一行做小波变换。逆 FRIT（Inverse FRIT，IFRIT）相当于反向执行上述过程，先对每一行做逆小波变换，然后对整个图像做逆 FRAT（Inverse FRAT，IFRAT）（见图 8.63）。

8.30.3　曲波（curvelet）变换

　　曲波（curvelet）变换[LA25] 首先进行 à 多孔小波变换[F33]，然后重复使用 ridgelet 变换。

　　à 多孔子带滤波算法可以很好地适应数字 curvelet 变换。该算法将 $N \times N$ 的图像 l 分解为如下的叠加形式：

$$I(x,y) = c_j(x,y) + \sum_{m=1}^{M} w_m(x,y) \tag{8.118}$$

式中，c_j 为原始图像 l 的一个粗略或模糊的样本；w_m 表示了图像 l 在 2^{-m} 级的细

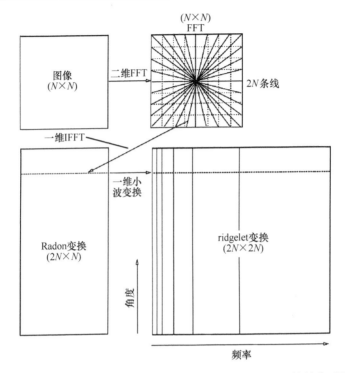

图 8.63　ridgelet 变换流图（傅里叶域的 $2N$ 条放射状（radial）线是分开处理的。
沿着每一条放射状线做一维傅里叶逆变换，然后再做一维非正交小波变换。在实际
应用中，一维小波系数是在傅里叶空间直接计算得出的）

（参考文献［F35］© IEEE 2002）

节。因此，该算法输出为 $(M+1)$ 个 $N \times N$ 的子带阵列。$m=1$ 级对应于图像质量
最好的级，即含有最高频率级。

该算法最简可如下描述[F35]。

（1）对输入图像应用 M 级 à 多孔算法（M 个 $N \times N$ 子带阵列）（见图 8.64）。

（2）设置块大小 $B_1 = B_{\min}$（例如，$B_{\min} = 16$）。

（3）对于 $m = 1, 2, \cdots, M$ 的每一个子带有：

1）将子带分割为 B_m 大小的块，对每一个块应用离散 ridgelet 变换；

2）若 $m \bmod 2 = 1$（或 m 为奇数⊖），则下一个子带块大小为 $B_{m+1} = 2B_m$；

3）否则 $B_{m+1} = B_m$。

【例 8.7】　对于一幅 $N \times N$ 大小的图像，每一个子带也为同样的大小 $N \times N$。
令分级数 $M = 5$，块的大小为 B_1。当 $m = 1$ 时，将子带 $m = 1$ 分成大小为 B_1 的块并
令 $B_2 = 2B_1$。当 $m = 2$ 时，$B_3 = B_2$。当 $m = 3$ 时，$B_4 = 2B_3$。当 $m = 4$ 时，$B_5 = B_4$。

⊖　原书此处错印为偶数。——译者注

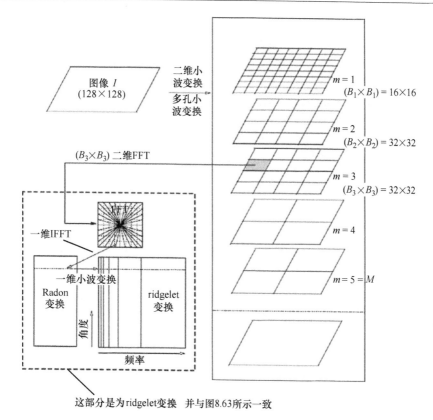

图 8.64 curvelet 变换流图（该图说明了将原始图像分解为若干子带并对每个子带进行空域分割的过程，然后对每个块做 ridgelet 变换）

（参考文献 ［F35］ ⓒ IEEE 2002）

第一代 curvelet 变换于 2003 年进行了更新[F24]，ridgelet 变换被取缔了。这减少了变换的冗余度而且增加了运行速度。这种新的称为第二代 curvelet 变换的方法使用了紧凑的框架。在这种紧凑的框架下，一个单独的 curvelet 变换在频域的一个抛物面楔形区域拥有一个频率载体，如图 8.65a 所示[F37]。

建立上述结构的主要思想是将任意二维函数分解至频域严格带通的空间中。这些函数空间的载体形状都是同心锲形（见图 8.65a）。每一级每一个方向上的 curvelet 系数估计为给定二维函数与带限 curvelet 函数的内积。该带限函数的中心在一个网格上，网格与频域 curvelet 的楔形载体成反比（见图 8.65b）。假设我们有两个平滑函数 W 和 V，满足可行性条件[F24, F38]：

$$\sum_{m=-\infty}^{\infty} W^2(2^{-m}r) = 1 \tag{8.119}$$

$$\sum_{l=-\infty}^{\infty} V^2(t-1) = 1 \tag{8.120}$$

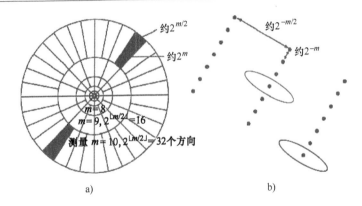

图 8.65　空域和频域 curvelet 片

(参考文献［F24］© 2006 工业与应用数学协会)

a) 频域平面的片（在频域，一个单一 curvelet 在一对楔形区域有频率载体）

b) 在给定缩放因子 m 和方向 l 下 curvelet 的空域网格

curvelet 的频率窗函数 $U_m(r, \theta)$ 定义为如下傅里叶域关于 r 和 θ 的极坐标形式：

$$U_m(r,\theta) = 2^{-3m/4} W(2^{-m}r) V\left(\frac{2\lfloor m/2 \rfloor \theta}{2\pi}\right) \qquad (8.121)$$

式中，$\lfloor m/2 \rfloor$ 为 $m/2$ 的整数部分。$U_m(r, \theta)$ 的载体是两个灰色同心楔形（或矩形）中的一个，如图 8.65a 所示。为了得到 curvelet 的实数值，频域对称窗函数 $\hat{\varphi}_m (r, \theta)$ 定义如下：

$$\hat{\varphi}_m(r,\theta) = U_m(r,\theta) + U_m(r,\theta+\pi) \qquad (8.122)$$

回忆一下本书第 2 章式（2.14）中的复共轭理论。该窗函数用于定义在第 m 级第一个方向上的 curvelet 函数 $\hat{\varphi}_{m,1}(\omega) = \hat{\varphi}_m(r,\theta)$。在频率平面，每一个 curvelet 方向以 $L = (m, l)$ 为索引。在每一级 m 具有的方向个数是 $2^{\lfloor m/2 \rfloor}$。在第 m 级上，curvelet 方向 l 是通过将 curvelet 窗函数 $\hat{\varphi}_m(r, \theta)$ 旋转产生的，旋转角度为 $\theta_l = (l-1)2\pi2^{-\lfloor m/2 \rfloor}$。其中，$l = 1, 2, \cdots, 2^{-\lfloor m/2 \rfloor}$。

粗尺度 curvelet 函数由极坐标窗函数 $W(r)$ 表示为 $\hat{\varphi}_0(\omega)W(r)$。由式（8.119）和式（8.120）中 $W(r)$ 和 $V(\theta)$ 函数的定义可知，函数 $\hat{\varphi}_0(\omega)$ 与经缩放后的 $\hat{\varphi}_{m,l}^2(\omega)$ 对于所有的 ω 合并为一个。其中，$\omega = (\omega_1, \omega_2)$ 是二维频率变量。

curvelet 变换[F24]在图像处理中已得到了广泛的应用，因为它被证明在表示有两个变量的函数时是最优的。除沿曲线 C^2 的一段是不连续的（一个 C^2 类的函数是二阶连续可微的）该函数是光滑的。curvelet 变换在多种图像处理应用中具有很好的性能，尤其对于具有边缘的图像。这些应用包括：去噪声，去卷积，天文图像，成分分离（见参考文献［F25］）。其离散情形是基于 FFT 实现的，称为快速均匀离散 curvelet 变换（Fast Uniform Discrete Crevelet Transform，FUDCuT）。

FUDCuT 是一个可逆的多分辨率方向性变换，从根本上说，它是用滤波器库在频域实现的连续 curvelet 变换。FUDCuT 正向变换的实现步骤如下：首先，将二维数据（图像）通过 FFT 变换到频域；其次，通过使用 curvelet 窗可得到频域 curvelet 系数；最后，通过应用 IFFT，可以得到时域 curvelet 系数。逆变换可以简单地通过将这些步骤反向执行得到。该变换有单边频率载体，导致得到的系数为复数。FUDCuT 分解的一个例子如图 8.66 所示，Lena 图像被分解为两级，分别含有 6 个和 12 个方向的子带。

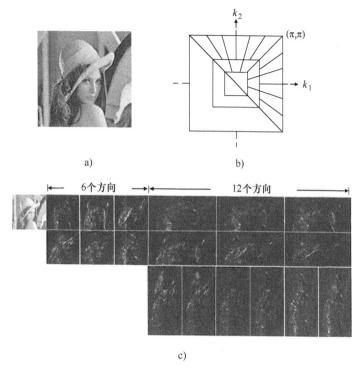

图 8.66　快速均匀离散 curvelet 变换（FUDCuT）的一个例子（方向的个数随着频率的增加而增加。每一个通带区域可以有 3×2^m（缩放因子 $m = 1$，2）个方向）

（参考文献［F26］© 2009 IEEE）

a）Lena 图像　b）FUDCuT 的一种频率分解（缩放因子 $m = 2$，方向 $l = 12$）　c）Lena 图像的 FUDCuT 系数

FUDCuT 的正向和反向变换的实现步骤如下[F25]。

（1）将二维图像 $x(n_1, n_2)$ 通过二维 FFT 变换到频域

$$X^{\mathrm{F}}(k_1, k_2) = 二维 \, \mathrm{FFT}[x(n_1, n_2)]$$

（2）频域的 $X^{\mathrm{F}}(k_1, k_2)$ 利用窗函数 $U_{m,l}(k_1, k_2)$ 进行加窗处理得到频域中第 m 级，方向 l 上的系数，即

$$C_{m,l}^{\mathrm{F}}(k_1, k_2) = U_{m,l}(k_1, k_2) X^{\mathrm{F}}(k_1, k_2)$$

式中，窗函数 $U_{m,l}(k_1, k_2)$ 定义为以下两个窗函数的乘积：

$$U_{m,l}(k_1,k_2) = W_m(k_1,k_2)V_{m,l}(k_1,k_2)$$

窗函数 $W_m(k_1, k_2)$ 定义为

$$W_m(k_1, k_2) = \sqrt{\phi_{m+1}^2(k_1, k_2) - \phi_m^2(k_1, k_2)}$$

其中

$$\Phi_m(k_1, k_2) = \phi(2^{-m}k_1)\phi(2^{-m}k_2)$$

函数 $\phi(k)$ 为 Meyer 窗函数，由下式给出：

数字"3"表示周期有三个部分

$$\phi(k) = \begin{cases} 1 & \text{当} |\omega| \leqslant \dfrac{2\pi}{3} \\ \cos\left[\dfrac{\pi}{2}v\left(\dfrac{3|\omega|}{2\pi} - 1\right)\right] & \text{当} \dfrac{2\pi}{3} \leqslant |\omega| \leqslant \dfrac{4\pi}{3} \\ 0 & \text{其他} \end{cases} \tag{8.123}$$

数字"2"表示将窗口的水平线延伸并用一条斜线将两个部分连接

图 8.67 给出了 Meyer 窗函数。另外，窗函数 $V_{m,l}(k_1, k_2)$（原书错印为 $V_{m,l}(k_2, k_2)$。——译者注）定义为

$$V_{m,l}(k_1,k_2) = \phi\left(2^{\lfloor m/2 \rfloor}\frac{k_1}{k_2} - l\right)$$

式中，$\lfloor m/2 \rfloor$ 表示 $m/2$ 的整数部分（例如，$\lfloor 5/2 \rfloor = 2$）。

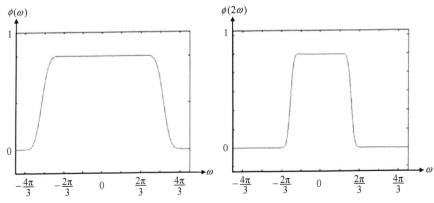

图 8.67　Meyer 窗函数

（3）对于 $m = 1, \cdots, M, l = 1, \cdots, L$，时域中第 m 级、方向 l 的 curvelet 系数 $c_{m,l}(n_1, n_2)$ 是通过 $C_{m,l}^F(k_1, k_2)$ 的二维逆 FFT（IFFT）得到的，即

$$c_{m,l}(n_1, n_2) = 二维 \text{ IFFT}\left[C_{m,l}^F(k_1, k_2)\right]$$

IFUDCuT 可以通过如下步骤实现。

（1）对于每一个级别 m、方向 l，将 curvelet 系数 $c_{m,l}(n_1, n_2)$ 通过二维 FFT 变换到频域，即

$$C_{m,l}^{\mathrm{F}}(k_1, k_2) = 二维 FFT[c_{m,l}(n_1, n_2)]$$

（2）对于每一个级别 m 和方向 l，将 $C_{m,l}^{\mathrm{F}}(k_1, k_2)$ 与窗函数 $U_{m,l}(k_1, k_2)$ 相乘得到 $X_{m,l}^{\mathrm{F}}(k_1, k_2)$，即

$$X_{m,l}^{\mathrm{F}}(k_1, k_2) = U_{m,l}(k_1, k_2) C_{m,l}^{\mathrm{F}}(k_1, k_2)$$

（3）将所有的 $X_{m,l}^{\mathrm{F}}(k_1, k_2)$ 相加，即

$$X^{\mathrm{F}}(k_1, k_2) = \sum_{m=1}^{M} \sum_{l=1}^{M} X_{m,l}^{\mathrm{F}}(k_1, k_2)$$

（4）最后，利用二维 IFFT 得到 $x(n_1, n_2)$，即

$$x(n_1, n_2) = 二维 IFFT[X^{\mathrm{F}}(k_1, k_2)]$$

上面的步骤式成立是因为窗函数 $U_{m,l}(k_1, k_2)$ 需满足下式：

$$U_0^2(k_1, k_2) + \sum_{m=1}^{M} \sum_{l=1}^{L} U_{m,l}^2(k_1, k_2) = 1$$

两级 FUDCuT 滤波器的等价形式如图 8.68 所示。

函数 $v(x)$ 为 Meyer 小波的辅助窗函数（或平滑函数），且满足如下性质（见图 8.69 和图 8.70）：

$$v(x) + v(1-x) = 1 \tag{8.124}$$

图 8.69 中，d 表示定义于 $[0, 1]$ 的多项式 $v(x)$ 的阶数（参考文献 [F24] 中提供了参考使用的软件）：

$$v(x) = 0 \quad 当 x < 0 \tag{8.125}$$

$$v(x) = x \quad 当 0 \leqslant x \leqslant 1 \text{ 和 } d = 0 \tag{8.126}$$

$$v(x) = x^2(3 - 2x) \quad 当 0 \leqslant x \leqslant 1 \text{ 和 } d = 1 \tag{8.127}$$

$$v(x) = x^3(10 - 15x + 6x^2) \quad 当 0 \leqslant x \leqslant 1 \text{ 和 } d = 2 \tag{8.128}$$

$$v(x) = x^4(35 - 84x + 70x^2 - 20x^3) \quad 当 0 \leqslant x \leqslant 1 \text{ 和 } d = 3 \tag{8.129}$$

$$v(x) = 1 \quad 当 x > 0 \tag{8.130}$$

二阶点为 1、2^L，则有：

$$H = 1 \quad 1 \leqslant \omega \leqslant 2^L - \left\lfloor \frac{2^L}{3} \right\rfloor$$

$$H(\omega) = \cos\left[\frac{\pi}{2} v\left(\frac{3\omega}{2^{L+1}} - 1\right)\right] \quad 2^L - \left\lfloor \frac{2^L}{3} \right\rfloor + 1 \leqslant \omega \leqslant 2^L + \left\lfloor \frac{2^L}{3} \right\rfloor + 1$$

$$H = 0 \quad 2^L + \left\lfloor \frac{2^L}{3} \right\rfloor + 2 \leqslant \omega \leqslant 2^{L+1} \tag{8.131}$$

$$H = 0 \quad 1 \leqslant \omega \leqslant 2^L - \left\lfloor \frac{2^L}{3} \right\rfloor$$

$$H(\omega) = \sin\left[\frac{\pi}{2} v\left(\frac{3\omega}{2^{L+1}} - 1\right)\right] \quad 2^L - \left\lfloor \frac{2^L}{3} \right\rfloor + 1 \leqslant \omega \leqslant 2^L + \left\lfloor \frac{2^L}{3} \right\rfloor + 1$$

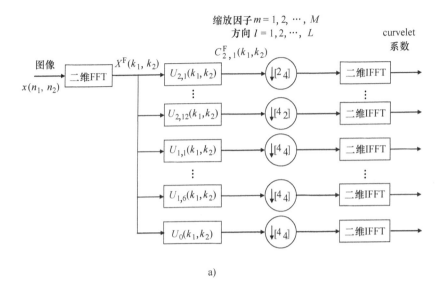

a)

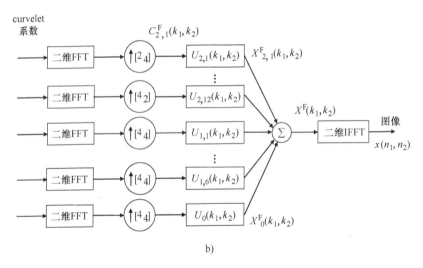

b)

图 8.68　快速均匀离散 curvelet 变换（FUDCuT）与逆变换（$\downarrow \begin{bmatrix} 2 & 4 \end{bmatrix}$ 表示在行方向上以 2 为因子下采样，在列方向上以 4 为因子下采样；$\uparrow \begin{bmatrix} 2 & 4 \end{bmatrix}$ 表示以类似的方式进行上采样或插值。对于最大缩放因子 $J = 2$，有 $\begin{bmatrix} D_0 \end{bmatrix} = \mathrm{diag}\left(2^J, 2^J\right) = \mathrm{diag}\left(4, 4\right)\right)^{[F25]}$

a）正变换　b）逆变换

$$H = 1 \quad 2^{L+1} - \left(2^L - \left\lfloor \frac{2^L}{3} \right\rfloor - 1\right) + 1 \leqslant \omega \leqslant 2^{L+1} \tag{8.132}$$

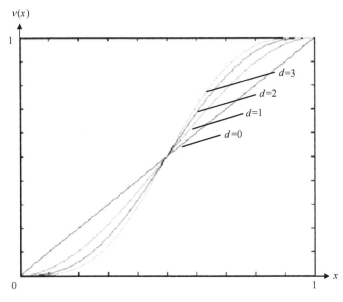

图 8.69 Meyer 小波的辅助窗函数

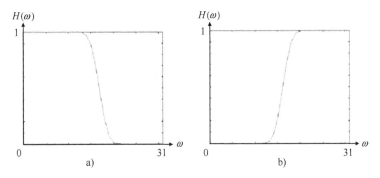

图 8.70 低通以及高通 Meyer 窗函数（$L=4$，$d=3$）

a) 低通 b) 高通

8.31 习题

（8.1 节：习题 8.1 ~ 8.3）

8.1 已知 $X^{\mathrm{F}}(k)$，$k=0$，1，$\cdots$，$N-1$。推导一个采样因子为 3 的下采样公式。假设 N 能被 3 整除，即 $N=3$，9，27，$\cdots$。

8.2 证明以 2 为因子进行上采样恰好可以在频域完成，通过在 DFT 块后加一个相同的 DFT 块（见式（8.6））。

8.3 已知一个随机向量 $\underline{x}=(1,2,3,4)^{\mathrm{T}}$。用 MATLAB 进行以 3 为因子的频域插值。

8.4　产生一个随机输入序列 $x(n)$，长度为 18。一个低通滤波器或抗齿锯滤波器的冲激响应为 $h(n) = \left\{\frac{1}{4}, \frac{1}{2}, \frac{1}{4}\right\}$。用 MATLAB 实现在频域 2:1 下采样，它为快速卷积滤波的一部分。利用重叠保留法其中三段长度为 $(L + M - 1) = 8$，$L = 6$，$M = 3$。因此 FFT 和 IFFT 的长度分别为 8 和 4。

（8.4 节：习题 8.5、8.6）

8.5　利用式（8.19）推导式（8.25）。

8.6　利用两点向量 $(n_1, n_2)^{\mathrm{T}}$ 来描述空域，记作 $\underline{n}$。这就使得二维 DFT 及其逆变换有如下紧凑表达式：

$$X(\underline{k}) = \sum_{\underline{n}} x(\underline{n}) \exp\left\{\frac{-\mathrm{j}2\pi}{N} < \underline{k}, \underline{n} >\right\} \quad \underline{k} = \begin{pmatrix} k_1 \\ k_2 \end{pmatrix} \quad \underline{n} = \begin{pmatrix} n_1 \\ n_2 \end{pmatrix} \quad (\text{P8.1a})$$

$$x(\underline{n}) = \frac{1}{N^2} \sum_{\underline{k}} X^{\mathrm{F}}(\underline{k}) \exp\left\{\frac{\mathrm{j}2\pi}{N} < \underline{k}, \underline{n} >\right\} \quad (\text{P8.1b})$$

式中，$< \underline{k}, \underline{n} > = \underline{k}^{\mathrm{T}} \underline{n}$ 表示了 R^2 空间上的内积。Lawton 的 chirp 算法[IP3, IP9] 被推广到二维旋转的情形。我们假设本习题中的 $[A]$ 是对称矩阵。对下面的（a）和（b）两部分用如下的矩阵 $[A]$：

$$[A] = \begin{pmatrix} -\cos\theta & \sin\theta \\ \sin\theta & \cos\theta \end{pmatrix} = \begin{pmatrix} -\alpha & \beta \\ \beta & \alpha \end{pmatrix} \quad (\text{P8.2})$$

（a）令

$$Z(\underline{n}) = \exp\left\{\frac{-\mathrm{j}\pi}{N} < \underline{n}, [A]\underline{n} >\right\} = \exp\left(\frac{\mathrm{j}\pi}{N}\left[(n_1^2 - n_2^2)\alpha - 2n_1 n_2 \beta\right]\right) \quad (\text{P8.3})$$

从

$$x([A]\underline{n}) = x(-n_1\cos\theta + n_2\sin\theta, n_1\sin\theta + n_2\cos\theta)$$

$$= \frac{1}{N^2} \sum_{k_1=0}^{N-1} \sum_{k_2=0}^{N-1} X^{\mathrm{F}}(k_1, k_2) \exp\left(\frac{\mathrm{j}2\pi}{N}\left[(-k_1 n_1 + k_2 n_2)\alpha + (k_1 n_2 + k_2 n_1)\beta\right]\right)$$

$$(\text{P8.4})$$

出发证明

$$x([A]\underline{n}) = Z(\underline{n}) \sum_{\underline{k}} \left\{X^{\mathrm{F}}(\underline{k}) Z(\underline{k})\right\} Z^*(\underline{k} - \underline{n}) \quad (\text{P8.5})$$

（b）令

$$Z(\underline{n}) = \exp\left\{\frac{\mathrm{j}\pi}{N} < \underline{n}, [A]\underline{n} >\right\} \quad (\text{P8.6})$$

与（a）不同，从下式开始：

$$X^{\mathrm{F}}([A]\underline{k}) = X^{\mathrm{F}}(-k_1\cos\theta + k_2\sin\theta, k_1\sin\theta + k_2\cos\theta)$$

$$= \sum_{n_1=0}^{N-1} \sum_{n_2=0}^{N-1} x(n_1, n_2) \exp\left(\frac{-\mathrm{j}2\pi}{N}\left[(-k_1 n_1 + k_2 n_2)\alpha + (k_1 n_2 + k_2 n_1)\beta\right]\right)$$

$$(\text{P8.7})$$

得到

$$X^{\mathrm{F}}([A]\underline{k}) = Z(\underline{k}) \sum_{\underline{n}} \{x(\underline{n})Z(\underline{n})\} Z^*(\underline{k} - \underline{n}) \tag{P8.8}$$

对下面的（c）和（d）两部分用如下的矩阵 $[A]$:

$$[A] = \begin{pmatrix} \sin\theta & \cos\theta \\ \cos\theta & -\sin\theta \end{pmatrix} = \begin{pmatrix} \alpha & \beta \\ \beta & -\alpha \end{pmatrix} \tag{P8.9}$$

（c）当

$$Z(\underline{n}) = \exp\left\{\frac{\mathrm{j}\pi}{N} <\underline{n}, [A]\underline{n}> \right\} \tag{P8.10}$$

此时重做（a）部分。

换句话说，从下面的公式出发证明式（P8.5）:

$$x([A]\underline{n}) = x(n_1\sin\theta + n_2\cos\theta, n_1\cos\theta - n_2\sin\theta)$$

$$= \frac{1}{N^2} \sum_{k_1=0}^{N-1} \sum_{k_2=0}^{N-1} X^{\mathrm{F}}(k_1, k_2) \exp\left(\frac{\mathrm{j}2\pi}{N} [(k_1 n_1 - k_2 n_2)\alpha + (k_1 n_2 + k_2 n_1)\beta]\right) \tag{P8.11}$$

（d）当

$$Z(\underline{n}) = \exp\left\{\frac{-\mathrm{j}\pi}{N} <\underline{n}, [A]\underline{n}> \right\} \tag{P8.12}$$

此时重做（b）部分。

换句话说，从下面的公式出发证明式（P8.8）:

$$X^{\mathrm{F}}([A]\underline{k}) = X^{\mathrm{F}}(k_1\sin\theta + k_2\cos\theta, k_1\cos\theta - k_2\sin\theta)$$

$$= \sum_{n_1=0}^{N-1} \sum_{n_2=0}^{N-1} x(n_1, n_2) \exp\left(\frac{-\mathrm{j}2\pi}{N} [(k_1 n_1 - k_2 n_2)\alpha + (k_1 n_2 + k_2 n_1)\beta]\right) \tag{P8.13}$$

8.7　利用式（8.29）推导式（8.33）。

8.8　证明由式（8.41）可得出式（8.42）。

8.9　类似用 FFT 实现奇叠加 TDAC（见图 8.34），画出用 IFFT 实现 IMDCT 的框图（参见习题 8.8）。

8.10　推导下面的公式:

（a）式（8.62）　　（b）式（8.63）　　（c）式（8.64）　　（d）式（8.65）

8.11　设一个采样矩阵为 $[D_3] = \begin{bmatrix} 2 & 1 \\ -1 & 1 \end{bmatrix}$（见式（8.79））。类似图 8.56，说明一个频域单位周期映射至基带和图像的运动方式，画出基带区域的图，以及上采样后的图像。给出两种映射方法的细节和结果。

提示：可参见参考文献 [F28]。

8.32　课程实践

8.1　利用傅里叶相位相关法实现图像配准。

（a）重做图 8.7 所示的仿真。将一幅图像与其本身进行配准并画出结果。比较相位相关函数与普通/标准相关函数的结果（见参考文献［IP6］中图 1）。使用 Lena 和 Girl 两幅图像及本书附录 H.2 中的 MATLAB 程序代码。见参考文献［IP20］。

（b）在平移后的图像中加入随机噪声，配准有噪声图像。

（c）将原始图像与下列平移、重新处理后的图像进行配准：

a）有噪声的、模糊化的图像；

b）将图像所有像素同时乘以一个值；

c）取像素值的二次方根。

（d）用式（8.17）中定义的更简单的方法重新进行仿真。

8.2　对一幅图像嵌入基于相位的水印，并显示原始图像和嵌入水印后的图像（见参考文献［E2］中图 3 和图 4）。同时，显示类似参考文献［E2］中图 5 的图像。用 JPEG 编码器[IP27]对嵌入水印后的图像进行编码，并且说明能够达到 15:1 的压缩比。

课程实践 8.3 ~ 8.7 请参见参考文献［E4］。

8.3　使用傅里叶 – 梅林变换（见参考文献［E4］中图 9）实现并显示 512 × 512 的嵌入水印的 Lena 图像。水印图案为 "The watermark" 对应的 ASCⅡ 码。

8.4　将参考文献［E4］中图 9 所示的旋转 43°，缩小到原来的 75%，然后用质量因子为 50% 的 JPEG[IP27,IP28] 编码器压缩图像并显示该图像（见参考文献［E4］中图 10）。质量因子详见本书附录 B。

8.5　使用参考文献［E4］中图 8 描述的框架来恢复水印（见图 8.16）。

8.6　获取并且显示类似参考文献［E4］中图 11 的 Lena 图像的对数极坐标变换。

8.7　通过对本章习题 8.6（类似参考文献［E4］中图 12）的结果进行对数极坐标逆变换来获取并显示重构的 Lena 图像。

8.8　参考文献［E14］的作者指出，他们正在把频率掩蔽模型升级为MPEG – 1 音频层 Ⅲ[D22, D26]中描述的心理声学模型。利用该模型嵌入水印（即替换掉基于 MPEG – 1 音频层 I 的频率掩蔽模型，见图 8.28）并实现该过程（见图 8.19）。对该系统进行仿真测试。见参考文献［E14］中图 7 ~ 13。

8.9　图像旋转

（a）在空间域将 Lena 图像旋转 60°，使用 MATLAB 命令 "imrotate"[IP19]。

（b）把 Lena 图像大小减小至 64 × 64 以减少运算时间，实现式（8.25），然后

分别将 Lena 图像旋转 90°、180°和 270°。（见本书第 5 章例 5.1）

（c）用 chirp – Z 算法代替卷积运算实现式（8.25）。分别将大小为 512 × 512 的 Lena 图像旋转 90°、180°和 270°[IP10]。使用定时器比较（b）和（c）的运行时间。

（d）给定一幅图像的 DFT，将大小为 512 × 512 的 Lena 图像在 DFT 域旋转 180°，使用离散傅里叶变换的置换性质（见本书第 2 章例 2.1）。使用相同的方法分别沿着左/右和上/下方向翻转图像（使用 MATLAB 命令"fliplr"和"flipud"）。

（e）图像在空间域旋转 270°也能在 DFT 域完成。MATLAB 程序代码如下：

| I = imread（'lena.jpg'）, | A = fftshift（fft2（I））; | B = transpose（A）; |
| C = fftshift（B）; | D = ifft2（C）; | imshow（real（D），[ ]） |

课程实践 8.10、8.11 请参考 8.27 节的相关内容。

8.10 实现图 8.51 所示的步骤。

8.11 实现图 8.53 所示的步骤。

（a）使用 $N = 301$ 个频率采样点画出式（8.76）中定义的功率谱密度 $S_Y(f)$。

（b）利用 $S_Y(f)$ 的 IFFT 画出滤波器输出 $y(t)$ 的自相关函数。

（c）使用 $M = 151$ 个时域采样点实现式（8.74）中定义的衰减指数函数。

（d）计算式（8.74）的自相关函数 $R(m)$，$m = 0, 1, \cdots, 2M - 1$。其中，$M = 151$。（参考本书第 2 章例 2.5 和例 2.6）

（e）利用 $R(m)$ 的 FFT 画出 $S_Y(k)$。

（f）作为步骤（e）的备选步骤，计算 $|H(k)|^2$。其中，$H(k) = \text{DFT}[h(n)]$，$0 \leqslant k, n \leqslant 300$。

8.12 在参考文献［LA12］中，Raičević 和 Popovoić 在频域将自适应方向滤波用于指纹图像的增强和去噪。指纹图像增强的框图见参考文献［LA12］中图 4。注意，这是 FFT 的一个应用，参考文献［LA12］中图 6 和图 7 分别给出了方向滤波的图像和增强图像。将该算法应用于有污迹或损坏的指纹图像（见参考文献［LA12］中图 1）中，就可以得到增强的图像（类似参考文献［LA12］中图 7）。在方向（a）22.5°和（b）90°上滤波后的图像见参考文献［LA12］中图 6。获得除 22.5°和 90°之外的方向上的滤波图像。基于你的仿真结果写一个详细的报告。复习一下本章最后列出的参考文献会很有帮助。

8.32.1 方向带通滤波器[LA15]

为了能够使其方向与径向频率响应的操作分离开来，使用极坐标 (ρ, ϕ) 的形式将滤波器表示为一个可分离函数：

$$H_P^F(\rho, \phi) = H_{radial}^F(\rho) H_{angle}^F(\phi) \tag{P8.14}$$

任意具有良好性能的经典一维带通滤波器都适合于 $H_{radial}^F(\rho)$；之所以选择巴特沃

斯滤波器（Butterworth filter）是因为它与切比雪夫或椭圆滤波器相比更容易实现，尤其是当改变滤波器阶数 n 的时候。该滤波器定义如下：

带通滤波器（BPF），低通滤波器（LPF）

$$H_{\text{radial}}^{\text{F}}(\rho) = \frac{1}{\sqrt{1 + \left(\dfrac{\rho^2 - \rho_0^2}{\rho\rho_{\text{bw}}}\right)^{2n}}} \quad \rho = \sqrt{k_1^2 + k_2^2} \tag{P8.15}$$

高通滤波器（HPF）

$$H^{\text{F}}(\rho) = \frac{1}{\sqrt{1 + \left(\dfrac{\rho_{\text{bw}}}{\rho}\right)^{2n}}} \quad \rho = \sqrt{k_1^2 + k_2^2} \tag{P8.16}$$

式中，ρ_{bw} 和 ρ_0 分别为期望的带宽和中心频率；整数变量 n 为滤波器的阶数。在本课程实践中，当 $n = 2$ 时效果较好。阶数越高，实现复杂度也越高。该滤波器的 3dB 带宽为 $W_2 - W_1 = 2\rho_{\text{bw}}$。其中，$W_1$ 和 W_2 为截断频率，在截断频率处频率响应幅度的二次方 $|H_{\text{radial}}^{\text{F}}(\rho)|^2$ 为最大值的一半（即 $10\log_{10}1/2 = -3\text{dB}$）。当 $\rho_0 = 0$ 时，该滤波器（见式（P8.15））变为一个低通滤波器，带宽为 ρ_{bw}。高频噪声效应可以通过带状低通滤波器在傅里叶域滤波来降低。带状滤波器的锐减特征导致了滤波后图像的振铃效应（ringing artifacts）（见本书图 5.9 和图 5.36）。这种有害的效应可以通过一个平滑截断滤波器来消除，如巴特沃斯低通滤波器[B41]。

在设计 $H_{\text{angle}}^{\text{F}}(\phi)$ 时，不能将其类比于一维滤波器，因为没有方向性的这一重要的概念。因此采用了下面的函数：

$$H_{\text{angle}}^{\text{F}}(\phi) = \begin{cases} \cos^2\left[\dfrac{\pi}{2}\dfrac{(\phi - \phi_{\text{c}})}{\phi_{\text{bw}}}\right] & \text{当} \ |\phi - \phi_{\text{c}}| < \phi_{\text{bw}} \\ 0 & \text{其他} \end{cases} \tag{P8.17}$$

式中，ϕ_{bw} 的两倍为滤波器的角带宽，即满足式 $|H_{\text{angle}}^{\text{F}}(\phi)| \geq \dfrac{1}{2}$ 的角度的范围；ϕ_{c} 为其方向，即 $|H_{\text{angle}}^{\text{F}}|$ 取最大值时对应的角度。

若 $(2\phi_{\text{bw}}) = \dfrac{\pi}{8}$，则可以定义 $K = 8$ 的方向滤波器。其方向 $\phi_{\text{c}} = \dfrac{k\pi}{8}$ 在空间中是均匀分布的，$k = 0, 1, \cdots, K - 1$。这些滤波器之和都为 1。因此它们将一幅图像分成 K 个方向的分量，这些分量之和为原始图像。

附　　录

附录 A　各种离散变换的性能对比

本附录不包括快速算法、独立性、递归、正交性和执行复杂度等内容，因为上述内容已在其他地方详细描述过（见本书第3章）。本部分的重点是关注变换的不同特性。设随机向量 $\underline{x}$ 由一阶马尔可夫过程生成。当 $\underline{x} = (x_0, x_1, \cdots, x_{N-1})^T$，相关矩阵 $[R_{xx}]$ 由一阶马尔可夫过程生成。其中，$x_0, x_1, \cdots, x_{N-1}$，是 N 个随机变量。

$$\underbrace{[R_{xx}]}_{(N \times N)} = \underbrace{[\rho^{|j-k|}]}_{(N \times N)}, \quad \rho = 相邻相关系数$$

$$j, k = 0, 1, \cdots, N-1 \tag{A.1}$$

数据域中的协方差矩阵 $[\Sigma]$ 到变换域中的 $[\widetilde{\Sigma}]$ 的映射为

$$\underbrace{[\widetilde{\Sigma}]}_{(N \times N)} = \underbrace{[DOT]}_{(N \times N)} \underbrace{[\Sigma]}_{(N \times N)} \underbrace{([DOT]^T)^*}_{(N \times N)} \tag{A.2}$$

式中，DOT 指离散正交变换；上标 T 和 * 分别表示转置和复共轭。

当 DOT 是 KL 变换（Karhunen – Loève Transform，KLT）时，因为所有的变换系数在 KLT 域中不相关，所以 $[\widetilde{\Sigma}]$ 是一个对角矩阵。对于所有的其他 DOT，剩余相关（在 DOT 域中剩余未完成的相关性）的定义见参考文献 [G6，G10]，有：

$$r = \frac{1}{N}\left(\|\Sigma\|^2 - \sum_{n=0}^{N-1}|\widetilde{\Sigma}_{nn}|^2\right) = \frac{1}{N}\left(\sum_{m=0}^{N-1}\sum_{n=0}^{N-1}|\Sigma_{mn}|^2 - \sum_{n=0}^{N-1}|\widetilde{\Sigma}_{nn}|^2\right) \tag{A.3}$$

式中，$\|\Sigma\|^2$ 为希尔伯特 – 施密特范数，定义为

$$\|\Sigma\|^2 = \frac{1}{N}\sum_{m=0}^{N-1}\sum_{n=0}^{N-1}|\Sigma_{mn}|^2$$

注意，N 为离散信号的大小；Σ_{mn} 为 $[\Sigma]$ 中第 m 行第 n 列的元素。其中，$m, n = 0, 1, 2, \cdots, N-1$。

对于一个二维随机信号（如一幅图像），假定其行列统计特性相互独立，那么其 $(N \times N)$ 采样的方差可以很容易获取。这个概念可扩展到计算 $(N \times N)$ 变换系数的方差。

A.1　变换编码增益

$$\underset{(N \times N)}{[\Sigma]} = 数据域中的相关矩阵或者协方差矩阵（见5.6节）$$

$$[\widetilde{\Sigma}] = [A][\Sigma]([A]^{\mathrm{T}})^* \quad (\text{注意}, ([A]^{\mathrm{T}})^* = [A]^{-1} \text{为西变换})$$
$$\underset{(N \times N)}{} \quad \underset{(N \times N)}{} \quad \underset{(N \times N)}{} \quad \underset{(N \times N)}{}$$

= 变换域中的相关矩阵或者协方差矩阵。

变换编码增益 G_{TC} 定义为

$$G_{\mathrm{TC}} = \frac{\dfrac{1}{N}\displaystyle\sum_{k=0}^{N-1}\widetilde{\sigma}_{kk}^2}{\left(\displaystyle\prod_{k=0}^{N-1}\widetilde{\sigma}_{kk}^2\right)^{1/N}} = \frac{\text{算术均值}}{\text{几何均值}}$$

式中，$\widetilde{\sigma}_{kk}^2$ 是第 k 个变换系数（$k = 0, 1, \cdots, N-1$）的方差。因为方差的总和在任意正交变换域中都守恒（总能量守恒），所以可以通过最小化几何平均值[B23]来最大化 G_{TC}。当所有的方差都相等时，可得增益的下限为 1（见图 A.1）。

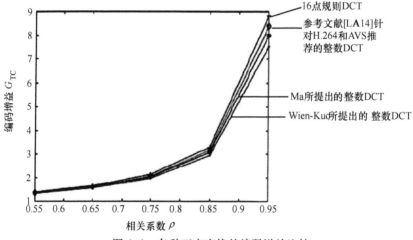

图 A.1　各种正交变换的编码增益比较

（参考文献［LA14］ ⓒ 2009 IEEE）

A.2　变换域中的方差分布

我们期望得到少数具有大方差的变换系数（这意味着剩余的系数将拥有较小的方差，因为方差总和是恒量）。对于 $N = 8, 16, 32, \cdots$ 及 $\rho = 0.9, 0.95, \cdots$ 等参数，这一方差分布可以用图表或者表格形式来描述。

能量压缩在少数变换系数中可以由归一化基本约束误差（normalized basis restriction error）来表示，其定义为

$$J_m(\rho) = \frac{\displaystyle\sum_{k=m}^{N-1}\widetilde{\sigma}_{kk}^2}{\displaystyle\sum_{k=0}^{N-1}\widetilde{\sigma}_{kk}^2} \quad m = 0, 1, \cdots, N-1 \tag{5.72}$$

参考文献［B6］中式（5.179）

式中，$\hat{\sigma}_{kk}^2$ 为降序排列。变换系数的方差分布见本书第 5 章表 5.2 和图 5.33（同样可参见参考文献［B6］中表 5.2 和图 5.18）。

A.3 规范化的 MSE（见本书第 5 章图 5.35 ~ 5.39 及参考文献 ［B6］中图 5.21 ~ 5.23）

$$J_S = \frac{\sum\limits_{k,l \in 阻带} |v_{k,l}|^2}{\sum\limits_{k,l=0}^{N-1} |v_{k,l}|^2}$$

式中，J_s 为阻带中的能量/总能量；$v_{k,l}$ 是一幅（$N \times N$）图像的变换系数，$k, l = 0, 1, \cdots N-1$。

A.4 码率与失真（率失真）[B6]

率失真函数 R_D 是在特定失真 D（均方误差）时编码一个信号的平均码率（比特/样本）的最小值[B6]。

设 $x_0, x_1, \cdots, x_{N-1}$ 为独立编码的高斯随机变量，$\hat{x}_0, \hat{x}_1, \cdots, \hat{x}_{N-1}$ 为它们的重建值。X_k 和 $\hat{X}_k$，是相应的变换系数 $k = 0, 1, \cdots, N-1$。那么平均的均方失真为

$$D = \frac{1}{N} \sum_{n=0}^{N-1} E[(x_n - \hat{x}_n)^2] = \frac{1}{N} \sum_{k=0}^{N-1} E[(X_k - \hat{X}_k)^2]$$

对于一个固定的平均失真 D，率失真函数 R_D 为

$$R_{D(\theta)} = \frac{1}{N} \sum_{k=0}^{N-1} \max\left(0, \frac{1}{2}\log_2 \frac{\tilde{\sigma}_{kk}^2}{\theta}\right) \qquad 参考文献［B6］中式（2.118）$$

式中，阈值 θ 通过解下式确定：

$$D(\theta) = \frac{1}{N} \sum_{k=0}^{N-1} \min(\theta, \tilde{\sigma}_{kk}^2), \min_{kk}\{\tilde{\sigma}_{kk}^2\} \leq \theta \leq \max_{kk}\{\tilde{\sigma}_{kk}^2\}$$

参考文献［B6］中式（2.119）

为 θ 选一个值

$$\theta$$

$$D(\theta) \Leftrightarrow R_{D(\theta)}$$

来得到与 D 的曲线中一点

推导不同离散变换的 R_D 对应于 D 的关系，这些变换基于给定 N 和 ρ 相邻相关系数（adjacent correlation coefficient）的一阶马尔科夫过程。对于 $N = 8, 16,$

32，…及 $\rho = 0.9$，0.95，…，绘制 R_D 与 D 的关系图。

对于一阶马尔可夫过程（见参考文献［B6］中式（2.68）），有：

$$[\Sigma]_{jk} = \sigma_{jk}^2 = \rho^{|j-k|} \qquad j, k = 0, 1, \cdots, N-1$$

可实现的最大编码增益为

$$G_N(\rho) = \frac{(1/N)\,\mathrm{tr}[\Sigma]}{(\det[\Sigma])^{1/N}} = (1-\rho^2)^{-(1-1/N)}$$

式中，tr 代表矩阵的迹；det 代表矩阵的行列式（见参考文献［B9］中附录 C）。

A.5　剩余相关[G1]

虽然，KLT 可以使一个随机向量完全去相关[B6]，但是其他离散变换达不到这一目标。去相关程度可由离散变换后的剩余相关来估计。这可以通过计算变换域中的互协方差的绝对和来度量。即

$$\sum_{\substack{i=0 \\ i \neq j}}^{N-1} \sum_{j=0}^{N-1} |\widetilde{\sigma}_{ij}^2| \qquad (\mathrm{A}.4)$$

对于 $N = 8, 16, 32, \cdots$，为 ρ 的函数（见图 A.2）。

假设

$$\underset{(N \times N)}{[\widetilde{\Sigma}]} = \underset{(N \times N)}{[A]}\underset{(N \times N)}{[\Sigma]}\underset{(N \times N)}{[A]^{\mathrm{T}*}} \qquad (\mathrm{A}.5)$$

得

$$\underset{(N \times N)}{[\widetilde{\Sigma}]} = \underset{(N \times N)}{[A]^{\mathrm{T}*}}\underset{(N \times N)}{[\widetilde{\Sigma}_{kk}]}\underset{(N \times N)}{[A]} \qquad (\mathrm{A}.6)$$

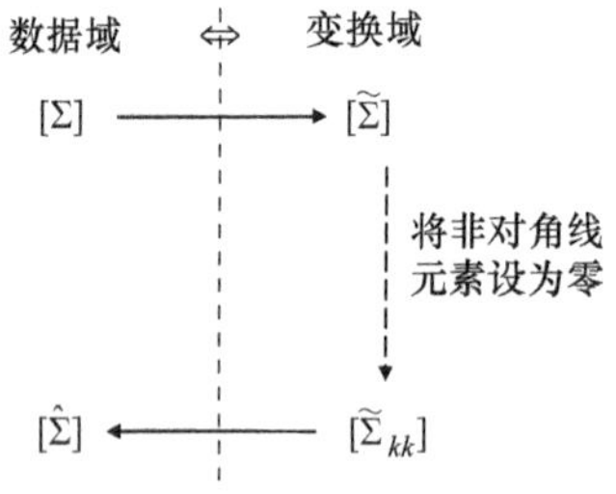

式中，$[\widetilde{\Sigma}_{kk}]$ 是一个对角矩阵。它的对角线上元素的值与 $[\widetilde{\Sigma}]$ 中对应的数相同，即

数据域　⇔　变换域

$$[\Sigma] \longrightarrow [\widetilde{\Sigma}]$$

将非对角线元素设为零

$$[\hat{\Sigma}] \longleftarrow [\widetilde{\Sigma}_{kk}]$$

图 A.2　$[\Sigma]$ 与 $[\widetilde{\Sigma}]$ 的关系

$$[\widetilde{\Sigma}_{kk}] = \mathrm{diag}(\widetilde{\sigma}_{00}^2, \widetilde{\sigma}_{11}^2, \cdots, \widetilde{\sigma}_{(N-1)(N-1)}^2)$$

应该明确的是，式（A.5）中出现的共轭性是由本书第 5 章式（5.42a）导出的。然而，$[\Sigma]$ 的二维离散变换是式（5.6a）中定义的 $[A][\Sigma][A]^{\mathrm{T}}$，并且没有共轭性。因此，为了计算方便，式（A.5）可以被看作是 $[\Sigma]$ 的一个独立的二维酉变换。参考文献［B23］绘制了 DCT、DFT、KLT 和 ST 等变换的剩余相关与 ρ 的曲线。

分数相关（由变换剩余下的未实现的相关性，对于 KLT 来说它为 0，因为 KLT 将一个协方差矩阵或者相关矩阵对角化了）被定义为

$$\frac{\|[\Sigma] - [\hat{\Sigma}]\|^2}{\|[\Sigma] - [I]\|^2} \qquad (\mathrm{A}.7)$$

式中，$[I_N]$ 为一个 $(N \times N)$ 的单位矩阵，并且 $\|[A]\|^2 = \sum_{j=0}^{N-1} \sum_{k=0}^{N-1} |[A]_{jk}|^2$。注意，因为 $[\widetilde{\Sigma}] = [\widetilde{\Sigma}_{kk}]$，所以式（A.3）、（A.4）、（A.7）的值对于 KLT 来说分别是 0。

A.6　标量维纳滤波

滤波器矩阵 $[G]$ 针对一个特定变换进行了优化，如噪声可以被滤掉（见图 A.3）[G5]。对于 $N=4$、8、16、32 和 $\rho=0.9$、0.95，分别估计不同离散变换（见图 A.4 的各种离散变换和参考文献 [B6] 中定义的 Haar 变换和斜变换）的 MSE $=E$（$\|\underline{x}-\hat{\underline{x}}\|^2$）。

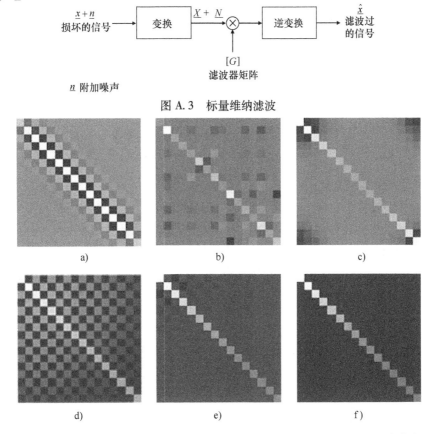

图 A.3　标量维纳滤波

图 A.4　16 个元素长度（$N=16$）的向量其维纳滤波矩阵 $[G]$ 幅度显示（暗像素代表 0，亮像素代表 1，灰像素代表两者之间的值。信噪比是 0.3，并且 $\rho=0.9$。图中，维纳滤波器幅度的动态范围被式（5.26）中定义的对数变换压缩了）

a）酉变换　b）哈达玛变换　c）酉 DFT　d）类型 1 的 DST　e）类型 2 的 DCT　f）KL 变换

绘制图 A.4 所示的不同离散变换的幅度显示。比较各滤波器平面发现，滤波器特性对于不同的酉变换变化剧烈。对于 KLT，滤波运算是一个标量乘法，而对于酉变换来说滤波器矩阵的大多数元素具有相当大的幅度值。DFT 滤波器矩阵包含沿对角线的幅值大的项和沿对角线幅值逐渐减小的项[LA13]。

A.7　几何区域采样（GZS）

几何区域（Geometrical zonal，GZ）滤波器可以是2:1，4:1，8:1，或者16:1（减样，sample reduction）（见图A.5）。二维DCT域2:1和4:1的减样如图A.6所示。

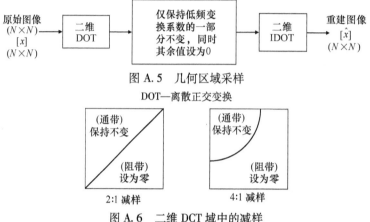

图A.5　几何区域采样

DOT—离散正交变换

图A.6　二维DCT域中的减样

注意，对于一个二维DCT，需要确定合适的低频区域（见图5.8和图5.9）。

我们可以得到各种减样的重建图像，并且可以绘制规范化的MSE与所有DOT减样比例的关系图。

$$
\text{规范化的 MSE} = \frac{\sum_{m=0}^{N-1}\sum_{n=0}^{N-1}E(|x(m,n)-\hat{x}(m,n)|^2)}{\sum_{m=0}^{N-1}\sum_{n=0}^{N-1}E(|x(m,n)|^2)} \tag{A.8}
$$

A.8　最大方差区域采样（MVZS）

在最大方差区域采样（Maximum Variance Zonal Sampling，MVZS）中，具有较大方差的变换系数被选出来进行量化和编码，而其余的变换系数（具有较小方差的变换系数）则被设置为0。而在接收端则执行逆操作以生成重建信号或重建图像（见图A.7）。

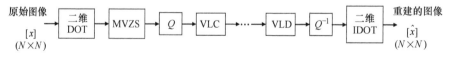

图A.7　最大方差区域采样

附录 B　　图像质量的谱距离评价法

以下内容基于参考文献［IP36］，并使用与其相同的符号和表达方式。本附录基于二维 DFT 域的失真测度讨论了多种图像质量评价方法。这也例证了二维 DFT 的另一种用途——二维 DFT 可以用来衡量重建图像的质量[IP36]。

$C_k\ (n_1,\ n_2) \leftarrow \underline{C}\ (n_1,\ n_2)$ 第 k 频段第 $(n_1,\ n_2)$ 个像素，$k=1,\ 2,\ \cdots,\ K$，共 K 个频段。

或第 k 频谱分量的 $(n_1,\ n_2)$ 位置。

每一频段大小都为 $(N \times N)$。

例如，RGB（或 YIQ，$YC_R C_B$）空间的彩色图像

$$\underset{(3 \times 1)}{\underline{C}\ (n_1,\ n_2)} = \begin{bmatrix} R\ (n_1,\ n_2) \\ G\ (n_1,\ n_2) \\ B\ (n_1,\ n_2) \end{bmatrix},\ (n_1,\ n_2)\ 处的多频谱（频段数 K=3）像素向量$$

$\underline{C}$　多频谱图像

C_k　多频谱图像 $\underline{C}$ 的第 k 频段

$$\underset{(3 \times 1)}{\hat{\underline{C}}\ (n_1,\ n_2)} = \begin{bmatrix} \hat{R}\ (n_1,\ n_2) \\ \hat{G}\ (n_1,\ n_2) \\ \hat{B}\ (n_1,\ n_2) \end{bmatrix}\ 经处理或重建后的在 (n_1,\ n_2) 位置处的多频谱图像$$

$\varepsilon_k = C_k - \hat{C}_k$，图像 $\underline{C}$ 第 k 频段所有像素的误差

第 k 频段功率　　$\sigma_k^2 = \sum_{n_1=0}^{N-1} \sum_{n_2=0}^{N-1} C_k^2(n_1, n_2)$

$\hat{C}_k\ (n_1,\ n_2)$，$\hat{\underline{C}}$，$\hat{\underline{C}}\ (n_1,\ n_2)$ 表示经处理或重建后（有失真）的图像。

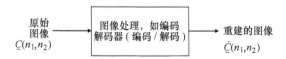

注意　　　　　　　　$\sum_{n_1=0}^{N-1} \sum_{n_2=0}^{N-1} = \sum_{n_1, n_2=0}^{N-1}$

所有 K 个频段上在 $(n_1,\ n_2)$ 位置的像素的误差和为

$$\| \underline{C}(n_1, n_2) - \hat{\underline{C}}(n_1, n_2) \|^2 = \sum_{k=1}^{K} [C_k(n_1, n_2) - \hat{C}_k(n_1, n_2)]^2$$

（第 k 频段（n_1，n_2）处像素误差的二次方）

（K 表示总频段数，$k = 1$，2，$\cdots$，K）

$$\varepsilon_k^2 = \sum_{n_1=0}^{N-1} \sum_{n_2=0}^{N-1} \left[C_k(n_1,n_2) - \hat{C}_k(n_1,n_2) \right]^2$$

定义

$W_N = \exp\left(\dfrac{-\text{j}2\pi}{N}\right)$ 为 1 的第 N 个根

$$\begin{aligned}
\Gamma_k(k_1,k_2) &= \sum_{n_1,n_2=0}^{N-1} C_k(n_1,n_2) W_N^{n_1 k_1} W_N^{n_2 k_2} \quad k = 1,2,\cdots,K(k_1,k_2 = 0,1,\cdots,N-1) \\
&= \text{二维 DFT}[C_k(n_1,n_2)]
\end{aligned}$$

$$\begin{aligned}
\hat{\Gamma}_k(k_1,k_2) &= \sum_{n_1,n_2=0}^{N-1} \hat{C}_k(n_1,n_2) W_N^{n_1 k_1} W_N^{n_2 k_2} \quad k = 1,2,\cdots,K(k_1,k_2 = 0,1,\cdots,N-1) \\
&= \text{二维 DFT}[\hat{C}_k(n_1,n_2)]
\end{aligned}$$

相位谱

$$\phi(k_1,k_2) = \arctan\left[\Gamma(k_1,k_2)\right], \quad \hat{\phi}(k_1,k_2) = \arctan\left[\hat{\Gamma}(k_1,k_2)\right]$$

幅度谱

$$M(k_1,k_2) = |\Gamma(k_1,k_2)|, \quad \hat{M}(k_1,k_2) = |\hat{\Gamma}(k_1,k_2)|$$

幅度谱失真

$$S = \frac{1}{N^2} \sum_{k_1,k_2=0}^{N-1} | M(k_1,k_2) - \hat{M}(k_1,k_2) |^2$$

相位谱失真

$$S1 = \frac{1}{N^2} \sum_{k_1,k_2=0}^{N-1} | \phi(k_1,k_2) - \hat{\phi}(k_1,k_2) |^2$$

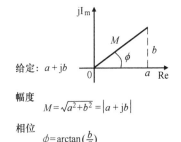

给定：$a + \text{j}b$

幅度

$M = \sqrt{a^2 + b^2} = |a + \text{j}b|$

相位

$\phi = \arctan\left(\dfrac{b}{a}\right)$

加权频谱失真

$$S2 = \frac{1}{N^2}\left[\lambda\left(\sum_{k_1,k_2=0}^{N-1} | \phi(k_1,k_2) - \hat{\phi}(k_1,k_2) |^2 \right) \right.$$
$$\left. + (1-\lambda)\left(\sum_{k_1,k_2=0}^{N-1} | M(k_1,k_2) - \hat{M}(k_1,k_2) |^2 \right) \right]$$

式中，λ 用于为相位和幅度项分配相应的权重，$0 \leqslant \lambda \leqslant 1$。注意，当 $\lambda = 1$ 时 $S2$ 简化为 $S1$，当 $\lambda = 0$ 时 $S2$ 简化为 S。

设第 k 频段图像第 l 像素块 $C_k^l(n_1,n_2)$ 的二维 DFT 为

每个块的大小为 $(b \times b)$

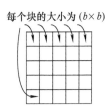

$$\Gamma_k^l(k_1,k_2) = \sum_{n_1,n_2=0}^{b-1} C_k^l(n_1,n_2) W_b^{n_1 k_1} W_b^{n_2 k_2}$$

$$W_b = \exp\left(\frac{-j2\pi}{b}\right)$$

$$\Gamma_k^l(k_1, k_2) = |\Gamma_k^l(k_1, k_2)| e^{j\phi_k^l(k_1, k_2)}$$

$$= m_k^l(k_1, k_2) e^{j\phi_k^l(k_1, k_2)}$$

$$k_1, k_2 = 0, 1, \cdots, N-1 \quad l = 1, 2, \cdots, L$$

式中，L 为（$b \times b$）大小的重叠或非重叠块的数量。

$$J_M^l = \frac{1}{K} \sum_{k=1}^{K} \left(\sum_{k_1, k_2 = 0}^{b-1} \left[|\Gamma_k^l(k_1, k_2)| - |\hat{\Gamma}_k^l(k_1, k_2)| \right]^\gamma \right)^{1/\gamma}$$

$$J_\phi^l = \frac{1}{K} \sum_{k=1}^{K} \left(\sum_{k_1, k_2 = 0}^{b-1} \left[|\phi_k^l(k_1, k_2)| - |\hat{\phi}_k^l(k_1, k_2)| \right]^\gamma \right)^{1/\gamma}$$

$$J^l = \lambda J_M^l + (1 - \lambda) J_\phi^l$$

式中，λ 为幅度谱和相位谱相应的加权因子。

此处对块谱误差 J_M 和/或 J_ϕ 进行排序操作会很有用。令 $J^{(1)}$，$J^{(2)}$，$\cdots$，$J^{(L)}$ 为排序后的块失真，并有 $J^{(L)} = \max\limits_l (J^{(l)})$。

考虑如下的排序平均：

块失真中值 $\quad \dfrac{1}{2}\left[J^{L/2} + J^{(L/2)+1} \right] \quad L$ 为偶数

块最大失真 $\quad J^{(L)}$

块失真均值 $\qquad\qquad \dfrac{1}{L}\left(\sum\limits_{i=1}^{L} J^{(i)} \right)$

其中，块失真中值为最有效的块谱失真排序平均，有

$$S3 = \underset{l}{\mathrm{median}}\, J_m^l$$

$$S4 = \underset{l}{\mathrm{median}}\, J_\phi^l$$

$$S5 = \underset{l}{\mathrm{median}}\, J^l$$

那么，令 $\gamma = 2$，使用（32×32）和（64×64）大小的块能够获得比使用更大或更小的块时更好的结果。

B.1 课程实践

本例与 JPEG 基本层系统比特率为 0.25、0.5、0.75 和 1bpp$^\ominus$时相关。请参见本附录和参考文献［IP36］。JPEG 软件在参考文献［IP22］提供的网站上。

本案例的目的，是基于上述比特率下的 Lena 图像，将 MSE、SNR、峰值信噪比（dB）与参考文献［IP36］中描述的谱距离评价法相关联起来（见图 B.1）。

$\ominus$ bpp：比特每像素，bit per pixel。

分别计算幅度谱失真 S、相位谱失真 $S1$、加权谱失真 $S2$ 和块失真中值 $S5$。参考图 B.2 和表 B.1 所示，画出下列曲线（并给出数据表格）：

（a）比特率与 S 的关系

（b）比特率与 $S1$ 的关系

（c）比特率与 $S2$ 的关系（$\lambda = 0.5$）

（d）比特率与 $S5$ 的关系（$\lambda = 0.5$，块大小 $b = 32$）

从这些曲线（表格）中你能得出什么结论？

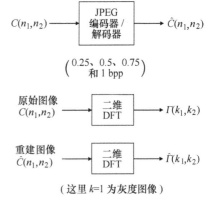

（这里 $k=1$ 为灰度图像）

图 B.1 原始图像与重建图像的 DFT

对于 JPEG，质量因子可以控制比特率[IP28]。量化后的 DCT 系数 $S_q(u, v)$ 定义如下：

$$S_q(u,v) = 距离\left[\frac{S(u,v)}{Q(u,v)}\right]最近的整数$$

式中，$S(u,v)$ 表示 DCT 系数；$Q(u,v)$ 表示量化矩阵的元素；(u,v) 表示 DCT 系数不同的频率分量。反量化过程无取整操作，有

$$\tilde{S}(u,v) = S_q(u,v)Q(u,v)$$

式中，$\tilde{S}(u,v)$ 为反量化后的 DCT 系数，以便进行二维（8×8）IDCT 操作。

引入一个 $1 \sim 100$ 范围内的整数质量因子 q_JPEG，用于控制量化矩阵 $Q(u,v)$ 中的元素[IP27, IP28]。因此，质量因子可以用于调节比特率。令 $Q(u,v)$ 与压缩因子 α 相乘，α 定义如下：

$$\alpha = \frac{50}{q\_JPEG} \qquad 1 \leqslant q\_JPEG < 50$$

$$\alpha = 2 - \frac{2 \times q\_JPEG}{100} \qquad 50 \leqslant q\_JPEG \leqslant 99$$

且需满足条件：修正后量化矩阵 $\alpha Q(u,v)$ 的最小元素值为 1。当 $q\_JPEG = 100$ 时，$\alpha Q(u,v)$ 的所有元素都为 1。例如，当 $q\_JPEG = 50$ 时有 $\alpha = 1$，当 $q\_JPEG = 25$ 时有 $\alpha = 2$，当 $q\_JPEG = 75$ 时有 $\alpha = 1/2$。

表 B.1　JPEG[IP27][IP28]重建图像质量的多种评价方法

图像	比特率/bpp	质量因子	CR	MSE	S	$S1$	$S2$	$S5$	PSNR（dB）
Lena10	0.25	10	32:1	59.481	22.958	5.436	14.197	12.144	36.442
Lena34	0.5	34	16:1	22.601	8.881	4.693	6.787	6.027	40.644
Lena61	0.75	61	32:3	14.678	5.738	4.199	4.968	4.823	42.519
Lena75	1	75	8:1	10.972	4.348	3.835	4.092	4.271	43.783

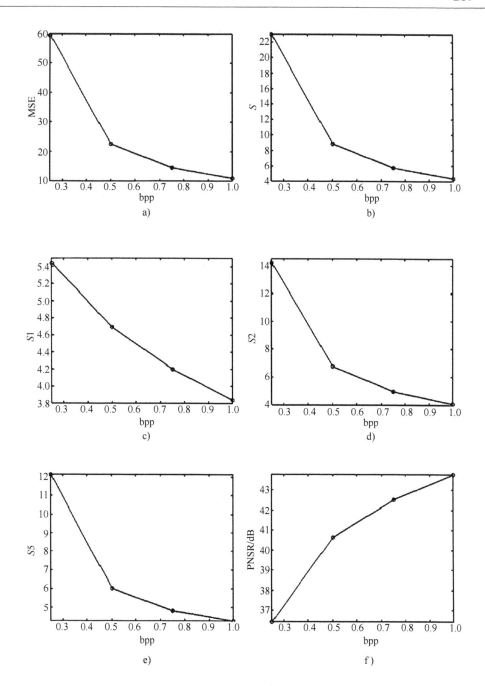

图 B. 2　Lena 图像失真与每像素比特数的关系

a）MSE　b）幅度谱失真 S　c）相位谱失真 $S1$

d）加权谱失真 $S2$　e）块失真中值 $S5$　f）PSNR

附录 C   整数离散余弦变换（Int DCT）

目前，已开发出了若干种整数 DCT。其目的是用仅含有整数加法和整数乘法（比特相加和移位）的运算来实现整数离散余弦变换（Int DCT）及其逆变换。这样也能确保不会出现现有 MC-DPCM 混合视频编码标准中存在的 DCT 和 IDCT 失配及误差积累的现象，这些标准包括 H.261、MPEG-1、MPEG-2、MPEG-4 视频部分[D37]、AVS China[I-21]及 WMV-9[I-23]。下面给出了几种（8×8）整数 DCT 的例子。

(1) Cham[I-13]

(2) H.264[I-22,LA19]

(3) WMV-9[I-23]

(4) AVS-China[I-21]

读者可以参阅参考文献［I-13］来了解开发整数 DCT 的理论知识。

C.1   提升结构的整数 DCT[B28]

DCT 及其逆变换定义如下：

$$X^{C\,II}(k) = \sqrt{\frac{2}{N}}\varepsilon(k)\sum_{n=0}^{N-1}x(n)\cos\left[\frac{\pi k\left(n+\frac{1}{2}\right)}{N}\right] \qquad k = 0,1,\cdots,N-1$$

$$\text{(C.1a)}$$

$$x(n) = \sqrt{\frac{2}{N}}\sum_{k=0}^{N-1}\varepsilon(k)X^{C\,II}(k)\cos\left[\frac{\pi k\left(n+\frac{1}{2}\right)}{N}\right] \qquad n = 0,1,\cdots,N-1$$

$$\text{(C.1b)}$$

其中

$$\varepsilon(k) = \begin{cases} 1/\sqrt{2} & k=0 \\ \\ 1 & k\neq 0 \end{cases}$$

整数 DCT 可以用与推导整数 FFT（见本书第 4 章）相同的方法得到。为构造整数 DCT，需利用沃尔什-哈达玛变换（Walsh-Hadamard Transform，WHT）将 DCT 核分解为 Givens 旋转的形式[I-15]，即

$$[R_\theta] = \begin{bmatrix} \cos\theta & -\sin\theta \\ \sin\theta & \cos\theta \end{bmatrix} \Leftrightarrow [R_\theta]^{-1} = \begin{bmatrix} \cos\theta & \sin\theta \\ -\sin\theta & \cos\theta \end{bmatrix} = [R_{-\theta}] = [R_\theta]^T$$

$$\text{(C.2)}$$

Givens 旋转又可用提升法如下分解：

$$[R_\theta] = \begin{bmatrix} 1 & \dfrac{\cos\theta-1}{\sin\theta} \\ 0 & 1 \end{bmatrix} \begin{bmatrix} 1 & 0 \\ \sin\theta & 1 \end{bmatrix} \begin{bmatrix} 1 & \dfrac{\cos\theta-1}{\sin\theta} \\ 0 & 1 \end{bmatrix}$$

$$\Leftrightarrow [R_\theta]^{-1} = \begin{bmatrix} 1 & \dfrac{\cos\theta-1}{\sin\theta} \\ 0 & 1 \end{bmatrix} \begin{bmatrix} 1 & 0 \\ \sin\theta & 1 \end{bmatrix} \begin{bmatrix} 1 & \dfrac{\cos\theta-1}{\sin\theta} \\ 0 & 1 \end{bmatrix}$$

(C.3)

当式（C.2）中的一个蝶形结构变为式（C.3）中的格型结构时，则可通过在提升步骤中加入非线性量化操作 Q（如"向下取整"或"四舍五入"）来构造整数 DCT。

$$[R_g] = \begin{bmatrix} 1 & a \\ 0 & 1 \end{bmatrix} \begin{bmatrix} 1 & 0 \\ b & 1 \end{bmatrix} \begin{bmatrix} 1 & c \\ 0 & 1 \end{bmatrix} \Leftrightarrow [R_g]^{-1} = \begin{bmatrix} 1 & -c \\ 0 & 1 \end{bmatrix} \begin{bmatrix} 1 & 0 \\ -b & 1 \end{bmatrix} \begin{bmatrix} 1 & -a \\ 0 & 1 \end{bmatrix}$$ (C.4)

式中，a，b，c 可以为任意实数。注意到前向结构中对提升系数的量化操作在其反向结构中已经取消，因此该格型结构是可逆的。同时，式（C.4）中的格型结构有以下性质：

$$[R_g] = \begin{bmatrix} d & e \\ f & g \end{bmatrix} \Leftrightarrow [R_g]^{-1} = \begin{bmatrix} g & -e \\ -f & d \end{bmatrix}$$ (C.5)

C.1.1　利用沃尔什 – 哈达玛变换分解 DCT

沃尔什 – 哈达玛变换（WHT）可以用于开发整数 DCT[1-15]。由于其所有元素都为 ±1，因此 WHT 只需要加法（或减法）运算。8 点沃尔什顺序的 WHT 矩阵如下：

$$[H_w] = \begin{bmatrix} 1 & 1 & 1 & 1 & 1 & 1 & 1 & 1 \\ 1 & 1 & 1 & 1 & -1 & -1 & -1 & -1 \\ 1 & 1 & -1 & -1 & -1 & -1 & 1 & 1 \\ 1 & 1 & -1 & -1 & 1 & 1 & -1 & -1 \\ 1 & -1 & -1 & 1 & 1 & -1 & -1 & 1 \\ 1 & -1 & -1 & 1 & -1 & 1 & 1 & -1 \\ 1 & -1 & 1 & -1 & -1 & 1 & -1 & 1 \\ 1 & -1 & 1 & -1 & 1 & -1 & 1 & -1 \end{bmatrix}$$ (C.6)

设 $[B]$ 为一个逆位序矩阵，即它能使输入序列按逆位序重新排列。令 $\underline{X} = \{x(0), x(1), x(2), x(3), x(4), x(5), x(6), x(7)\}^T$，则乘积为

$$[B]\underline{X} = \{x(0), x(4), x(2), x(6), x(1), x(5), x(3), x(7)\}^T$$

其元素为逆位序。

设输入序列 $\underline{x}$ 的 DCT 为 $\underline{X} = [C^{II}]\underline{x}$。$[C^{II}]$ 为类型 2DCT 的核（见式（C.1a））。此时标准化 $[H_w]$ 使得 $[\hat{H}_w] = \sqrt{1/N}[H_w]$ 为标准正交矩阵，则有

$[\hat{H}_w]^{-1} = [\hat{H}_w]^T$。可以证明：

$$\underline{X}_{BRO} \equiv [B]\underline{X} = \sqrt{1/N}[T_{BRO}][B][H_w]\underline{x}$$

式中，$[T_{BRO}] = [B](\underline{X}[\hat{H}_w])[B]^T$ 为分块对角阵。依据转换矩阵 $[T_{BRO}]$，DCT 可分解为

$$\underline{X} = [B]^T \underline{X}_{BRO} = [B]^T [T_{BRO}][B][\hat{H}_w]\underline{x} \tag{C.7}$$

对于 8 点输入序列，$[T_{BRO}]$ 具体形式如下：

$$[T_{BRO}] = \begin{bmatrix} 1 & 0 & & & & & & \\ 0 & 1 & & O & & & & \\ & & 0.924 & 0.383 & & & O & \\ & O & -0.383 & 0.924 & & & & \\ & & & & 0.906 & -0.075 & 0.375 & 0.180 \\ & & & & 0.213 & 0.768 & -0.513 & 0.318 \\ & O & & & -0.318 & 0.513 & 0.768 & 0.213 \\ & & & & -0.180 & -0.375 & -0.075 & 0.906 \end{bmatrix} \tag{C.8}$$

$$= \begin{bmatrix} 1 & 0 & & \\ 0 & 1 & & O \\ & & [U_{-\pi/8}] & \\ & O & & [U_4] \end{bmatrix} \tag{C.9}$$

$$[U_4] = [B_4] \begin{bmatrix} 0.981 & 0 & 0 & 0.195 \\ 0 & & & 0 \\ 0 & & [U_{-3\pi/16}] & 0 \\ -0.195 & 0 & 0 & 0.981 \end{bmatrix} \begin{bmatrix} [U_{-\pi/8}] & O \\ O & [U_{-\pi/8}] \end{bmatrix} [B_4] \tag{C.10}$$

其中

$$[B_4] = \begin{bmatrix} 1 & 0 & 0 & 0 \\ 0 & 0 & 1 & 0 \\ 0 & 1 & 0 & 0 \\ 0 & 0 & 0 & 1 \end{bmatrix} \qquad [U_{-3\pi/16}] = \begin{bmatrix} 0.832 & 0.557 \\ -0.557 & 0.832 \end{bmatrix}$$

$$[U_{\pi/16}] = \begin{bmatrix} 0.981 & 0.195 \\ -0.195 & 0.981 \end{bmatrix} \qquad [U_{-\pi/8}] = \begin{bmatrix} 0.924 & 0.383 \\ -0.383 & 0.924 \end{bmatrix}$$

图 C.1 给出了 $[U_4]$ 的流图。当画出式（C.10）的流图时，逆位序矩阵 $[B_4]$ 可以被"吸收"，此时 $[U_{-3\pi/16}]$ 变为 $[U_{3\pi/16}]$。图 C.1 所示可以用矩阵形式如下表示：

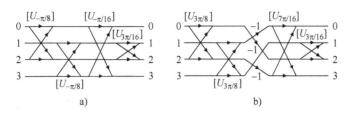

图 C.1 [U_4] 流图（参考文献 [I−17] © 2000 IEEE）

a) 式（C.11）　b) 式（C.12）

$$[U_4] = \begin{bmatrix} 0.981 & 0 & 0 & 0.195 \\ 0 & & & 0 \\ 0 & [U_{3\pi/16}] & & 0 \\ -0.195 & 0 & 0 & 0.981 \end{bmatrix}$$

$$\times \begin{bmatrix} 0.924 & 0 & 0.383 & 0 \\ 0 & 0.924 & 0 & 0.383 \\ -0.383 & 0 & 0.924 & 0 \\ 0 & -0.383 & 0 & 0.924 \end{bmatrix} \quad (C.11)$$

式（C.11）可分解为

$$[U_4] = \begin{bmatrix} 0.195 & 0 & 0 & -0.981 \\ 0 & & & 0 \\ 0 & [U_{3\pi/16}] & & 0 \\ 0.981 & 0 & 0 & 0.195 \end{bmatrix} \begin{bmatrix} 0 & 0 & 0 & 1 \\ 0 & 1 & 0 & 0 \\ 0 & 0 & 1 & 0 \\ -1 & 0 & 0 & 0 \end{bmatrix}$$

$$\begin{bmatrix} 0 & 0 & 1 & 0 \\ 0 & 0 & 0 & 1 \\ -1 & 0 & 0 & 0 \\ 0 & -1 & 0 & 0 \end{bmatrix} \begin{bmatrix} 0.383 & 0 & -0.924 & 0 \\ 0 & 0.383 & 0 & -0.924 \\ 0.924 & 0 & 0.383 & 0 \\ 0 & 0.924 & 0 & 0.383 \end{bmatrix}$$

$$= \begin{bmatrix} 0.195 & 0 & 0 & -0.981 \\ 0 & & & 0 \\ 0 & [U_{3\pi/16}] & & 0 \\ 0.981 & 0 & 0 & 0.195 \end{bmatrix} \begin{bmatrix} 0 & -1 & 0 & 0 \\ 0 & 0 & 0 & 1 \\ -1 & 0 & 0 & 0 \\ 0 & 0 & -1 & 0 \end{bmatrix} \begin{bmatrix} 0.383 & 0 & -0.924 & 0 \\ 0 & 0.383 & 0 & -0.924 \\ 0.924 & 0 & 0.383 & 0 \\ 0 & 0.924 & 0 & 0.383 \end{bmatrix}$$

$$(C.12)$$

$$[U_{3\pi/16}] = \begin{bmatrix} 0.832 & -0.557 \\ 0.557 & 0.832 \end{bmatrix} = [U_{-3\pi/16}]^{\mathrm{T}} \quad 见式（C.2）$$

$$[U_{7\pi/16}] = \begin{bmatrix} 0.195 & -0.981 \\ 0.981 & 0.195 \end{bmatrix} \quad [U_{3\pi/8}] = \begin{bmatrix} 0.383 & -0.924 \\ 0.924 & 0.383 \end{bmatrix}$$

图 C.1b 给出了式（C.12）的信号流图。由 DCT−II 的 WHT 分解可知，可以用整数提升算法来实现整数到整数的映射且能保证其可逆性，同时也能很好地保留浮点 DCT 的特性。

C. 1. 2　整数 DCT 的实现

由于 Givens 旋转可用式（C. 2）~（C. 4）中的提升算法实现，因此式（C. 9）中的蝶形算法可转化为格型结构。将格型结构中的浮点乘子 β 量化为 $\beta_Q = \pm\beta_Q/2^b$ 的形式，则其可以仅使用移位和加法运算来实现。其中，$1/2^b$ 表示右移 b 位。

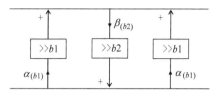

图 C. 2　三个整数提升步骤实现一个 Given 旋转角（α_b 和 β_b 为（最多 b 位的）提升乘子，由表 C. 1 给出）

（参考文献 [I-17] ⓒ 2000 IEEE）

图 C. 2 给出了实现一个 Givens 旋转的三个整数提升步骤。其中的两个整数乘子 α_b 和 β_b 各右移了 b 位。表 C. 1 列出了四个 Givens 旋转角对应的 α_b 和 β_b，其中用于表示整数乘子的位数（即比特数）$b = 1，2，\cdots，8$。仿真结果表明，当 $b = 8$ 时可达到与浮点 DCT 相当的性能，即使每一节点的精度都为 16 位[I-15]。图 C. 3 给出了一种通用的 8 点整数 DCT，需要 45 次加法和 18 次移位。

表 C. 1　不同旋转角对应的乘子 $\boldsymbol{\alpha_b}$ 和 $\boldsymbol{\beta_b}$ 的值（$b = 1，2，\cdots，8$）（参考文献 [I-17] ⓒ 2000 IEEE）

角度 $-\pi/8$								
b/bit	1	2	3	4	5	6	7	9
α_b	0	0	1	3	6	12	25	50
β_b	0	-1	-3	-6	-12	-24	-48	-97
角度 $3\pi/8$								
b/bit	1	2	3	4	5	6	7	9
α_b	-1	-2	-5	-10	-21	-42	-85	-171
β_b	1	3	7	14	29	59	118	236
角度 $7\pi/16$								
b/bit	1	2	3	4	5	6	7	9
α_b	-1	-3	-6	-13	-26	-52	-105	-210
β_b	1	3	7	15	31	62	125	251
角度 $3\pi/16$								
b/bit	1	2	3	4	5	6	7	9
α_b	0	1	2	4	9	19	38	77
β_b	-1	-2	-4	-8	-17	-35	-71	-142

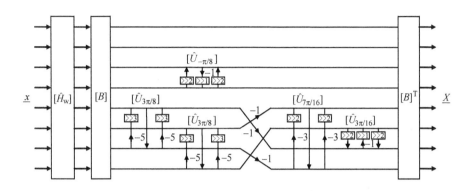

图 C.3　一种低复杂度、无乘法因子的整数 DCT（$[\hat{U}_{-\pi/8}]$ 是 $[U_{-\pi/8}]$ 的整数近似，选自表 C.1）

（参考文献 [I-17] © 2000 IEEE）

C.2　利用二元对称性原理实现整数 DCT[I-13]

　　另一种实现整数 DCT 的方法是用一系列整数替换 8 点 DCT 的变换核。对于 8 点 DCT，可以得到许多这种类型的变换。边界条件用于保证新变换只含有整数，且能够逼近 DCT。由于这些整数能够取到很小的值，因此变换很容易实现。

C.2.1　产生 8 点整数 DCT

　　令矩阵 $[TR]$ 表示 8 点 DCT 的核，下面给出了将 8 点 DCT 转化为整数 DCT 核的步骤。

　　将 $[TR]$ 中的基向量 $\underline{J}_m$，$m = 0$，1，$\cdots$，7 用矩阵 $[K]$ 进行缩放，则这些基向量可用变量 a、b、c、d、e、f 和 g 如下表示：

$$[TR] = [K]\begin{bmatrix} g & g & g & g & g & g & g & g \\ a & b & c & d & -d & -c & -b & -a \\ e & f & -f & -e & -e & -f & f & e \\ b & -d & -a & -c & c & a & d & -b \\ g & -g & -g & g & g & -g & -g & g \\ c & -a & d & b & -b & -d & a & -c \\ f & -e & e & -f & -f & e & -e & f \\ d & -c & b & -a & a & -b & c & -d \end{bmatrix} \quad (C.13)$$

$$= (k_0 \underline{J}_0, k_1 \underline{J}_1, k_2 \underline{J}_2, k_3 \underline{J}_3, k_4 \underline{J}_4, k_5 \underline{J}_5, k_6 \underline{J}_6, k_7 \underline{J}_7)^{\mathrm{T}} = [K][J]$$

式中，$[k] = \mathrm{diag}(k_0, k_1, \cdots, k_7)$，且当 $m = 0$，1，$\cdots$，7 时，$\|k_m \underline{J}_m\|^2 = 1$。

由表 C.2 可知，确保变换 $[TR]$ 正交的惟一条件为

$$ab = ac + bd + cd \tag{C.14}$$

由于式（C.14）中有 4 个变量，因而有无限多组解，从而可以得到无限多个不同的正交变换。

如果选取 k_m，且 $m = 1, 3, 5, 7$，使得 $d = 1$，则 $a = 5.027$、$b = 4.2620$、$c = 2.8478$。若选取 k_m，且 $m = 2, 6$，使得 $f = 1$，则 $e = 2.4142$。从以上结果可知，为使新变换尽量相似 DCT 并且能够达到与 DCT 相近的性能，我们可以设定下列边界条件：

$$a \geqslant b \geqslant c \geqslant d, \ \text{且} \ e \geqslant f \tag{C.15}$$

此外为了消除因使用无理数而产生的截断（舍入）误差，须满足下列条件：

$$a, b, c, d, e, f \text{都为整数} \tag{C.16}$$

表 C.2　行基向量正交的条件

	J_1	J_2	J_3	J_4	J_5	J_6	J_7
J_0	1	1	1	1	1	1	1
J_1		1	2	1	2	1	1
J_2			1	1	1	1	1
J_3				1	1	1	2
J_4					1	1	1
J_5						1	2
J_6							1

注：1. 若两者内积为零，则正交。

2. 若 $ab = ac + bd + cd$，则正交。

满足式（C.14）、（C.15）、（C.16）条件的变换，称为 8 点整数 DCT。一旦 $[J]$ 中的元素确定，则可以得到能使这些新变换标准正交的缩放因子。由式（C.13）可得

$$k_0 = k_4 = 1/(2\sqrt{2}g) \tag{C.17a}$$

$$k_1 = k_3 = k_5 = k_7 = 1/(\sqrt{2}\sqrt{a^2 + b^2 + c^2 + d^2}) \tag{C.17b}$$

$$k_2 = k_6 = 1/(2\sqrt{e^2 + f^2}) \tag{C.17c}$$

图 C.4 给出了该 8 点整数 DCT 的一种快速算法。

C.2.2　视频编码标准中的整数 DCT

H.264

H.264/MPEG–4 AVC 高保真范围扩展层（Fidelity Range Extension, FRExt）[1–22] 中使用了整数 DCT。现将 $g = 8$、$a = 12$、$b = 10$、$c = 6$、$d = 3$、$e = 8$、$f = 4$ 时的 8 点整数 DCT 记作 DCT（8, 12, 10, 6, 3, 8, 4）。将这些变量代入式（C.13）并计算出

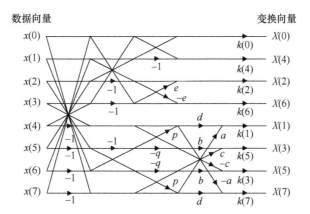

图 C.4　8 点整数 DCT 正变换快速算法　$(p = (b+c)/2a$ 且 $q = (a-d)/2c)^{[1-13]}$

相应的缩放因子使得 $[TR][TR]^{\mathrm{T}} = [I]$（$[I]$ 为单位矩阵），这些缩放因子如下所示：

$$k_0 = \frac{1}{16\sqrt{2}}, \quad k_1 = \frac{1}{17\sqrt{2}}, \quad k_2 = \frac{1}{8\sqrt{5}} \qquad (\text{C}.18)$$

当 $[TR][TR]^{\mathrm{T}} = [I]$ 时，有 $[TR]^{\mathrm{T}}[TR] = [I]$，此时 $[TR_{\mathrm{h},8}] = [K_{\mathrm{h},8}][J_{\mathrm{h},8}]$ 为正交矩阵/变换，其中

$$[K_{\mathrm{h},8}] = \mathrm{diag}\left(\frac{1}{16\sqrt{2}}, \frac{1}{17\sqrt{2}}, \frac{1}{8\sqrt{5}}, \frac{1}{17\sqrt{2}}, \frac{1}{16\sqrt{2}}, \frac{1}{17\sqrt{2}}, \frac{1}{8\sqrt{5}}, \frac{1}{17\sqrt{2}}\right) \quad (\text{C}.19)$$

$$[J_{\mathrm{h},8}] = \begin{bmatrix} 8 & 8 & 8 & 8 & 8 & 8 & 8 & 8 \\ 12 & 10 & 6 & 3 & -3 & -6 & -10 & -12 \\ 8 & 4 & -4 & -8 & -8 & -4 & 4 & 8 \\ 10 & -3 & -12 & -6 & 6 & 12 & 3 & -10 \\ 8 & -8 & -8 & 8 & 8 & -8 & -8 & 8 \\ 6 & -12 & 3 & 10 & -10 & -3 & 12 & -6 \\ 4 & -8 & 8 & -4 & -4 & 8 & -8 & 4 \\ 3 & -6 & 10 & -12 & 12 & -10 & 6 & -3 \end{bmatrix} \qquad (\text{C}.20)$$

WMV － 9

美国微软公司的 Windows Media Video 9（WMV － 9，SMPTE 421M VC － 1）$^{[1-23]}$ 使用了 DCT（12，16，15，9，4，16，6）。该变换的设计方式使解码器能够用 16 位寄存器的运算实现变换操作。其缩放因子如下：

$$k_0 = \frac{1}{24\sqrt{2}}, \quad k_1 = \frac{1}{34}, \quad k_2 = \frac{1}{4\sqrt{73}} \qquad (\text{C}.21)$$

$$[K_{\mathrm{w},8}] = \mathrm{diag}\left(\frac{1}{24\sqrt{2}}, \frac{1}{34}, \frac{1}{4\sqrt{73}}, \frac{1}{34}, \frac{1}{24\sqrt{2}}, \frac{1}{34}, \frac{1}{4\sqrt{73}}, \frac{1}{34}\right) \qquad (\text{C}.22)$$

$$[J_{w,8}] = \begin{bmatrix} 12 & 12 & 12 & 12 & 12 & 12 & 12 & 12 \\ 16 & 15 & 9 & 4 & -4 & -9 & -15 & -16 \\ 16 & 6 & -6 & -16 & -16 & -6 & 6 & 16 \\ 15 & -4 & -16 & -9 & 9 & 16 & 4 & -15 \\ 12 & -12 & -12 & 12 & 12 & -12 & -12 & 12 \\ 9 & -16 & 4 & 15 & -15 & -4 & 16 & -9 \\ 6 & -16 & 16 & -6 & -6 & 16 & -16 & 6 \\ 4 & -9 & 15 & -16 & 16 & -15 & 9 & -4 \end{bmatrix} \qquad (C.23)$$

$$[J_{w,8}][J_{w,8}]^T = \mathrm{diag}\,(1152,1156,1168,1156,1152,1156,1168,1156)$$

$$(C.24)$$

$$[I] = [J_{w,8}]^T\,([J_{w,8}]^T)^{-1}$$

$$([J_{w,8}]^T)^{-1} = \mathrm{diag}\,\left(\frac{1}{1152},\frac{1}{1156},\frac{1}{1168},\frac{1}{1156},\frac{1}{1152},\frac{1}{1156},\frac{1}{1168},\frac{1}{1156}\right)[J_{w,8}]$$

$$(C.25)$$

$$= \frac{1}{32}[J_{w,8}]^T\mathrm{diag}\,\left(\frac{8}{288},\frac{8}{289},\frac{8}{292},\frac{8}{289},\frac{8}{288},\frac{8}{289},\frac{8}{292},\frac{8}{289}\right)[J_{w,8}]$$

$$(C.26)$$

因此，$\frac{1}{32}[J_{w,8}]^T$ 可用作 VC1 解码器的逆变换（见参考文献［LA22］中附录 A）。

AVS China（中国音频视频编码标准，Chinese audio and video coding standard）

我国的新一代音频视频编码标准 AVS 1.0[1-21]使用了 DCT（8，10，9，6，2，10，4）。其缩放因子如下：

$$k_0 = \frac{1}{\sqrt{512}} = \frac{1}{16\sqrt{2}}, \ \ k_1 = \frac{1}{\sqrt{442}}, \ \ k_2 = \frac{1}{\sqrt{464}} = \frac{1}{4\sqrt{29}} \qquad (C.27)$$

$$[K_{c,8}] = \mathrm{diag}\,\left(\frac{1}{16\sqrt{2}},\frac{1}{\sqrt{442}},\frac{1}{4\sqrt{29}},\frac{1}{\sqrt{442}},\frac{1}{16\sqrt{2}},\frac{1}{\sqrt{442}},\frac{1}{4\sqrt{29}},\frac{1}{\sqrt{442}}\right)$$

$$(C.28)$$

$$[J_{c,8}] = \begin{bmatrix} 8 & 8 & 8 & 8 & 8 & 8 & 8 & 8 \\ 10 & 9 & 6 & 2 & -2 & -6 & -9 & -10 \\ 10 & 4 & -4 & -10 & -10 & -4 & 4 & 10 \\ 9 & -2 & -10 & -6 & 6 & 10 & 2 & -9 \\ 8 & -8 & -8 & 8 & 8 & -8 & -8 & 8 \\ 6 & -10 & 2 & 9 & -9 & -2 & 10 & -6 \\ 4 & -10 & 10 & -4 & -4 & 10 & -10 & 4 \\ 2 & -6 & 9 & -10 & 10 & -9 & 6 & -2 \end{bmatrix} \qquad (C.29)$$

　　注意，AVS China 中的 8 点整数 DCT 实际上是矩阵 $[J_{c,8}]$ 的转置。用 $[J_{h,4}]$ 表示 H.264[1-22] 中使用的 4 点整数 DCT 的核，则有：

$$[J_{h,4}] = \begin{bmatrix} 1 & 1 & 1 & 1 \\ 2 & 1 & -1 & -2 \\ 1 & -1 & -1 & 1 \\ 1 & -2 & 2 & -1 \end{bmatrix} \tag{C.30}$$

　　下面考虑用 $[J_{h,4}]$ 的形式表示 $[J_{h,4}]^{-1}$。通常称变换矩阵的行为该变换的基向量，这是由于它们组成了一系列标准正交基。由于 $[J_{h,4}]$ 仅行正交，因此有：

$$[J_{h,4}][J_{h,4}]^T = \text{diag}(4,10,4,10) \tag{C.31}$$

$$[J_{h,4}] = \text{diag}(4,10,4,10)([J_{h,4}]^T)^{-1} \tag{C.32}$$

$$[I] = [J_{h,4}]^T([J_{h,4}]^T)^{-1} = [J_{h,4}]^T \text{diag}\left(\frac{1}{4},\frac{1}{10},\frac{1}{4},\frac{1}{10}\right)[J_{h,4}] \tag{C.33}$$

将上述对角矩阵的两个分数元素用适当的方式分配到正向和反向变换中，有：

$$[I] = [J_{h,4}]^T([J_{h,4}]^T)^{-1} = [J_{h,4}]^T \text{diag}\left(\frac{1}{4},\frac{1}{10},\frac{1}{4},\frac{1}{10}\right)[J_{h,4}]$$

$$= \left\{\text{diag}\left(1,\frac{1}{2},1,\frac{1}{2}\right)[J_{h,4}]\right\}^T \text{diag}\left(\frac{1}{4},\frac{1}{5},\frac{1}{4},\frac{1}{5}\right)[J_{h,4}]$$

$$= [J_{h,4}^{\text{inv}}]\text{diag}\left(\frac{1}{4},\frac{1}{5},\frac{1}{4},\frac{1}{5}\right)[J_{h,4}] \tag{C.34}$$

式中，$[J_{h,4}^{\text{inv}}]$ 表示 H.264[LA2] 中使用的逆变换，定义如下：

$$[J_{h,4}^{\text{inv}}] = [J_{h,4}]^T \text{diag}\left(1,\frac{1}{2},1,\frac{1}{2}\right) = \begin{bmatrix} 1 & 1 & 1 & 1/2 \\ 1 & 1/2 & -1 & -1 \\ 1 & -1/2 & -1 & 1 \\ 1 & -1 & 1 & -1/2 \end{bmatrix} \tag{C.35}$$

　　利用式（C.34）、（C.35）及本书附录 F.4 中的结论，上式经扩展后可用于求二维输入序列 $[x]$ 的整数 DCT 系数 $[X]$，即

$$[X] = \left[\left(\frac{1}{4},\frac{1}{5},\frac{1}{4},\frac{1}{5}\right)^T\left(\frac{1}{4},\frac{1}{5},\frac{1}{4},\frac{1}{5}\right)\right] \circ ([J_{h,4}][x][J_{h,4}]^T) \tag{C.36}$$

式中，"。"表示两个矩阵对应位置元素相乘。二维（4×4）变换用可分离的方式进行计算——先对输入矩阵/块的行向量做变换，在对其列向量做变换。二维逆变换也用类似的方法进行。

$$[x] = [J_{h,4}]^T\left\{\left[\left(1,\frac{1}{2},1,\frac{1}{2}\right)^T\left(1,\frac{1}{2},1,\frac{1}{2}\right)\right] \circ [X]\right\}[J_{h,4}] = [J_{h,4}^{\text{inv}}][X][J_{h,4}^{\text{inv}}]^T \tag{C.37}$$

　　式（C.34）也可以分解为如下正交矩阵相乘的形式，式（C.38a）为编码器所用，式（C.38b）为解码器所用[LA19]。

$$[I] = [J_{h,4}^{\text{inv}}]\text{diag}\left(\frac{1}{2},\sqrt{\frac{2}{5}},\frac{1}{2},\sqrt{\frac{2}{5}}\right)\text{diag}\left(\frac{1}{2},\frac{1}{\sqrt{10}},\frac{1}{2},\frac{1}{\sqrt{10}}\right)[J_{h,4}]$$

$$= \left\{ \text{diag}\left(\frac{1}{2}, \frac{1}{\sqrt{10}}, \frac{1}{2}, \frac{1}{\sqrt{10}}\right) [J_{\mathrm{h},4}] \right\}^{\mathrm{T}} \text{diag}\left(\frac{1}{2}, \frac{1}{\sqrt{10}}, \frac{1}{2}, \frac{1}{\sqrt{10}}\right) [J_{\mathrm{h},4}]$$

$$\text{(C.38a)}$$

$$= [J_{\mathrm{h},4}^{\mathrm{inv}}] \text{diag}\left(\frac{1}{2}, \sqrt{\frac{2}{5}}, \frac{1}{2}, \sqrt{\frac{2}{5}}\right) \left\{ [J_{\mathrm{h},4}^{\mathrm{inv}}] \text{diag}\left(\frac{1}{2}, \sqrt{\frac{2}{5}}, \frac{1}{2}, \sqrt{\frac{2}{5}}\right) \right\}^{\mathrm{T}}$$

$$\text{(C.38b)}$$

WMV-9 中 4 点整数 DCT 的核 $[J_{\mathrm{w},4}]$ 为如下形式：

$$[J_{\mathrm{w},4}] = \begin{bmatrix} 17 & 17 & 17 & 17 \\ 22 & 10 & -10 & -22 \\ 17 & -17 & -17 & 17 \\ 10 & -22 & 22 & -10 \end{bmatrix} \tag{C.39}$$

$$[J_{\mathrm{w},4}]^{\mathrm{T}} \text{diag}\left(\frac{1}{1156}, \frac{1}{1168}, \frac{1}{1156}, \frac{1}{1168}\right) [J_{\mathrm{w},4}]$$

$$= [J_{\mathrm{w},4}]^{\mathrm{T}} \text{diag}\left(\frac{1}{32289} \frac{8}{}, \frac{1}{32292} \frac{8}{}, \frac{1}{32289} \frac{8}{}, \frac{1}{32292} \frac{8}{}\right) [J_{\mathrm{w},4}]$$

$$= \frac{1}{32} [J_{\mathrm{w},4}]^{\mathrm{T}} \text{diag}\left(\frac{8}{289}, \frac{8}{292}, \frac{8}{289}, \frac{8}{292}\right) [J_{\mathrm{w},4}] = [I] \tag{C.40}$$

因此，$\frac{1}{32} [J_{\mathrm{w},4}]^{\mathrm{T}}$ 可用作 VC1 解码器的逆变换（见参考文献 [LA22] 中附录 A）。

AVS China 中 4 点整数 DCT 的核 $[J_{\mathrm{c},4}]$ 为以下形式

$$[J_{\mathrm{c},4}] = \begin{bmatrix} 2 & 2 & 2 & 2 \\ 3 & 1 & -1 & -3 \\ 2 & -2 & -2 & 2 \\ 1 & -3 & 3 & -1 \end{bmatrix} \tag{C.41}$$

性质 C.1 给定一个 $N \times N$ 的矩阵 $[A]$，且为非奇异或可逆矩阵，并令 $\det [A] = a$。将其 m 行分别除以 m（$\leqslant N$）个常数 $a_0, a_1, \cdots, a_{m-1}$ 满足[I-18]：

$$\prod_{k=0}^{m-1} a_k = a = \det [A] \tag{C.42}$$

并将其记作 $[B]$，则有 $\det [B] = 1$，$\det [J_{\mathrm{h},8}] = 1/(\det [K_{\mathrm{h},8}])$。

例如，令 $[A] = \begin{bmatrix} 2 & 3 \\ 1 & 5 \end{bmatrix}$，则 $\det [A] = 7$，从而 $[B] = \begin{bmatrix} 2/7 & 3/7 \\ 1 & 5 \end{bmatrix}$。

性质 C.2 对于一个正交矩阵 $[TR]$，有 $\det [TR] = 1$。

由以上两个性质可得，$\det [J_{\mathrm{h},8}] = 1/(\det [K_{\mathrm{h},8}])$。其中，$[K_{\mathrm{h},8}]$ 和 $[J_{\mathrm{h},8}]$ 分别由式（C.19）和式（C.20）定义。

C.2.3　8 点整数 DCT 性能

Dong 等人[LA14] 开发出了两类 16 点整数 DCT 并将其分别应用于中国音频视频编码标准 AVS China 增强档次（Enhanced Profile，EP）[LA18] 与 H.264 高档次

（High Profile，HP）[1-22] 中，根据区域活动性自适应选择 16 点或 8 点整数 DCT。作为 H.264 的第一个修订案，高保真范围扩展层（FRExt）包含四种类型的高档次。

仿真结果表明，不论是 AVS 增强档次还是 H.264 高档次，16 点整数 DCT 都带来了显著的增益。因此它可以作为一种高效的编码技术，尤其是在高清视频的编码中（见本书图 A.1）[LA14]。

表 C.3　$\rho = 0.9$、$N = 8$ 时平稳马尔可夫序列变换系数的方差 $\tilde{\sigma}_k^2$

变换 ↓k	KLT	DCT^{II}	Int DCT	H.264	WMV-9	AVS	C1	C4
0	6.203	6.186	6.186	6.186	6.186	6.186	6.186	6.186
1	1.007	1.006	1.007	1.001	1.005	1.007	1.084	1.100
2	0.330	0.346	0.345	0.345	0.346	0.346	0.330	0.305
3	0.165	0.166	0.165	0.167	0.165	0.165	0.164	0.155
4	0.104	0.105	0.105	0.105	0.105	0.105	0.105	0.105
5	0.076	0.076	0.076	0.077	0.076	0.076	0.089	0.089
6	0.062	0.062	0.063	0.063	0.062	0.062	0.065	0.072
7	0.055	0.055	0.055	0.057	0.057	0.055	0.047	0.060

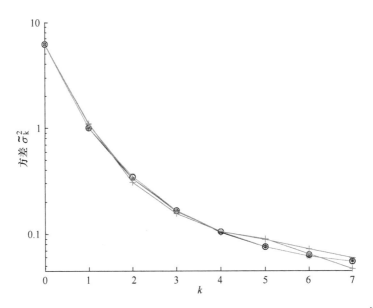

图 C.5　$\rho = 0.9$、$N = 8$ 时平稳马尔可夫序列变换系数的方差分布（见表 C.3）[1-20]
（" * "表示 KLT 和 DCT^{II}；"o"表示 Cham 型整数 DCT、H.264 AVC FRExt、WMV-9 及 AVS；
" + "表示 Chen-Oraintara-Nguyen 型整数 DCT C1 和 C4）

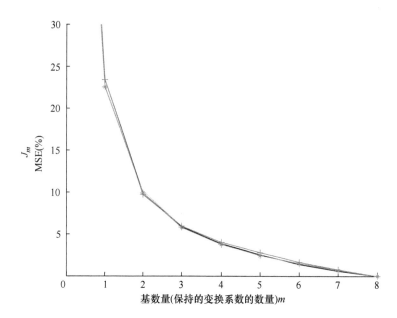

图 C.6 $\rho = 0.9$、$N = 8$ 时平稳马尔可夫序列经不同变换后的基约束误差
J_m - 基数量 m 性能比较（见表 C.4）[1-20]

（" * " 表示 KLT 和 DCT[II]、Cham 型整数 DCT、H.264 AVC FRExt、WMV-9 及 AVS；
" + " 表示 Chen-Oraintara-Nguyen 型整数 DCT C1 和 C4）

表 C.4 $\rho = 0.9$、$N = 8$ 时平稳马尔可夫序列经不同变换后的基约束误差 J_m - 基数量 m 性能比较
（整数 DCT[1-13]，H.264[1-22]，WMV-9[1-23]，AVS[1-21]，C1 和 C4[1-20]）

变换 ↓ m	KLT	DCT[II]	Int DCT	H.264	WMV-9	AVS	C1	C4
0	100	100	100	100	100	100	100	100
1	22.5	22.7	22.7	22.7	22.7	22.7	23.3	23.4
2	9.9	10.1	10.1	10.2	10.1	10.1	9.9	9.7
3	5.8	5.8	5.8	5.9	5.8	5.8	5.8	5.9
4	3.7	3.7	3.7	3.8	3.7	3.7	3.8	4.0
5	2.4	2.4	2.4	2.5	2.4	2.4	2.5	2.7
6	1.5	1.5	1.5	1.5	1.5	1.5	1.4	1.6
7	0.7	0.7	0.7	0.7	0.7	0.7	0.6	0.7

C.3 习题

C.1 仿照式（C.36）和式（C.37），为式（C.39）和式（C.41）中定义的 4 点整数 DCT 核推导缩放因子。

C.2 计算式（C.19）和式（C.20）中定义的 det $[K_{h,8}]$ 和 det $[J_{h,8}]$，并以

此验证性质 C. 2.

C. 4　课程实践

C. 1　比较（8×8）DCT 的性能：

（Ⅰ）（8×8）DCT^{Ⅱ}，式（C. 1a）中所定义的。

（Ⅱ）H. 264 采用的（8×8）整数 DCT，式（C. 19）和式（C. 20）所定义的。

（Ⅲ）美国微软公司 WMV - 9（VC - 1）采用的（8×8）整数 DCT，式（C. 22）和式（C. 23）所定义的。

（Ⅳ）AVS China 采用的（8×8）整数 DCT，式（C. 25）和式（C. 26）所定义的。

对于（Ⅰ），（Ⅱ），（Ⅲ）和（Ⅳ）完成下面的工作。

（a）$\rho = 0.9$ 时一阶马尔科夫过程的方差分布（画图并给出数据表格），参见图 C. 5 和表 C. 3。

（b）归一化基约束误差与基数量的关系（画图并给出数据表格），参见图 C. 6 和表 C. 4。

（c）得到变换编码的增益。

（d）对本书式（A. 7）定义的分数相关系数（$0 < \rho < 1$）画图。

附录 D　DCT 和 DST

D.1　DCT 和 DST 的核[I-10]

下面列出了 DCT 和 DST（类型 I ~ IV）的核[B23]。

I ~ IV类 DCT

$$[C_{N+1}^{\mathrm{I}}]_{kn} = \sqrt{\frac{2}{N}} \varepsilon_k \varepsilon_n \cos\left[\frac{\pi kn}{N}\right] \qquad k,n = 0,1,\cdots,N$$

$$[C_N^{\mathrm{II}}]_{kn} = \sqrt{\frac{2}{N}} \varepsilon_k \cos\left[\frac{\pi k\left(n+\frac{1}{2}\right)}{N}\right] \qquad k,n = 0,1,\cdots,N-1$$

$$[C_N^{\mathrm{III}}]_{kn} = \sqrt{\frac{2}{N}} \varepsilon_n \cos\left[\frac{\pi\left(k+\frac{1}{2}\right)n}{N}\right] \qquad k,n = 0,1,\cdots,N-1$$

$$[C_N^{\mathrm{IV}}]_{kn} = \sqrt{\frac{2}{N}} \cos\left[\frac{\pi\left(k+\frac{1}{2}\right)\left(n+\frac{1}{2}\right)}{N}\right] \qquad k,n = 0,1,\cdots,N-1$$

$[C_{N+1}^{\mathrm{I}}]$ 和 $[C_N^{\mathrm{IV}}]$ 为对称矩阵，$[C_N^{\mathrm{III}}]$ 为 $[C_N^{\mathrm{II}}]$ 的逆，反之亦然。

$$[C_{N+1}^{\mathrm{I}}]^{-1} = [C_{N+1}^{\mathrm{I}}]^{\mathrm{T}} = [C_{N+1}^{\mathrm{I}}] \qquad\qquad [C_N^{\mathrm{II}}]^{-1} = [C_N^{\mathrm{II}}]^{\mathrm{T}} = [C_N^{\mathrm{III}}]$$

$$[C_N^{\mathrm{III}}]^{-1} = [C_N^{\mathrm{III}}]^{\mathrm{T}} = [C_N^{\mathrm{II}}] \qquad\qquad [C_N^{\mathrm{IV}}]^{-1} = [C_N^{\mathrm{IV}}]^{\mathrm{T}} = [C_N^{\mathrm{IV}}]$$

I ~ IV类 DST

$$[S_{N-1}^{\mathrm{I}}]_{kn} = \sqrt{\frac{2}{N}} \sin\left[\frac{\pi kn}{N}\right] \qquad k,n = 1,2,\cdots,N-1$$

$$[S_N^{\mathrm{II}}]_{kn} = \sqrt{\frac{2}{N}} \varepsilon_k \sin\left[\frac{\pi\left(n-\frac{1}{2}\right)}{N}\right] \qquad k,n = 1,2,\cdots,N$$

$$[S_N^{\mathrm{III}}]_{kn} = \sqrt{\frac{2}{N}} \varepsilon_n \sin\left[\frac{\pi\left(k-\frac{1}{2}\right)n}{N}\right] \qquad k,n = 1,2,\cdots,N$$

$$[S_N^{\mathrm{IV}}]_{kn} = \sqrt{\frac{2}{N}} \sin\left[\frac{\pi\left(k+\frac{1}{2}\right)\left(n+\frac{1}{2}\right)}{N}\right] \qquad k,n = 1,2,\cdots,N-1$$

$$[S_{N-1}^{\mathrm{I}}]^{-1} = [S_{N-1}^{\mathrm{I}}]^{\mathrm{T}} = [S_{N-1}^{\mathrm{I}}] \qquad [S_N^{\mathrm{II}}]^{-1} = [S_N^{\mathrm{II}}]^{\mathrm{T}} = [S_N^{\mathrm{III}}]$$

$$[S_N^{\mathrm{III}}]^{-1} = [S_N^{\mathrm{III}}]^{\mathrm{T}} = [S_N^{\mathrm{II}}] \qquad [S_N^{\mathrm{IV}}]^{-1} = [S_N^{\mathrm{IV}}]^{\mathrm{T}} = [S_N^{\mathrm{IV}}]$$

$$[C_N^{\mathrm{II}}] = [J][S_N^{\mathrm{II}}][D] \qquad [C_N^{\mathrm{III}}] = [D][S_N^{\mathrm{III}}][J] \qquad [C_N^{\mathrm{IV}}] = [D][S_N^{\mathrm{IV}}][J] \quad (\mathrm{D.1})$$

式中，$[J]$ 为单位矩阵取反；$[D]$ 为对角矩阵且其对角元素 $[D]_{kk} = (-1)^k$，$k = 0,1,\cdots,N-1$（见参考文献 [B28] 第76页）。

下面列出了 DCT 和 DST（类型 V ~ Ⅷ）的核。

V ~ Ⅷ类 DCT

$$\left[C_N^{\mathrm{V}}\right]_{kn} = \frac{2}{\sqrt{2N-1}}\varepsilon_k\varepsilon_n\cos\left[\frac{2\pi kn}{2N-1}\right] \qquad k,\ n=0,\ 1,\ \cdots,\ N-1$$

$$\left[C_N^{\mathrm{VI}}\right]_{kn} = \frac{2}{\sqrt{2N-1}}\varepsilon_k l_n\cos\left[\frac{2\pi k\left(n+\frac{1}{2}\right)}{2N-1}\right] \qquad k,\ n=0,\ 1,\ \cdots,\ N-1$$

$$\left[C_N^{\mathrm{VII}}\right]_{kn} = \frac{2}{\sqrt{2N-1}}l_k\varepsilon_n\cos\left[\frac{2\pi\left(k+\frac{1}{2}\right)n}{2N-1}\right] \qquad k,\ n=0,\ 1,\ \cdots,\ N-1$$

$$\left[C_{N-1}^{\mathrm{VIII}}\right]_{kn} = \frac{2}{\sqrt{2N-1}}\cos\left[\frac{2\pi\left(k+\frac{1}{2}\right)\left(n+\frac{1}{2}\right)}{2N-1}\right] \qquad k,\ n=0,\ 1,\ \cdots,\ N-2$$

$$\left[C_N^{\mathrm{V}}\right]^{-1} = \left[C_N^{\mathrm{V}}\right]^{\mathrm{T}} = \left[C_N^{\mathrm{V}}\right] \qquad \left[C_N^{\mathrm{VI}}\right]^{-1} = \left[C_N^{\mathrm{VI}}\right]^{\mathrm{T}} = \left[C_N^{\mathrm{VII}}\right]$$

$$\left[C_N^{\mathrm{VII}}\right]^{-1} = \left[C_N^{\mathrm{VII}}\right]^{\mathrm{T}} = \left[C_N^{\mathrm{VI}}\right] \qquad \left[C_{N-1}^{\mathrm{VIII}}\right]^{-1} = \left[C_{N-1}^{\mathrm{VIII}}\right]^{\mathrm{T}} = \left[C_{N-1}^{\mathrm{VIII}}\right]$$

V ~ Ⅷ类 DST

$$\left[S_{N-1}^{\mathrm{V}}\right]_{kn} = \frac{2}{\sqrt{2N-1}}\sin\left[\frac{2\pi kn}{2N-1}\right] \qquad k,\ n=1,\ 2,\ \cdots,\ N-1$$

$$\left[S_{N-1}^{\mathrm{VI}}\right]_{kn} = \frac{2}{\sqrt{2N-1}}\sin\left[\frac{2\pi k\left(n-\frac{1}{2}\right)}{2N-1}\right] \qquad k,\ n=1,\ 2,\ \cdots,\ N-1$$

$$\left[S_{N-1}^{\mathrm{VII}}\right]_{kn} = \frac{2}{\sqrt{2N-1}}\sin\left[\frac{2\pi\left(k-\frac{1}{2}\right)n}{2N-1}\right] \qquad k,\ n=1,\ 2,\ \cdots,\ N-1$$

$$\left[S_N^{\mathrm{VIII}}\right]_{kn} = \frac{2}{\sqrt{2N-1}}l_k l_n\sin\left[\frac{2\pi\left(k+\frac{1}{2}\right)\left(n+\frac{1}{2}\right)}{2N-1}\right] \qquad k,\ n=0,\ 1,\ \cdots,\ N-1$$

$$\left[S_{N-1}^{\mathrm{V}}\right]^{-1} = \left[S_{N-1}^{\mathrm{V}}\right]^{\mathrm{T}} = \left[S_{N-1}^{\mathrm{V}}\right] \qquad \left[S_{N-1}^{\mathrm{VI}}\right]^{-1} = \left[S_{N-1}^{\mathrm{VI}}\right]^{\mathrm{T}} = \left[S_{N-1}^{\mathrm{VII}}\right]$$

$$\left[S_{N-1}^{\mathrm{VII}}\right]^{-1} = \left[S_{N-1}^{\mathrm{VII}}\right]^{\mathrm{T}} = \left[S_{N-1}^{\mathrm{VI}}\right] \qquad \left[S_N^{\mathrm{VIII}}\right]^{-1} = \left[S_N^{\mathrm{VIII}}\right]^{\mathrm{T}} = \left[S_N^{\mathrm{VIII}}\right]$$

其中

$$\varepsilon_p = \begin{cases} \dfrac{1}{\sqrt{2}} & p=0 \text{ 或 } N \\ 1 & p\neq0 \text{ 和 } N \end{cases}$$

$$l_p = \begin{cases} \dfrac{1}{\sqrt{2}} & p=N-1 \\ 1 & p\neq N-1 \end{cases}$$

上述 DCT 与 DST 都与 M 点广义 DFT（Generalized DFT, GDFT）相关。令 N 为正整数，对于类型 I ~ Ⅳ，有 $M=2N$；对于类型 V ~ Ⅷ，有 $M=2N-1$。因此，对于类型 I ~ Ⅳ（偶数长度 GDFT），M 为偶数；对于类型 V ~ Ⅷ（奇数长度 GDFT），

M 为奇数。

参考文献［LA3］给出了 GDFT 及全部 16 种离散三角变换（Ⅰ～Ⅷ类 DCT 和 DST）正交和非正交形式的代码。为计算 GDFT，参考文献［LA3］中的 gdft. m 使用了下列形式的 FFT。

$$\left[G_{a,b}\right] = X^{\mathrm{F}}(k) = \frac{1}{\sqrt{N}}\sum_{n=0}^{N-1}x(n)W_N^{(k+a)(n+b)} \qquad k = 0,1,\cdots,N-1$$

$$= \frac{1}{\sqrt{N}}\sum_{n=0}^{N-1}x(n)W_N^{(k+a)b+kn+an} = \frac{1}{\sqrt{N}}W_N^{(k+a)b}\sum_{n=0}^{N-1}\left[x(n)W_N^{an}\right]W_N^{kn}$$

$$= \frac{1}{\sqrt{N}}W_N^{(k+a)b}\mathrm{FFT}\left[x(n)W_N^{an}\right] \qquad\qquad (\mathrm{D.}\,2)$$

$a=0$，$b=0$：一般 DFT

$a=\dfrac{1}{2}$，$b=0$：奇频率 DFT

$a=0$，$b=\dfrac{1}{2}$：奇时间 DFT

$a=\dfrac{1}{2}$，$b=\dfrac{1}{2}$：奇时间奇频率 DFT

D. 2 酉 DCT 和 DST 的推导

本节分三个步骤推导酉离散三角变换（Discrete Trigonometric Transform，DTT）。

（1）对于一个特定形式的 GDFT，选择与其相同/相关类型的 DTT。参见参考文献［I-12］中表Ⅲ。

（2）对 GDFT 应用对称输入扩展以得到 DTT（参见参考文献［I-12］中表Ⅲ和图 2）。

（3）使 DTT 正交化。

推导过程中我们可以看出 DTT 具有的其他特性。本节使用与参考文献［I-12］相同的符号。

DCT – Ⅱ

令$\underline{X}$为一个长度为（$N\times 1$）输入向量$\underline{x}$的类型 - 2 DCT。

$$\underline{X} = \left[G_{0,1/2}\right]\left[E_{\mathrm{HSHS}}\right]\underline{x} = \left[C_{2\mathrm{e}}\right]\underline{x} \qquad (\mathrm{D.}\,3)$$

$$\left[G_{0,1/2}\right]_{kn} = \exp\left(-\mathrm{j}\frac{2\pi k\left(n+\frac{1}{2}\right)}{2N}\right) = \exp\left(-\mathrm{j}\frac{\pi k\left(n+\frac{1}{2}\right)}{N}\right) \qquad (\mathrm{D.}\,4)$$

例如，令 DCT 长度 $N=4$，M 为 GDFT 输入序列的长度，有：

$$L \in \{N-1,\ N,\ N+1\}$$
$$(L\times M) = (N\times 2N)$$

$$
[G_{0,1/2}] \ [E_{\text{HSHS}}] \ = \begin{bmatrix}
e^{-j\frac{0\pi(0+1/2)}{N}} & e^{-j\frac{0\pi(1+1/2)}{N}} & \cdots & e^{-j\frac{0\pi(6+1/2)}{N}} & e^{-j\frac{0\pi(7+1/2)}{N}} \\
e^{-j\frac{\pi(0+1/2)}{N}} & e^{-j\frac{\pi(1+1/2)}{N}} & \cdots & e^{-j\frac{\pi(6+1/2)}{N}} & e^{-j\frac{\pi(7+1/2)}{N}} \\
e^{-j\frac{2\pi(0+1/2)}{N}} & e^{-j\frac{2\pi(1+1/2)}{N}} & \cdots & e^{-j\frac{2\pi(6+1/2)}{N}} & e^{-j\frac{2\pi(7+1/2)}{N}} \\
e^{-j\frac{3\pi(0+1/2)}{N}} & e^{-j\frac{3\pi(1+1/2)}{N}} & \cdots & e^{-j\frac{3\pi(6+1/2)}{N}} & e^{-j\frac{3\pi(7+1/2)}{N}}
\end{bmatrix} [E_{\text{HSHS}}]
$$

$$(\text{D}.5)$$

$$(M=2N) \qquad\qquad (N)$$

$$
= \begin{bmatrix}
e^{-j\frac{0\pi(0+1/2)}{N}} & e^{-j\frac{0\pi(1+1/2)}{N}} & \cdots & e^{j\frac{0\pi(1+1/2)}{N}} & e^{j\frac{0\pi(1/2)}{N}} \\
e^{-j\frac{\pi(0+1/2)}{N}} & e^{-j\frac{\pi(1+1/2)}{N}} & \cdots & e^{j\frac{\pi(1+1/2)}{N}} & e^{j\frac{\pi(1/2)}{N}} \\
e^{-j\frac{2\pi(0+1/2)}{N}} & e^{-j\frac{2\pi(1+1/2)}{N}} & \cdots & e^{j\frac{2\pi(1+1/2)}{N}} & e^{j\frac{2\pi(1/2)}{N}} \\
e^{-j\frac{3\pi(0+1/2)}{N}} & e^{-j\frac{3\pi(1+1/2)}{N}} & \cdots & e^{j\frac{3\pi(1+1/2)}{N}} & e^{j\frac{3\pi(1/2)}{N}}
\end{bmatrix}
\begin{bmatrix}
1 & & & & & & & \\
& 1 & & & & & & \\
& & 1 & & & & & \\
& & & & 1 & & & \\
& & & & & 1 & & \\
& & & & & & 1 & \\
& & & 1 & & & & \\
1 & & & & & & &
\end{bmatrix}
$$

$$(\text{D}.6)$$

$$
= 2 \begin{bmatrix}
\cos\left(\dfrac{0\pi\ (0+1/2)}{N}\right) & \cos\left(\dfrac{0\pi\ (1+1/2)}{N}\right) & \cos\left(\dfrac{0\pi\ (2+1/2)}{N}\right) & \cos\left(\dfrac{0\pi\ (3+1/2)}{N}\right) \\[2mm]
\cos\left(\dfrac{1\pi\ (0+1/2)}{N}\right) & \cos\left(\dfrac{1\pi\ (1+1/2)}{N}\right) & \cos\left(\dfrac{1\pi\ (2+1/2)}{N}\right) & \cos\left(\dfrac{1\pi\ (3+1/2)}{N}\right) \\[2mm]
\cos\left(\dfrac{2\pi\ (0+1/2)}{N}\right) & \cos\left(\dfrac{2\pi\ (1+1/2)}{N}\right) & \cos\left(\dfrac{2\pi\ (2+1/2)}{N}\right) & \cos\left(\dfrac{2\pi\ (3+1/2)}{N}\right) \\[2mm]
\cos\left(\dfrac{3\pi\ (0+1/2)}{N}\right) & \cos\left(\dfrac{3\pi\ (1+1/2)}{N}\right) & \cos\left(\dfrac{3\pi\ (2+1/2)}{N}\right) & \cos\left(\dfrac{3\pi\ (3+1/2)}{N}\right)
\end{bmatrix}
$$

$$
= 2\left[\cos\left(\frac{\pi k\left(n+\frac{1}{2}\right)}{N}\right)\right] = 2\ [\cos] \ = [C_{2\text{e}}] \qquad (\text{双正交}) \tag{D.7}
$$

使该矩阵与自身正交。

$$
\left(\frac{1}{M}[C_{3\text{e}}]\right)[C_{2\text{e}}] = [I]
$$

$$
\left(\frac{1}{M}2[\cos]^{\text{T}}[\varepsilon_k^2]\right)2[\cos] = [I] \qquad\qquad [\varepsilon_k^2] = \text{diag}\left(\frac{1}{2},1,1,1\right)
$$

$$
\left(\frac{1}{N}2[\cos]^{\text{T}}[\varepsilon_k^2]\right)[\cos] = [I]
$$

$$
\left(\sqrt{2/N}[\cos]^{\text{T}}[\varepsilon_k]\right)\left(\sqrt{2/N}[\varepsilon_k][\cos]\right) = [I] \qquad [\varepsilon_k] = \text{diag}\left(\frac{1}{\sqrt{2}},1,1,1\right)
$$

$$
\left(\sqrt{2/N}[\varepsilon_k][\cos]\right)^{\text{T}}\left(\sqrt{2/N}[\varepsilon_k][\cos]\right) = [I]
$$

$$
[C_{\text{II E}}]^{\text{T}}[C_{\text{II E}}] = [I] \qquad\qquad (\text{自身正交}) \tag{D.8}
$$

$$
[C_{2\text{e}}] = \sqrt{2N}[\varepsilon_k]^{-1}[C_{\text{II E}}] \qquad [\varepsilon_k]^{-1} = \text{diag}(\sqrt{2},1,1,1) \tag{D.9}
$$

DCT – I

令 $\underline{X}$ 为一个长度为 $(N+1)\times1$ 输入向量 $\underline{x}$ 的类型 – 1 DCT。

$$\underline{X} = \begin{bmatrix} G_{0,0} \end{bmatrix} \begin{bmatrix} E_{\text{WSWS}} \end{bmatrix} \underline{x} = \begin{bmatrix} C_{1e} \end{bmatrix} \underline{x} \tag{D.10}$$

$$\begin{bmatrix} G_{0,0} \end{bmatrix}_{kn} = \exp\left(-j\frac{2\pi kn}{2N}\right) = \exp\left(-j\frac{\pi kn}{N}\right) \tag{D.11}$$

例如，令 $N = 4$。

$$\begin{bmatrix}
e^{-j\frac{0\pi(0)}{N}} & e^{-j\frac{0\pi(1)}{N}} & e^{-j\frac{0\pi(2)}{N}} & e^{-j\frac{0\pi(3)}{N}} & e^{-j\frac{0\pi(4)}{N}} & e^{-j\frac{0\pi(5)}{N}} & e^{-j\frac{0\pi(6)}{N}} & e^{-j\frac{0\pi(7)}{N}} \\
e^{-j\frac{\pi(0)}{N}} & e^{-j\frac{\pi(1)}{N}} & & \cdots & & & e^{-j\frac{\pi(6)}{N}} & e^{-j\frac{\pi(7)}{N}} \\
e^{-j\frac{2\pi(0)}{N}} & e^{-j\frac{2\pi(1)}{N}} & & \cdots & & & e^{-j\frac{2\pi(6)}{N}} & e^{-j\frac{2\pi(7)}{N}} \\
e^{-j\frac{3\pi(0)}{N}} & e^{-j\frac{3\pi(1)}{N}} & & \cdots & & & e^{-j\frac{3\pi(6)}{N}} & e^{-j\frac{3\pi(7)}{N}} \\
e^{-j\frac{4\pi(0)}{N}} & e^{-j\frac{4\pi(1)}{N}} & & \cdots & & & e^{-j\frac{4\pi(6)}{N}} & e^{-j\frac{4\pi(7)}{N}}
\end{bmatrix} \begin{bmatrix} E_{\text{WSWS}} \end{bmatrix}$$

$$(L \times M) \qquad L = N+1,\ M = 2N$$

$$\tag{D.12}$$

$$(M = 2N) \qquad\qquad (N+1)$$

$$= \begin{bmatrix}
e^{-j\frac{0\pi(0)}{N}} & e^{-j\frac{0\pi(1)}{N}} & \cdots & e^{j\frac{0\pi(1)}{N}} \\
e^{-j\frac{0\pi(0)}{N}} & e^{-j\frac{\pi(1)}{N}} & \cdots & e^{j\frac{\pi(1)}{N}} \\
e^{-j\frac{2\pi(0)}{N}} & e^{-j\frac{2\pi(1)}{N}} & \cdots & e^{j\frac{2\pi(1)}{N}} \\
e^{-j\frac{3\pi(0)}{N}} & e^{-j\frac{3\pi(1)}{N}} & \cdots & e^{j\frac{3\pi(1)}{N}} \\
e^{-j\frac{4\pi(0)}{N}} & e^{-j\frac{4\pi(1)}{N}} & \cdots & e^{j\frac{4\pi(1)}{N}}
\end{bmatrix}
\begin{bmatrix}
1 & & & & & & & \\
& 1 & & & & & & \\
& & 1 & & & & & \\
& & & 1 & & & & \\
& & & & 1 & & & \\
& & & & & 1 & & \\
& & & & & & 1 & \\
& & & & & & & 1
\end{bmatrix} \tag{D.13}$$

$$= \begin{bmatrix}
\cos\left(\frac{0\pi\ (0)}{N}\right) & 2\cos\left(\frac{0\pi\ (1)}{N}\right) & 2\cos\left(\frac{0\pi\ (2)}{N}\right) & 2\cos\left(\frac{0\pi\ (3)}{N}\right) & \cos\left(\frac{0\pi\ (4)}{N}\right) \\
\cos\left(\frac{1\pi\ (0)}{N}\right) & 2\cos\left(\frac{1\pi\ (1)}{N}\right) & 2\cos\left(\frac{1\pi\ (2)}{N}\right) & 2\cos\left(\frac{1\pi\ (3)}{N}\right) & \cos\left(\frac{1\pi\ (4)}{N}\right) \\
\cos\left(\frac{2\pi\ (0)}{N}\right) & 2\cos\left(\frac{2\pi\ (1)}{N}\right) & 2\cos\left(\frac{2\pi\ (2)}{N}\right) & 2\cos\left(\frac{2\pi\ (3)}{N}\right) & \cos\left(\frac{2\pi\ (4)}{N}\right) \\
\cos\left(\frac{3\pi\ (0)}{N}\right) & 2\cos\left(\frac{3\pi\ (1)}{N}\right) & 2\cos\left(\frac{3\pi\ (2)}{N}\right) & 2\cos\left(\frac{3\pi\ (3)}{N}\right) & \cos\left(\frac{3\pi\ (4)}{N}\right) \\
\cos\left(\frac{4\pi\ (0)}{N}\right) & 2\cos\left(\frac{4\pi\ (1)}{N}\right) & 2\cos\left(\frac{4\pi\ (2)}{N}\right) & 2\cos\left(\frac{4\pi\ (3)}{N}\right) & \cos\left(\frac{4\pi\ (4)}{N}\right)
\end{bmatrix}$$

$$\tag{D.14}$$

$$= 2\begin{bmatrix} \cos\left(\frac{\pi kn}{N}\right) \end{bmatrix} \begin{bmatrix} \varepsilon_n^2 \end{bmatrix} \qquad \begin{bmatrix} \varepsilon_n^2 \end{bmatrix} = \text{diag}\left(\frac{1}{2}, 1, 1, 1, \frac{1}{2}\right) \tag{D.15}$$

$$= \begin{bmatrix} C_{1e} \end{bmatrix} \qquad\qquad (\text{双正交})$$

使该矩阵与自身正交。

$$\left(\frac{1}{M}\begin{bmatrix} C_{1e} \end{bmatrix}\right)\begin{bmatrix} C_{1e} \end{bmatrix} = \begin{bmatrix} I \end{bmatrix}$$

$$\frac{1}{M}\left(2\left[\cos\left(\frac{\pi kn}{N}\right)\right]\left[\varepsilon_n^2\right]\right)\left(2\left[\cos\left(\frac{\pi kn}{N}\right)\right]\left[\varepsilon_n^2\right]\right)$$

$$=\frac{1}{M}\left(\sqrt{2N}\left[\varepsilon_n\right]^{-1}\left[C_{\mathrm{IE}}\right]\left[\varepsilon_n\right]\right)\left(\sqrt{2N}\left[\varepsilon_n\right]^{-1}\left[C_{\mathrm{IE}}\right]\left[\varepsilon_n\right]\right)$$

$$=\left[\varepsilon_n\right]^{-1}\left[C_{\mathrm{IE}}\right]\left[C_{\mathrm{IE}}\right]\left[\varepsilon_n\right]=\left[I\right],\qquad\left[\varepsilon_n\right]=\mathrm{diag}\left(\frac{1}{\sqrt{2}},1,1,1,\frac{1}{\sqrt{2}}\right)$$

$$\left[C_{\mathrm{IE}}\right]\left[C_{\mathrm{IE}}\right]=\left[C_{\mathrm{IE}}\right]^{\mathrm{T}}\left[C_{\mathrm{IE}}\right]=\left[I\right]\qquad(\text{自正交})\tag{D.16}$$

DCT – Ⅲ

令 $\underline{X}$ 为一个长度为 $(N\times1)$ 输入向量 $\underline{x}$ 的类型 – 3 DCT。

$$\underline{X}=\left[G_{1/2,0}\right]\left[E_{\mathrm{WSWA}}\right]\underline{x}=\left[C_{3\mathrm{e}}\right]\underline{x}\tag{D.17}$$

$$\left[G_{1/2,0}\right]_{kn}=\exp\left(-\mathrm{j}\frac{2\pi\left(k+\frac{1}{2}\right)}{2N}\right)=\exp\left(-\mathrm{j}\frac{\pi\left(k+\frac{1}{2}\right)n}{N}\right)\tag{D.18}$$

$$\left[G_{1/2,0}\right]\left[E_{\mathrm{WSWA}}\right]=\begin{bmatrix}\mathrm{e}^{-\mathrm{j}\frac{(1/2)\pi(0)}{N}}&\mathrm{e}^{-\mathrm{j}\frac{(1/2)\pi(1)}{N}}&\cdots&\mathrm{e}^{-\mathrm{j}\frac{(1/2)\pi(7)}{N}}\\\mathrm{e}^{-\mathrm{j}\frac{(1+1/2)\pi(0)}{N}}&\mathrm{e}^{-\mathrm{j}\frac{(1+1/2)\pi(1)}{N}}&\cdots&\mathrm{e}^{-\mathrm{j}\frac{(1+1/2)\pi(7)}{N}}\\\mathrm{e}^{-\mathrm{j}\frac{(2+1/2)\pi(0)}{N}}&\mathrm{e}^{-\mathrm{j}\frac{(2+1/2)\pi(1)}{N}}&\cdots&\mathrm{e}^{-\mathrm{j}\frac{(2+1/2)\pi(7)}{N}}\\\mathrm{e}^{-\mathrm{j}\frac{(3+1/2)\pi(0)}{N}}&\mathrm{e}^{-\mathrm{j}\frac{(3+1/2)\pi(1)}{N}}&\cdots&\mathrm{e}^{-\mathrm{j}\frac{(3+1/2)\pi(7)}{N}}\end{bmatrix}\left[E_{\mathrm{WSWA}}\right]$$

$$\tag{D.19}$$

注意

$$\exp\left(-\mathrm{j}\frac{(1/2)\pi(7)}{N}\right)=\exp\left(-\mathrm{j}\frac{7\pi}{2N}\right)=\exp\left(\mathrm{j}\frac{9\pi}{2N}\right)=-\exp\left(\mathrm{j}\frac{(1/2)\pi}{N}\right)\qquad N=4$$

$$=\begin{bmatrix}\mathrm{e}^{-\mathrm{j}\frac{(1/2)\pi(0)}{N}}&-\mathrm{e}^{\mathrm{j}\frac{(1/2)\pi(1)}{N}}&\cdots&\mathrm{e}^{-\mathrm{j}\frac{(1/2)\pi(1)}{N}}\\\mathrm{e}^{-\mathrm{j}\frac{(1+1/2)\pi(0)}{N}}&-\mathrm{e}^{\mathrm{j}\frac{(1+1/2)\pi(1)}{N}}&\cdots&\mathrm{e}^{-\mathrm{j}\frac{(1+1/2)\pi(1)}{N}}\\\mathrm{e}^{-\mathrm{j}\frac{(2+1/2)\pi(0)}{N}}&-\mathrm{e}^{\mathrm{j}\frac{(2+1/2)\pi(1)}{N}}&\cdots&-\mathrm{e}^{-\mathrm{j}\frac{(2+1/2)\pi(1)}{N}}\\\mathrm{e}^{-\mathrm{j}\frac{(3+1/2)\pi(0)}{N}}&-\mathrm{e}^{\mathrm{j}\frac{(3+1/2)\pi(1)}{N}}&\cdots&\mathrm{e}^{-\mathrm{j}\frac{(3+1/2)\pi(1)}{N}}\end{bmatrix}\begin{bmatrix}1&&&&&&\\&1&&&&&\\&&1&&&&\\&&&1&&&\\&&&&0&&\\&&&&&-1&\\&&&&&&-1\\&&&&&&&-1\end{bmatrix}\tag{D.20}$$

$$=\begin{bmatrix}\cos\left(\frac{(1/2)\pi(0)}{N}\right)&2\cos\left(\frac{(1/2)\pi(1)}{N}\right)&2\cos\left(\frac{(1/2)\pi(2)}{N}\right)&2\cos\left(\frac{(1/2)\pi(3)}{N}\right)\\\cos\left(\frac{(1+1/2)\pi(0)}{N}\right)&2\cos\left(\frac{(1+1/2)\pi(1)}{N}\right)&2\cos\left(\frac{(1+1/2)\pi(2)}{N}\right)&2\cos\left(\frac{(1+1/2)\pi(3)}{N}\right)\\\cos\left(\frac{(2+1/2)\pi(0)}{N}\right)&2\cos\left(\frac{(2+1/2)\pi(1)}{N}\right)&2\cos\left(\frac{(2+1/2)\pi(2)}{N}\right)&2\cos\left(\frac{(2+1/2)\pi(3)}{N}\right)\\\cos\left(\frac{(3+1/2)\pi(0)}{N}\right)&2\cos\left(\frac{(3+1/2)\pi(1)}{N}\right)&2\cos\left(\frac{(3+1/2)\pi(2)}{N}\right)&2\cos\left(\frac{(3+1/2)\pi(3)}{N}\right)\end{bmatrix}$$

$$\tag{D.21}$$

$$= 2\left[\cos\left(\frac{\pi\left(k + \frac{1}{2} \right)n}{N} \right) \right]\left[\varepsilon_n^2 \right]$$

$$= \left[C_{3e} \right] \qquad (\text{双正交}) \tag{D.22}$$

注意，式（D.18）中的 $\left[E_{\text{WSWS}} \right]$ 来自图 D.1c 所示。

在下一节中，DST 定义如下：

$$\left[S_{1e} \right]_{kn} = 2\left[\sin\left(\frac{\pi kn}{N} \right) \right] \qquad k,n = 1,2,\cdots,N-1 \tag{D.23}$$

$$\left[S_{2e} \right]_{kn} = 2\left[\sin\left(\frac{\pi k\left(n + \frac{1}{2} \right)}{N} \right) \right] \qquad k = 1,2,\cdots,N$$

$$n = 0,1,\cdots,N-1 \tag{D.24}$$

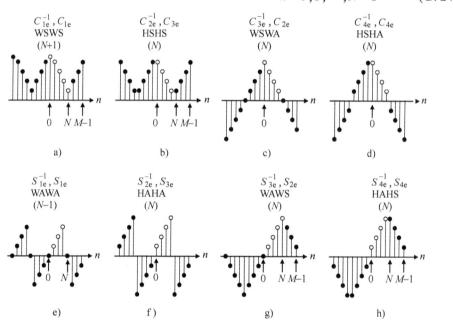

图 D.1 $N = 4$ 时 SPS（对称周期序列：C_{2e}^{-1}，C_{3e}^{-1}）和 DTT（C_{2e}，C_{3e}）的对称性（空心圆圈表示 SPS，N 可以为偶数或奇数。参见式（3.97）中的例子）

（参考文献 [I-12] © 1994 IEEE）

a) WSWS b) HSHS c) WSWA d) HSHA e) WAWA f) HAHA g) WAWS h) HAHS

然而，与之前相比，由一个不同类型的 GDFT 推导 DCT 的过程要复杂得多，而这两个过程都非常有用。例如，参考文献 [LA5] 第 49 页给出了由常规 DFT（GDFT，当 $a = 0$，$b = 0$ 时）推导 DCT-II 的过程（还可参见参考文献 [B19]）。

与类型-1 和类型-2 DCT 中的对称输入扩展不同，类型-3 和类型-4 DCT 中的**非对称输入扩展**（注意 $\left[E_{\text{WSWA}} \right]$ 中的负号）是由于频点移动了 $\frac{1}{2}$ 而引起的。

即类型 – 3 DCT $\exp\left(-j\dfrac{2\pi(k+1/2)n}{2N}\right)$ 中的 $\left(k+\dfrac{1}{2}\right)$。对于 DCT 来说，一个输入序列采样样本（$N=4$）的**全采样点**对称扩展相当于乘以一个对角矩阵 $[\varepsilon_n^2]$，以式（D. 15）和式（D. 22）为例，两者分别对应 DCT – Ⅰ（见图 D. 1a）和 DCT – Ⅲ（见图 D. 1c）。

令 HSHS 表示一个周期序列采样样本（$N=4$）左对称点（Left Point of Symmetry，LPOS）处具有半采样对称性，右对称点（Right Point of Symmetry，RPOS）处同样具有半采样对称性。则一个 DCT – Ⅱ 的输入序列暗含 HSHS 的性质，如图 D. 1b 所示。DCT – Ⅱ 系数暗含 WSWA 的性质，如图 D. 1c 所示。

WSWA 表示一个周期序列采样样本（$N=4$）左对称点（LPOS）处具有全采样对称性，右对称点（RPOS）也具有全采样对称性。

由 DFT 推导 DCT – Ⅱ

给定向量

$$e=\left\{\exp\left(\dfrac{j\pi 0}{2N}\right),\exp\left(\dfrac{j\pi 1}{2N}\right),\cdots,\exp\left(\dfrac{j\pi(N-1)}{2N}\right)\right\}^{\mathrm{T}}$$

与矩阵

$$\left[\exp\left(\dfrac{j\pi k}{2N}\right)\right]=\mathrm{diag}\left[\exp\left(\dfrac{j\pi 0}{2N}\right),\exp\left(\dfrac{j\pi 1}{2N}\right),\cdots,\exp\left(\dfrac{j\pi(N-1)}{2N}\right)\right]$$

则

$$\left[\exp\left(\dfrac{j\pi k}{2N}\right)\right]^{-1}=\left[\exp\left(\dfrac{j\pi k}{2N}\right)\right]^{*}=\left[\exp\left(\dfrac{-j\pi k}{2N}\right)\right] \tag{D. 25}$$

由式（D. 5）可知

$$[G_{0,1/2}][E_{\mathrm{HSHS}}]=\left[\exp\left(\dfrac{-j\pi k}{2N}\right)\right][G_{0,0}][E_{\mathrm{HSHS}}] \tag{D. 26}$$

$$=\left[\exp\left(\dfrac{-j\pi k}{2N}\right)\right][H][F][E_{\mathrm{HSHS}}]=[C_{2\mathrm{e}}] \tag{D. 27}$$

式中，$[F]$ 为 DFT 矩阵；$[H]=([I_{N\times N}],[0_{N\times N}])$。一个对称输入序列的 DFT 为

$$[H][F][E_{\mathrm{HSHS}}]=\left[\exp\left(\dfrac{j\pi k}{2N}\right)\right][C_{2\mathrm{e}}]=\sqrt{2N}\left[\exp\left(\dfrac{j\pi k}{2N}\right)\right][\varepsilon_k]^{-1}[C_{\mathrm{Ⅱ E}}]$$

$$\tag{D. 28}$$

式中，$[C_{2\mathrm{e}}]$ 表示非标准化的类型 – 2 DCT（式（D. 9）定义）。标准化的类型 – 2 DCT $[C_{\mathrm{Ⅱ E}}]$ 可用 DFT 矩阵如下表示：

$$[C_{\mathrm{Ⅱ E}}]=\dfrac{1}{\sqrt{2N}}[\varepsilon_k]\left[\exp\left(\dfrac{-j\pi k}{2N}\right)\right][H][F][E_{\mathrm{HSHS}}] \tag{D. 29}$$

类似的推导过程见参考文献［LA5，B19］。该过程也可以扩展至二维情形，即 $[X^{\mathrm{CⅡ}}]=[C_{\mathrm{Ⅱ E}}][x][C_{\mathrm{Ⅱ E}}]^{\mathrm{T}}$。其中，$[X^{\mathrm{CⅡ}}]$ 为输入矩阵 $[x]$ 的 DCT 系数矩阵。首先，复制输入图像：

$$[x_{2N \times 2N}] = [E_{\text{HSHS}}][x][E_{\text{HSHS}}]^{\text{T}} \qquad (\text{D}.30)$$

$$[X^{\text{C II}}] = \frac{1}{2N}[\varepsilon_k]\left[\exp\left(\frac{-\text{j}\pi k}{2N}\right)\right][H][F][x_{2N \times 2N}][F]^{\text{T}}[H]^{\text{T}}\left[\exp\left(\frac{-\text{j}\pi k}{2N}\right)\right][\varepsilon_k] \qquad$$
$$(\text{D}.31)$$

利用本书附录 F.4 中的性质，式（D.31）变为

$$[X^{\text{C II}}] = \frac{1}{2N}[\boldsymbol{\varepsilon\varepsilon}^{\text{T}}]\circ[\boldsymbol{e}^*(\boldsymbol{e}^*)^{\text{T}}]\circ([H][F][x_{2N \times 2N}][F]^{\text{T}}[H]^{\text{T}}) \qquad (\text{D}.32)$$

式中，向量 $\varepsilon = (1/\sqrt{2},\ 1,\ 1,\ \cdots,\ 1)^{\text{T}}$，且大小为 $(N \times 1)$；"∘"表示两个矩阵对应位置的元素相乘。对于一个 $N = 4$ 的 $(N \times N)$ 矩阵有：

$$[\boldsymbol{\varepsilon\varepsilon}^{\text{T}}] = \begin{bmatrix} 1/2 & 1/\sqrt{2} & 1/\sqrt{2} & 1/\sqrt{2} \\ 1/\sqrt{2} & 1 & 1 & 1 \\ 1/\sqrt{2} & 1 & 1 & 1 \\ 1/\sqrt{2} & 1 & 1 & 1 \end{bmatrix} \qquad (\text{D}.33)$$

图 D.2 给出了式（D.32）的一个应用[LA17]。

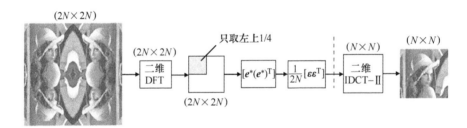

图 D.2　利用二维 DFT 实现二维 DCT - II

现在我们得到了一幅 $(N \times N)$ 大小图像的 $(N \times N)$ DCT 系数矩阵 $[X^{\text{C II}}]$，并且想得到一个 $(2N \times 2N)$ 的 DFT 矩阵 $[X^{\text{F}}]$，通过它可以计算 DCT 系数矩阵 $[X^{\text{C II}}]$。

$$[x_{2N \times 2N}] = [E_{\text{HSHS}}][x][E_{\text{HSHS}}]^{\text{T}} \qquad (\text{D}.34)$$

$$[X^{\text{F}}] = [F][x_{2M \times 2N}][F]^{\text{T}} \qquad (\text{D}.35)$$

$$[X^{\text{F}}] = [\boldsymbol{ee}^{\text{T}}]\circ([E_{\text{WSWA}}][C_{2e}][x][C_{2e}]^{\text{T}}[E_{\text{WSWA}}]^{\text{T}}) \qquad (\text{D}.36)$$

$$[X^{\text{F}}] = 2N[\boldsymbol{ee}^{\text{T}}]\circ[\boldsymbol{\varepsilon\varepsilon}^{\text{T}}]\circ([E_{\text{WSWA}}][C_{\text{II E}}][x][C_{\text{II E}}]^{\text{T}}[E_{\text{WSWA}}]^{\text{T}}) \qquad (\text{D}.37)$$

$$\varepsilon = (\sqrt{2}, 1, 1, \cdots, 1)^{\text{T}} \qquad (2N \times 1)$$

$$\boldsymbol{e} = \left\{\exp\left(\frac{\text{j}\pi 0}{2N}\right), \exp\left(\frac{\text{j}\pi 1}{2N}\right), \cdots, \exp\left(\frac{\text{j}\pi\ (2N-1)}{2N}\right)\right\}^{\text{T}} \qquad (2N \times 1)$$

式中，$[E_{\text{WSWA}}]$ 定义见式（D.19）且与图 D.1c 相关。

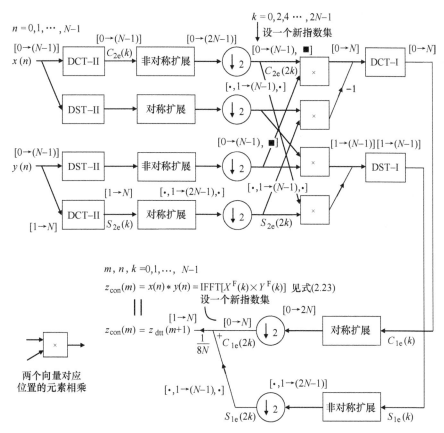

图 D.3　循环卷积可用**非标准化**的 DCT 和 DST 代替 FFT 计算（（↓，2）表示（2:1）下采样，"＊"表示循环卷积；输入序列 $z_{con}(m)=z_{dtt}(m+1)$，有一个采样点的延迟 $m=0,1,\cdots,N-1$；$[0-(N-1),\cdot]$ 表示在 N 个 DCT/DST 系数之后填补了一个 0；实心圆"·"表示当前位置元素值恒为 0，由于其不会影响计算结果，因此在其他情形中我们通常将其忽略；实心方块"■"表示一个附加的 0）

D.3　用 DCT 和 DST 代替 FFT 的循环卷积

两个周期序列在时域/空域的循环卷积相当于两者在 DFT 域相乘，这也称为 DFT 的卷积乘法特性（见本书 2.4 节）。

对于离散余弦变换（DCT）和离散正弦变换（DST）——统称离散三角变换（Discrete Trigonometric Transform，DTT），Reju 等人[LA6] 发现了类似的良好性质。由于离散正余、弦变换存在快速算法，因此在滤波方面的应用中，该方法可以作为除 DFT 方法之外的另一种选择（见图 D.3）。参考文献 ［LA6］中描述的该方法的 MATLAB 程序代码参见网址 http：//www. ntu. edu. sg/eee/home/esnkoh/。

$C_{1e}(k)$, $C_{2e}(k)$, $S_{1e}(k)$ 和 $S_{2e}(k)$ 分别定义于式（D. 15）、（D. 9）、（D. 23）、（D. 24）。

D. 4　DCT 的循环移位特性

由于 N 点 DCT 可由 $2N$ 点 DFT 推导出来[LA5]，因此当 k 为奇数时在 N 点采样长度内其基函数无法构成完整的周期。如当 $k=1$ 时为半个周期，则 $k=3$ 时为一个半周期，…。参见参考文献［B6］中图 5.1。例如，当 $k=1$ 时，最低非零频率元素为

$$C^{2e}(k,n) = 2\cos\left(\frac{\pi k\left(n+\frac{1}{2}\right)}{N}\right) \tag{D. 38}$$

其周期为 $2N$。一个序列循环左移（向前）整数 d 个采样点（d 可扩展至非整数，且式（D.39）同样成立）可以看作其基函数向相反的方向移动 d 个采样点而序列本身不动。在上述条件下，Rhee 和 Kang[LA17]发现了空域的原始数据和频域的移位数据之间的移位特性。可用下式进行表述：

$$C_d^{2e}(k) = 2\sum_{n=0}^{N-1} c(n,k)x(n)\cos\left[\frac{\pi k\left(n+\frac{1}{2}-d\right)}{N}\right] \quad k=0,1,\cdots,N-1 \tag{D. 39}$$

其中

$$c(n,\ k) = \begin{cases} (-1)^k & k \text{ 为奇数},\ d>0 \text{ 且 } 0\leq n<d,\ \text{或} \\ & k \text{ 为奇数},\ d\leq-1 \text{ 且 } N+d\leq n<N \\ 1 & \text{其他} \end{cases}$$

例如，给定 $\{x(n)\}=\{1,2,3,4\}$，当 $d=1$ 时 $\{C_d^{2e}(k)\}$ 的 IDCT 与 $x(n)=\{2,3,4,1\}$ 相等。该性质说明了空域原始信号与频域表示的（可以是亚采样/亚像素）移位信号之间的关系。对于酉 DCT，式（D.39）变为

$$C_d^{\,\text{II E}}(k) = \sqrt{\frac{2}{N}}\varepsilon_k \sum_{n=0}^{N-1} c(n,k)x(n)\cos\left[\frac{\pi k\left(n+\frac{1}{2}-d\right)}{N}\right] \quad k=0,1,\cdots,N-1 \tag{D. 40}$$

其中

$$c(n,\ k) = \begin{cases} (-1)^k & k \text{ 为奇数},\ d>0 \text{ 且 } 0\leq n<d,\ \text{或} \\ & k \text{ 为奇数},\ d\leq-1 \text{ 且 } N+d\leq n<N \\ 1 & \text{其他} \end{cases}$$

$$\varepsilon_k = \begin{cases} 1/\sqrt{2} & k=0 \\ 1 & \text{其他} \end{cases}$$

D. 5　习题

D. 1　证明式（D. 1）中的$[C_N^{IV}] = [D] [S_N^{IV}] [J]$。

D. 2　类似式（D. 3）～（D. 8）的推导过程，利用相应形式的 GDFT 推导 DCT - Ⅲ 和 DCT - Ⅳ。提示：$\exp\left(-j \dfrac{(1/2)\ \pi\ (7+1/2)}{N} \right) = \exp\left(-j \dfrac{15\pi}{4N} \right) = \exp\left(j\left(1 - \dfrac{1}{4N} \right)\pi \right) = -\exp\left(j \dfrac{(1/2)\ \pi\ (1/2)}{N} \right)$，$N = 4$。

D. 3　（a）参见式（D. 5）～（D. 7）的推导过程，在 $N = 8$ 和 $N = 9$ 时解决该问题。给出解题过程。

在下列情况下重做。

（b）DCT - Ⅰ。

（c）DST - Ⅰ。

（d）DST - Ⅱ。

D. 4　给定 DCT - Ⅱ 系数 $C_{2e}(k)$，$k = 0, 1, \cdots, N-1$。如何利用 $C_{2e}(k)$ 得到 $C_{2e}(2k)$，$k = 0, 1, \cdots, N-1$。用 $C_{2e}(k)$ 的形式表示 $C_{2e}(2k)$，$k = 0, 1, \cdots, N-1$。例如：

$$\{ C_{2e}(2k) \} = \{ C_{2e}(0), C_{2e}(2), \cdots \} \qquad k = 0, 1, \cdots, N-1$$

D. 6　课程实践

D. 1　运行参考文献［LA3］中的 MATLAB 程序代码，给出结果。

D. 2　运行使用了 DCT 和 DST 的 MATLAB 循环卷积代码[LA6]，网址为 http：//www. ntu. edu. sg/eee/home/esnkoh/。画出下列情况当 $N = 8$ 和 $N = 9$ 时的图。

（a）$C_{1e}(k)$，$S_{1e}(k)$，$C_{2e}(k)$，$S_{2e}(k)$，$C_{1e}(2k)$，$S_{1e}(2k)$，$C_{2e}(2k)$，$S_{2e}(2k)$。

（b）两种快速循环卷积 DFT 和 DTT 法的输出。

D. 3　（a）利用二维 DFT 实现二维 DCT - Ⅱ，如图 D. 2 所示，使用 MATLAB。

（b）计算一幅（$N \times N$）大小图像的（$N \times N$）DCT 系数矩阵 $[X^{C\,Ⅱ}]$，并计算一个（$2N \times 2N$）的 DFT 矩阵 $[X^F]$，可以通过其计算 DCT 系数矩阵 $[X^{C\,Ⅱ}]$。

附录 E   克罗内克乘积与可分离性

E.1   克罗内克乘积

定义 E.1   设 $[A]$ 为 $(p \times q)$ 矩阵，$[B]$ 为 $(k \times l)$ 矩阵，则 $[A]$ 和 $[B]$ 的左、右克罗内克乘积（Kronecker products，也称作矩阵积（matrix product）或直积（direct product））分别为以下两个 $(pk \times ql)$ 的矩阵[B6]

$$[A] \otimes_L [B] = \begin{bmatrix} [A]b_{00} & [A]b_{01} & \cdots & [A]b_{0,l-1} \\ [A]b_{10} & [A]b_{11} & \cdots & [A]b_{1,l-1} \\ \vdots & \vdots & \vdots & \vdots \\ [A]b_{k-1,0} & [A]b_{k-1,1} & \cdots & [A]b_{k-1,l-1} \end{bmatrix} \quad \text{(E.1a)}$$

$$[A] \otimes_R [B] = \begin{bmatrix} a_{00}[B] & a_{01}[B] & \cdots & a_{0,q-1}[B] \\ a_{10}[B] & a_{11}[B] & \cdots & a_{1,q-1}[B] \\ \vdots & \vdots & \vdots & \vdots \\ a_{p-1,0}[B] & a_{p-1,1}[B] & \cdots & a_{p-1,q-1}[B] \end{bmatrix} \quad \text{(E.1b)}$$

[例 E.1]   令

$$[A] = \begin{bmatrix} 1 & 1 \\ 1 & -1 \end{bmatrix} \text{和} [B] = \begin{bmatrix} 1 & 2 \\ 3 & 4 \end{bmatrix}$$

则

$$[A] \otimes_L [B] = \begin{bmatrix} 1 & 1 & 2 & 2 \\ 1 & -1 & 2 & -2 \\ 3 & 3 & 4 & 4 \\ 3 & -3 & 4 & -4 \end{bmatrix} \text{和} [A] \otimes_R [B] = \begin{bmatrix} 1 & 2 & 1 & 2 \\ 3 & 4 & 3 & 4 \\ 1 & 2 & -1 & -2 \\ 3 & 4 & -3 & -4 \end{bmatrix}$$

注意，左克罗内克乘积的形式为 $[A] \otimes_L [B]$；右克罗内克乘积的形式为 $[A] \otimes_R [B]$。由于 $[A] \otimes_R [B] = [B] \otimes_L [A]$，因此本书及 MATLAB（命令为"kron"）中仅使用右克罗内克乘积。

性质 E.1   若 $[A]$ 为 $(m \times m)$ 矩阵，$[B]$ 为 $(n \times n)$ 矩阵，则

$$\det([A] \otimes [B]) = (\det[A])^n (\det[B])^m \quad \text{(E.2)}$$

例如

$$[A] = \begin{bmatrix} 1 & 0 & 0 \\ 0 & 1 & 0 \\ 0 & 0 & 1 \end{bmatrix}, [B] = \begin{bmatrix} 1 & 0 \\ 0 & 2 \end{bmatrix}, \det([A] \otimes [B]) = 8$$

$$(\det[A])^n (\det[B])^m = 1^2 2^3 = 8 \neq (\det[A])^m (\det[B])^n = 1^3 2^2 = 4$$

性质 E.2   若矩阵 $[A]$ 和 $[B]$ 正交，则 $[A] \otimes [B]$ 也是正交的（$[A]^T =$

$[A]^{-1}$, $[B]^{\mathrm{T}}=[B]^{-1}$)。该性质可用下面的关系证明。

$$([A]\otimes[B])^{\mathrm{T}}([A]\otimes[B])=([A]^{\mathrm{T}}\otimes[B]^{\mathrm{T}})([A]\otimes[B])$$
$$=([A]^{\mathrm{T}}[A])\otimes([B]^{\mathrm{T}}[B])=[I_m]\otimes[I_k]=[I_{mk}]$$

$$(\mathrm{E.3})$$

E.2　广义克罗内克乘积

定义 E.2　给定 N 个（$m\times r$）矩阵 $[A_i]$,,用$\{[A]\}_N$ 表示，$i=0,1,\cdots,$
$N-1$。同时给定一个（$N\times l$）矩阵 $[B]$，则定义（$mN\times rl$）矩阵（$\{[A]\}_N\otimes$
$[B]$）如下[N9]：

$$\{[A]\}_N\otimes[B]=\begin{bmatrix}[A_0]\otimes\underline{b}_0\\[A_1]\otimes\underline{b}_1\\\vdots\\[A_{N-1}]\otimes\underline{b}_{N-1}\end{bmatrix}$$

$$(\mathrm{E.4})$$

式中，$\underline{b}_i$ 表示 $[B]$ 的第 i 行向量。若矩阵 $[A_i]$ 都相同，则上式简化为通常情况下的克罗内克乘积。

[例 E.2]　令

$$\{[A]\}_2=\begin{Bmatrix}\begin{bmatrix}1&1\\1&-1\end{bmatrix}\\\begin{bmatrix}1&-\mathrm{j}\\1&\mathrm{j}\end{bmatrix}\end{Bmatrix},[B]=\begin{bmatrix}1&1\\1&-1\end{bmatrix}$$

则广义克罗内克乘积为

$$\{[A]\}_2\otimes[B]=\begin{bmatrix}\begin{bmatrix}1&1\\1&-1\end{bmatrix}\otimes[1\quad1]\\\begin{bmatrix}1&-\mathrm{j}\\1&\mathrm{j}\end{bmatrix}\otimes[1\quad-1]\end{bmatrix}=\begin{bmatrix}1&1&1&1\\1&-1&1&-1\\1&-\mathrm{j}&-1&\mathrm{j}\\1&\mathrm{j}&-1&-\mathrm{j}\end{bmatrix}$$

上式可看作一个行为逆位序的（4×4）DFT 矩阵。

E.3　可分离变换

考虑对一幅（$M\times N$）的图像 $[x]$ 做二维变换，有：

$$\begin{matrix}(M\times N)&&(M\times N)\\[X]&=&[A]&[x]&[B]^{\mathrm{T}}\\(M\times M)&&(N\times N)\end{matrix}$$

或者

$$X(k,l) = \sum_{m=0}^{M-1}\sum_{n=0}^{N-1} a(k,m)x(m,n)b(l,n), 0 \leqslant k \leqslant M-1, 0 \leqslant l \leqslant N-1$$

(E.5)

上述关系称为二维数据的可分离变换。这里 $[A]$ 相当于对 $[x]$ 进行列运算，$[B]$ 相当于对 $[x]$ 进行行运算。令 $\underline{X}_k$ 和 $\underline{x}_m$ 分别表示 $[X]$ 的第 k 行和 $[x]$ 的第 m 行，则上述行运算变为[B6]

$$\underline{X}_K^{\mathrm{T}} = \sum_{m=0}^{M-1} a(k,m)\big[[B]\,\underline{x}_m^{\mathrm{T}}\big] = \sum_{m=0}^{M-1} \big([A]\otimes[B]\big)_{k,m}\,\underline{x}_m^{\mathrm{T}} \qquad 0 \leqslant k \leqslant M-1$$

(E.6)

式中，$[A]\otimes[B]_{k,m}$ 为 $[A]\otimes[B]$ 的第 (k,m) 个块，$0 \leqslant k, m \leqslant M-1$。若将 $[x]$ 和 $[X]$ 按行顺序排成向量 $\underline{x}$ 和 $\underline{X}$，则式（E.5）的可分离变换可映射为一个向量的克罗内克乘积：

$$\underset{(MN \times 1)}{\underline{X}} = \underset{(MN \times MN)}{\big([A]\otimes[B]\big)} \underset{(MN \times 1)}{\underline{x}}$$

(E.7)

其中

$$\underline{X} = \begin{pmatrix} \underline{X}_0^{\mathrm{T}} \\ \underline{X}_1^{\mathrm{T}} \\ \vdots \\ \underline{X}_k^{\mathrm{T}} \\ \vdots \\ \underline{X}_{M-1}^{\mathrm{T}} \end{pmatrix} \text{和} \underline{x} = \begin{pmatrix} \underline{x}_0^{\mathrm{T}} \\ \underline{x}_1^{\mathrm{T}} \\ \vdots \\ \underline{x}_m^{\mathrm{T}} \\ \vdots \\ \underline{x}_{M-1}^{\mathrm{T}} \end{pmatrix}$$

(E.8)

定理 E.1　对于一幅二维 $(M \times N)$ 图像 $[x]$，其一维变换为

$$\underset{(MN \times 1)}{\underline{X}} = \underset{(MN \times MN)}{[A]} \underset{(MN \times 1)}{\underline{x}}$$

(E.9)

当下列条件成立时为可分离变换：

$$[A] = [A_1]\otimes[A_2]$$

(E.10)

其二维变换可用下式描述：

$$\underset{(M \times N)}{[X]} = \underset{(M \times M)}{[A_1]} \underset{(M \times N)}{[x]} \underset{(N \times N)}{[A_2]^{\mathrm{T}}}$$

(E.11)

若 $[A_1]$、$[A_2]$ 为 $(N \times N)$ 矩阵，$[A]$ 为 $(N^2 \times N^2)$ 矩阵，则运算次数可以从 $O(N^4)$ 减少到 $O(2N^3)$。$(N \times N)$ 矩阵与 $(N \times N)$ 数据相乘需要 $O(N^3)$ 的计算复杂度。

附录 F　数 学 关 系

1

由欧拉公式/恒等式：

$$2\cos\theta = e^{j\theta} + e^{-j\theta} \tag{F.1}$$

$$j2\sin\theta = e^{j\theta} - e^{-j\theta} \tag{F.2}$$

可以推出：

复合角公式

$$\cos(a \pm b) = \cos a\cos b \mp \sin a\sin b \tag{F.3}$$

$$\sin(a \pm b) = \sin a\cos b \pm \cos a\sin b \tag{F.4}$$

乘积恒等式

$$2\cos a\cos b = \cos(a-b) + \cos(a+b) \tag{F.5}$$

$$2\sin a\sin b = \cos(a-b) - \cos(a+b) \tag{F.6}$$

$$2\sin a\cos b = \sin(a-b) + \sin(a+b) \tag{F.7}$$

双曲函数

$$\cos(j\theta) = \cosh\theta \tag{F.8}$$

$$\sin(j\theta) = j\sinh\theta \tag{F.9}$$

$$2\cosh\theta = e^{\theta} + e^{-\theta} \quad 由式（F.1）和式（F.8）得到 \tag{F.10}$$

$$2\sinh\theta = e^{\theta} - e^{-\theta} \tag{F.11}$$

$$\cosh^2\theta - \sinh^2\theta = 1 \tag{F.12}$$

2

若 $f(x, y) \Leftrightarrow F(u, v)$，则 $f(x-\sigma y, y) \Leftrightarrow F(u, v+\sigma u)$，这里 "$\Leftrightarrow$" 表示二维傅里叶变换对（参见本书 5.2 节）[IP26]。

证明：

$$\mathscr{F}[f(x-\sigma y, y)] = \iint_{\infty}^{\infty} f(x-\sigma y, y)\, e^{-j2\pi(ux-vy)}\, dx dy$$

式中，"$\mathscr{F}$" 表示傅里叶变换。做变量代换 $s = x-\sigma y$，$t = y$，分别用 $\phi(s, t) = s + \sigma t$ 和 $\psi(s, t) = t$ 替换 x 和 y，有：

$$\mathscr{F}[f(x-\sigma y, y)] = \iint_{\infty}^{\infty} f(s, t)\, e^{-j2\pi(us+(u+\sigma u)t)} \begin{vmatrix} 1 & \sigma \\ 0 & 1 \end{vmatrix} ds dt$$

$$= F(u, v+\sigma u)$$

由于 $\begin{vmatrix} 1 & \sigma \\ 0 & 1 \end{vmatrix} = 1$。

推论 F.1 若 $f(x, y)$ 的傅里叶变换为 $F(u, v)$，则 $F(u, v+\sigma u)$ 的傅里叶

逆变换为 $f(x - \sigma y,\ y)$。

3

$$\frac{\mathrm{d}}{\mathrm{d}u}a^u = a^u \ln a$$

证明：

$$\frac{\mathrm{d}}{\mathrm{d}u}a^u = \frac{\mathrm{d}}{\mathrm{d}u}(\mathrm{e}^{\ln a})^u = \frac{\mathrm{d}}{\mathrm{d}u}\mathrm{e}^{(\ln a)u} = \mathrm{e}^{(\ln a)u}\frac{\mathrm{d}}{\mathrm{d}u}(\ln a)u$$

$$= (\mathrm{e}^{(\ln a)u})(\ln a) = a^u \ln a$$

4

令 a 和 b 为向量，"$\circ$" 表示哈达玛乘积，则

$$\mathrm{diag}(\boldsymbol{a})[C]\mathrm{diag}(\boldsymbol{b}) = (\boldsymbol{ab}^{\mathrm{T}}) \circ [C] \tag{F.13}$$

例如，令 $\boldsymbol{a} = (2,\ 1)^{\mathrm{T}}$，$\boldsymbol{b} = (1,\ 2)^{\mathrm{T}}$，$[C] = \begin{bmatrix} 1 & 2 \\ 3 & 0 \end{bmatrix}$（见式 (3.74)、(C.36)、(C.37)、(D.32)），则

$$\mathrm{diag}(\boldsymbol{a})[C]\mathrm{diag}(\boldsymbol{b}) = \begin{bmatrix} 2 & 0 \\ 0 & 1 \end{bmatrix}\begin{bmatrix} 1 & 2 \\ 3 & 0 \end{bmatrix}\begin{bmatrix} 1 & 0 \\ 0 & 2 \end{bmatrix} = \begin{bmatrix} 2 & 8 \\ 3 & 0 \end{bmatrix}$$

$$(\boldsymbol{ab}^{\mathrm{T}}) \circ [C] = \begin{pmatrix} 2 \\ 1 \end{pmatrix}(1,2) \circ \begin{bmatrix} 1 & 2 \\ 3 & 0 \end{bmatrix} = \begin{bmatrix} 2 & 4 \\ 1 & 2 \end{bmatrix} \circ \begin{bmatrix} 1 & 2 \\ 3 & 0 \end{bmatrix} = \begin{bmatrix} 2 & 8 \\ 3 & 0 \end{bmatrix}$$

F.1 习题

F.1 证明推论本附录的数学关系 1。

附录 G　MATLAB 基础

本附录介绍了 MATLAB 的基本知识，并且提供了若干参考网址和与 MATLAB 相关的参考文献。

$>> A = [1\ 2;\ 3\ 4]$

$$A = \begin{bmatrix} 1 & 2 \\ 3 & 4 \end{bmatrix}$$

$>> \max(A) = [3\quad 4]$

$>> \min(A) = [1\quad 2]$

$>> (A,1,4) = [1\quad 3\quad 2\quad 4]$	返回 1×4 的矩阵，它的元素是从 $[A]$ 中按列提取的
$>> A = [2\quad 5\quad 1], [B,I] = \mathrm{sort}(A)$	按照升序排列。返回索引矩阵 I
$>> A = \mathrm{eye}(3,4);$	大小为 (3×4) 的单位矩阵
$>> A = \mathrm{ones}(2); B = \mathrm{zeros}(2);$	分别为 (2×2) 的 1 矩阵和 0 矩阵
$>> \mathrm{eye}(4) + \mathrm{eye}(4)$ 和 $1 + \mathrm{eye}(4)$	是不同的
$>> \mathrm{sum}(A) = [4\ 6]$	对于矩阵 A，sum (A) 是一个行向量，其每个元素为对应列所有值的和
$>> \mathrm{mean}(A)$	对于矩阵，mean (A) 是一个行向量，其每个元素是对应列所有值的平均值
$>> A = [1:3]$	等价于 $A = [1\quad 2\quad 3]$
$>> \mathrm{diag}(A)$	如果输入是一个向量，$\mathrm{diag}(A)$ 是一个对角阵。如果输入是一个矩阵，则列出了 $[A]$ 的主对角元素
$>> A * B$	矩阵乘法
$>> A. * B$	两个矩阵的点乘运算
$>> \mathrm{inv}$	矩阵取逆
$>> \mathrm{fliplr}$	左右方向上翻转矩阵
$>> \mathrm{flipud}$	上下方向上翻转矩阵
$>> \mathrm{rot90}$	把矩阵顺时针旋转 $90°$
$>> \mathrm{flipdim}$	沿着定义的维数翻转矩阵
$>> \sin(A)$	A 中元素的正弦值
$>> \mathrm{asin}(A)$	A 中元素的反正弦值
$>> \cosh(A)$	双曲余弦。等于 $\cos(j * A)$

- 管理对话命令

>> help topic 给出指定主题的帮助

>> lookfor 搜索包含关键字的所有 M – 文件

>> clear 从内存中清除变量和函数

>> clear all，close all

按向上的箭头↑调出最近常用的命令行。

连续按下"h↑"键调出最近常用的以"h"开头的命令行。

>> p = 'C:\mycode';path(path,p) 对当前路径添加一个新的目录

>> path(path,'C:\mycode')

- 运算和特殊字符

>> A' 当 A 是一个矩阵时，对 A 进行复共轭转置。

当 A 是实矩阵时，A' 等于对 A 进行的转置

>> A' 对 A 进行转置

>> … 返回值是；"…"表示连续行一条命令可能

多于一行，如下所示。

>> A = [1 2 3…4 5] 与 A = [1 2 3 4 5] 一样

- 特殊变量和常量

>> pi $\pi = 3.1415926\cdots$

>> i,j 虚数单位，$i = j = \sqrt{-1}$

>> inf 无限大

>> ans 最近上次运算的答案

- 文件

>> A = [1.1 2.1] 让我们把数据保存到文本文件，步骤如下

>> save my.dat A

– ascii

>> load my.dat 文件"my.dat"里的数据将被载入到"my"

变量里

my = [1.1 2.1]

>> save my 为了另一个应用，将工作台变量保存到文件

"my.dat"

>> load my.dat 从文件"my.dat"载入工作台变量

- 底层文件输入/输出函数

>> n = 0:.1:1;y = [n;sin(n)]

```
>> fid = fopen('sin. dat','w')
>> fprintf(fid,'%3. 2f%3. 4f\n',y)
>> fclose(fid)
```

创建一个包含正弦函数短表的文本文件：

0. 00	0. 0000
0. 10	0. 0998
…	…
1. 00	0. 8415

```
>> fprintf('%3. 2f%3. 4f\n',y);          在命令窗口生成表格
```

在命令窗口键入 "help fprintf" 后将有更详细的解释。参见 "sprintf"。

- 相关和逻辑运算/函数

$$>>A < B, \ A = = B, \ A > = B, \ A < = B$$

如果条件为真，结果是 1，否则，结果是 0。

$$>>A = [-1,3,0,5;-2,0,0,9]$$
$$>>[m,n] = find(A)$$ 　　　　返回矩阵 A 中非零项的行和列的索引

$$(m,n) = (1,1),(2,1),(1,2),(1,4),(2,4)$$

- FOR 循环

```
>> for n = 1:4 n,end
```
$$>>A = [1:3:10] \qquad A = [1 \ 4 \ 7 \ 10]$$

- 条件描述

```
if((attendance > = 0. 90)&(grad _ average > = 60))
    pass = 1;
else
    fail = 1;
end;
```

- DFT/FFT 函数

>> dftmtx(N)	$(N \times N)$ 大小的 DFT 矩阵，它的逆变换是 conj（dftmtx (N)）$/N$
>> fft,ifft	一维 FFT 和其逆变换
>> fft2,ifft2	二维 FFT 和其逆变换
>> fftshift	把直流系数移到二维频率平面的中心，如本书图 5.3b 所示。这对于向量同样适用
>> conv(A,B)	两个向量的非周期卷积。对于两个矩阵则使用 conv2，而对于任意维输入则使用 convn
>>$A = [1:3],N = 2,$	N 决定了一个行向量 A 的合成行数目

```
>> convmtx(A,N)
1  2  3  0
0  1  2  3
```

>> xcorr(A,B)   互相关函数，而对于矩阵 A 和 B 则使用 xcorr2

>> prod, prodsum, sum,
cumsum, diff, gradient

>> fft, fft2, fftn   没有规范化的

>> dct, idct   一维规范化的类型 – 2 DCT

>> dct2, idct2   二维规范化的类型 – 2 DCT

>> dctmtx(N) $(N \times N)$ DCT 矩阵

>> dst, idst   一维类型 – 1DST，没有规范化

假设输入是一个向量。规范化的 DST 是

>> N = length(input); dst(input) * sqrt(2/(N+1));

总之，dct 和 dct2 是规范化的，但是 dst，fft 和 fft2 不是规范化的。

>> hadamard (N)   阶数为 N 的哈达玛矩阵，即哈达玛矩阵 H 的元素是 1 或
–1，并且 $H' * H = N * eye (N)$

>> sinc   注意 sinc（0）被定义为 1

>> chirp   扫频余弦发生器

  • 自定义函数

```
function[MSE, PSNR] = mse(Input, Estimate)
% Compute MSE and PSNR(in dB)between an image and its estimate
Error = Input – Estimate;
MSE = mean(abs(Error(:).^2);
PSNR = 10 * log₁₀(255^2/MSE);
```

这个函数将以 M 文件的形式保存为"mse. m"。因此函数名即为文件名。函数的调用情况如下。

>> a = mse (A, B)   只得到 MSE

>> [a, b] = MSE (A, B)   得到 MSE 和 PSNR

>> A =' A text herein will be display. '

>> disp (A)   如果 A 是字符串，该函数用来显示文本

  • 块处理

>> fun = inline(' sum(x(:)');

>> B = blkproc(A,[2 2],fun);

>> A = [1 2 3]

>> T_s = toeplitz(A)　　　　　　　　对称（或厄米（Hermitian））托普洛兹（Toeplitz）矩阵

$$>> T_s = \begin{bmatrix} 1 & 2 & 3 \\ 2 & 1 & 2 \\ 3 & 2 & 1 \end{bmatrix}$$

>> T = toeplitz
(R,C)　　　　　　　　　　　　非对称托普洛兹（Toeplitz）矩阵。C 是第一列，R 是第一行。同样可见于汉克尔（Hankel）矩阵

>> kron (A,B)　　　　　　　　矩阵 A 和 B 的克罗内克积

- 图像处理函数

MATLAB 中包含"cameraman. tif"、"ic. tif"等图像，更多图像参见目录"imdemos"。

>> I = imread$(\,'ic. tif'\,)$;

>> J = imrotate$(I, -3, 'bilinear', 'crop')$;

>> imshow(I) ; figure, imshow(J) ; title$(\,'$ Rotated image with\theta $= -3\,'\,)$

　　To have a capital Greek in a figure title or plot label, use " \Theta".

>> angle $= -3$

>> imshow(I) ; figure, imshow(J) ;

>> title$(\,[\,'$ Rotated image with\theta $= '$, num2str$($ angle$)\,]$

title 的参数可以是 "［"和"］"中间的向量。

参见函数 image, axis off, axis image。

参见函数 imcrop, imresize, imtransform, tformarray, zoom。

"figure"命令自动生成一个新的图表窗口。如果"figure"命令是缺省的，则只产生一个图表窗口。

>> I = checkerboard(NP, M, N)　　　　NP 是每一个方格边上的像素点的个数，M 是正方格行数数目的一半，N 是方格列数数目的一半

>> imopen, imclose　　　　　　　　对于一个灰度图像或者二值图像的形态学开/关

>> phantom$(\cdots, N)$　　　　　　　　生成一个大小为（$N \times N$）的头部幻影图像，该图像可以用来测试 radon 和 iradon 或其他重建算法的数值精确度

- 画图

>> plot$($ x, y$)$　　　　　　　　　　绘制向量 y 关于向量 x 的图像

>> bar$($ x, y, width$)$　　　　　　　条形图。如果宽度大于 1，条形图重叠

>> scatter(x,y) 　　　　　　　　根据向量 x 和向量 y 所指定的位置绘制所
　　　　　　　　　　　　　　　　有的点

　　参见 stem、stairs 和 semmilogy 三个函数。

>> N = hist(y,20) 　　　　　　　直方图。这个命令把 y 的元素放到 20 个相
　　　　　　　　　　　　　　　　等空间的容器里并返回每一个容器里元素
　　　　　　　　　　　　　　　　的个数

>> hold on 　　　　　　　　　　保留当前绘制的图和所有的坐标轴属性以
　　　　　　　　　　　　　　　　便后续图可添加到当前已存在的图上

>> hold off 　　　　　　　　　　返回到缺省模式

>> axis([1　20　0　50]) 　　　　在当前图上设置 x 轴坐标范围为（1，…，
　　　　　　　　　　　　　　　　20）和 y 轴坐标范围为（1，…，50）

>> C = xcorr(A,B) 　　　　　　　非周期互相关函数估计

>> [C,Lags] = xcorr(A,B) 　　　　返回一个在 C 进行相关估计的延迟矢量 Lags

　　● 特征向量和特征值

>> [V,D] = eig(X) 　　　　　　　产生由特征值组成的对角阵 D 和列是特征
　　　　　　　　　　　　　　　　向量的满阵 V 使得 $X*V = V*D$

　　● 滤波器

$$H(z) = \frac{1}{1 - 0.9z^{-1}}$$ 　　　　低通滤波器的传递函数

$$a(1)y(n) + a(2)y(n-1) = b(1)x(n)$$
$$y(n) = -a(2)y(n-1) + b(1)x(n)$$
$$= 0.9y(n-1) + x(n) = \{1, 2.9,$$
$$5.61, 9.049\}$$

>> $x = [1\ \ 2\ \ 3\ \ 4]$ 　　　　　输入序列

>> $A = [1\ \ \ -0.9]$ 　　　　　低通滤波器参数

>> $B = 1$

>> $y = filter(B,A,x)$ 　　　　$\{1, 2.9, 5.61, 9.049\}$：滤波序列

例如，令 $H(z) = \frac{1}{2} + \frac{1}{2}z^{-1}$

>> $x = [1\ 2\ 3\ 4]$ 　　　　　输入序列

>> $A = 1$ 　　　　　　　　　低通滤波器参数

>> $B = \left[\frac{1}{2}\ \ \frac{1}{2}\right]$

>> $y = filter(B,A,x)$ 　　　$y = \left[\frac{1}{2}\ \ \frac{3}{2}\ \ \frac{5}{2}\ \ \frac{7}{2}\right]$ 输出序列

　　● 小波滤波器

>> [LD,HD,LR,HR] = wfilters('w_name')

计算与正交或者双正交小波'w_ name'相关的四个滤波器组。

LD 和 HD 是分解的低通和高通滤波器。

LR 和 HR 是重建的低通和高通滤波器。

- 小波变换

>> dwt	单层离散一维小波变换
>> idw	dwt 的逆变换
>> dwt2	单层离散二维小波变换
>> idwt2	dwt2 的逆变换
>> syms $\quad x \quad z$	创建符号变量 x 和 z
>> simplify$(1/(z+1)+1/z)$	$\dfrac{1}{z+1}+\dfrac{1}{z}$ 的符号简化

ans $= (2*z+1)/(z+1)/z$

>> pretty(ans)

$$\frac{2z+1}{(z+1)z}$$

G. 1　MATLAB 相关网站列表

G. 1. 1　MATLAB 教程

http://www.cyclismo.org/tutorial/matlab/
http://www.stanford.edu/~wfsharpe/mia/mat/mia_mat3.htm
http://www.contracosta.cc.ca.us/math/lmatlab.htm
http://www.cs.berkeley.edu/titan/sww/software/matlab/
http://www.cs.berkeley.edu/titan/sww/software/matlab/techdoc/ref/func_by_.html

G. 1. 2　MATLAB 命令和函数

http://www.hkn.umn.edu/resources/files/matlab/MatlabCommands.pdf
http://www.owlnet.rice.edu/~elec241/ITMatlab.pdf Introduction to MATLAB

G. 1. 3　MATLAB 概要和教程

http://www.math.ufl.edu/help/matlab-tutorial/matlab-tutorial.html

G. 1. 4　MATLAB 初级读本

http://www4.ncsu.edu/unity/users/p/pfackler/www/MPRIMER.htm
http://www.glue.umd.edu/~nsw/ench250/primer.htm

G. 1. 5　MATLAB 常见问题解答（FAQ）

http://matlabwiki.mathworks.com/MATLAB_FAQ

G. 2　MATLAB 相关参考文献

M1　S.D. Stearns, *Digital Signal Processing with Examples in MATLAB*® (CRC Press, Boca Raton, FL, 2003)

M2　D.G. Duffy, *Advanced Engineering Mathematics with MATLAB* (CRC Press, Boca Raton, FL, 2003)

M3　R.E. White, *Elements of Matrix Modeling and Computing with MATLAB* (CRC Press, Boca Raton, FL, 2006)

M4　A.D. Poularikis, Z.M. Ramadan, *Adaptive filtering with MATLAB* (CRC Press, Boca Raton, FL, 2006)

M5　E.W. Kamen, B.S. Heck, *Fundamentals of Signals and Systems using Web and MATLAB* (Prentice Hall, Upper Saddle River, NJ, 2007)

M6　*MATLAB and SIMULINK Student Version.* (Release 2007 – CD-ROM), Mathworks. (MATLAB 7.4 and Simulink 6.6)

M7　A.H. Register, *A Guide to MATLAB*® *Object-Oriented Programming* (CRC Press, Boca Raton, FL, 2007)

M8　M. Weeks, *Digital Signal Processing Using MATLAB and Wavelets* (Infinity Science Press LLC, Hingham, MA, 2007)

M9　A.D. Poularikis, *Signals and Systems Primer with MATALAB* (CRC Press, Boca Raton, FL, 2007)

M10　B. Hahn and D. Valentine, *Essential MATLAB for Engineers & Scientists.* III Edition, Oxford, UK: Elsevier, 2008.

M11　S.J. Chapman, *MATLAB*® *Programming for Engineers.* IV Edition, Cengage Learning, Engineering, 1120 Birchmount Rd, Toronto, ON, M1K 5G4, Canada, 2008.

M12　Amos Gilat, *MATLAB*®*: An Introduction with Applications.* III Edition, Hoboken, NJ: Wiley, 2008.

M13　Li Tan, *Digital signal processing: Fundamentals and Applications.* Burlington, MA: Academic Press (Elsevier), 2008. (This has MATLAB exercises/programs.)

M14　M. Kalechman, *Practical MATLAB*® *Basics for Engineers* (CRC Press, Boca Raton, FL, 2008)

M15　M. Kalechman, *Practical MATLAB*® *Applications For Engineers* (CRC Press, Boca Raton, FL, 2008)

M16　J. Musto, W.E. Howard, R.R. Williams, *Engineering Computation: An Introduction Using MATLAB and Excel* (McGraw Hill, New York, NY, 2008)

M17　T.S. El Ali, M.A. Karim, *Continuous Signals and Systems with MATLAB* (CRC Press, Boca Raton, FL, 2008)

M18　A. Siciliano, *Data Analysis and Visualization* (World Scientific Publishing Co. Inc., Hackensack, NJ, 2008)

M19　B. Hahn and D. Valentine, *Essential MATLAB for Engineers and Scientists.* Elsevier, 2008

M20　W.L. Martinez, *Computational Statistics Handbook with MATLAB*, II Edition (CRC Press, Boca Raton, FL, 2008)

M21　A.D. Poularikis, *Discrete Random Signal Processing and Filtering Primer with MATLAB* (CRC Press, Boca Raton, FL, 2009)

M22 O. Demirkaya, M.H. Asyali and P.K. Sahoo, *Image Processing with MATALB* (CRC Press, Boca Raton, FL, 2009) (MATLAB codes/functions/algorithms)

M23 M.N.O. Sadiku, *Numerical Techniques in Electromagnetics with MATLAB* (CRC Press, Boca Raton, FL, 2009)

M24 S. Attaway, *MATLAB: A Practical Introduction to Programming and Problem Solving* (Elsevier, Burlington, MA, 2009)

M25 M. Corinthios, *Signals, Systems, Transforms and Digital Signal Processing with MATLAB* (CRC Press, Boca Raton, FL, 2009)

M26 A.M. Grigoryan, M.M. Grigoryan, *Brief Notes in Advanced DSP, Fourier Analysis with MATLAB* (CRC Press, Boca Raton, FL, 2009)

M27 MATLAB Educational Sites are listed on the website below. http://faculty. ksu.edu.sa/hedjar/Documents/MATLAB_Educational_Sites.htm

M28 T.A. Driscoll, *Learning MATLAB* (SIAM, Philadelphia, PA, 2009)

M29 C.F.V. Loan, K.-Y.D. Fan, *Insight through Computing: A MATLAB Introduction to Computational Science and Engineering* (SIAM, Philadelphia, PA, 2009)

附录 H　MATLAB 程序示例

H.1　15 点的 WFTA[A39] 的 MATLAB 程序代码

```
function[ ] = fft _ 15( )
P _ inp = zeros(15,15);
P _ out = zeros(15,15);
```

% 对于输入输出序列当 $N = 3 \times 5$ 时选取的主要因子映射。

% 3×5 意味着我们首先进行 5 点变换然后再进行 3 点变换。

% 这会产生 67 次实数加法，如果使用 5×3，则会产生 73 次实数加法。

% 在两种情况下乘法运算次数一样。因此我们使用 3×5 的因数分解。

% 频率索引映射叫作中国剩余定理（Chinese Remainder Theorem，CRT）[B29]。

```
  k = 1;
  for n1 = 0:2                              % MATLAB 中符号 * 表示矩阵乘法
    for n2 = 0:4
      inp _ idx _ map(k) = mod(5 * n1 + 3 * n2,15);
      out _ idx _ map(k) = mod(10 * n1 + 6 * n2,15);
      k = k + 1;
    end
  end
inp _ idx _ map = inp _ idx _ map + 1;
out _ idx _ map = out _ idx _ map + 1;
```

% 形成输入输出的置换矩阵

```
  for k = 1:15
    P _ inp(k,inp _ idx _ map(k)) = 1;
    P _ out(k,out _ idx _ map(k)) = 1;
  end
```

% 验证置换变换矩阵等于主要因子克罗内克积的变换矩阵。$P \_ inp \neq inv(P \_ inp)$，$P \_ out = inv(P \_ out)$。

```
P _ out * fft(eye(15)) * inv(P _ inp) - kron(fft(eye(3)),fft(eye(5)));
```

% 对于变换大小 3 定义后置加法矩阵（post addition matrix），这些矩阵的生成参见 Winograd 的短 - N DFT 算法。

$$S3 = \begin{bmatrix} 1 & 0 & 0 \\ 1 & 1 & 1 \\ 1 & 1 & -1 \end{bmatrix};$$

% 长度为 3 的乘法矩阵。

C3 = diag([1　cos(-2 * pi/3) -1　i * sin(-2 * pi/3)]);% diag[1,cos(-2π/3)
-1,jsin(-2π/3)]

% 长度为 3 的前置加法矩阵。

$$T3 = \begin{bmatrix} 1 & 1 & 1 \\ 0 & 1 & 1 \\ 0 & 1 & -1 \end{bmatrix};$$

% 长度为 5 的后置加法矩阵。

$$S5 = \begin{bmatrix} 1 & 0 & 0 & 0 & 0 & 0 \\ 1 & 1 & 1 & 1 & -1 & 0 \\ 1 & 1 & -1 & 0 & 1 & 1 \\ 1 & 1 & -1 & 0 & -1 & -1 \\ 1 & 1 & 1 & -1 & 1 & 0 \end{bmatrix};$$

% 长度为 5 的乘法矩阵。

u = -2 * pi/5;

C5 = diag ([1(cos(u) + cos(2 * u))/2 -1(cos(u) - cos(2 * u))/2⋯
　　　　i * (sin(u) + sin(2 * u))i * sin(2 * u)i * (sin(u) - sin(2 * u))]);

% 长度为 5 的前置加法矩阵。

$$T5 = \begin{bmatrix} 1 & 1 & 1 & 1 & 1 \\ 0 & 1 & 1 & 1 & 1 \\ 0 & 1 & -1 & -1 & 1 \\ 0 & 1 & 0 & 0 & -1 \\ 0 & 1 & -1 & 1 & -1 \\ 0 & 0 & -1 & 1 & 0 \end{bmatrix};$$

% 验证本书式 (3.67) 和式 (3.68)。

kron(S3,S5) * kron(C3,C5) * kron(T3,T5) - kron(fft(eye(3)),fft(eye(5)))

% 生成本书式 (3.75) 中定义的矩阵 $[C_{5 \times 3}]$。

[r _ C3,temp] = size(C3);

[r _ C5,temp] = size(C5);

for j = 1:r _ C5

　for q = 1:r _ C3

　　C(j,q) = (C5(j,j) * C3(q,q));

　end

```
end
% 验证本书式 (3.73)。
fft _ 15 = zeros(15 ,15) ;
for vec = 1 :15                % 对每个基准向量进行测试
    clear z15 ;clear x ;clear y ;
    x = zeros(15 ,1) ;
    x( vec) = 1 ;
    %应用输入排列
    x = P _ inp ∗ x ;
    % 生成本书式(3.70)中定义的矩阵[ z15]。
    q = 1 ;
    for j = 1 :3
      for k = 1 :5
        z15( j,k) = x( q) ;
        q = q + 1 ;
      end
    end
    z15 = S3 ∗ ( S5 ∗ ( C. ∗ ( T5 ∗ ( T3 ∗ z15). ′))). ′;
    % 生成输出向量，输出是打乱的。
    y = zeros(15 ,1) ;
    q = 1 ;
    for j = 1 :3
      for k = 1 :5
        y( q) = z15( j,k) ;
        q = q + 1 ;
      end
    end
% 采用逆输出置换来获得有条理的输出。
    y = inv( P _ out) ∗ y ;
    fft _ 15( 1 :end,vec) = y ;
  end
fft _ 15 − fft( eye( 15))
```

H. 2   纯相位相关的 MATLAB 程序代码 （见本书 8. 3 节）

```
path( path ,' c : \code ')
```

```
f = imread('lena. jpg');                % imshow(f,[]);
[M,N] = size(f);                        % 我们使用大小为 512×512 的 Lena 图像。
imA = f(111:350,111:350);               figure(1),imshow(imA);% 240×240
% imA = f(1:240,1:240);                 figure(1),imshow(imA);
S = 50;                                 % 控制移动量,用"+""-"控制
                                        方向,如 50、100、140、-100、%
                                        221(最大值)。
imB = f(111 + S:350 + S,111 + S:350 + S);  figure(2),imshow(imB);
% imB = f(1 + S:240 + S,1 + S:240 + S);      figure(2),imshow(imB);
Fa = fft2(imA);Fb = fft2(imB);
Z = Fa. * conj(Fb)./abs(Fa. * conj(Fb));   % 见本书式(8.14)。
% Z = Fa./Fb;                              % 简化方法,见本书式(8.17)。
z = ifft2(Z);
max_z = max(max(z))
[m1,m2] = find(z == max_z);m1 = m1 - 1,m2 = m2 - 1
                                        % 因为 MATLAB 索引是从(1,1)
                                        开始的,而不是(0,0)。
zz = fftshift(abs(z));                  % figure(4),imshow(log(zz + 0.0001),
                                        []);
figure(3),mesh(zz(1:2:240,1:2:240)),colormap([0.6,0.8,0.2])
axis([1 120 1 120 0 1])
view(-37.5,16)
xlabel('n_1');ylabel('n_2');zlabel('z_{poc}(n_1,n_2)');
```

参 考 文 献

书籍（Books）

B1　H.J. Nussbaumer, *Fast Fourier Transform and Convolution Algorithms* (Springer-Verlag, Heidelberg, Germany, 1981)

B2　N.C. Geckinli, D. Yavuz, *Discrete Fourier Transformation and Its Applications to Power Spectra Estimation* (Elsevier, Amsterdam, the Netherlands, 1983)

B3　R.E. Blahut, *Fast Algorithms for Digital Signal Processing* (Addison-Wesley, Reading, MA, 1985)

B4　V. Cizek, *Discrete Fourier Transforms and Their Applications* (Adam Higler, Bristol/Boston, 1986)

B5　M.T. Heideman, *Multiplicative Complexity, Convolution and the DFT* (Springer-Verlag, Heidelberg, Germany, 1988)

B6　A.K. Jain, *Fundamentals of Digital Image Processing* (Prentice-Hall, Englewood Cliffs, NJ, 1989)

B7　R. Tolimieri, M. An, C. Lu, *Algorithms for Discrete Fourier Transform and Convolution* (Springer-Verlag, Heidelberg, Germany, 1989)

B8　C.V. Loan, *Computational Frameworks for the Fast Fourier Transform*. Uses MATLAB notation (SIAM, Philadelphia, PA, 1992)

B9　P.P. Vaidyanathan, *Multirate Systems and Filterbanks* (Prentice-Hall, Englewood Cliffs, NJ, 1993)

B10　S.K. Mitra, J.F. Kaiser, *Handbook for Digital Signal Processing*. Filter design and implementation, FFT implementation on various DSPs (Wiley, New York, 1993)

B11　O.K. Ersoy, *Multidimensional Fourier Related Transforms and Applications* (Prentice-Hall, Upper Saddle River, NJ, 1993)

B12　M.F. Cátedra et al., *The CG-FFT Method: Application of Signal Processing Techniques to Electromagnetics*. CG = Conjugate Gradient (Artech, Norwood, MA, 1994)

B13　W.W. Smith, J.M. Smith, *Handbook of Real-Time Fast Fourier Transforms: Algorithms to Product Testing* (Wiley-IEEE Press, Piscataway, NJ, 1995) (Assembly language programming, implement FFT algorithms on DSP chips, etc.)

B14　R.M. Gray, J.W. Goodman, *Fourier Transforms: An Introduction for Engineers* (Kluwer, Norwell, MA, 1995)

B15　A.D. Poularikas (ed.), *The Transforms and Applications Handbook* (CRC Press, Boca Raton, FL, 1996)

B16　O.K. Ersoy, *Fourier-Related Transforms, Fast Algorithms and Applications* (Prentice-Hall, Upper Saddle River, NJ, 1997)

B17　H.K. Garg, *Digital Signal Processing Algorithms: Number Theory, Convolutions, Fast Fourier Transforms and Applications* (CRC Press, Boca Raton, FL, 1998)

B18　T.M. Peters, J.C. Williams, *The Fourier Transform in Biomedical Engineering* (Birkhauser, Boston, MA, 1998)

B19　A.V. Oppenheim, R.W. Schafer, J.R. Buck, *Discrete-Time Signal Processing*, 2nd edn. (Prentice-Hall, Upper Saddle River, NJ, 1998)

B20　E. Chu, A. George, *Inside the FFT Black Box: Serial and Parallel Fast Fourier Transform Algorithms* (CRC Press, Boca Raton, FL, 2000)

B21　C.-T. Chen, *Digital Signal Processing* (Oxford University Press, New York, 2000)

B22　D. Sundararajan, *The Discrete Fourier Transform* (World Scientific, River Edge, NJ, 2001)

B23　K.R. Rao, P.C. Yip (eds.), *The Transform and Data Compression Handbook* (CRC Press, Boca Raton, FL, 2001)

B24　S. Wolfram, *The Mathematica Book*, 5th edn. (Wolfram Media, Champaign, IL, 2003)

B25　J.K. Beard, *The FFT in the 21st Century: Eigenspace Processing* (Kluwer, Hingham, MA, 2003)

B26　G. Bi, Y. Zeng, *Transforms and Fast Algorithms for Signal Analysis and Representations* (Birkhauser, Boston, MA, 2003)

B27 S.J. Leon, *Linear Algebra with Applications*, 6th edn. (Prentice-Hall, Upper Saddle River, NJ, 2006)

B28 V. Britanak, P. Yip, K.R. Rao, *Discrete Cosine and Sine Transforms: General Properties, Fast Algorithms and Integer Approximations* (Academic Press (Elsevier), Orlando, FL, 2007)

带软件的书籍（Books With Software）

■此类图书附带光盘涉及的软件内容包括：FFT、滤波、直方图技术、图像处理技术等。

B29 C.S. Burrus, T.W. Parks, *DFT/FFT and Convolution Algorithms: Theory and Implementation* (Wiley, New York, 1985)

B30 H.R. Myler, A.R. Weeks, *Computer Imaging Recipes in C* (Prentice-Hall, Englewood Cliffs, NJ, 1993)

B31 C.S. Burrus et al., *Computer Based Exercises for Signal Processing Using MATLAB* (Prentice-Hall, Englewood Cliffs, NJ, 1994)

B32 O. Alkin, *Digital Signal Processing: A Laboratory Approach Using PC-DSP* (Prentice-Hall, Englewood Cliffs, NJ, 1994)

B33 F.J. Taylor, *Principles of Signals and Systems*. Includes a data disk of MATLAB and MONARCH example files (McGraw-Hill, New York, 1994)

B34 A. Ambardar, *Analog and Digital Processing*. 3.5" DOS diskette, IBM PC, PS/2 etc., compatible, requires MATLAB 3.5 or 4.0 (PWS Publishing Co., Boston, MA, 1995)

B35 H.V. Sorensen, C.S. Burrus, M.T. Heideman, *Fast Fourier Transform Database* (PWS Publishing Co., Boston, MA, 1995) (disk and hard copy)

B36 J.S. Walker, *Fast Fourier Transform*, 2nd edn. (CRC Press, Boca Raton, FL, 1996) (Software on disk)

B37 S.A. Tretter, *Communication System Design Using DSP Algorithms: With Laboratory Experiments for the TMS320C6701 and TMS320C6711* (Kluwer/Plenum, New York, 2003) (Software on disk) (800-221-9369)

B38 P.D. Cha, J.I. Molinder, *Fundamentals of Signals and Systems: A Building Block Approach* (Cambridge University Press, New York, 2006) (CD-ROM, MATLAB M-files)

B39 D.E. Dudgeon, R.M. Mersereau, *Multidimensional Digital Signal Processing* (Prentice-Hall, Englewood Cliffs, NJ, 1984)

B40 L.C. Ludeman, *Random Processes: Filtering, Estimation and Detection* (Wiley, Hoboken, NJ, 2003)

B41 W.K. Pratt, *Digital Image Processing*, 4th edn. (Wiley, New York, 2007)

B42 M. Petrou, C. Petrou, *Image Processing: The Fundamentals*, 2nd edn. (Wiley, New York, 2010)

B43 A.D. Poularikis, *Transforms and Applications Handbook*, 3rd edn. (CRC Press, Boca Raton, FL, 2010)

FFT 插值法（Interpolation Using FFT）

IN1 R.W. Schafer, L.R. Rabiner, A digital signal processing approach to interpolation. Proc. IEEE **61**, 692–702 (June 1973)

IN2 M. Yeh, J.L. Melsa, D.L. Cohn, A direct FFT scheme for interpolation decimation, and amplitude modulation. in *16th IEEE Asilomar Conf. Cir. Syst. Comp.* Nov. 1982, pp. 437–441

IN3 K.P. Prasad, P. Sathyanarayana, Fast interpolation algorithm using FFT. IEE Electron. Lett. **22**, 185–187 (Jan. 1986)

IN4 J.W. Adams, A subsequence approach to interpolation using the FFT. IEEE Trans. CAS **34**, 568–570 (May 1987)

IN5 S.D. Stearns, R.A. David, *Signal Processing Algorithms* (Englewood Cliffs, NJ, Prentice-Hall, 1988). Chapter 10 – Decimation and Interpolation Routines. Chapter 9 – Convolution and correlation using FFT

IN6 D. Fraser, Interpolation by the FFT revisited – An experimental investigation. IEEE Trans. ASSP **37**, 665–675 (May 1989)

IN7 P. Sathyanarayana, P.S. Reddy, M.N.S. Swamy, Interpolation of 2-D signals. IEEE Trans. CAS **37**, 623–625 (May 1990)

IN8 T. Smith, M.R. Smith, S.T. Nichols, Efficient sinc function interpolation techniques for center padded data. IEEE Trans. ASSP **38**, 1512–1517 (Sept. 1990)

IN9 S.C. Chan, K.L. Ho, C.W. Kok, Interpolation of 2-D signal by subsequence FFT. IEEE Trans. Circ. Syst. II Analog Digital SP **40**, 115–118 (Feb. 1993)

IN10 Y. Dezhong, Fast interpolation of *n*-dimensional signal by subsequence FFT. IEEE Trans Circ. Syst II Analog Digital SP **43**, 675–676 (Sept. 1996)

音频编码（Audio Coding）

■杜比 AC – 2 和 AC – 3 音频编码：时域混叠消除（Time Domain Aliasing Cancellation , TDAC）变换涉及改进型 DCT（MDCT）和改进型 DST（M DST）。MDCT 和 MDST 及它们的逆变换都可以通过 FFT 实现。参考文献［D13，D24，D25］来自美国杜比实验室，相关网址为 http：//www. dolby. com/。

■心理声学模型的掩蔽阈值（或称掩蔽门限）来自于 512 点傅里叶变换得到的功率谱密度。被用于 MPEG 音频编码。ISO/IEC JTC1/ SC29 11172 – 3。见参考文献［D22，D26］。

D1 J.P. Princen, A.B. Bradley, Analysis/synthesis filter bank design based on time domain aliasing cancellation. IEEE Trans. ASSP **34**, 1153–1161 (Oct. 1986)

D2 J.P. Princen, A.W. Johnson, A.B. Bradley, Subband/transform coding using filter bank designs based on time domain aliasing cancellation, in *IEEE ICASSP*, Dallas, TX, Apr. 1987, pp. 2161–2164

D3 J.D. Johnston, Transform coding of audio signals using perceptual noise criteria. IEEE JSAC **6**, 314–323 (Feb. 1988)

D4 J.D. Johnston, Estimation of perceptual entropy using noise masking criteria, in *IEEE ICASSP*, vol. 5, New York, Apr. 1988, pp. 2524–2527

D5 J.H. Chung, R.W. Schafer, A 4.8 kbps homomorphic vocoder using analysis-by-synthesis excitation analysis, in *IEEE ICASSP*, vol. 1, Glasgow, Scotland, May 1989, pp. 144–147

D6 J.D. Johnston, Perceptual transform coding of wideband stereo signals, in *IEEE ICASSP*, vol. 3, Glasgow, Scotland, May 1989, pp. 1993–1996

D7 Y.-F. Dehery, A digital audio broadcasting system for mobile reception, in *ITU-COM 89*, CCETT of France, Geneva, Switzerland, Oct. 1989, pp. 35–57

D8 ISO/IEC JTC1/SC2/WG8 MPEG Document 89/129 proposal package description, 1989

D9 "ASPEC", AT&T Bell Labs, Deutsche Thomson Brandt and Fraunhofer Gesellschaft – FhG AIS, ISO/IEC JTC1/SC2/WG8 MPEG 89/205

D10 K. Brandenburg et al., Transform coding of high quality digital audio at low bit rates-algorithms and implementation, in *IEEE ICC 90*, vol. 3, Atlanta, GA, Apr. 1990, pp. 932–936

D11 G. Stoll, Y.-F. Dehery, High quality audio bit-rate reduction system family for different applications, in *IEEE ICC*, vol. 3, Atlanta, GA, Apr. 1990, pp. 937–941

D12 J.H. Chung, R.W. Schafer, Excitation modeling in a homomorphic vocoder, in *IEEE ICASSP*, vol. 1, Albuquerque, NM, Apr. 1990, pp. 25–28

D13 G.A. Davidson, L.D. Fielder, M. Artill, Low-complexity transform coder for satellite link applications, in *AES 89th Convention*, Los Angeles, CA, 21–25 Sept. 1990, http://www.aes.org/

D14 T.D. Lookabaugh, M.G. Perkins, Application of the Princen-Bradley filter bank to speech and image compression. IEEE Trans. ASSP **38**, 1914–1926 (Nov. 1990)

D15 H.G. Musmann, The ISO audio coding standard, in *IEEE GLOBECOM*, vol. 1, San Diego, CA, Dec. 1990, pp. 511–517

D16 Y. Mahieux, J.P. Petit, Transform coding of audio signals at 64 kbit/s, in *IEEE GLOBECOM*, vol. 1, San Diego, CA, Dec. 1990, pp. 518–522

D17 K. Brandenburg et al., ASPEC: Adaptive spectral perceptual entropy coding of high quality music signals, in *90th AES Convention*, Preprint 3011 (A-4), Paris, France, 19–22 Feb. 1991

D18 P. Duhamel, Y. Mahieux, J.P. Petit, A fast algorithm for the implementation of filter banks based on 'time domain aliasing cancellation', in *IEEE ICASSP*, vol. 3, Toronto, Canada, Apr. 1991, pp. 2209–2212

D19 L.D. Fielder, G.A. Davidson, AC-2: A family of low complexity transform based music coders, in *AES 10th Int'l Conference*, London, England, 7–9 Sept. 1991, pp. 57–69

D20 M. Iwadare et al., A 128 kb/s Hi-Fi audio CODEC based on adaptive transform coding with adaptive block size MDCT. IEEE JSAC **10**, 138–144 (Jan. 1992)

D21 G.A. Davidson, W. Anderson, A. Lovrich, A low-cost adaptive transform decoder implementation for high-quality audio. in *IEEE ICASSP*, vol. 2, San Francisco, CA, Mar. 1992, pp. 193–196

D22 K. Brandenburg et al., The ISO/MPEG audio codec: A generic standard for coding of high quality digital audio, in *92th AES Convention*, Preprint 3336, Vienna, Austria, Mar. 1992, http://www.aes.org/

D23 L.D. Fielder, G.A. Davidson, Low bit rate transform coder, decoder and encoder/decoder for high quality audio, U.S. Patent 5,142,656, 25 Aug. 1992

D24 A.G. Elder, S.G. Turner, A real-time PC based implementation of AC-2 digital audio compression, in *AES 95th Convention*, Preprint 3773, New York, 7–10 Oct 1993

D25 Dolby AC-3, multi-channel digital audio compression system algorithm description, Dolby Labs. Inc., Revision 1.12, 22 Feb. 1994, http://www.dolbylabs.com

D26 D. Pan, An overview of the MPEG/Audio compression algorithm, in *IS&T/SPIE Symposium on Electronic Imaging: Science and Technology*, vol. 2187, San Jose, CA, Feb. 1994, pp. 260–273

D27 C.C. Todd et al., AC-3: Flexible perceptual coding for audio transmission and storage, in *AES 96th Convention*, Preprint 3796, Amsterdam, Netherlands, Feb./Mar. 1994, http://www.aes.org/

D28 ACATS Technical Subgroup, *Grand Alliance HDTV System Specification*, Version 1.0, 14 Apr. 1994

D29 M. Lodman et al., A single chip stereo AC-3 audio decoder, in *IEEE ICCE*, Chicago, IL, June 1994, pp. 234–235 (FFT is used in time domain aliasing cancellation – TDAC)

D30 A.S. Spanias, Speech coding: A tutorial review. Proc. IEEE **82**, 1541–1582 (Oct. 1994)

D31 M. Bosi, S.E. Forshay, High quality audio coding for HDTV: An overview of AC-3, in *7th Int'l Workshop on HDTV*, Torino, Italy, Oct. 1994

D32 D. Sevic, M. Popovic, A new efficient implementation of the oddly stacked Princen-Bradley filter bank. IEEE SP Lett. **1**, 166–168 (Nov. 1994)

D33 P. Noll, Digital audio coding for visual communications. Proc. IEEE **83**, 925–943 (June 1995)

D34 Digital Audio Compression (AC-3) ATSC Standard, 20 Dec. 1995, http://www.atsc.org/

D35 M. Bosi et al., ISO/IEC MPEG-2 advanced audio coding, in *AES 101st Convention*, Los Angeles, CA, 8–11 Nov. 1996. Also appeared in J. Audio Eng. Soc., **45**, 789–814 (Oct. 1997)

D36 MPEG-2 Advanced Audio Coding, ISO/IEC JTC1/SC29/WG11, Doc. N1430, MPEG-2 DIS 13818-7, Nov. 1996

D37 K.R. Rao, J.J. Hwang, *Techniques and Standards for Image, Video and Audio Coding* (Prentice-Hall, Upper Saddle River, NJ, 1996)

D38 K. Brandenburg, M. Bosi, Overview of MPEG audio: Current and future standards for low bit-rate audio coding. J. Audio Eng. Soc. **45**, 4–21 (Jan./Feb. 1997)

D39 MPEG-2 Advanced Audio Coding (AAC), ISO/IEC JTC1/SC29/WG 11, Doc. N1650, Apr. 1997, MPEG-2 IS 13818-7. Pyschoacoustic model for NBC (Nonbackward Compatible) – AAC (Advanced Audio Coder) audio coder, IS for MPEG-2. Also adopted by MPEG-4 in T/F coder, http://www.mpeg.org/

D40 S. Shlien, The modulated lapped transform, its time-varying forms, and its applications to audio coding standards. IEEE Trans. Speech Audio Process. **5**, 359–366 (July 1997)

D41 Y. Jhung, S. Park, Architecture of dual mode audio filter for AC-3 and MPEG. IEEE Trans. CE **43**, 575–585 (Aug. 1997) (Reconstruction filter based on FFT structure)

D42 Y.T. Han, D.K. Kang, J.S. Koh, An ASIC design of the MPEG-2 audio encoder, in *ICSPAT 97*, San Diego, CA, Sept. 1997

D43 MPEG-4 WD ISO/IEC 14496-3, V4.0/10/22/1997 (FFT in 'CELP' coder)

D44 K. Brandenburg, MP3 and AAC explained, in *AES 17th Int'l Conference on High Quality Audio Coding*, Florence, Italy, Sept. 1999

D45 C.-M. Liu, W.-C. Lee, A unified fast algorithm for cosine modulated filter banks in current audio coding standards. J. Audio Eng. Soc. **47**, 1061–1075 (Dec. 1999)

D46 Method for objective measurements of perceived audio quality. Recommendation ITU-R BS.1387-1, 1998–2001

D47 R. Geiger et al., Audio coding based on integer transforms, in *AES 111th Convention*,

New York, 21–24 Sept. 2001, pp. 1–9

D48 S.-W. Lee, Improved algorithm for efficient computation of the forward and backward MDCT in MPEG audio coder. IEEE Trans. Circ. Syst. II Analog Digital Signal Process. **48**, 990–994 (Oct. 2001)

D49 V. Britanak, K.R. Rao, A new fast algorithm for the unified forward and inverse MDCT/ MDST computation. Signal Process. **82**, 433–459 (Mar. 2002)

D50 M. Bosi, R.E. Goldberg, *Introduction to Digital Audio Coding and Standards* (Kluwer, Norwell, MA, 2003)

D51 G.A. Davidson et al., ATSC video and audio coding. Proc. IEEE **94**, 60–76 (Jan. 2006)

D52 J.M. Boyce, The U.S. digital television broadcasting transition. IEEE SP Mag. **26**, 102–110 (May 2009)

D53 I.Y. Choi et al., Objective measurement of perceived auditory quality in multichannel audio compression coding systems. J. Audio Eng. Soc. **56**, 3–17 (Jan. 2008)

图像处理过程，傅里叶相位相关（Image Processing, Fourier Phase Correlation）

IP1 C.D. Kuglin, D.C. Hines, The phase correlation image alignment method, in *Proceedings on the IEEE Int'l Conference on Cybernetics and Society*, San Francisco, CA, Sept. 1975, pp. 163–165

IP2 E. De Castro, C. Morandi, Registration of translated and rotated images using finite Fourier transforms. IEEE Trans. PAMI **9**, 700–703 (Sept. 1987)

IP3 W.M. Lawton, Multidimensional chirp algorithms for computing Fourier transforms. IEEE Trans. IP **1**, 429–431 (July 1992)

IP4 M. Perry, Using 2-D FFTs for object recognition, in *ICSPAT*, DSP World Expo., Dallas, TX, Oct. 1994, pp. 1043–1048

IP5 B.S. Reddy, B.N. Chatterji, An FFT-based technique for translation, rotation, and scale-invariant image registration, IEEE Trans. IP **5**, 1266–1271 (Aug. 1996)

IP6 P.E. Pang, D. Hatzinakos, An efficient implementation of affine transformation using one-dimensional FFTs, in *IEEE ICASSP-97*, vol.4, Munich, Germany, Apr. 1997, pp. 2885–2888

IP7 S.J. Sangwine, The problem of defining the Fourier transform of a color image, in *IEEE ICIP*, vol. 1, Chicago, IL, Oct. 1998, pp. 171–175

IP8 A. Zaknich, Y. Attikiouzel, A comparison of template matching with neural network approaches in the recognition of numeric characters in hand-stamped aluminum, in *IEEE ISPACS*, Melbourne, Australia, Nov. 1998, pp. 98–102

IP9 W. Philips, On computing the FFT of digital images in quadtree format. IEEE Trans. SP **47**, 2059–2060 (July 1999)

IP10 R.W. Cox, R. Tong, Two- and three-dimensional image rotation using the FFT. IEEE Trans. IP **8**, 1297–1299 (Sept. 1999)

IP11 J.H. Lai, P.C. Yuen, G.C. Feng, Spectroface: A Fourier-based approach for human face recognition, in *Proceedings of the 2nd Int'l Conferene on Multimodal Interface (ICMI'99)*, Hong Kong, China, Jan. 1999, pp. VI115–12

IP12 A.E. Yagle, Closed-form reconstruction of images from irregular 2-D discrete Fourier samples using the Good-Thomas FFT, in *IEEE ICIP*, vol. 1, Vancouver, Canada, Sept. 2000, pp. 117–119

IP13 U. Ahlves, U. Zoetzer, S. Rechmeier, FFT-based disparity estimation for stereo image coding, in *IEEE ICIP*, vol. 1, Barcelona, Spain, Sept. 2003, pp. 761–764

IP14 A.V. Bondarenko, S.F. Svinyin, A.V. Skourikhin, Multidimensional B-spline forms and their Fourier transforms, in *IEEE ICIP*, vol. 2, Barcelona, Spain, Sept. 2003, pp. 907–908

IP15 A.H. Samra, S.T.G. Allah, R.M. Ibrahim, Face recognition using wavelet transform, fast Fourier transform and discrete cosine transform, in *46th IEEE Int'l MWSCAS*, vol. 1, Cairo, Egypt, Dec. 2003, pp. 27–30

IP16 K. Ito et al., Fingerprint matching algorithm using phase-only correlation. IEICE Trans. Fundam. **E87-A**, 682–691 (Mar. 2004)

IP17 O. Urhan, M.K. Güllü, S. Ertürk, Modified phase-correlation based robust hard-cut detection with application to archive film. IEEE Trans. CSVT **16**, 753–770 (June 2006)

IP18 R.C. Gonzalez, R.E. Woods, *Digital Image Processing*, 2nd edn. (Prentice-Hall, Upper Saddle River, NJ, 2001)

IP19 Ibid., 3rd edn. (Prentice-Hall, Upper Saddle River, NJ, 2007)

IP20 P.C. Cosman, Homework 4 and its solution on registration for digital image processing lecture, 2008, available: http://code.ucsd.edu/~pcosman/

视频/图像编码 (Video/Image Coding)

IP21 B.G. Haskell, Frame-to-frame coding of television pictures using two-dimensional Fourier transforms. IEEE Trans. IT **20**, 119–120 (Jan. 1974)

IP22 J.W. Woods, S.D. O'Neil, Subband coding of images. IEEE Trans. ASSP **34**, 1278–1288 (Oct. 1986) (Implementation of the FIR filters with the QMF banks by FFT)

IP23 (8×8) 2D FFT spatially on video frame/field followed by temporal DPCM for a DS-3 NTSC TV codec built by Grass Valley, P.O. Box 1114, Grass Valley, CA 95945

IP24 M. Ziegler, in *Signal Processing of HDTV*, ed. by L. Chiariglione. Hierarchical motion estimation using the phase correlation method in 140 Mbit/s HDTV coding (Elsevier, Amsterdam, 1990), pp. 131–137

IP25 H.M. Hang, Y.-M. Chou, T.-H.S. Chao, Motion estimation using frequency components, in *Proceedings of SPIE VCIP*, vol. 1818, Boston, MA, Nov. 1992, pp. 74–84

IP26 C.B. Owen, F. Makedon, High quality alias free image rotation, in *30th IEEE Asilomar Conf. on Signals, Systems and Computers*, vol. 1, Pacific Grove, CA, Nov. 1996, pp. 115–119

IP27 *JPEG Software*, The Independent JPEG Group, Mar. 1998, available: http://www.ijg.org/

IP28 M. Ghanbari, *Standard Codecs: Image Compression to Advanced Video Coding* (IEE, Hertfordshire, UK, 2003)

IP29 S. Kumar et al., Error resiliency schemes in H.264/AVC standard, J. Visual Commun. Image Represent. (JVCIR) (special issue on H.264/AVC), **17**, 425–450 (Apr. 2006)

IP30 Image Database (USC-SIPI), http://sipi.usc.edu/database/

IP31 Image Sequences, Still Images (CIPR, RPI), http://www.cipr.rpi.edu/

比特分配 (Bit Allocation)

IP32 A. Habibi, Hybrid coding of pictorial data. IEEE Trans. Commun. **22**, 614–624 (May 1974)

IP33 L. Wang, M. Goldberg, Progressive image transmission by multistage transform coefficient quantization, in *IEEE ICC*, Toronto, Canada, June 1986, pp. 419–423 (Also IEEE Trans. Commun., vol. 36, pp. 75–87, Jan. 1988)

IP34 K. Sayood, *Introduction to Data Compression*, 3rd edn. (Morgan Kaufmann, San Francisco, CA, 2006)

基于谱距离的图像质量评价 (Spectral Distance Based Image Quality Measure)

IP35 M. Caramma, R. Lancini, M. Marconi, A perceptual PSNR based on the utilization of a linear model of HVS, motion vectors and DFT-3D, in *EUSIPCO*, Tampere, Finland, Sept. 2000, available: http://www.eurasip.org/ (EURASIP Open Library)

IP36 İ. Avcıbaş, B. Sankur, K. Sayood, Statistical evaluation of image quality measures. J. Electron. Imag. **11**, 206–223 (Apr. 2002)

分形图像压缩 (Fractal Image Compression)

FR1 A.E. Jacquin, Image coding based on a fractal theory of iterated contractive image transformations. IEEE Trans. IP **1**, 18–30 (Jan. 1992)

FR2 D. Saupe, D. Hartenstein, Lossless acceleration of fractal image compression by fast convolution, in *IEEE ICIP*, vol. 1, Lausanne, Switzerland, Sept. 1996, pp. 185–188

FR3 M. Ramkumar, G.V. Anand, An FFT-based technique for fast fractal image compression. Signal Process. **63**, 263–268 (Dec. 1997)

FR4 M. Morhac, V. Matousek, Fast adaptive Fourier-based transform and its use in multidimensional data compression. Signal Process. **68**, 141–153 (July 1998)

FR5 H. Hartenstein et al., Region-based fractal image compression. IEEE Trans. IP **9**, 1171–1184 (July 2000)

FR6 H. Hartenstein, D. Saupe, Lossless acceleration of fractal image encoding via the fast Fourier transform. Signal Process. Image Commun. **16**, 383–394 (Nov. 2000)

提升算法 (Lifting Scheme)

I-1 W. Sweldens, The lifting scheme: A custom-design construction of biorthogonal wavelets. J. Appl. Comput. Harmonic Anal. **3**(2), 186–200 (1996)

I-2 W. Sweldens, A construction of second generation wavelets. SIAM J. Math. Anal. **29**(2), 511–546 (1997)

I-3 I. Daubechies, W. Sweldens, Factoring wavelet transforms into lifting steps. J. Fourier Anal. Appl. **4**(3), 245–267 (1998)

整数 FFT（Integer FFT）

I-4 F.A.M.L. Bruekers, A.W.M.V.D. Enden, New networks for perfect inversion and perfect reconstruction. IEEE J. Sel. Areas Commun. **10**, 130–137 (Jan. 1992)

I-5 S.-C. Pei, J.-J. Ding, The integer transforms analogous to discrete trigonometric transforms. IEEE Trans. SP **48**, 3345–3364 (Dec. 2000)

I-6 S. Oraintara, Y. Chen, T.Q. Nguyen, Integer fast Fourier transform. IEEE Trans. SP **50**, 607–618 (Mar. 2002)

I-7 S.C. Chan, P.M. Yiu, An efficient multiplierless approximation of the fast Fourier transform using sum-of-powers-of-two (SOPOT) coefficients. IEEE SP Lett. **9**, 322–325 (Oct. 2002)

I-8 S.C. Chan, K.M. Tsui, Multiplier-less real-valued FFT-like transformation (ML-RFFT) and related real-valued transformations, in *IEEE ISCAS*, vol. 4, Bangkok, Thailand, May 2003, pp. 257–260

I-9 Y. Yokotani et al., A comparison of integer FFT for lossless coding, in *IEEE ISCIT*, vol. 2, Sapporo, Japan, Oct. 2004, pp. 1069–1073

I-10 K.M. Tsui, S.C. Chan, Error analysis and efficient realization of the multiplier-less FFT-like transformation (ML-FFT) and related sinusoidal transformations, Journal of VLSI Signal Processing Systems, **44**, 97–115 (Springer, Amsterdam, Netherlands, May 2006)

I-11 W.-H. Chang, T.Q. Nguyen, Architecture and performance analysis of lossless FFT in OFDM systems, in *IEEE ICASSP*, vol. 3, Toulouse, France, May 2006, pp. 1024–1027

DCT 和 DST（DCT and DST）

I-12 S.A. Martucci, Symmetric convolution and the discrete sine and cosine transforms. IEEE Trans. SP **42**, 1038–1051 (1994)

以及参考文献[B26]。

整数 DCT（Integer DCT）

I-13 W.K. Cham, Development of integer cosine transforms by the principle of dyadic symmetry. IEE Proc. I Commun. Speech Vision **136**, 276–282 (Aug. 1989). (8-point integer DCT)

I-14 W.K. Cham, Y.T. Chan, An order-16 integer cosine transform. IEEE Trans. SP **39**, 1205–1208 (May 1991). (16-point integer DCT)

I-15 Y.-J. Chen, S. Oraintara, T. Nguyen, Integer discrete cosine transform (IntDCT), in *Proceedings of the 2nd Int'l Conference on Information, Communications and Signal Processing*, Singapore, Dec. 1999

I-16 T.D. Tran, The BinDCT: fast multiplierless approximations of the DCT. IEEE SP Lett. **7**, 141–144 (June 2000)

I-17 Y.-J. Chen, S. Oraintara, Video compression using integer DCT, in *IEEE ICIP*, vol. 2, (Vancouver, Canada, Sept. 2000) (8-point integer DCT), pp. 844–847

I-18 P. Hao, Q. Shi, Matrix factorizations for reversible integer mapping. IEEE Trans. SP **49**, 2314–2324 (Oct. 2001)

I-19 J. Liang, T.D. Tran, Fast multiplierless approximations of the DCT with the lifting scheme. IEEE Trans. SP **49**, 3032–3044 (Dec. 2001)

I-20 Y.-J. Chen et al., Multiplierless approximations of transforms with adder constraint. IEEE SP Lett. **9**, 344–347 (Nov. 2002)

I-21 W. Gao et al., AVS – The Chinese Next-Generation Video Coding Standard, in *NAB*, Las Vegas, NV, Apr. 2004

I-22 G.J. Sullivan, P. Topiwala, A. Luthra, The H.264/AVC advanced video coding standard: Overview and introduction to the fidelity range extensions, in *SPIE Conference on Applications of Digital Image Processing XXVII*, vol. 5558, pp. 53–74, Aug. 2004

I-23 S. Srinivasan et al., Windows media video 9: Overview and applications. Signal Process. Image Commun. (Elsevier) **19**, 851–875 (Oct. 2004)

I-24 J. Dong et al., A universal approach to developing fast algorithm for simplified order-16 ICT, in *IEEE ISCAS*, New Orleans, LA, May 2007, pp. 281–284 (16-point integer DCT)

I-25 S.-C. Pei, J.-J. Ding, Scaled lifting scheme and generalized reversible integer transform, in *IEEE ISCAS*, New Orleans, LA, May 2007, pp. 3203–3206

I-26 L. Wang et al., Lossy to lossless image compression based on reversible integer DCT, in

IEEE ICIP, San Diego, CA, Oct. 2008, pp. 1037–1040
以及参考文献[I-7, I-8, I-10]。

整数 MDCT（Integer MDCT）

I-27　T. Krishnan, S. Oraintara, Fast and lossless implementation of the forward and inverse MDCT computation in MPEG audio coding, in *IEEE ISCAS*, vol. 2, Scottsdale, AZ, May 2002, pp. 181–184
以及参考文献[D47]。

离散傅里叶－哈特利变换（Discrete Fourier – Hartley Transform）

I-28　N.-C. Hu, H.-I. Chang, O.K. Ersoy, Generalized discrete Hartley transforms. IEEE Trans. SP **40**, 2931–2940 (Dec. 1992)

I-29　S. Oraintara, The unified discrete Fourier–Hartley transforms: Theory and structure, in *IEEE ISCAS*, vol. 3, Scottsdale, AZ, May 2002, pp. 433–436

I-30　P. Potipantong et al., The unified discrete Fourier–Hartley transforms processor, in *IEEE ISCIT*, Bangkok, Thailand, Oct. 2006, pp. 479–482

I-31　K.J. Jones, Design and parallel computation of regularised fast Hartley transform. IEE Vision Image Signal Process. **153**, 70–78 (Feb. 2006)

I-32　K.J. Jones, R. Coster, Area-efficient and scalable solution to real-data fast Fourier transform via regularised fast Hartley transform. IET Signal Process. **1**, 128–138 (Sept. 2007)

I-33　W.-H. Chang, T. Nguyen, An OFDM-specified lossless FFT architecture. IEEE Trans. Circ. Syst. I (regular papers) **53**, 1235–1243 (June 2006)

I-34　S.C. Chan, P.M. Yiu, A multiplier-less 1-D and 2-D fast Fourier transform-like transformation using sum-of-power-of-two (SOPOT) coefficients, in *IEEE ISCAS'2002*, vol. 4, Phoenix-Scottsdale, Arizona, May 2002, pp. 755–758

图像/视频水印（Image/Video Watermarking）

E1　W. Bender et al., Techniques for data hiding. IBM Syst. J. **35**(3/4), 313–335 (1996)

E2　J.J.K.Ó. Ruanaidh, W.J. Dowling, F.M. Boland, Phase watermarking of digital images, in *Proceedings of the ICIP'96*, vol. 3, Lausanne, Switzerland, Sept. 1996, pp. 239–242

E3　A. Celantano, V.D. Lecce, A FFT based technique for image signature generation, in *Proc. SPIE Storage Retrieval Image Video Databases V*, vol. 3022, San Jose, CA, Feb. 1997, pp. 457–466

E4　J.J.K.Ó. Ruanaidh, T. Pun, Rotation, scale and translation invariant spread spectrum digital image watermarking. Signal Process (Elsevier) **66**, 303–317 (May 1998)

E5　H. Choi, H. Kim, T. Kim, Robust watermarks for images in the subband domain, in *IEEE ISPACS*, Melbourne, Australia, Nov. 1998, pp. 168–172

E6　F. Deguillaume et al., Robust 3D DFT video watermarking, in *SPIE Photonics West*, vol. 3657, San Jose, CA, Jan. 1999, pp. 113–124

E7　G. Voyatzis, I. Pitas, The use of watermarks in the protection of digital multimedia products. Proc. IEEE **87**, 1197–1207 (July 1999)

E8　V. Solachidis, I. Pitas, Self-similar ring shaped watermark embedding in 2D- DFT domain, in *EUSIPCO 2000*, Tampere, Finland, Sept. 2000, available: http://www.eurasip.org

E9　X. Kang et al., A DWT-DFT composite watermarking scheme robust to both affine transform and JPEG compression. IEEE Trans. CSVT **13**, 776–786 (Aug. 2003)

E10　V. Solachidis, I. Pitas, Optimal detection for multiplicative watermarks embedded in DFT domain, in *IEEE ICIP*, vol. 3, Barcelona, Spain, 2003, pp. 723–726

E11　Y.Y. Lee, H.S. Jung, S.U. Lee, 3D DFT-based video watermarking using perceptual models, in *46th IEEE Int'l MWSCAS*, vol. 3, Cairo, Egypt, Dec. 2003, pp. 1579–1582

E12　V. Solachidis, I. Pitas, Watermarking digital 3-D volumes in the discrete Fourier transform domain. IEEE Trans. Multimedia **9**, 1373–1383 (Nov. 2007)

E13　T. Bianchi, A. Piva, M. Barni, Comparison of different FFT implementations in the encrypted domain, in *EUSIPCO 2008*, Lausanne, Switzerland, Aug. 2008, available: http://www.eurasip.org/

音频水印（Audio Watermarking）

E14　M.D. Swanson et al., Robust audio watermarking using perceptual masking. Signal Process. **66**, 337–355 (May 1998) (Special Issue on Watermarking)

E15 B. Ji, F. Yan, D. Zhang, A robust audio watermarking scheme using wavelet modulation. IEICE Trans. Fundam. **86**, 3303–3305 (Dec. 2003)

E16 F. Yan et al., Robust quadri-phase audio watermarking, in *Acoustical Science and Technology*, Acoustical Society of Japan, vol. 25(1), 2004, available: http://www.openj-gate.org/

语音（Speech）

SP1 S. Sridharan, E. Dawson, B. Goldburg, Speech encryption using discrete orthogonal transforms, in *IEEE ICASSP-90*, Albuquerque, NM, Apr. 1990, pp. 1647–1650

SP2 S. Sridharan, E. Dawson, B. Goldburg, Fast Fourier transform based speech encryption system. IEE Proc. I Commun. Speech Vision **138**, 215–223 (June 1991)

SP3 B. Goldburg, S. Sridharan, E. Dawson, Cryptanalysis of frequency domain analog speech scramblers. IEE Proc. I Commun. Speech Vision **140**, 235–239 (Aug. 1993)

SP4 S. Nakamura, A. Sasou, A pitch extraction algorithm using combined wavelet and Fourier transforms, in *ICSPAT*, Boston, MA, Oct. 1995

SP5 C.-H. Hsieh, Grey filtering and its application to speech enhancement. IEICE Trans. Inf. Syst. **E86-D**, 522–533 (Mar. 2003)

滤波（Filtering）

F1 G. Bruun, z-transform DFT filters and FFTs. IEEE Trans. ASSP **26**, 56–63 (Feb. 1978)

F2 G. Sperry, Forensic applications utilizing FFT filters, in *IS&T's 48th Annual Conference*, Washington, DC, May 1995

F3 K.O. Egiazarian et al., Nonlinear filters based on ordering by FFT structure, in *Photonics West, IS&T/SPIE Symposium on Electronic Imaging: Science and Technology*, vol. 2662, San Jose, CA, Feb. 1996, pp. 106–117

F4 A.E. Cetin, O.N. Gerek, Y. Yardimci, Equiripple FIR filter design by the FFT algorithm. IEEE SP Mag. **14**, 60–64 (Mar. 1997)

DFT 滤波器库（DFT Filter Banks）

F5 R. Gluth, Regular FFT-related transform kernels for DCT/DST based polyphase filter banks, in *IEEE ICASSP-91*, vol. 3, Toronto, Canada, Apr. 1991, pp. 2205–2208

F6 Y.P. Lin, P.P. Vaidyanathan, Application of DFT filter banks and cosine modulated filter banks in filtering, in *IEEE APCCAS*, Taipei, Taiwan, Dec. 1994, pp. 254–259

F7 O.V. Shentov et al., Subband DFT – Part I: Definition, interpretation and extensions. Signal Process. **41**, 261–277 (Feb. 1995)

F8 A.N. Hossen et al., Subband DFT – Part II: Accuracy, complexity and applications. Signal Process. **41**, 279–294 (Feb. 1995)

F9 T.Q. Nguyen, Partial reconstruction filter banks – Theory, design and implementation, in *Technical Report 991*, Lincoln Lab, MIT, Lexington, MA, 22 June 1995 (DFT filter banks)

F10 H. Murakami, Perfect reconstruction condition on the DFT domain for the block maximally decimated filter bank, in *IEEE ICCS/ISPACS 96*, Singapore, Nov. 1996, pp. 6.3.1–6.3.3

F11 M. Boucheret et al., Fast convolution filter banks for satellite payloads with on-board processing. IEEE J. Sel. Areas Commun. **17**, 238–248 (Feb. 1999)

F12 Q.G. Liu, B. Champagne, D.K.C. Ho, Simple design of oversampled uniform DFT filter banks with applications to subband acoustic echo cancellation. Signal Process. **80**, 831–847 (May 2000)

F13 E. Galijasevic, J. Kliewer, Non-uniform near-perfect-reconstruction oversampled DFT filter banks based on all pass-transforms, in *9th IEEE DSP Workshop*, Hunt, TX, Oct. 2000, available: http://spib.ece.rice.edu/DSP2000/program.html

F14 H. Murakami, PR condition for a block filter bank in terms of DFT, in *WPMC2000*, vol. 1, Bangkok, Thailand, Nov. 2000, pp. 475–480

F15 E.V. Papaoulis, T. Stathaki, A DFT algorithm based on filter banks: The extended subband DFT, in *IEEE ICIP 2003*, vol. 1, Barcelona, Spain, Sept. 2003, pp. 1053–1056

自适应滤波（Adaptive Filtering）

F16 B. Widrow et al., Fundamental relations between the LMS algorithm and the DFT. IEEE Trans. CAS **34**, 814–820 (July 1987)

F17 J.J. Shynk, Frequency domain and multirate adaptive filtering. IEEE SP Mag. **9**, 14–37 (Jan.

1992)

F18 B. Farhang-Boroujeny, S. Gazor, Generalized sliding FFT and its applications to implementation of block LMS adaptive filters. IEEE Trans. SP **42**, 532–538 (Mar. 1994)

F19 B.A. Schnaufer, W.K. Jenkins, A fault tolerant FIR adaptive filter based on the FFT, in *IEEE ICASSP-94*, vol. 3, Adelaide, Australia, Apr. 1994, pp. 393–396

F20 D.T.M. Slock, K. Maouche, The fast subsampled updating recursive least squares (FSURLS) algorithm for adaptive filtering based on displacement structure and the FFT. Signal Process. **40**, 5–20 (Oct. 1994)

F21 H. Ochi, N. Bershad, A new frequency-domain LMS adaptive filter with reduced-sized FFTs, in *IEEE ISCAS*, vol. 3, Seattle, WA, Apr./May 1995, pp. 1608–1611

F22 P. Estermann, A. Kaelin, On the comparison of optimum least-squares and computationally efficient DFT-based adaptive block filters, in *IEEE ISCAS*, vol.3, Seattle, WA, Apr./May 1995, pp. 1612–1615

F23 K.O. Egiazarian et al., Adaptive LMS FFT-ordered L-filters, in *IS&T/SPIE's 9th Annual Symposium, Electronic Imaging*, vol. 3026, San Jose, CA, Feb. 1997, pp. 34–45. L-filters (or linear combination of order statistics)

小波、多分辨率和滤波器库（Wavelets, Multiresolution and Filter Banks）

F24 E.J. Candès, D.L. Donoho, L. Ying, Fast discrete curvelet transform, SIAM J. Multiscale Model. Simul. **5**, 861–899 (Sept. 2006). (The software CurveLab is available at http://www.curvelet.org)

F25 Y. Rakvongthai, Hidden Markov tree modeling of the uniform discrete curvelet transform for image denoising. EE5359 Project (UT–Arlington, TX, Summer 2008), http://www-ee.uta.edu/dip/ click on courses

F26 Y. Rakvongthai, S. Oraintara, Statistics and dependency analysis of the uniform discrete curvelet coefficients and hidden Markov tree modeling, in *IEEE ISCAS*, Taipei, Taiwan, May 2009, pp. 525–528

F27 R. Mersereau, T. Speake, The processing of periodically sampled multidimensional signals. IEEE Trans. ASSP **31**, 188–194 (Feb. 1983)

F28 E. Viscito, J.P. Allebach, The analysis and design of multidimensional FIR perfect reconstruction filter banks for arbitrary sampling lattices. IEEE Trans. CAS **38**, 29–41 (Jan. 1991)

F29 R.H. Bamberger, M.J.T. Smith, A filter bank for the directional decomposition of images: Theory and design. IEEE Trans. SP **40**, 882–893 (Apr. 1992)

F30 G. Strang, T. Nguyen, *Wavelets and Filter Banks*, 2nd edn. (Wellesley-Cambridge Press, Wellesley, MA, 1997)

F31 S.-I. Park, M.J.T. Smith, R.M. Mersereau, Improved structures of maximally decimated directional filter banks for spatial image analysis. IEEE Trans. IP **13**, 1424–1431 (Nov. 2004)

F32 Y. Tanaka, M. Ikehara, T.Q. Nguyen, Multiresolution image representation using combined 2-D and 1-D directional filter banks. IEEE Trans. IP **18**, 269–280 (Feb. 2009)

F33 J. Wisinger, R. Mahapatra, FPGA based image processing with the curvelet transform. Technical Report # TR-CS-2003-01-0, Department of Computer Science, Texas A&M University, College Station, TX

F34 M.N. Do, M. Vetterli, Orthonormal finite ridgelet transform for image compression, in *IEEE ICIP*, vol. 2, Vancouver, Canada, Sept. 2000, pp. 367–370

F35 J.L. Starck, E.J. Candès, D.L. Donoho, The curvelet transform for image denoising. IEEE Trans. IP **11**, 670–684 (June 2002)

F36 M.N. Do, M. Vetterli, The finite ridgelet transform for image representation. IEEE Trans. IP **12**, 16–28 (Jan. 2003)

F37 B. Eriksson, The very fast curvelet transform, ECE734 Project, University of Wisconsin (UW), Madison, WI, 2006

F38 T.T. Nguyen, H. Chauris, The uniform discrete curvelet transform. IEEE Trans. SP (Oct. 2009) (see demo code). (Under review)

信号处理（Signal Processing）

S1 A.K. Jain, J. Jasiulek, Fast Fourier transform algorithms for linear estimation, smoothing and Riccati equations. IEEE Trans. ASSP **31**, 1435–1446 (Dec. 1983)

S2 R.R. Holdrich, Frequency analysis of non-stationary signals using time frequency mapping of the DFT magnitudes, in *ICSPAT*, DSP World Expo, Dallas, TX, Oct. 1994

S3 V. Murino, A. Trucco, Underwater 3D imaging by FFT dynamic focusing beamforming, in *IEEE ICIP-94*, Austin, TX, Nov. 1994, pp. 890–894

S4 A. Niederlinski, J. Figwer, Using the DFT to synthesize bivariate orthogonal white noise series. IEEE Trans. SP **43**, 749–758 (Mar. 1995)

S5 D. Petrinovic, H. Babic, Window spectrum fitting for high accuracy harmonic analysis, in *ECCTD'95*, Istanbul, Turkey, Aug. 1995

S6 H. Murakami, Sampling rate conversion systems using a new generalized form of the discrete Fourier transform. IEEE Trans. SP **43**, 2095–2102 (Sept. 1995)

S7 N. Kuroyanagi, L. Guo, N. Suehiro, Proposal of a novel signal separation principle based on DFT with extended frame Fourier analysis, in *IEEE GLOBECOM*, Singapore, Nov. 1995, pp. 111–116

S8 K.C. Lo, A. Purvis, Reconstructing randomly sampled signals by the FFT, in *IEEE ISCAS-96*, vol. 2, Atlanta, GA, May 1996, pp. 124–127

S9 S. Yamasaki, A reconstruction method of damaged two-dimensional signal blocks using error correction coding based on DFT, in *IEEE APCCAS*, Seoul, Korea, Nov. 1996, pp. 215–219

S10 D. Griesinger, Beyond MLS – Occupied Hall measurement with FFT techniques, in *AES 101th Convention*, Preprint 4403, Los Angeles, CA, Nov. 1996. MLS: Maximum Length Sequence, http://www.davidgriesinger.com/

S11 G. Zhou, X.-G. Xia, Multiple frequency detection in undersampled complexed-valued waveforms with close multiple frequencies. IEE Electron. Lett. **33**(15), 1294–1295 (July 1997) (Multiple frequency detection by multiple DFTs)

S12 C. Pateros, Coarse frequency acquisition using multiple FFT windows, in *ICSPAT 97*, San Diego, CA, Sept. 1997

S13 H. Murakami, K. Nakamura, Y. Takuno, High-harmonics analysis by recursive DFT algorithm, in *ICSPAT 98*, Toronto, Canada, Sept. 1998

S14 Fundamentals of FFT-based signal analysis and measurement, Application note, National Instruments, Phone: 800-433-3488, E-mail: info@natinst.com

S15 C. Becchetti, G. Jacovitti, G. Scarano, DFT based optimal blind channel identification, in *EUSIPCO-98*, vol. 3, Island of Rhodes, Greece, Sept. 1998, pp. 1653–1656

S16 J.S. Marciano, T.B. Vu, Implementation of a broadband frequency-invariant (FI) array beamformer using the two-dimensional discrete Fourier transform (2D-DFT), in *IEEE ISPACS*, Pukhet, Thailand, Dec. 1999, pp. 153–156

S17 C. Breithaupt, R. Martin, MMSE estimation of magnitude-squared DFT coefficients with supergaussian priors, in *IEEE ICASSP*, vol. 1, Hong Kong, China, Apr. 2003, pp. 896–899

S18 G. Schmidt, "Single-channel noise suppression based on spectral weighting – An overview", Tutorial. EURASIP News Lett. **15**, 9–24 (Mar. 2004)

通信（Communications）

C1 G.M. Dillard, Recursive computation of the discrete Fourier transform with applications to a pulse radar system. Comput. Elec. Eng. **1**, 143–152 (1973)

C2 G.M. Dillard, Recursive computation of the discrete Fourier transform with applications to an FSK communication receiver, in *IEEE NTC Record*, pp. 263–265, 1974

C3 S.U. Zaman, W. Yates, Use of the DFT for sychronization in packetized data communications, in *IEEE ICASSP-94*, vol. 3, Adelaide, Australia, Apr. 1994, pp. 261–264

C4 D.I. Laurenson, G.J.R. Povey, The application of a generalized sliding FFT algorithm to prediction for a RAKE receiver system operating over mobile channels, in *IEEE ICC-95*, vol. 3, Seattle, WA, June 1995, pp. 1823–1827

C5 P.C. Sapino, J.D. Martin, Maximum likelihood PSK classification using the DFT of phase histogram, in *IEEE GLOBECOM*, vol. 2, Singapore, Nov. 1995, pp. 1029–1033

C6 A. Wannasarnmaytha, S. Hara, N. Morinaga, A novel FSK demodulation method using short-time DFT analysis for LEO satellite communication systems, in *IEEE GLOBECOM*, vol. 1, Singapore, Nov. 1995, pp. 549–553

C7 K.C. Teh, K.H. Li, A.C. Kot, Rejection of partial baud interference in FFT spread spectrum systems using FFT based self normalizing receivers, in *IEEE ICCS/ISPACS*, Singapore, Nov. 1996, pp. 1.4.1–1.4.4

C8 Y. Kim, M. Shin, H. Cho, The performance analysis and the simulation of MC-CDMA system using IFFT/FFT, in *ICSPAT 97*, San Diego, CA, Sept. 1997

C9 M. Zhao, Channel separation and combination using fast Fourier transform, in *ICSPAT 97*, San Diego, CA, Sept. 1997

C10 A.C. Kot, S. Li, K.C. Teh, FFT-based clipper receiver for fast frequency hopping spread spectrum system, in *IEEE ISCAS'98*, vol. 4, Monterey, CA, June 1998, pp. 305–308

C11 E. Del Re, R. Fantacci, L.S. Ronga, Fast phase sequences spreading codes for CDMA using FFT, in *EUSIPCO*, vol. 3, Island of Rhodes, Greece, Sept. 1998, pp. 1353–1356

C12 C.-L. Wang, C.-H. Chang, A novel DHT-based FFT/IFFT processor for ADSL transceivers, in *IEEE ISCAS*, vol. 1, Orlando, FL, May/June 1999, pp. 51–54

C13 M. Joho, H. Mathis, G.S. Moschytz, An FFT-based algorithm for multichannel blind deconvolution, in *IEEE ISCAS*, vol. 3, Orlando, FL, May/June 1999, pp. 203–206

C14 Y.P. Lin, S.M. Phoong, Asymptotical optimality of DFT based DMT transceivers, in *IEEE ISCAS*, vol. 4, Orlando, FL, May/June 1999, pp. 503–506

C15 O. Edfors et al., Analysis of DFT-based channel estimators for OFDM, in Wireless Personal Communications, **12**, 55–70 (Netherlands: Springer, Jan. 2000)

C16 M.-L. Ku, C.-C. Huang, A derivation on the equivalence between Newton's method and DF DFT-based method for channel estimation in OFDM systems. IEEE Trans. Wireless Commun. **7**, 3982–3987 (Oct. 2008)

C17 J. Proakis, M. Salehi, *Fundamentals of Communication Systems* (Prentice-Hall, Upper Saddle River, NJ, 2005)

C18 Ibid., *Instructor's Solutions Manual for Computer Problems of Fundamentals of Communication Systems* (Upper Saddle River, NJ: Prentice-Hall, 2007)

正交频分复用 (Orthogonal Frequency Division Multiplexing)

O1 S.B. Weinstein, P.M. Ebert, Data transmission by frequency-division multiplexing using the discrete Fourier transform. IEEE Trans. Commun. Technol. **19**, 628–634 (Oct. 1971)

O2 W.Y. Zou, W. Yiyan, COFDM: An overview. IEEE Trans. Broadcast. **41**, 1–8 (Mar. 1995)

O3 A. Buttar et al., FFT and OFDM receiver ICs for DVB-T decoders, in *IEEE ICCE*, Chicago, IL, June 1997, pp. 102–103

O4 A. Salsano et al., 16-point high speed (I)FFT for OFDM modulation, in *IEEE ISCAS*, vol. 5, Monterey, CA, June 1998, pp. 210–212

O5 P. Combelles et al., A receiver architecture conforming to the OFDM based digital video broadcasting standard for terrestrial transmission (DVB-T), in *IEEE ICC*, vol. 2, Atlanta, GA, June 1998, pp. 780–785

O6 C. Tellambura, A reduced-complexity coding technique for limiting peak-to-average power ratio in OFDM, in *IEEE ISPACS'98*, Melbourne, Australia, Nov. 1998, pp. 447–450

O7 P.M. Shankar, *Introduction to Wireless Systems* (Wiley, New York, 2002)

O8 B.S. Son et al., A high-speed FFT processor for OFDM systems, in *IEEE ISCAS*, vol. 3, Phoenix-Scottsdale, AZ, May 2002, pp. 281–284

O9 W.-C. Yeh, C.-W. Jen, High-speed and low-power split-radix FFT. IEEE Trans. SP **51**, 864–874 (Mar. 2003)

O10 J.-C. Kuo et al., VLSI design of a variable-length FFT/IFFT processor for OFDM-based communication systems. EURASIP J. Appl. Signal Process. **2003**, 1306–1316 (Dec. 2003)

O11 M. Farshchian, S. Cho, W.A. Pearlman, Robust image transmission using a new joint source channel coding algorithm and dual adaptive OFDM, in *SPIE and IS&T*, *VCIP*, vol. 5308, San Jose, CA, Jan. 2004, pp. 636–646

O12 T.H. Tsa, C.C. Peng, A FFT/IFFT Soft IP generator for OFDM communication system, in *IEEE ICME*, vol. 1, Taipei, Taiwan, June 2004, pp. 241–244

O13 C.-C. Wang, J.M. Huang, H.C. Cheng, A 2K/8K mode small-area FFT processor for OFDM demodulation of DVB-T receivers. IEEE Trans. CE **51**, 28–32 (Feb. 2005)

O14 H. Jiang et al., Design of an efficient FFT processor for OFDM systems. IEEE Trans. CE **51**, 1099–1103 (Nov. 2005)

O15 A. Cortés et al., An approach to simplify the design of IFFT/FFT cores for OFDM systems. IEEE Trans. CE **52**, 26–32 (Feb. 2006)

O16 O. Atak et al., Design of application specific processors for the cached FFT algorithm, in *IEEE ICASSP*, vol. 3, Toulouse, France, May 2006, pp. 1028–1031

O17 C.-Y. Yu, S.-G. Chen, J.-C. Chih, Efficient CORDIC designs for multi-mode OFDM FFT, in

IEEE ICASSP, vol. 3, Toulouse, France, May 2006, pp. 1036–1039

O18 R.M. Jiang, An area-efficient FFT architecture for OFDM digital video broadcasting. IEEE Trans. CE **53**, 1322–1326 (Nov. 2007)

O19 A. Ghassemi, T.A. Gulliver, A low-complexity PTS-based radix FFT method for PAPR reduction in OFDM systems. IEEE Trans. SP **56**, 1161–1166 (Mar. 2008)

O20 W. Xiang, T. Feng, L. Jingao, Efficient spectrum multiplexing using wavelet packet modulation and channel estimation based on ANNs, in *Int'l Conference on Audio, Language and Image Processing (ICALIP)*, Shanghai, China, July 2008, pp. 604–608

以及参考文献[I-10, A-31]。

基础文献（General）

G1 F.J. Harris, On the use of windows for harmonic analysis with the discrete Fourier transform. Proc. IEEE **66**, 51–83 (Jan. 1978)

G2 M. Borgerding, Turning overlap-save into a multiband mixing, downsampling filter bank. IEEE SP Mag. **23**, 158–161 (Mar. 2006)

各种离散变换对比（Comparison of Various Discrete Transforms）

G3 J. Pearl, Basis-restricted transformations and performance measures for spectral representations. IEEE Trans. Info. Theory **17**, 751–752 (Nov. 1971)

G4 J. Pearl, H.C. Andrews, W.K. Pratt, Performance measures for transform data coding. IEEE Trans. Commun. **20**, 411–415 (June 1972)

G5 N. Ahmed, K.R. Rao, *Orthogonal Transforms for Digital Signal Processing* (Springer, New York, 1975)

G6 M. Hamidi, J. Pearl, Comparison of cosine and Fourier transforms of Markov-1 signals. IEEE Trans. ASSP **24**, 428–429 (Oct. 1976)

G7 P. Yip, K.R. Rao, Energy packing efficiency for the generalized discrete transforms. IEEE Trans. Commun. **26**, 1257–1261 (Aug. 1978)

G8 P. Yip, D. Hutchinson, Residual correlation for generalized discrete transforms. IEEE Trans. EMC **24**, 64–68 (Feb. 1982)

G9 Z. Wang, B.R. Hunt, The discrete cosine transform – A new version, in *IEEE ICASSP83*, MA, Apr. 1983, pp. 1256–1259

G10 P.-S. Yeh, Data compression properties of the Hartley transform. IEEE Trans. ASSP **37**, 450–451 (Mar. 1989)

G11 O.K. Ersoy, A comparative review of real and complex Fourier-related transforms. Proc. IEEE **82**, 429–447 (Mar. 1994)

哈尔变换（Haar Transform）

G12 H.C. Andrews, K.L. Caspari, A generalized technique for spectral analysis. IEEE Trans. Comput. **19**, 16–25 (Jan. 1970)

G13 H.C. Andrews, *Computer Techniques in Image Processing* (Academic Press, New York, 1970)

G14 H.C. Andrews, J. Kane, Kronecker matrices, computer implementation and generalized spectra. J. Assoc. Comput. Machinary (JACM) **17**, 260–268 (Apr. 1970)

G15 H.C. Andrews, Multidimensional rotations in feature selection. IEEE Trans. Comput. **20**, 1045–1051 (Sept. 1971)

G16 R.T. Lynch, J.J. Reis, Haar transform image coding, in *Proc. Nat'l Telecommun. Conf.*, Dallas, TX, 1976, pp. 44.3-1–44.3-5

G17 S. Wendling, G. Gagneux, G.A. Stamon, Use of the Haar transform and some of its properties in character recognition, in *IEEE Proceedings of the 3rd Int'l Conf. on Pattern Recognition (ICPR)*, Coronado, CA, Nov. 1976, pp. 844–848

G18 S. Wendling, G. Gagneux, G.A. Stamon, Set of invariants within the power spectrum of unitary transformations. IEEE Trans. Comput. **27**, 1213–1216 (Dec. 1978)

G19 V.V. Dixit, Edge extraction through Haar transform, in *IEEE Proceedings of the 14th Asilomar Conference on Circuits Systems and Computations*, Pacific Grove, CA, 1980, pp. 141–143

G20 J.E. Shore, On the application of Haar functions. IEEE Trans. Commun. **21**, 209–216 (Mar. 1973)

G21 D.F. Elliott, K.R. Rao, *Fast Transforms: Algorithms, Analyses, Applications* (Academic Press, Orlando, FL, 1982)

G22 Haar filter in "Wavelet Explorer" (Mathematica Applications Library, Wolfram Research Inc.), www.wolfram.com, info@wolfram.com, 1-888-882-6906.

以及参考文献[G5]。

快速变换算法（Fast Algorithms）

A1 J.W. Cooly, J.W. Tukey, An algorithm for the machine calculation of complex Fourier series. Math. Comput. **19**, 297–301 (Apr. 1965)

A2 L.R. Rabiner, R.W. Schafer, C.M. Rader, The chirp *z*-transform algorithm. IEEE Trans. Audio Electroacoustics **17**, 86–92 (June 1969)

A3 S. Venkataraman et al., Discrete transforms via the Walsh–Hadamard transform. Signal Process. **14**, 371–382 (June 1988)

A4 C. Lu, J.W. Cooley, R. Tolimieri, Variants of the Winograd mutiplicative FFT algorithms and their implementation on IBM RS/6000, in *IEEE ICASSP-91*, vol. 3, Toronto, Canada, Apr. 1991, pp. 2185–2188

A5 B.G. Sherlock, D.M. Monro, Moving fast Fourier transform. IEE Proc. F **139**, 279–282 (Aug. 1992)

A6 C. Lu, J.W. Cooley, R. Tolimieri, FFT algorithms for prime transform sizes and their implementations on VAX, IBM3090VF, and IBM RS/6000. IEEE Trans. SP **41**, 638–648 (Feb. 1993)

A7 P. Kraniauskar, A plain man's guide to the FFT. IEEE SP Mag. **11**, 24–35 (Apr. 1994)

A8 J.M. Rius, R. De Porrata-Dòria, New FFT bit reversal algorithm. IEEE Trans. SP **43**, 991–994 (Apr. 1995)

A9 N. Bean, M. Stewart, A note on the use of fast Fourier transforms in Buzen's algorithm, in *Australian Telecommunications, Network and Applications Conf. (ATNAC)*, Sydney, Australia, Dec. 1995

A10 I.W. Selesnick, C.S. Burrus, Automatic generation of prime length FFT programs. IEEE Trans. SP **44**, 14–24 (Jan. 1996)

A11 J.C. Schatzman, Index mappings for the fast Fourier transform. IEEE Trans. SP **44**, 717–719 (Mar. 1996)

A12 D. Sundararajan, M.O. Ahmad, Vector split-radix algorithm for DFT computation, in *IEEE ISCAS*, vol. 2, Atlanta, GA, May 1996, pp. 532–535

A13 S. Rahardja, B.J. Falkowski, Family of fast transforms for mixed arithmetic logic, in *IEEE ISCAS*, vol. 4, Atlanta, GA, May 1996, pp. 396–399

A14 G. Angelopoulos, I. Pitas, Fast parallel DSP algorithms on barrel shifter computers. IEEE Trans. SP **44**, 2126–2129 (Aug. 1996)

A15 M. Wintermantel, E. Lueder, Reducing the complexity of discrete convolutions and DFT by a linear transformation, in *ECCTD'97*, Budapest, Hungary, Sept. 1997, pp. 1073–1078

A16 R. Stasinski, Optimization of vector-radix-3 FFTs, in *ECCTD'97*, Budapest, Hungary, Sept. 1997, pp. 1083–1086, http://www.mit.bme.hu/events/ecctd97/

A17 M. Frigo, S.G. Johnson, Fastest Fourier transform in the west. Technical Report MIT-LCS-TR728 (MIT, Cambridge, MA, Sept. 1997), http://www.fftw.org

A18 H. Guo, G.A. Sitton, C.S. Burrus, The quick Fourier transform: an FFT based on symmetries. IEEE Trans. SP **46**, 335–341 (Feb. 1998)

A19 M. Frigo, S.G. Johnson, FFTW: an adaptive software architecture for the FFT, in *IEEE ICASSP*, vol. 3, Seattle, WA, May 1998, pp. 1381–1384

A20 S.K. Stevens, B. Suter, A mathematical approach to a low power FFT architecture, in *IEEE ISCAS'98*, vol. 2, Monterey, CA, June 1998, pp. 21–24

A21 A.M. Krot, H.B. Minervina, Fast algorithms for reduction a modulo polynomial and Vandermonde transform using FFT, in *EUSIPCO-98*, vol. 1, Island of Rhodes, Greece, Sept. 1998, pp. 173–176

A22 A. Jbira, Performance of discrete Fourier transform with small overlap in transform-predictive-coding-based coders, *EUSIPCO-98*, vol. 3, Island of Rhodes, Greece, Sept. 1998, pp. 1441–1444

A23 B.G. Sherlock, Windowed discrete Fourier transform for shifting data. Signal Process. **74**, 169–177 (Apr. 1999)

A24 H. Murakami, Generalized DIT and DIF algorithms for signals of composite length, in *IEEE*

ISPACS'99, Pukhet, Thailand, Dec. 1999, pp. 665–667

A25 L. Brancik, An improvement of FFT-based numerical inversion of two-dimensional Laplace transforms by means of ε-algorithm, in *IEEE ISCAS 2000*, vol. 4, Geneva, Switzerland, May 2000, pp. 581–584

A26 M. Püschel, Cooley-Tukey FFT like algorithms for the DCT, in *IEEE ICASSP*, vol. 2, Hong Kong, China, Apr. 2003, pp. 501–504

A27 M. Johnson, X. Xu, A recursive implementation of the dimensionless FFT, *IEEE ICASSP*, vol. 2, Hong Kong, China, Apr. 2003, pp. 649–652

A28 D. Takahashi, A radix-16 FFT algorithm suitable for multiply-add instruction based on Goedecker method, in *IEEE ICASSP*, vol. 2, Hong Kong, China, Apr. 2003, pp. 665–668

A29 J. Li, Reversible FFT and MDCT via matrix lifting, in *IEEE ICASSP*, vol. 4, Montreal, Canada, May 2004, pp. 173–176

A30 M. Frigo, S.G. Johnson, The design and implementation of FFTW3. Proc. IEEE **93**, 216–231 (Feb. 2005) (Free software http://www.fftw.org also many links)

A31 B.G. Jo, H. Sunwoo, New continuous-flow mixed-radix (CFMR) FFT processor using novel in-place strategy. IEEE Trans. Circ. Syst. I Reg. Papers **52**, 911–919 (May 2005)

A32 Y. Wang et al., Novel memory reference reduction methods for FFT implementations on DSP processors, IEEE Trans. SP, **55**, part 2, 2338–2349 (May 2007) (Radix-2 and radix-4 FFT)

A33 S. Mittal, Z.A. Khan, M.B. Srinivas, Area efficient high speed architecture of Bruun's FFT for software defined radio, in *IEEE GLOBECOM*, Washington, DC, Nov. 2007, pp. 3118–3122

A34 C.M. Rader, Discrete Fourier transforms when the number of data samples is prime. Proc. IEEE **56**, 1107–1108 (June 1968)

chirp – Z 变换算法（chirp – Z Algorithm）

A35 X.-G. Xia, Discrete chirp-Fourier transform and its application to chirp rate estimation. IEEE Trans. SP **48**, 3122–3134 (Nov. 2000)

以及参考文献[A2, B1]。

威诺格拉德傅里叶变换算法（Winograd Fourier Transform Algorithm，WFTA）

A36 H.F. Silverman, An introduction to programming the Winograd Fourier transform algorithm (WFTA). IEEE Trans. ASSP **25**, 152–165 (Apr. 1977)

A37 S. Winograd, On computing the discrete Fourier transform. Math. Comput. **32**, 175–199 (Jan. 1978)

A38 B.D. Tseng, W.C. Miller, Comments on 'an introduction to programming the Winograd Fourier transform algorithm (WFTA)'. IEEE Trans. ASSP **26**, 268–269 (June 1978)

A39 R.K. Chivukula, Fast algorithms for MDCT and low delay filterbanks used in audio coding. M.S. thesis, Department of Electrical Engineering, The University of Texas at Arlington, Arlington, TX, Feb. 2008

A40 R.K. Chivukula, Y.A. Reznik, Efficient implementation of a class of MDCT/IMDCT filterbanks for speech and audio coding applications, in *IEEE ICASSP*, Las Vegas, NV, Mar./Apr. 2008, pp. 213–216

A41 R.K. Chivukula, Y.A. Reznik, V. Devarajan, Efficient algorithms for MPEG-4 AAC-ELD, AAC-LD and AAC-LC filterbanks, in *IEEE Int'l Conference Audio, Language and Image Processing (ICALIP 2008)*, Shanghai, China, July 2008, pp. 1629–1634

A42 P. Duhamel, M. Vetterli, Fast Fourier transforms: A tutorial review and a state of the art. Signal Process. (Elsevier) **19**, 259–299 (Apr. 1990)

A43 J.W. Cooley, Historical notes on the fast Fourier transform. Proc. IEEE **55**, 1675–1677 (Oct. 1967)

分裂基（Split – Radix）

SR1 P. Duhamel, Implementing of "split-radix" FFT algorithms for complex, real, and real-symmetric data. IEEE Trans. ASSP **34**, 285–295 (Apr. 1986)

SR2 H.R. Wu, F.J. Paoloni, Structured vector radix FFT algorithms and hardware implementation. J. Electric. Electr. Eng. (Australia) **10**, 241–253 (Sept. 1990)

SR3 S.-C. Pei, W.-Y. Chen, Split vector-radix-2/8 2-D fast Fourier transform. IEEE SP Letters **11**, 459–462 (May 2004)

以及参考文献[O9, DS5, L10]。

基 –4 （Radix – 4）

R1 W. Han et al., High-performance low-power FFT cores. ETRI J. **30**, 451–460 (June 2008) 以及参考文献[E13]。

基 –8 （Radix – 8）

R2 E. Bidet et al., A fast single-chip implementation of 8192 complex point FFT. IEEE J. Solid State Circ. **30**, 300–305 (Mar. 1995)

R3 T. Widhe, J. Melander, L. Wanhammar, Design of efficient radix-8 butterfly PEs for VLSI, in *IEEE ISCAS '97*, vol. 3, Hong Kong, China, June 1997, pp. 2084–2087

R4 L. Jia et al., Efficient VLSI implementation of radix-8 FFT algorithm, in *IEEE Pacific Rim Conference on Communications, Computers and Signal Processing*, Aug. 1999, pp. 468–471

R5 K. Zhong et al. A single chip, ultra high-speed FFT architecture, in *5th IEEE Int'l Conf. ASIC*, vol. 2, Beijing, China, Oct. 2003, pp. 752–756

矩阵分解及 **BIFORE** 变换 （Matrix Factoring and BIFORE Transforms）

T1 I.J. Good, The interaction algorithm and practical Fourier analysis. J. Royal Stat. Soc. B **20**, 361–372 (1958)

T2 E.O. Brigham, R.E. Morrow, The fast Fourier transform. IEEE Spectr. **4**, 63–70 (Dec. 1967)

T3 W.M. Gentleman, Matrix multiplication and fast Fourier transforms. Bell Syst. Tech. J. **47**, 1099–1103 (July/Aug. 1968)

T4 J.E. Whelchel, Jr., D.R. Guinn, The fast Fourier-Hadamard transform and its signal representation and classification, in *IEEE Aerospace Electr. Conf. EASCON Rec.*, 9–11 Sept. 1968, pp. 561–573

T5 W.K. Pratt et al., Hadamard transform image coding. Proc. IEEE **57**, 58–68 (Jan. 1969)

T6 H.C. Andrews, K.L. Caspari, A generalized technique for spectral analysis. IEEE Trans. Comput. **19**, 16–25 (Jan. 1970)

T7 J.A. Glassman, A generalization of the fast Fourier transform. IEEE Trans. Comput. **19**, 105–116 (Feb. 1970)

T8 S.S. Agaian, O. Caglayan, Super fast Fourier transform, in *Proceedings of the SPIE-IS&T*, vol. 6064, San Jose, CA, Jan. 2006, pp. 60640F-1 thru 12

杂项 （Miscellaneous）

J1 V.K. Jain, W.L. Collins, D.C. Davis, High accuracy analog measurements via interpolated FFT. IEEE Trans. Instrum. Meas. **28**, 113–122 (June 1979)

J2 T. Grandke, Interpolation algorithms for discrete Fourier transforms of weighted signals. IEEE Trans. Instrum. Meas. **32**, 350–355 (June 1983)

J3 D.J. Mulvaney, D.E. Newland, K.F. Gill, A comparison of orthogonal transforms in their application to surface texture analysis. Proc. Inst. Mech. Engineers **200, no. C6**, 407–414 (1986)

J4 G. Davidson, L. Fielder, M. Antill, Low-complexity transform coder for satellite link applications, in *89th AES Convention*, Preprint 2966, Los Angeles, CA, Sept. 1990, http://www.aes. org/

J5 C.S. Burrus, Teaching the FFT using Matlab, in *IEEE ICASSP-92*, vol. 4, San Francisco, CA, Mar. 1992, pp. 93–96

J6 A.G. Exposito, J.A.R. Macias, J.L.R. Macias, Discrete Fourier transform computation for digital relaying. Electr. Power Energy Syst. **16**, 229–233 (1994)

J7 J.C.D. de Melo, Partial FFT evaluation, in *ICSPAT*, vol. 1, Boston, MA, Oct. 1996, pp. 137–141

J8 F. Clavean, M. Poirier, D. Gingras, FFT-based cross-covariance processing of optical signals for speed and length measurement, in *IEEE ICASSP-97*, vol. 5, Munich, Germany, Apr. 1997, pp. 4097–4100

J9 A harmonic method for active power filters using recursive DFT, in *20th EECON*, Bangkok, Thailand, Nov. 1997

J10 B. Bramer, M. Ibrahim, S. Rumsby, An FFT Implementation Using Almanet, in *ICSPAT*, Toronto, Canada, Sept. 1998

J11 S. Rumsby, M. Ibrahim, B. Bramer, Design and implementation of the Almanet environment, in *IEEE SiPS 98*, Boston, MA, Oct. 1998, pp. 509–518

J12　A. Nukuda, FFTSS: A high performance fast Fourier transform library, in *IEEE ICASSP*, vol. 3, Toulouse, France, May 2006, pp. 980–983

J13　B.R. Hunt, A matrix theory proof of the discrete convolution theorem. IEEE Audio Electro-acoustics **19**, 285–288 (Dec. 1971)

FFT 修剪 （FFT Pruning）

J14　S. Holm, FFT pruning applied to time domain interpolation and peak localization. IEEE Trans. ASSP **35**, 1776–1778 (Dec. 1987)

J15　Detection of a few sinusoids in noise. Dual tone multi-frequency signaling (DTMF). Use pruned FFT.

以及参考文献[A42]。

用于阵列天线分析的 CG – FFT （CG – FFT Method for the Array Antenna Analysis）

K1　T.K. Sarkar, E. Arvas, S.M. Rao, Application of FFT and the conjugate gradient method for the solution of electromagnetic radiation from electrically large and small conducting bodies. IEEE Trans. Antennas Propagat. **34**, 635–640 (May 1986)

K2　T.J. Peters, J.L. Volakis, Application of a conjugate gradient FFT method to scattering from thin planar material plates. IEEE Trans. Antennas Propagat. **36**, 518–526 (Apr. 1988)

K3　H. Zhai et al., Analysis of large-scale periodic array antennas by CG-FFT combined with equivalent sub-array preconditioner. IEICE Trans. Commun. **89**, 922–928 (Mar. 2006)

K4　H. Zhai et al., Preconditioners for CG-FMM-FFT implementation in EM analysis of large-scale periodic array antennas. IEICE Trans. Commun., **90**, 707–710, (Mar. 2007)

以及参考文献[B12]。

非均匀 DFT （Nonuniform DFT）

N1　J.L. Yen, On nonuniform sampling of bandwidth-limited signals. IRE Trans. Circ. Theory **3**, 251–257 (Dec. 1956)

N2　G. Goertzel, An algorithm for the evaluation of finite trigonometric series. Am. Mathem. Monthly **65**, 34–35 (Jan. 1958)

N3　J.W. Cooley, J.W. Tukey, An algorithm for the machine calculation of complex Fourier series. Math. Comput. **19**, 297–301 (Apr. 1965)

N4　F.J. Beutler, Error free recovery of signals from irregularly spaced samples. SIAM Rev. **8**, 328–335 (July 1966)

N5　A. Oppenheim, D. Johnson, K. Steiglitz, Computation of spectra with unequal resolution using the fast Fourier transform. Proc. IEEE **59**, 299–301 (Feb. 1971)

N6　A. Ben-Israel, T.N.E. Greville, *Generalized Inverses: Theory and Applications*. New York: Wiley, 1977

N7　K. Atkinson, *An Introduction to Numerical Analysis*. New York: Wiley, 1978

N8　J.W. Mark, T.D. Todd, A Nonuniform sampling approach to data compression. IEEE Trans. Commun. **29**, 24–32 (Jan. 1981)

N9　P.A. Regalia, S.K. Mitra, Kronecker products, unitary matrices and signal processing applications. SIAM Rev. **31**, 586–613 (Dec. 1989)

N10　W. Rozwood, C. Therrien, J. Lim, Design of 2-D FIR filters by nonuniform frequency sampling. IEEE Trans. ASSP **39**, 2508–2514 (Nov. 1991)

N11　M. Marcus and H. Minc, *A Survey of Matrix Theory and Matrix Inequalities*. New York: Dover, pp. 15–16, 1992

N12　A. Dutt, V. Rokhlin, Fast Fourier transforms for nonequispaced data. SIAM J. Sci. Comput. **14**, 1368–1393 (Nov. 1993)

N13　E. Angelidis, A novel method for designing FIR digital filters with nonuniform frequency samples. IEEE Trans. SP **42**, 259–267 (Feb. 1994)

N14　M. Lightstone et al., Efficient frequency-sampling design of one- and two-dimensional FIR filters using structural subband decomposition. IEEE Trans. Circuits Syst. II **41**, 189–201 (Mar. 1994)

N15　H. Feichtinger, K. Groechenig, T. Strohmer, Efficient numerical methods in non-uniform sampling theory. Numer. Math. **69**, 423–440 (Feb. 1995)

N16　S. Bagchi, S.K. Mitra, An efficient algorithm for DTMF decoding using the subband NDFT, in *IEEE ISCAS*, vol. 3, Seattle, WA, Apr./May 1995, pp. 1936–1939

N17　S. Bagchi, S.K. Mitra, The nonuniform discrete Fourier transform and its applications in filter design: Part I – 1-D. IEEE Trans. Circ. Sys. II Analog Digital SP **43**, 422–433 (June 1996)

N18　S. Bagchi, S.K. Mitra, The nonuniform discrete Fourier transform and its applications in filter design: Part II – 2-D. IEEE Trans. Circ. Sys. II Analog Digital SP **43**, 434–444 (June 1996)

N19　S. Carrato, G. Ramponi, S. Marsi, A simple edge-sensitive image interpolation filter, in *IEEE ICIP*, vol. 3, Lausanne, Switzerland, Sept. 1996, pp. 711–714

N20　G. Wolberg, Nonuniform image reconstruction using multilevel surface interpolation, in *IEEE ICIP*, Washington, DC, Oct. 1997, pp. 909–912

N21　S.K. Mitra, *Digital Signal Processing: A Computer-Based Approach*. New York: McGraw Hill, 1998, Chapters 6 and 10

N22　Q.H. Liu, N. Nguyen, Nonuniform fast Fourier transform (NUFFT) algorithm and its applications, in *IEEE Int'l Symp. Antennas Propagation Society (AP-S)*, vol. 3, Atlanda, GA, June 1998, pp. 1782–1785

N23　X.Y. Tang, Q.H. Liu, CG-FFT for nonuniform inverse fast Fourier transforms (NU-IFFTs), in *IEEE Int'l Symp. Antennas Propagation Society (AP-S)*, vol. 3, Atlanda, GA, June 1998, pp. 1786–1789

N24　G. Steidl, A note on fast Fourier transforms for nonequispaced grids. Adv. Comput. Math. **9**, 337–353 (Nov. 1998)

N25　A.F. Ware, Fast approximate Fourier transforms for irregularly spaced data. SIAM Rev. **40**, 838–856 (Dec. 1998)

N26　S. Bagchi, S.K. Mitra, *The Nonuniform Discrete Fourier Transform and Its Applications in Signal Processing* (Kluwer, Norwell, MA, 1999)

N27　A.J.W. Duijndam, M.A. Schonewille, Nonuniform fast Fourier transform. Geophysics **64**, 539–551 (Mar./Apr. 1999)

N28　N. Nguyen, Q.H. Liu, The regular Fourier matrices and nonuniform fast Fourier transforms. SIAM J. Sci. Comput. **21**, 283–293 (Sept. 1999)

N29　S. Azizi, D. Cochran, J. N. McDonald, A sampling approach to region-selective image compression, in *IEEE Conference on Signals, Systems and Computers*, Oct. 2000, pp. 1063–1067

N30　D. Potts, G. Steidl, M. Tasche, Fast Fourier transforms for nonequispaced data: A tutorial, in *Modern Sampling Theory: Mathematics and Applications*, ed. by J.J. Benedetto, P.J.S.G. Ferreira (Birkhäuser, Boston, MA, 2001), pp. 247–270

N31　G. Ramponi, S. Carrato, An adaptive irregular sampling algorithm and its application to image coding. Image Vision Comput. **19**, 451–460 (May 2001)

N32　M.R. Shankar, P. Sircar, Nonuniform sampling and polynomial transformation method, in *IEEE ICC*, vol. 3, New York, Apr. 2002, pp. 1721–1725

N33　M. Bartkowiak, High compression of colour images with nonuniform sampling, in *Proceedings of the ISCE'2002*, Erfurt, Germany, Sept. 2002

N34　K.L. Hung, C.C. Chang, New irregular sampling coding method for transmitting images progressively. IEE Proc. Vision Image Signal Process. **150**, 44–50 (Feb. 2003)

N35　J.A. Fessler, B.P. Sutton, Nonuniform fast Fourier transforms using min-max interpolation. IEEE Trans. SP **51**, 560–574 (Feb. 2003)

N36　A. Nieslony, G. Steidl, Approximate factorizations of Fourier matrices with nonequispaced knots. Linear Algebra Its Appl. **366**, 337–351 (June 2003)

N37　K. Fourmont, "Non-equispaced fast Fourier transforms with applications to tomography," J. Fourier Anal. Appl., **9**, 431–450 (Sept. 2003)

N38　K.-Y. Su, J.-T. Kuo, An efficient analysis of shielded single and multiple coupled microstrip lines with the nonuniform fast Fourier transform (NUFFT) technique. IEEE Trans. Microw. Theory Techniq. **52**, 90–96 (2004)

N39　L. Greengard, J.Y. Lee, Accelerating the nonuniform fast Fourier transform. SIAM Rev. **46**, 443–454 (July 2004)

N40　R. Venkataramani, Y. Bresler, Multiple-input multiple-output sampling: Necessary density conditions. IEEE Trans. IT **50**, 1754–1768 (Aug. 2004)

N41　C. Zhang, T. Chen, View-dependent non-uniform sampling for image-based rendering, in *IEEE ICIP*, Singapore, Oct. 2004, pp. 2471–2474

N42 Q.H. Liu, Fast Fourier transforms and NUFFT, *Encyclopedia of RF and Microwave Engineering*, 1401–1418, (Mar. 2005)

N43 K.-Y. Su, J.-T. Kuo, Application of two-dimensional nonuniform fast Fourier transform (2-D NUFFT) technique to analysis of shielded microstrip circuits. IEEE Trans. Microw. Theory Techniq. **53**, 993–999 (Mar. 2005)

N44 J.J. Hwang et al., Nonuniform DFT based on nonequispaced sampling. WSEAS Trans. Inform. Sci. Appl. **2**, 1403–1408 (Sept. 2005)

N45 Z. Deng and J. Lu, The application of nonuniform fast Fourier transform in audio coding, in *IEEE Int'l Conference on Audio, Language and Image Process. (ICALIP)*, Shanghai, China, July 2008, pp. 232–236

以及参考文献[LA24]。

DFT/FFT 应用：频谱估计（Applications of DFT/FFT：Spectral Estimation）

AP1 P.T. Gough, A fast spectral estimation algorithm based on FFT. IEEE Trans. SP **42**, 1317–1322 (June 1994)

DFT/FFT 应用：滤波（Applications of DFT/FFT：Filtering）

■LPF、BPF、HPF 滤波。广义倒谱和同态滤波。见参考文献［B6］中第 5 章和第 7 章。

DFT/FFT 应用：多信道载波调制（Applications of DFT/FFT：Multichannel Carrier Modulation）

■多信道载波调制（Multichannel carrier modulation，MCM），例如用于数字电视地面广播的正交频分复用（orthogonal frequency division multiplexing，OFDM）。

AP2 Y. Wu, B. Caron, Digital television terrestrial broadcasting. IEEE Commun. Mag. **32**, 46–52 (May 1994)

DFT/FFT 应用：频谱分析、滤波、卷积、相关等（Applications of DFT/FFT：Spectral Analysis, Filtering, Convolution, Correlation etc.）

■尤其下面的书籍涉及了 DFT/FFT 在频谱分析、滤波、卷积、相关等方面的几种应用。

AP3 见参考文献[IN5]中第9章"利用FFT的卷积和相关运算"(Convolution and correlation using FFT)

AP4 S.D. Stearns, R.A. David, *Signal Processing Algorithms in Fortran and C* (Prentice-Hall, Englewood Cliffs, NJ, 1993)

DFT/FFT 应用：脉冲压缩（Applications of DFT/FFT：Pulse Compression）

■脉冲压缩（雷达系统——监视，追踪，目标分类）——具有长脉冲响应的匹配滤波器——利用 FFT 的卷积。

AP5 R. Cox, FFT-based filter design boosts radar system's process, *Electronic Design*, 31 Mar. 1988, pp. 81–84

DFT/FFT 应用：频谱分析（Applications of DFT/FFT：Spectrum Analysis）

AP6 G. Dovel, FFT analyzers make spectrum analysis a snap, *EDN*, Jan. 1989, pp. 149–155

DFT/FFT 应用：重影消除（Applications of DFT/FFT：Ghost Cancellation）

AP7 M.D. Kouam, J. Palicot, Frequency domain ghost cancellation using small FFTs, in *IEEE ICCE*, Chicago, IL, June 1993, pp. 138–139

AP8 J. Edwards, Automatic bubble size detection using the zoom FFT, in *ICSPAT*, DSP World Expo., Dallas, TX, Oct. 1994, pp. 1511–1516

- Several applications of FFT in digital signal processing are illustrated in software/ hardware, books on using the software (Mathcad, MATLAB, etc.)

AP9 N. Kuroyanagi, L. Guo, N. Suehiro, Proposal of a novel signal separation principle based on DFT with extended frame buffer analysis, in *IEEE GLOBECOM*, Singapore, Nov. 1995, pp. 111–116

AP10 M. Webster, R. Roberts, Adaptive channel truncation for FFT detection in DMT systems – Error component partitioning, in *30th IEEE Asilomar Conference on Signals, Systems and Computers*, vol. 1, Pacific Grove, CA, Nov. 1996, pp. 669–673

DFT/FFT 应用：基于运动估计的相位相关（Applications of DFT/FFT：Phase Correlation Based Motion Estimation）

AP11 A. Molino et al., Low complexity video codec for mobile video conferencing, in *EUSIPCO*, Vienna, Austria, Sept. 2004, pp. 665–668

AP12 A. Molino, F. Vacca, G. Masera, Design and implementation of phase correlation based motion estimation, in *IEEE Int'l Conference on Systems-on-Chip*, Sept. 2005, pp. 291–294

FFT 相关软件/硬件：商用 S/W 工具（FFT Software/Hardware：Commercial S/W Tools）

Cs1 "Image processing toolbox" (2-D transforms) MATLAB, The MathWorks, Inc. 3 Apple Hill Drive, Natick, MA 01760, E-mail: info@mathworks.com, Fax: 508-653-6284. Signal processing toolbox (FFT, DCT, Hilbert, Filter design), http://www.mathworks.com/, FTP server ftp://ftp.mathworks.com

Cs2 "FFT tools" Software Package. Adds FFT capability to Lotus 1-2-3 & enhances FFT capability of Microsoft Excel. 1024-point FFT under a second on a 486DX/33 PC. Up to 8192-point FFT with choice of windows, Blackman, Hamming, Hanning, Parzen, tapered rectangular & triangular taper. DH Systems Inc. 1940 Cotner Ave., Los Angeles, CA 90025. Phone: 800-747-4755, Fax: 310-478-4770

Cs3 Windows DLL version of the prime factor FFT sub-routine library, Alligator Technologies, 17150 Newhope Street # 114, P.O. Box 9706, Fountain Valley, CA 92728-9706, Phone: 714-850-9984, Fax: 714-850-9987

Cs4 SIGLAB Software, FFT, correlation etc., Monarch, DSP software, The Athena Group, Inc. 3424 NW 31st Street, Gainesville, FL 32605, Phone: 904-371-2567, Fax: 904-373-5182

Cs5 Signal ++ DSP Library (C++), Several transforms including CZT, wavelet, cosine, sine, Hilbert, FFT and various DSP operations. Sigsoft, 15856 Lofty Trail Drive, San Diego, CA 92127, Phone: 619-673-0745

Cs6 DSP works-real time windows-based signal processing software. FFT, Convolution, Filtering, etc. (includes multirate digital filters, QMF bank). Complete bundled hardware and software packages, DSP operations. Momentum Data Systems Inc. 1520 Nutmeg Place #108, Costa Mesa, CA 92626, Phone: 714-557-6884, Fax: 714-557-6969, http://www.mds.com

Cs7 Version 1.1 ProtoSim, PC based software, FFT, Bode plots, convolution, filtering etc. Systems Engineering Associates Inc. Box 3417, RR#3, Montpelier, VT 05602, Phone: 802-223-6194, Fax: 802-223-6195

Cs8 Sig XTM, A general purpose signal processing package, Technisoft, P.O. Box 2525, Livermore, CA 94551, Phone: 510-443-7213, Fax: 510-743-1145

Cs9 Standard filter design software, DGS Associates, Inc. Phone: 415-325-4373, Fax: 415-325-7278

Cs10 DT VEE and VB-EZ for windows. Software for Microsoft windows. Filters, FFTs, etc., Data Translation, 100 Locke Drive, Marlboro, MA 01752-1192, Phone: 508-481-3700 or 800-525-8528

Cs11 Mathematica (includes FFT, Bessel functions), Wolfram Research, Inc., Phone: 800-441-MATH, 217-398-0700, Fax: 217-398-0747, E-mail: info@wri.com

Cs12 Mathematica 5.2, Wolfram Research, Inc. Website: http://www.wolfram.com, E-mail: info@wolfram.com, Phone: 217-398-0700, Book: S. Wolfram, *The mathematica book*. 4th ed. New York: Cambridge Univ. Press, Website: http://www.cup.org

Cs13 Mathcad 5.0, Mathsoft Inc. P.O. Box 1018, Cambridge, MA 02142-1519, Ph: 800-967-5075, Phone: 217-398-0700, Fax: 217-398-0747

Cs14 Matrix-based interactive language: Signal Processing FFTs, O-Matrix, objective numerical analysis, Harmonic Software Inc. Phone: 206-367-8742, Fax: 206-367-1067

Cs15 FFT, Hilbert transform, ACOLADE, Enhanced software for communication system, CAE, Amber Technologies, Inc. 47 Junction Square Dr., Concord, MA 01742-9879, Phone: 508-369-0515, Fax: 508-371-9642

Cs16 High-order Spectral Analysis (ISA-PC32) Software. Integral Signal Processing, Inc., P.O. Box 27661, Austin, TX 78755-2661, Phone: 512-346-1451, Fax: 512-346-8290

Cs17 Origin 7.5, 8, voice spectrum, statistics, FFT, IFFT, 2D FFT, 2D IFFT, power spectrum, phase unwrap, data windowing, Software by OriginLab Corp. One Roundhouse Plaza,

Northampton, MA 01060, Phone: 413-586-2013, Fax: 413-585-0126. http://www.origi-nlab.com

Cs18 Visilog, Image Processing & Analysis Software: FFTs and various processing operations, Noesis, 6800 Cote de Liesse, Suite 200, St. Laurent, Quebec, H4T2A7, Canada, Phone: 514-345-1400, Fax: 514-345-1575, E-mail: noesis@cam.org

Cs19 Stanford Graphics 3.0, Visual Numerics, 9990 Richmand Avenue, Suite 400, Houston, TX 77042, Phone: 713-954-6424, Fax: 713-781-9260

Cs20 V for Windows, Digital Optics Ltd., Box 35-715, Browns Bay, Optics Ltd., Auckland 10, New Zealand, Phone: (65+9) 478-5779, (65+9) 479-4750, E-mail: 100237.423@Compu-serve.com

Cs21 DADiSP Worksheet (software package) (DADiSP 6.0), DSP Development Corp., 3 Bridge Street, Newton, MA 02458, Phone: 800-424-3131, Fax: 617-969-0446, student edition on the web, Website: http://www.dadisp.com

FFT 相关软件/硬件：商用芯片（FFT Software/Hardware：Commercial Chips）

Cc1 ADSP-21060 Benchmarks (@ 40 MHz) 1,024-point complex FFT (Radix 4 with digit reverse) 0.46 ms (18,221 cycles). Analog Devices, Inc. 1 Technology Way, P.O. Box 9106, Norwood, MA 02062, Phone: 617-461-3771, Fax: 617-461-4447

Cc2 TMC 2310 FFT processor, complex FFT (forward or inverse) of up to 1,024 points (514 μsec), radix-2 DIT FFT. Raytheon Semiconductor, 300 Ellis St, Mountain View, CA 94043-7016, Phone: 800-722-7074, Fax: 415-966-7742

Cc3 STV 0300 VLSI chip can be programmed to perform FFT or IFFT (up to 8,192 point complex FFT) with input f_s from 1 kHz to 30 kHz. (8,192 point FFT in 410 μsec), *SGS-Thomson Microelectronics News & Views*, no. 7, Dec. 1997, http://www.st.com

Cc4 Viper-5, FFT (IM CFFT in 21 msec), Texas Memory Systems, Inc. 11200 Westheimer, #1000, Houston, TX 77042, Ph: 713-266-3200, Fax: 713-266-0332, Website: http://www.texmemsys.com

Cc5 K. Singh, Implementing in-place FFTs on SISD and SIMD SHARC processors. Technical note, EE-267, Analog Devices, Inc. Mar. 2005 (ADSP-21065L, ADSP-21161)

Cc6 "Pipelined FFT," RF Engines Limited (RFEL), Oct. 2002 (Process data at a sample rate in 100 MSPS, the complex 4,096-point radix-2 DIF FFT core in a single 1M gate FPGA)

Cc7 G.R. Sohie, W. Chen, Implementation of fast Fourier transforms on Motorola's digital signal processors (on DSP56001/2, DSP56156, DSP96002)

FFT 相关软件/硬件：商用 DSP（FFT Software/Hardware：Commercial DSP）

Cp1 ZR34161 16 bit VSP. High performance programmable 16-bit DSP. 1-D and 2-D FFTs, several DSP operations, 1,024 point radix-2 complex FFT in 2,178 μsec. ZP34325 32 bit VSP. 1-D and 2-D FFTs, several DSP operations ZR38000 and ZR38001 can execute 1,024 point radix-2 complex FFT in 0.88 msec. Zoran Corporation, 1705 Wyatt Drive, Santa Clara, CA 95054. Phone: 408-986-1314, Fax: 408-986-1240. VSP: Vector signal processor

Cp2 FT 200 series Multiprocessors 1K complex FFT < 550 μsec, 1K × 1K Real to complex FFT 782 msec. Alacron, 71 Spitbrook Road, Suite 204, Nashua, NH 03060, Phone: 603-891-2750, Fax: 603-891-2745

Cp3 IMSA 100: Programmable DSP. Implement FFT, convolution, correlation etc. SGS-Thomson Microelectronics, 1000 East Bell Road, Phoenix, AZ 85022-2699. http://www.st.com

Cp4 A41102 FFT processor, Lake DSP Pty. Ltd. Suite 4/166 Maroubra Road, Maroubra 2035, Australia, Phone: 61-2-314-2104, Fax: 61-2-314-2187

Cp5 DSP/Veclib. Vast library of DSP functions for TI's TMS 320C40 architecture, Spectro-analysis, 24 Murray Road, West Newton, MA 02165, Phone: 617-894-8296, Fax: 617-894-8297

Cp6 Toshiba IP 9506 Image Processor. High speed image processing on a single chip. Quickest FFT process. Toshiba, I.E. OEM Division, 9740 Irvine Blvd., CA 92718, Phone: 714-583-3180

Cp7 Sharp Electronics, 5700 NW Pacific Rim Blvd., Camas, WA 98607, Phone: 206-834-8908, Fax: 206-834-8903, (Real time DSP chip set: LH 9124 DSP and LH 9320 Address Generator) 1,024 point complex FFT in 80 μsec. Real and complex radix-2, radix-4 and radix-16 FFTs

Cp8 TMS 320C 6201 General-purpose programmable fixed-point-DSP chip (5 ns cycle time).

Can compute 1,024-point complex FFT in 70 μsec. TI Inc., P.O. Box 172228, Denver, CO 80217. TMS 320. http://dspvillage.ti.com

Cp9　TMS 320C80 Multimedia Video Processor (MVP), 64-point and 256-point complex radix-2 FFT, TI, Market Communications Manager, MS736, P.O. Box 1443, Houston, TX 77251-1443, Phone: 1-800-477-8924

Cp10　Pacific Cyber/Metrix, Inc., 6693 Sierra Lane, Dublin, CA 94568, Ph: 510-829-8700, Fax: 510-829-9796 (VSP-91 vector processor, 1K complex FFT in 8 μsec, 64K complex FFT in 8.2 msec)

FFT 相关软件/硬件：商用 H/W（FFT Software/Hardware：Commercial H/W）

H1　CRP1M40 PC/ISA-bus floating point DSP board can process DFTs, FFTs, DCTs, FCTs, adaptive filtering, etc., 1K complex FFT in 82 μsec at 40 MHz. Can upgrade up to 1 Megapoint FFT. Catalina Research, Inc. 985 Space Center Dr., Suite 105, Colorado Springs, CO 80915, Phone: 719-637-0880, FAX: 719-637-3839

H2　Ultra DSP-1 board, 1K complex FFT in 90 μsec, Valley Technologies, Inc. RD #4, Route 309, Tamaqua, PA 18252, Phone: 717-668-3737, FAX: 717-668-6360

H3　1,024 point complex FFT in 82 μsec. DSP MAX-P40 board, Butterfly DSP, Inc. 1614 S.E. 120th Ave., Vancouver, WA 98684, Phone: 206-892-5597, Fax: 206-254-2524

H4　DSP board: DSP Lab one. Various DSP software. Real-time signal capture, analysis, and generation plus high-level graphics. Standing Applications Lab, 1201 Kirkland Ave., Kirkland, WA 98033, Phone: 206-453-7855, Fax: 206-453-7870

H5　Digital Alpha AXP parallel systems and TMS320C40. Parallel DSP & Image Processing Systems. Traquair Data Systems, Inc. Tower Bldg., 112 Prospect St., Ithaca, NY 14850, Phone: 607-272-4417, Fax: 607-272-6211

H6　DSP Designer™, Design environment for DSP, Zola Technologies, Inc. 6195 Heards Creek Dr., N.W., Suite 201, Atlanta, GA 30328, Phone: 404-843-2973, Fax: 404-843-0116

H7　FFT-523. A dedicated FFT accelerator for HP's 68000-based series 200 workstations. Ariel Corp., 433 River Road, Highland Park, NJ 8904. Phone and Fax: 908-249-2900, E-mail: ariel@ariel.com

H8　MultiDSP, 4865 Linaro Dr., Cypress, CA 90630, Phone: 714-527-8086, Fax: 714-527-8287, E-mail: multidsp@aol.com. Filters, windows, etc., also DCT/IDCT, FFT/IFFT, Average FFT

H9　FFT/IFFT Floating Point Core for FPGA, SMT395Q, a TI DSP module including a Xilinx FPGA as a coprocessor for digital filtering, FFTs, etc., Sundance, Oct. 2006 (Radix-32), http://www.sundance.com

FFT 相关软件/硬件：基于 DSP 的实现（FFT Software/Hardware：Implementation on DSP）

DS1　H.R. Wu, F.J. Paoloni, Implementation of 2-D vector radix FFT algorithm using the frequency domain processor A 41102, *Proceedings of the IASTED, Int'l Symposium on Signal Processing and Digital Filtering*, June 1990

DS2　D. Rodriguez, A new FFT algorithm and its implementation on the DSP96002, in *IEEE ICASSP-91*, vol. 3, Toronto, Canada, May 1991, pp. 2189–2192

DS3　W. Chen, S. King, Implementation of real-valued input FFT on Motorola DSPs, in *ICSPAT*, vol. 1, Dallas, TX, Oct. 1994, pp. 806–811

DS4　Y. Solowiejczyk, 2-D FFTs on a distributed memory multiprocessing DSP based architectures, in *ICSPAT*, Santa Clara, CA, 28 Sept. to 1 Oct. 1993

DS5　T.J. Tobias, In-line split radix FFT for the 80386 family of microprocessors, in *ICSPAT*, Santa Clara, CA, 28 Sept. to 1 Oct. 1993 (128 point FFT in 700 msec on a 386, 40 MHz PC)

DS6　C. Lu et al., Efficient multidimensional FFT module implementation on the Intel I860 processor, in *ICSPAT*, Santa Clara, CA, 28 Sept. to 1 Oct. 1993, pp. 473–477

DS7　W. Chen, S. King, Implementation of real input valued FFT on Motorola DSPs, in *ICSPAT*, Santa Clara, CA, 28 Sept. to 1 Oct. 1993

DS8　A. Hiregange, R. Subramaniyan, N. Srinivasa, 1-D FFT and 2-D DCT routines for the Motorola DSP 56100 family, *ICSPAT*, vol. 1, Dallas, TX, Oct. 1994, pp. 797–801

DS9　R.M. Piedra, Efficient FFT implementation on reduced-memory DSPs, in *ICSPAT*, Boston, MA, Oct. 1995

DS10　H. Kwan et al., Three-dimensional FFTs on a digital-signal parallel processor with no interprocessor communication, in *30th IEEE Asilomar Conference on Signals, Systems and Computers*, Pacific Grove, CA, Nov. 1996, pp. 440–444

DS11 M. Grajcar, B. Sick, The FFT butterfly operation in 4 processor cycles on a 24 bit fixed-point DSP with a pipelined multiplier, in *IEEE ICASSP*, vol. 1, Munich, Germany, Apr. 1997, pp. 611–614

DS12 M. Cavadini, A high performance memory and bus architecture for implementing 2D FFT on a SPMD machine, in *IEEE ISCAS*, vol. 3, Hong Kong, China, June 1997, pp. 2032–2036

以及参考文献[A-32]。

FFT 相关软件硬件：VLSI（FFT Software/Hardware：VLSI）

V1 D. Rodriguez, Tensor product algebra as a tool for VLSI implementation of the discrete Fourier transform, in *IEEE ICASSP*, vol. 2, Toronto, Canada, May 1991, pp. 1025–1028

V2 R. Bhatia, M. Furuta, J. Ponce, A quasi radix-16 FFT VLSI processor, in *IEEE ICASSP*, Toronto, Canada, May 1991, pp. 1085–1088

V3 H. Miyanaga, H. Yamaguchi, K. Matsuda, A real-time 256×256 point two-dimensional FFT single chip processor, in *IEEE ICASSP*, Toronto, Canada, May 1991, pp. 1193–1196

V4 F. Kocsis, A fully pipelined high speed DFT architecture, in *IEEE ICASSP*, Toronto, Canada, May 1991, pp. 1569–1572

V5 S.R. Malladi et al., A high speed pipelined FFT processor, in *IEEE ICASSP*, Toronto, Canada, May 1991, pp. 1609–1612

V6 E. Bernard et al., A pipeline architecture for modified higher radix FFT, in *IEEE ICASSP*, vol. 5, San Francisco, CA, Mar. 1992, pp. 617–620

V7 J.I. Guo et al., A memory-based approach to design and implement systolic arrays for DFT and DCT, in *IEEE ICASSP*, vol. 5, San Francisco, CA, Mar. 1992, pp. 621–624

V8 E. Bessalash, VLSI architecture for fast orthogonal transforms on-line computation, in *ICSPAT*, Santa Clara, CA, Sept./Oct. 1993, pp. 1607–1618

V9 E. Bidet, C. Joanblanq, P. Senn, (CNET, Grenoble, France), A fast single chip implementation of 8,192 complex points FFT, in *IEEE CICC*, San Diego, CA, May 1994, pp. 207–210

V10 E. Bidet, C. Joanblanq, P. Senn, A fast 8K FFT VLSI chip for large OFDM single frequency network, in *7th Int'l Workshop on HDTV*, Torino, Italy, Oct. 1994

V11 J. Melander et al., Implementation of a bit-serial FFT processor with a hierarchical control structure, in *ECCTD'95*, vol. 1, Istanbul, Turkey, Aug. 1995, pp. 423–426

V12 K. Hue, A 256 fast Fourier transform processor, in *ICSPAT*, Boston, MA, Oct. 1995

V13 S.K. Lu, S.Y. Kuo, C.W. Wu, On fault-tolerant FFT butterfly network design, in *IEEE ISCAS*, vol. 2, Atlanta, GA, May 1996, pp. 69–72

V14 C. Nagabhushan et al., Design of radix-2 and radix-4 FFT processors using a modular architecure family, in *PDPTA*, Sunnyvale, CA, Aug. 1996, pp. 589–599

V15 J.K. McWilliams, M.E. Fleming, Small, flexible, low power, DFT filter bank for channeled receivers, in *ICSPAT*, vol. 1, Boston, MA, Oct. 1996, pp. 609–614

V16 J. McCaskill, R. Hutsell, TM-66 swiFFT block transform DSP chip, in *ICSPAT*, vol. 1, Boston, MA, Oct. 1996, pp. 689–693

V17 M. Langhammer, C. Crome, Automated FFT processor design, in *ICSPAT*, vol. 1, Boston, MA, Oct. 1996, pp. 919–923

V18 S. Hsiao, C. Yen, New unified VLSI architectures for computing DFT and other transforms, in *IEEE ICASSP 97*, vol. 1, Munich, Germany, Apr. 1997, pp. 615–618

V19 E. Cetine, R. Morling, I. Kale, An integrated 256-point complex FFT processor for real-time spectrum, in *IEEE IMTC '97*, vol. 1, Ottawa, Canada, May 1997, pp. 96–101

V20 S.F. Hsiao, C.Y. Yen, Power, speed and area comparison of several DFT architectures, in *IEEE ISCAS '97*, vol. 4, Hong Kong, China, June 1997, pp. 2577–2581

V21 R. Makowitz, M. Mayr, Optimal pipelined FFT processing based on embedded static RAM, in *ICSPAT 97*, San Diego, CA, Sept. 1997

V22 C.J. Ju, "FFT-Based parallel systems for array processing with low latency: sub-40 ns 4K butterfly FFT", in *ICSPAT 97*, San Diego, CA, Sept. 1997

V23 T.J. Ding, J.V. McCanny, Y. Hu, Synthesizable FFT cores, in *IEEE SiPS*, Leicester, UK, Nov. 1997, pp. 351–363

V24 B.M. Baas, A 9.5 mw 330 μsec 1,024-point FFT processor, in *IEEE CICC*, Santa Clara, CA, May 1998, pp. 127–130

V25 S. He, M. Torkelson, Design and implementation of a 1,024 point pipeline FFT, in *IEEE CICC*, Santa Clara, CA, May 1998, pp. 131–134

V26 A.Y. Wu, T.S. Chan, Cost-effective parallel lattice VLSI architecture for the IFFT/FFT in DMT transceiver technology, in *IEEE ICASSP*, Seattle, WA, May 1998, pp. 3517–3520

V27 G. Naveh et al., Optimal FFT implementation on the Carmel DSP core, in *ICSPAT*, Toronto, Canada, Sept. 1998

V28 A. Petrovsky, M. Kachinsky, Automated parallel-pipeline structure of FFT hardware design for real-time multidimensional signal processing, in *EUSIPCO*, vol. 1, Island of Rhodes, Greece, Sept. 1998, pp. 491–494, http:// www.eurasip.org

V29 G. Chiassarini et al., Implementation in a single ASIC chip, of a Winograd FFT for a flexible demultiplexer of frequency demultiplexed signals, in *ICSPAT*, Toronto, Canada, Sept. 1998

V30 B.M. Baas, A low-power, high-performance, 1, 024-point FFT processor. IEEE J. Solid State Circ. **34**, 380–387 (Mar. 1999)

V31 T. Chen, G. Sunada, J. Jin, COBRA: A 100-MOPS single-chip programmable and expandable FFT. IEEE Trans. VLSI Syst. **7**, 174–182 (June 1999)

V32 X.X. Zhang et al., Parallel FFT architecture consisting of FFT chips. J. Circ. Syst. **5**, 38–42 (June 2000)

V33 T.S. Chang et al., Hardware-efficient DFT designs with cyclic convolution and subexpression sharing. IEEE Trans. Circ. Syst. II Analog Digital. SP **47**, 886–892 (Sept. 2000)

V34 C.-H. Chang, C.-L. Wang, Y.-T. Chang, Efficient VLSI architectures for fast computation of the discrete Fourier transform and its inverse. IEEE Trans. SP **48**, 3206–3216 (Nov. 2000) (Radix-2 DIF FFT)

V35 K. Maharatna, E. Grass, U. Jagdhold, A novel 64-point FFT/IFFT processor for IEEE 802.11 (a) standard, in *IEEE ICASSP*, vol. 2, Hong Kong, China, Apr. 2003, pp. 321–324

V36 Y. Peng, A parallel architecture for VLSI implementation of FFT processor, in *5th IEEE Int'l Conference on ASIC*, vol. 2, Beijing, China, Oct. 2003, pp. 748–751

V37 E. da Costa, S. Bampi, J.C. Monteiro, Low power architectures for FFT and FIR dedicated datapaths, in *46th IEEE Int'l MWSCAS*, vol. 3, Cairo, Egypt, Dec. 2003, pp. 1514–1518

V38 K. Maharatna, E. Grass, U. Jagdhold, A 64-point Fourier transform chip for high-speed wireless LAN application using OFDM. IEEE J. Solid State Circ. **39**, 484–493 (Mar. 2004) (Radix-2 DIT FFT)

V39 G. Zhong, F. Xu, A.N. Wilson Jr., An energy-efficient reconfigurable FFT/IFFT processor based on a multi-processor ring, in *EUSIPCO*, Vienna, Austria, Sept. 2004, pp. 2023–2026, available: http:// www.eurasip.org

V40 C. Cheng, K.K. Parhi, Hardware efficient fast computation of the discrete Fourier transform. Journal of VLSI Signal Process. Systems, **42**, 159–171 (Springer, Amsterdam, Netherlands, Feb. 2006) (WFTA)

以及参考文献[R2]。

FFT 相关软件/硬件：FPGA（FFT Software/Hardware：FPGA）

L1 L. Mintzer, The FPGA as FFT processor, in *ICSPAT*, Boston, MA, Oct. 1995

L2 D. Ridge et al., PLD based FFTs, in *ICSPAT*, San Diego, CA, Sept. 1997

L3 T. Williams, Case study: variable size, variable bit-width FFT engine offering DSP-like performance with FPGA versatility, in *ICSPAT*, San Diego, CA, Sept 1997

L4 Altera Application Note 84, "Implementing FFT with on-chip RAM in FLEX 10K devices," Feb. 1998

L5 C. Dick, Computing multidimensional DFTs using Xilinx FPGAs, in *ICSPAT*, Toronto, Canada, Sept. 1998

L6 L. Mintzer, A 100 megasample/sec FPGA-based DFT processor, in *ICSPAT*, Toronto, Canada, Sept. 1998

L7 S. Nag, H.K. Verma, An efficient parallel design of FFTs in FPGAs, in *ICSPAT*, Toronto, Canada, Sept. 1998

L8 C. Jing, H.-M. Tai, Implementation of modulated lapped transform using programmable logic, in *IEEE ICCE*, Los Angeles, CA, June 1999, pp. 20–21

L9 S. Choi et al., Energy-efficient and parameterized designs for fast Fourier transform on

FPGAs, in *IEEE ICASSP*, vol. 2, Hong Kong, China, Apr. 2003, pp. 521–524

L10 I.S. Uzun, A. Amira, A. Bouridane, FPGA implementations of fast Fourier transforms for real-time signal and image processing. IEE Vision Image Signal Process. **152**, 283–296 (June 2005) (Includes pseudocodes for radix-2 DIF, radix-4 and split-radix algorithms)

最新增补（Late Additions）

LA1 A.M. Grigoryan, M.M. Grigoryan, *Brief Notes in Advanced DSP: Fourier Analysis with MATLAB®* (CRC Press, Boca Raton, FL, 2009) (Includes many MATLAB codes)

LA2 H.S. Malvar et al., Low-complexity transform and quantization in H.264/AVC. IEEE Trans. CSVT **13**, 598–603 (July 2003)

LA3 M. Athineoset, The DTT and generalized DFT in MATLAB, http://www.ee.columbia.edu/~marios/symmetry/sym.html, 2005

LA4 K. Wahid et al., Efficient hardware implementation of hybrid cosine-Fourier-wavelet transforms, in *IEEE ISCAS 2009*, Taipei, Taiwan, May 2009, pp. 2325–2329

LA5 K.R. Rao, P. Yip, *Discrete Cosine Transform: Algorithms, Advantages, Applications* (Academic Press, San Diego, CA, 1990)

LA6 V.G. Reju, S.N. Koh, I.Y. Soon, Convolution using discrete sine and cosine transforms. IEEE SP Lett. **14**, 445–448 (July 2007)

LA7 H. Dutagaci, B. Sankur, Y. Yemez, 3D face recognition by projection-based methods, in *Proc. SPIE-IS&T*, vol. 6072, San Jose, CA, Jan. 2006, pp. 60720I-1 thru 11

LA8 3D Database, http://www.sic.rma.ac.be/~beumier/DB/3d_rma.html

LA9 J. Wu, W. Zhao, New precise measurement method of power harmonics based on FFT, in *IEEE ISPACS*, Hong Kong, China, Dec. 2005, pp. 365–368

LA10 P. Marti-Puig, Two families of radix-2 FFT algorithms with ordered input and output data. IEEE SP Lett. **16**, 65–68 (Feb. 2009)

LA11 P. Marti-Puig, R. Reig-Bolaño, Radix-4 FFT algorithms with ordered input and output data, in *IEEE Int'l Conference on DSP*, 5–7 July 2009, Santorini, Greece

LA12 A.M. Raičević, B.M. Popović, An effective and robust fingerprint enhancement by adaptive filtering in frequency domain, *Series: Electronics and Energetics* (Facta Universitatis, University of Niš, Serbia, Apr. 2009), pp. 91–104, available: http://factae.elfak.ni.ac.rs/

LA13 W.K. Pratt, Generalized Wiener filtering computation techniques. IEEE Trans. Comp. **21**, 636–641 (July 1972)

LA14 J. Dong et al., 2-D order-16 integer transforms for HD video coding. IEEE Trans. CSVT **19**, 1462–1474 (Oct. 2009)

LA15 B.G. Sherlock, D.M. Monro, K. Millard, Fingerprint enhancement by directional Fourier filtering. IEE Proc. Image Signal Process. **141**, 87–94 (Apr. 1994)

LA16 M.R. Banham, A.K. Katsaggelos, Digital image restoration. IEEE SP Mag. **16**, 24–41 (Mar. 1997)

LA17 S. Rhee, M.G. Kang, Discrete cosine transform based regularized high-resolution image reconstruction algorithm. Opt. Eng. **38**, 1348–1356 (Aug. 1999)

LA18 L. Yu et al., Overview of AVS video coding standards. Signal Process. Image Commun. **24**, 263–276 (Apr. 2009)

LA19 I. Richardson, *The H.264 Advanced Video Compression Standard*, 2nd edn., Hoboken, NJ: Wiley, 2010

LA20 Y.Y. Liu, Z.W. Zeng, M.H. Lee, Fast jacket transform for DFT matrices based on prime factor algorithm. (Under review)

LA21 S.-I. Cho, K.-M. Kang, A low-complexity 128-point mixed-radix FFT processor for MB-OFDM UWB systems. ETRI J **32**(1), 1–10 (Feb. 2010)

LA22 VC-1 Compressed Video Bitstream Format and Decoding Process, SMPTE 421M-2006

LA23 W.T. Cochran et al., What is the fast Fourier transform. Proc. IEEE **55**, 1664–1674 (Oct. 1967)

LA24 J.M. Davis, I.A. Gravagne, R.J. Marks II, Time scale discrete Fourier transform, in *IEEE SSST*, Tyler, TX, Mar. 2010, pp. 102–110

LA25 J. Ma, G. Plonka, The curvelet transform [A review of recent applications]. IEEE SP Mag. **27**(2), 118–133 (Mar. 2010)

FFT 软件网址（FFT Software Websites）

W1 Automatic generation of fast signal transforms (M. Püschel), http://www.ece.cmu.edu/~pueschel/, http://www.ece.cmu.edu/~smart/papers/autgen.html

W2 Signal processing algorithms implementation research for adaptable libraries, http://www.ece.cmu.edu/~spiral/

W3 FFTW (FFT in the west), http://www.fftw.org/index.html; http://www.fftw.org/benchfft/doc/ffts.html, http://www.fftw.org/links (List of links)

W4 FFTPACK, http://www.netlib.org/fftpack/

W5 FFT for Pentium (D.J. Bernstein), http://cr.yp.to/djbfft.html, ftp://koobera.math.uic.edu/www/djbfft.html

W6 Where can I find FFT software (comp.speech FAQ Q2.4), http://svr-www.eng.cam.ac.uk/comp.speech/Section2/Q2.4.html

W7 One-dimensional real fast Fourier transforms, http://www.hr/josip/DSP/fft.html

W8 FXT package FFT code (Arndt), http://www.jjj.de/fxt/

W9 FFT (Don Cross), http://www.intersrv.com/~dcross/fft.html

W10 Public domain FFT code, http://risc1.numis.nwu.edu/ftp/pub/transforms/, http://risc1.numis.nwu.edu/fft/

W11 DFT (Paul Bourke), http://www.swin.edu.au/astronomy/pbourke/sigproc/dft/

W12 FFT code for TMS320 processors, http://focus.ti.com/lit/an/spra291/spra291.pdf, ftp://ftp.ti.com/mirrors/tms320bbs/

W13 Fast Fourier transforms (Kifowit), http://ourworld.compuserve.com/homepages/steve_kifowit/fft.htm

W14 Nielsen's MIXFFT page, http://home.get2net.dk/jjn/fft.htm

W15 Parallel FFT homepage, http://www.arc.unm.edu/Workshop/FFT/fft/fft.html

W16 FFT public domain algorithms, http://www.arc.unm.edu/Workshop/FFT/fft/fft.html

W17 Numerical recipes, http://www.nr.com/

W18 General purpose FFT package, http://momonga.t.u-tokyo.ac.jp/~ooura/fft.html

W19 FFT links, http://momonga.t.u-tokyo.ac.jp/~ooura/fftlinks.html

W20 FFT, performance, accuracy, and code (Mayer), http://www.geocities.com/ResearchTriangle/8869/fft_{\rm s}ummary.html

W21 Prime-length FFT, http://www.dsp.rice.edu/software/RU-FFT/pfft/pfft.html

W22 Notes on the FFT (C.S. Burrus), http://faculty.prairiestate.edu/skifowit/fft/fftnote.txt, http://www.fftw.org/burrus-notes.html

W23 J.O. Smith III, *Mathematics of the Discrete Fourier Transform (DFT) with Audio Applications*, 2nd edn (W3K Publishing, 2007), available: http://ccrma.stanford.edu/~jos/mdft/mdft.html

W24 FFT, http://www.fastload.org/ff/FFT.html

W25 Bibliography for Fourier series and transform (J.H. Mathews, CSUF), http://math.fullerton.edu/mathews/c2003/FourierTransformBib/Links/FourierTransformBib_lnk_3.html

W26 Image processing learning resources, HIPR2, http://homepages.inf.ed.ac.uk/rbf/HIPR2/hipr_top.htm, http://homepages.inf.ed.ac.uk/rbf/HIPR2/fourier.htm (DFT)

W27 Lectures on image processing (R.A. Peters II), http://www.archive.org/details/Lectures_on_Image_Processing (DFT)

W28 C.A. Nyack, *A Visual Interactive Approach to DSP*. These pages mainly contain java applets illustrating basic introductory concepts in DSP (Includes Z-transform, sampling, DFT, FFT, IIR and FIR filters), http://dspcan.homestead.com/

W29 J.H. Mathews, CSUF, Numerical analysis: http://mathews.ecs.fullerton.edu/n2003/Newton's method http://mathews.ecs.fullerton.edu/n2003/NewtonSearchMod.html

W30 J.P. Hornak, *The Basics of MRI* (1996–2010), http://www.cis.rit.edu/htbooks/mri/